中国水利教育协会　组织

全国水利行业“十三五”规划教材（职工培训）

农业灌溉排水工程技术

主编　郭旭新

主审　孙西欢

中国水利水电出版社
www.waterpub.com.cn
·北京·

内 容 提 要

本书为全国水利行业“十三五”规划教材（职工培训）。本书系统地介绍了灌溉排水工程的规划设计方法。主要内容包括土壤与农田水分状况、作物需水量与灌溉用水量、灌溉水源及取水工程技术、井灌工程技术、渠道输水灌溉工程技术、渠道防渗工程技术、地面灌水技术、低压管道输水灌溉工程技术、喷灌工程技术、微灌工程技术、排水工程技术等内容。

本书适用于基层水利单位从事灌溉排水工程规划、设计技术人员的业务培训和继续教育。

图书在版编目（CIP）数据

农业灌溉排水工程技术 / 郭旭新主编. -- 北京 : 中国水利水电出版社, 2017.1
全国水利行业“十三五”规划教材. 职工培训
ISBN 978-7-5170-5178-7

Ⅰ. ①农… Ⅱ. ①郭… Ⅲ. ①农业灌溉－排水工程－教材 Ⅳ. ①S276

中国版本图书馆CIP数据核字(2017)第027118号

书　名	全国水利行业“十三五”规划教材（职工培训） **农业灌溉排水工程技术** NONGYE GUANGAI PAISHUI GONGCHENG JISHU
作　者	主编　郭旭新　主审　孙西欢
出版发行	中国水利水电出版社 （北京市海淀区玉渊潭南路1号D座　100038） 网址：www.waterpub.com.cn E-mail：sales@waterpub.com.cn 电话：(010) 68367658（营销中心）
经　售	北京科水图书销售中心（零售） 电话：(010) 88383994、63202643、68545874 全国各地新华书店和相关出版物销售网点
排　版	中国水利水电出版社微机排版中心
印　刷	北京瑞斯通印务发展有限公司
规　格	184mm×260mm　16开本　17.75印张　420千字
版　次	2017年1月第1版　2017年1月第1次印刷
印　数	0001—2500册
定　价	**46.00元**

前言

本书突出继续教育的特点，充分体现以学员为主体的教育理念，以提高学员从业综合素养为目标，理论叙述力求深入浅出、概念清晰、通俗易懂；内容安排力求结合实际工程规范，紧密结合工作岗位和工作过程。依托典型例题、习题，突出实用性，使学员通过学习不断提高自身思考问题、解决问题的能力。为了便于学员学习和教师使用，各章开篇列有学习目标、学习任务，章后设有习题，使学员明确学习目的，能自主进行能力训练，同时方便教学。

本书编写人员及编写分工如下：杨凌职业技术学院赵英编写第一章、第二章，杨凌职业技术学院郭旭新编写第三章、第五章、第六章，杨凌职业技术学院王雪梅编写第七章至第九章，山西水利职业技术学院李雪转编写第四章、第十一章，河南省水利勘测设计研究有限公司高文强编写第九章第一节至第三节，河南省水利勘测设计研究有限公司邓燕编写第十章第四节。本书由郭旭新担任主编并负责全书统稿，李雪转、赵英担任副主编，山西水利职业技术学院孙西欢教授担任主审。

在本书编写过程中，得到了有关设计单位的支持，同时也得到了各位编审人员所在单位的大力支持，在此表示衷心的感谢！

由于编者水平有限，对于本书中存在的缺点和疏漏，恳请广大读者批评指正。

编者

2016年6月

前言

目　录

第一章　土壤与农田水分状况

【学习目标】

通过学习土壤、农田水分状况的基础知识及土壤含水率的测定方法，能够测定土壤含水率并判断土壤水分的有效范围。

【学习任务】

1. 理解土壤的概念。

2. 掌握土粒分级、土壤质地的分类标准和土壤的生产特性，能够进行土粒分级和土壤质地分类，并能根据土壤质地合理选择作物。

3. 理解农田水分状况对作物生长的影响及土壤水分的有效范围，会进行土壤含水率各种表示方法的转换。

第一节　土　　壤

一、土壤的概念

土壤是农业生产的基本条件，是作物生长发育的物质基础，是人类赖以生存的重要资源和生态条件。由于不同学科的科学家对土壤的概念存在着不同的认识，要想给土壤下一个严格的定义是很困难的。土壤学家和农学家传统地把土壤定义为：发育于地球陆地表面，能生长绿色植物的疏松多孔结构表层。在这一概念中，阐述了土壤的主要功能是能生长绿色植物，具有生物多样性，所处的位置在地球陆地的表层，它的物理状态是由矿物质、有机质、水分、空气和生物组成的具有孔隙结构的介质。

二、土壤物质组成

土壤是由矿物质和有机质（固相）、水分（液相）、空气（气相）三相物质组成的疏松多孔体（图1-1）。固相物质的体积约占50%，其中38%是矿物质颗粒，它构成土壤的主体，搭起土壤的骨架，好比是土壤的骨骼；12%是有机质，主要是腐殖质，它好比是土壤的肌肉，它是土壤肥力的保证。在固体物质之间，存在着大小不同的孔隙，它占据了土壤体积的另一半。孔隙里充满了水分和空气，水分一般占土壤体积的15%～35%，在水分占据以外的孔隙中充满着空气。土壤水分实际上是含有可溶性养分的土壤溶液，它在孔隙中可以上下左右运行，好比是土壤的血液。孔隙中的空气与大气不断地进行交换，大气补给土壤氧气，土壤又吐出二氧化碳，好比土壤

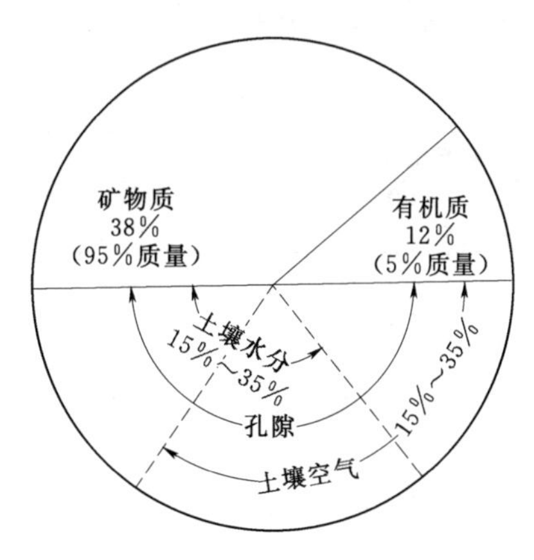

图1-1　土壤三相组成比例示意

也在呼吸。

（一）土粒分级

通常按照粒径的大小和性质的差异，将土粒划分成若干等级，称为土粒分级。同一粒级范围的土粒大小、成分和性质基本相近；不同粒级间的土粒大小、成分和性质均有较大差异。一般将土粒分为石砾、砂粒、粉粒和黏粒四大基本粒级，然后进行细分。当前，我国常见的土粒分级标准见表1-1。

表1-1　常见的土粒分级标准

中国制（1987年）		国际制（1930年）		卡庆斯基制（1957年）	
粒级名称	粒径/mm	粒级名称	粒径/mm	粒级名称	粒径/mm
石块 石砾	>3 3～1	石砾	>2	石块 石砾	>3 3～1
粗砂粒 细砂粒	1～0.25 0.25～0.05	粗砂粒 细砂粒	2～0.2 0.2～0.02	粗砂粒 中砂粒 细砂粒	1～0.5 0.5～0.25 0.25～0.05
粗粉粒 中粉粒 细粉粒	0.05～0.01 0.01～0.005 0.005～0.002	粉粒	0.02～0.002	粗粉粒 中粉粒 细粉粒	0.05～0.01 0.01～0.005 0.005～0.001
粗黏粒 细黏粒	0.002～0.001 <0.001	黏粒	<0.002	粗黏粒 细黏粒 胶粒	0.001～0.0005 0.0005～0.0001 <0.0001

注　卡庆斯基制中，1～0.01mm为物理性砂粒，小于0.01mm为物理性黏粒。

（二）土壤质地及其分类标准

不同的土壤，其固体部分颗粒组成的比例差异很大，而且很少是由单一的某一粒级土壤颗粒组成的，即使是最粗的砂土或最细的黏土，也不只是由纯砂粒或纯黏粒所组成的，而是砂粒、粉粒、黏粒都有，只不过是各粒级所占的比例不同（如砂土中砂粒占的比例大，而黏土中黏粒占的比例大）。因此，我们把土壤中各级土粒的配合比例或土壤中各级土粒的质量百分数称为土壤机械组成。土壤质地则是根据不同机械组成所产生的特性而划分的土壤类别。质地是土壤的一种十分稳定的自然属性。在生产实践中，质地常常作为认土、用土和改土的重要依据。一般将土壤质地分为砂土、壤土和黏土三大组，每组再细分（表1-2）。土壤质地可以用仪器来测定，也可以用简单的手摸方式来确定。

表1-2　中国制土壤质地分类

质地组	质地名称	颗粒组成/%		
		砂粒 （1～0.05mm）	粗粉粒 （0.05～0.01mm）	细黏粒 （<0.001mm）
砂土	极重砂土	>80		<30
	重砂土	70～80		
	中砂土	60～70		
	轻砂土	50～60		
壤土	砂粉土	≥20	≥40	
	粉土	<20		
	砂壤	≥20	<40	
	壤土	<20		

续表

质地组	质地名称	颗粒组成/%		
		砂粒 (1～0.05mm)	粗粉粒 (0.05～0.01mm)	细黏粒 (<0.001mm)
黏土	轻黏土			30～35
	中黏土			35～40
	重黏土			40～60
	极重黏土			<60

(三) 不同质地土壤的生产特性

1. 砂质土

砂质土以砂土为代表，也包括缺少黏粒的其他轻质土壤（粗骨土、砂壤土），它们都有一个松散的土壤固相骨架，砂粒很多而黏粒很少，粒间孔隙大，降水和灌溉水容易渗入，内部排水快，但蓄水量少而蒸发失水强烈，水汽由大孔隙扩散至土表而丢失。砂质土的毛管较粗，毛管水上升高度小，若地下水位较低，则不能依靠地下水通过毛管上升作用回润表土，所以抗旱力弱。只有在河滩地上，地下水位接近土表，砂质土才不致受旱。因此，砂质土在利用管理上要注意选择种植耐旱作物和品种，保证水分供应，及时进行小定额灌溉，要防止漏水漏肥，采用土表覆盖以减少土壤水分蒸发。

砂质土的养分少，又因缺少黏粒和有机质而保肥性差，人畜粪尿和硫酸铵等速效性肥料易随雨水和灌溉水流失。砂质土要强调增施有机肥，适时追肥，并掌握勤浇薄施的原则。

砂质土含水少，热容量比黏质土小，白天接受太阳辐射增温快，夜间散热降温也快，因而昼夜温差大，对块茎、块根作物的生长有利。早春时砂质土的温度上升较快，称为热性土，在晚秋和冬季，一遇寒潮则砂质土的温度就迅速下降。

由于砂质土的通气性好，好气性微生物活动强烈，有机质分解迅速并释放出养分，使农作物早发，但因有机质累积难故其含量常较低。

砂质土耕作阻力小，耕后质量好，宜耕期长。适宜种植生长期短、耐瘠薄，要求土质疏松、排水良好的作物，如花生、薯类、豆类、芝麻、果树等。

这类土壤主要分布于我国西北部地区，如新疆、甘肃、宁夏、内蒙古、青海的山前平原及各地河流两岸、滨海平原一带。

2. 黏质土

黏质土包括黏土和黏壤土（重壤土）等质地黏重的土壤。此类土壤的细粒（尤其是黏粒）含量高而粗粒（砂粒、粗粉砂）含量极少，常呈紧实黏结的固相骨架。粒间孔隙数量比砂质土多但甚为狭小，有大量非活性孔（被束缚水占据的）阻止毛管水移动，雨水和灌溉水难以下渗而排水困难，易在犁底层或黏粒积聚层形成上层滞水，影响植物根系下伸。所以，采用深沟、密沟、高畦或通过深耕和开深线沟破坏紧实的心土层以及采用暗管和暗沟排水等，可以避免或减轻涝害。

黏质土含矿质养分（尤其是钾、钙等盐基离子）丰富，而且有机质含量较高。黏质土的孔隙小且往往为水占据，通气不畅，好气性微生物活动受到抑制，有机质分解缓慢，腐殖质与黏粒结合紧密而难以分解，因而容易积累。所以，黏质土的保肥能力强，氮素等养分含量比砂质土中要大得多，但死水（植物不能利用的束缚水）容积和迟效性养分也多。

黏质土蓄水多，热容量大，昼夜温度变幅较小。在早春，水分饱和的黏质土（尤其是有机质含量高的黏质土）土温上升慢，农民称之为冷性土。但在受短期寒潮侵袭时，黏质土降温也较慢，作物受冻害较轻。

缺少有机质的黏土，其耕性特别差，干时硬结，湿时泥泞，对肥料的反应呆滞。黏质土的耕作阻力大，所以也称重土，它干后龟裂，易损伤植物根系。对于这类土壤，要增施有机肥，注意排水，选择在适宜含水量的条件下精耕细作，以改善其结构性和耕性。

黏质土种植作物往往“发老苗，不发小苗”，即出苗晚，长势差，缺苗断垄现象严重，而中后期易出现徒长、贪青晚熟现象。其适宜种植稻、麦、玉米、高粱等生长期长、需肥量大的作物。主要作物的适宜土壤质地范围见表1－3。

表1－3　　主要作物的适宜土壤质地范围

作物种类	土壤质地	作物种类	土壤质地	作物种类	土壤质地
水稻	黏土、黏壤土	萝卜	砂壤土	柑橘	砂壤土、黏壤土
小麦	壤质黏土、壤土	莴苣	砂壤土—黏壤土	梨树	壤土、黏壤土
大麦	壤土、黏壤土	甘蓝	砂壤土—黏壤土	枇杷	黏壤土、黏土
粟	砂壤土	白菜	砂壤土、壤土	葡萄	砂壤土、
玉米	黏壤土	大豆	黏壤土	苹果	壤土、黏壤土
黄麻	砂壤土—黏壤土	豌豆、蚕豆	黏土、黏壤土	桃树	砂壤土、黏壤土
棉花	砂壤土、壤土	油菜	黏壤土	茶树	砾质黏壤土、壤土
烟草	砾质砂壤土	花生	砂壤土	桑树	壤土、黏壤土
甘薯、茄子	砂壤土、壤土	甘蔗	黏壤土、壤土		
马铃薯	砂壤土、壤土	西瓜	砂土、砂壤土		

3. 壤质土

这类土壤在北方又称为二合土，其砂黏比例一般为6：4左右，大小孔隙比例适中，故兼有砂质土和黏质土的优点，既通气透水，又保水保肥，耕性好，土壤的水、肥、气、热以及扎根条件协调，种植作物“既发小苗，又发老苗”，适合种植各种作物，是农业上较理想的土壤。

这类土壤主要分布于黄土高原、华北平原、松辽平原、长江中下游平原、珠江三角洲及河流两岸冲积平原上。

第二节　农田水分状况

一、农田水分存在的形式

农田水分存在三种基本形式，即地面水、土壤水和地下水，而土壤水是与作物生长关

系最密切的水分存在形式。

土壤水按其形态不同可分为固态水、气态水、液态水三种。固态水是土壤水冻结时形成的冰晶；气态水是存在于土壤孔隙中的水汽，有利于微生物的活动，故对植物根系有利，由于数量很少，故在计算时常略而不计。液态水是储存在土壤中的液态水分，是土壤水分存在的主要形态，对农业生产意义最大。在一定条件下，土壤水可由一种形态转化为另一种形态。液态水按其受力和运动特性可分为吸着水、毛管水、重力水三种类型。

（一）吸着水

吸着水包括吸湿水和膜状水。吸湿水是土壤孔隙中的水汽在土粒分子的吸引力作用下，被吸附于土粒表面的水分。它被紧束于土粒表面，不能呈液态流动，也不能被植物吸收利用，是土壤中的无效含水量。吸湿水达到最大时的土壤含水率称为吸湿系数。不同质地土壤的吸湿系数不同，吸湿系数一般为0.034%～6.5%（以占干土质量的百分数计）。

当土壤含水率达到吸湿系数后，若再遇到土壤孔隙中的液态水，就会继续吸附并在吸湿水外围形成水膜，这层水称为膜状水。膜状水吸附于吸湿水外部，只能沿土粒表面进行速度极小的移动，只有少部分能被植物吸收利用。通常在膜状水没有完全被消耗之前，植物已呈凋萎状态。作物下部叶子开始萎蔫时的土壤含水率，称为初期凋萎系数，若补水充分，作物的叶子又会舒展开来。植物产生永久性凋萎时的土壤含水率，称为凋萎系数。凋萎系数不仅取决于土壤性质，而且与土壤溶液浓度、根毛细胞液的渗透压力、作物种类和生育期有关。凋萎系数难以实际测定，一般取吸湿系数的1.5～2倍作为凋萎系数的近似值。膜状水达到最大时的土壤含水率，称为土壤的最大分子持水率。它是土壤借分子吸附力所能保持的最大土壤含水率，它包括全部的吸湿水和膜状水，其值为吸湿系数的2～4倍。

（二）毛管水

土壤借毛管力作用而保持在土壤孔隙中的水称为毛管水，即在重力作用下不易排除的水分中超出吸着水的部分。毛管水能溶解养分和各种溶质，较易移动，是植物吸收利用的主要水源。依其补给条件的不同，可分为悬着毛管水和上升毛管水。

悬着毛管水是指不受地下水补给时，由于降雨或灌溉渗入土壤并在毛管力作用下保持在上部土层毛管孔隙中的水。悬着毛管水达到最大时的土壤含水率称为田间持水率，它代表在良好排水条件下，灌溉后土壤所能保持的最高含水率。田间持水率是有效水分的上限。生产实践中，常将灌水两天后土壤所能保持的含水率作为田间持水率。

上升毛管水是指地下水沿土壤毛细管上升的水分，毛管水上升的高度和速度与土壤的质地、结构和排列层次有关，上升毛管水的最大含量称为毛管持水量。土壤黏重，毛管水上升高，但速度慢；质地轻的土壤，毛管水上升低，但速度快。不同土壤的毛管水最大上升高度见表1-4。

（三）重力水

当土壤水分超过田间持水率后，多余的水分将在重力作用下沿着非毛管孔隙向下层移动，这部分水分称为重力水。重力水在土壤中通过时能被植物吸收利用，只是不能为土壤

表 1-4　毛管水最大上升高度表

土壤种类	毛管水最大上升高度/m	土壤种类	毛管水最大上升高度/m
黏土	2～4	砂土	0.5～1
黏壤土	1.5～3	泥炭土	1.2～1.5
砂壤土	1～1.5	碱土或盐土	1.2

所保持。当土壤全部孔隙为水分所充满时土壤便处于水分饱和状态，这时土壤的含水率称为饱和含水率或全持水率。重力水渗到下层较干燥土壤时，一部分转化为其他形态的水（如毛管水），另一部分继续下渗，但水量逐渐减少，最后完全停止下渗。如果重力水下渗到地下水面，就会转化为地下水并抬高地下水位。

二、土壤含水率的测定和表示方法

（一）土壤含水率的表示方法

土壤含水率常用的表示方法有以下几种。

（1）以土壤水分质量占干土质量的百分数表示。

$$\beta_{重}=\frac{G_{水}}{G_{干土}}\times 100\% \tag{1-1}$$

式中　$\beta_{重}$——土壤含水率（占干土重的百分数），%；

$G_{水}$——土壤中含有的水质量，为原湿土质量与烘干土质量的差，kg；

$G_{干土}$——烘干土质量，kg。

（2）以土壤水分体积占土壤体积的百分数表示。

$$\beta_{体}=\frac{V_{水}}{V_{土}}\times 100\%=\beta_{重}\frac{\rho_{干土}}{\rho_{水}} \tag{1-2}$$

式中　$\beta_{体}$——土壤含水率（占土壤体积的百分数），%；

$V_{水}$——土壤水分体积，m^3；

$V_{土}$——土壤体积，m^3；

$\rho_{干土}$——土壤干密度，kg/m^3；

$\rho_{水}$——水的密度，kg/m^3。

这种表示方法便于根据土壤体积直接计算土壤中所含水分的体积，或根据预定的含水率指标直接计算出需要向土壤中灌溉的水量。由于土壤水分体积在田间难以测定，生产实践中常用含水率的重量百分数换算为体积百分数。

（3）以土壤水分体积占土壤孔隙体积的百分数表示。

$$\beta_{孔}=\frac{V_{水}}{V_{孔}}\times 100\%=\beta_{重}\frac{\rho_{干土}}{\rho_{水}\ n} \tag{1-3}$$

式中　$\beta_{孔}$——土壤含水率（占土壤孔隙体积的百分数），%；

$V_{水}$——土壤中水分体积，m^3；

$V_{孔}$——土壤中孔隙体积，m^3；

n——土壤孔隙率（指一定体积的土壤中，孔隙的体积占整个土壤体积的百分数），%；

其余符号意义同前。

这种方法能清楚地表明土壤水分占据土壤孔隙的程度，便于直接了解土壤中水、气之间的关系。

（4）以土壤实际含水率占田间持水率的百分数表示。这是以相对概念表示土壤含水率的方法，即

$$\beta_{相对}=\frac{\beta_{实}}{\beta_{田}}\times 100\% \tag{1-4}$$

式中 $\beta_{相对}$、$\beta_{实}$、$\beta_{田}$——土壤的相对含水率、实际含水率和田间持水率，均以百分数表示。

这种表示方法便于直接判断土壤水分状况是否适宜，以制定相应的灌溉排水措施。

（5）以水层厚度表示。它是将某一土层所含的水量折算成水层厚度来表示土壤的含水率，以 mm 为单位。这种方法便于将土壤含水量与降雨量、灌水量和排水量进行比较。

（二）土壤含水率的测定方法

土壤含水率（亦称含水量）是衡量土壤含水多少的数量指标。为了掌握土壤水分状况及其变化规律，用以指导农田灌溉和排水，经常需要测定土壤含水率。

测定土壤含水率的方法很多，如称重法（包括烘干法、酒精燃烧法、红外线法）、负压计法、时域反射仪（TDR）法、核物理法（γ射线法、中子散射法）等。下面介绍常用的几种方法。

1. 烘干法

将采集的土样称得湿重后，放在 105～110℃的烘箱中烘烤 8h，然后称重，水重与干土重的比值为土壤含水率。

烘干法是最基本的直接测定土壤含水率的方法，其缺点是土样受到破坏，且不能连续观测某处的土壤含水率。

2. 负压计法（又称“张力计法”）

土壤水分是靠土壤吸力（基质势）的作用而存在于土壤中的。在同一土壤内含水率越小，土壤吸力越大；含水率越大，土壤吸力越小。当含水率达到饱和时，土壤吸力等于零。负压计就是测量土壤吸力的仪器。只要事先按不同土壤建立率定的土壤吸力与土壤含水率的关系曲线，即土壤水分特征曲线（可通过同时测定负压计读数和用烘干法测定土壤含水率来建立），而后用负压计测得土壤吸力，再查已建立的土壤水分特征曲线即得土壤含水率。

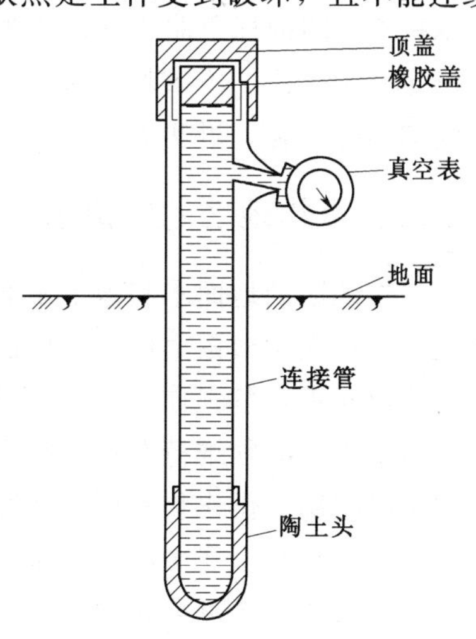

图 1-2 负压计

负压计主要由多孔陶土头、连接管和负压表组成，如图 1-2 所示。陶土头是整个仪器的感应部件，它具

有许多均匀的细孔，能够透水。当陶土头内充水后，其孔隙全部饱和，与空气接触面上形成水膜。在一定的压力范围内，水膜不被击穿，使得空气不能进入陶土头内。

使用时，负压计内全部充水，并保证不留剩余空气，把负压计陶土头埋入土壤中需测定的位置上，并使土壤与陶土头表面充分接触。陶土头最初放入土壤时，负压计中的水处于标准大气压状态中，吸力等于零。而一般土壤吸力大于零，由于吸力不等，负压计中的水就从陶土头外壁渗透出来，直至吸力平衡。这时负压计中出现的负压值（即吸力值）便由真空表指示出来。当土壤水由降雨或灌溉得到补充时，其吸力急剧降低，负压计中的吸力因大于土壤吸力，从土壤中吸得水分，负压计上真空表的读数也随之降低。稳定后，真空表的指示值即为土壤吸力。

负压计结构简单，能定量连续观测土壤含水率，如果分层埋设，可以及时掌握土壤水分运动情况，也可在不同测点多处埋设，配合自动观测设备，同时测得多点的土壤含水率及其变化过程。

3. 时域反射仪法（也称 TDR 法）

时域反射仪法是根据探测器发出的电磁波在不同介电常数物质中的传输时间的不同，计算出被测物的含水率。从探测器发射出的电磁波沿同轴电缆一直传递到电极末端并反射回来，在电极（长度 L）中往复的电磁波的传播速度（v）与电极周围介质的介电常数有关，从而可以获得介电常数与传播速度的关系，如当电磁波的频率在 1MHz～1GHz 时呈如下关系：

$$\xi=\left(\frac{c}{v}\right)^2=\left(\frac{ct}{2L}\right)^2 \tag{1-5}$$

式中　ξ——介电常数；

c——光速，3×10^8m/s；

t——电磁波的传输时间，s。

电磁波在各点的反射很明确，可以很准确地计测出 t，从而用式（1－1）计算出 ξ。运用 TDR 方法进行土壤含水率测定时，首先计测的是介电常数 ξ，然后通过介电常数 ξ 与含水率 β 之间的标定曲线计算土壤含水率。TDR 法与其他的土壤水分计测方法相比，具有测定范围广泛、不破坏土壤结构、测定方法简单、对人体无伤害、能随时捕捉含水率随时间的迅速变化、可实现自动化观测等优点。

三、旱作地区的农田水分状况

旱作地区的地面水和地下水必须适时适量地转化成为作物根系吸水层（可供根系吸水的土层，略大于根系集中层）中的土壤水，才能被作物吸收利用。通常地面不允许积水，以免造成涝灾，危害作物。地下水位不允许上升至作物根系吸水层，以免造成渍害。因此，地下水位必须维持在根系吸水层以下一定深度处，此时地下水可通过毛细管作用上升至根系吸收层，供作物利用，如图 1－3 所示。

作物根系吸水层中的土壤水，以毛管水最容易被旱作物吸收，是对旱作物生长最有价值的水分形式。超过毛管最大含水率的重力水，在土壤中通过时虽然也能被植物吸收，但由于它在土壤中逗留的时间很短，利用率很低，一般下渗流失，不能为土壤所保存，因此

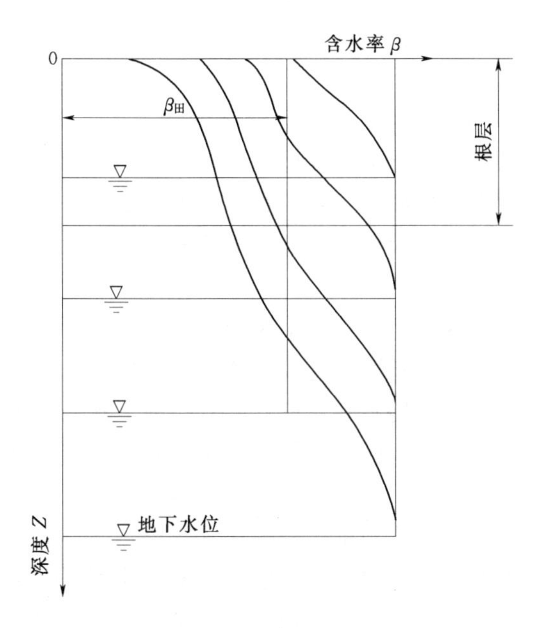

图1-3　地下水位对作物根系吸水层内土壤含水率分布的影响示意图

为无效水。同时，如果重力水长期保存在土壤中也会影响到土壤的通气状况（通气不良），对旱作物生长不利。所以，旱作物根系吸水层中允许的平均最大含水率一般为根系吸水层中的田间持水率。

根系吸水层的土壤含水率过低，对作物生长将造成直接影响。当根系吸水层的土壤含水率下降至凋萎系数时，作物将发生永久性凋萎。所以，凋萎系数是旱作物根系吸水层中土壤含水率的下限值。

当植物根部从土壤中吸收的水分来不及补给叶面蒸腾时，便会使植物体的含水量不断减少，特别是叶片的含水量迅速降低。这种由于根系吸水不足以致破坏了植物体水分平衡和协调的现象，即谓之干旱。根据干旱产生的原因不同，将干旱分为大气干旱、土壤干旱和生理干旱三种。

大气干旱是由于大气的温度过高和相对湿度过低、阳光过强，或遇到干热风造成植物蒸腾耗水过大，使根系吸水速度不能满足蒸腾需要而引起的干旱。我国西北、华北均有大气干旱。大气干旱过久会造成植物生长停滞，甚至使作物因过热而死亡。

土壤干旱是土壤含水率过低，植物根系从土壤中所能吸取的水量很少，无法补偿叶面蒸腾的消耗而造成的。短期的土壤干旱会使产量显著降低，干旱时间过长将会造成植物的死亡，其危害性要比大气干旱更为严重。为了防止土壤干旱，最低的要求就是使土壤水的渗透压力不小于根毛细胞液的渗透压力，凋萎系数便是土壤含水率的临界值。

生理干旱是由于植株本身生理原因，不能吸收土壤水分，而造成的干旱。例如，在盐渍土地区或一次施用肥料过多，使土壤溶液浓度过大，渗透压力大于根细胞吸水力，致使根系吸收不到水分，造成作物的生理干旱。因此土壤根系吸水层的最低含水率，还必须能使土壤溶液浓度不超过作物在各个生育期所容许的最高值，以免发生凋萎。

综上所述，旱作物根系吸水层的允许平均最大含水率不应超过田间持水率，最小含水率不应小于凋萎系数。因此，对于旱作物来说，土壤水分的有效范围是从凋萎系数到田间持水率。不同土壤的田间持水率、凋萎系数、有效水量见表1-5。

表1-5　不同土壤的田间持水率、凋萎系数及有效水量（占干土重的百分数）

土壤质地	田间持水率/%	凋萎系数/%	有效水量/%
砂土	8～16	3～5	5～11
砂壤土、轻壤土	12～22	5～7	7～15
中壤土	20～28	8～9	12～19
重壤土	22～28	9～12	13～15
黏土	23～30	12～17	11～13

四、水稻地区的农田水分状况

由于水稻的栽培技术和灌溉方法与旱作物不同，因此农田水分存在的形式也不相同。我国水稻灌水技术传统上采用田间建立一定水层的淹灌方法，故田面经常（除烤田外）有水层存在，并不断地向根系吸水层中入渗，供给水稻根部以必要的水分。根据地下水埋藏深度、不透水层位置、地下水出流情况（有无排水沟、天然河道、人工河网）的不同，地面水、土壤水与地下水之间的关系也不同。

当地下水埋藏较浅、无出流条件时，由于地面水不断下渗，使原地下水位至地面间土层的土壤孔隙达到饱和，此时地下水便上升至地面并与地面水连成一体。

当地下水埋藏较深、出流条件较好时，地面水虽然仍不断入渗，并补给地下水，但地下水位常保持在地面以下一定的深度，此时地下水位至地面间土层的土壤孔隙不一定达到饱和。

水稻是喜水喜湿性作物，保持适宜的淹灌水层不仅能满足水稻的水分需要，而且能影响土壤的一系列理化过程，并能起到调节和改善湿、热及农田小气候等状况的作用。但长期的淹灌及过深的水层（不合理的灌溉或降雨过多造成的）对水稻生长也是不利的，会引起水稻减产，甚至死亡。因此，合理确定淹灌水层上下限具有重要的实际意义。适宜水层上下限通常与作物品种、生育阶段、自然环境等因素有关，应根据试验或实践经验来确定。

五、农田水分状况的调节措施

在天然条件下，农田水分状况和作物需水要求通常是不相适应的。农田水分过多或水分不足的现象会经常出现，必须采取措施加以调节，以便为作物生长发育创造良好的条件。

调节农田水分的措施主要是灌溉措施和排水措施。当农田水分不足或过少时，一般应采取灌溉措施来增加农田水分；当农田水分过多时，应采取排水措施来排除农田中多余的水分。不论采取何种措施，都应与农业技术措施相结合，如尽量利用田间工程进行蓄水或实行深翻改土、免耕、塑膜和秸秆覆盖等措施，减少棵间蒸发，增加土壤蓄水能力。无论水田或旱地，都应注意改进灌水技术和方法，以减少农田水分的蒸发损失和渗漏损失。

习　　题

一、填空题

1. 土壤是指发育于地球陆地表面，能生长绿色植物的____________________。

2. 土壤是由________________、________________、________________三相物质组成的疏松多孔体。

3. 一般将土壤质地分为__________、__________和__________三大组。

4. 当空气相对湿度接近饱和时，吸湿水达到最大，此时的土壤含水率称为____________________________。

5. 植物产生永久性凋萎时的土壤含水率称为________________。

6. 膜状水达到最大时的土壤含水率，称为土壤的________________。

7. 毛管水依其补给条件的不同，可分为________________和________________。

8. 土壤含水率以____________________表示，便于根据土壤体积直接计算土壤中所含水分的体积。

9. 由于根系吸水不足以致破坏了植物体水分平衡和协调的现象称为________。

二、选择题

1. 土壤的物理状态是由（　　）和生物组成的具有孔隙结构的介质。

A. 矿物质　B. 有机质　C. 水分　D. 空气　E. 菌类

2. 一般将土粒分为（　　）四大基本粒级。

A. 石砾　B. 砂粒　C. 粉粒　D. 黏粒　E. 沙粒

3. 农田水分存在三种基本形式，即（　　）。

A. 地面水　B. 土壤水　C. 深层水　D. 地下水

4. 悬着毛管水达到最大时的土壤含水率称为（　　）。

A. 吸湿系数　B. 凋萎系数　C. 最大分子持水率　D. 田间持水率

5. 测定土壤含水率的方法很多，常用的有（　　）等方法。

A. 烘干法　B. 负压计法　C. 时域反射仪法　D. 蒸馏法

6. 干旱分为（　　）三种。

A. 表面干旱　B. 大气干旱　C. 土壤干旱　D. 生理干旱

7. 旱作物根系吸水层的允许平均最大含水率不应超过（　　）。

A. 吸湿系数　B. 凋萎系数　C. 最大分子持水率　D. 田间持水率

8. 旱作物根系吸水层的允许平均最小含水率不应小于（　　）。

A. 吸湿系数　B. 凋萎系数　C. 最大分子持水率　D. 田间持水率

9. 调节农田水分的措施主要是（　　）。

A. 灌溉措施　B. 中耕措施　C. 排水措施　D. 节水措施

三、计算题

1. 已知某干土块质量 1.48kg，现加入 0.21kg 的水，土块的含水率是多少？若其田间持水率为 25%（占干土质量的百分数），试问还要再加入多少水才能使它达到田间持水率？

2. 设某土壤田间持水率为 28%（占干土质量的百分数），干密度为 1360kg/m^3。当土壤含水率下降至 17%时进行灌溉，问每亩地灌水多少立方米，才能使深为 0.6m 范围内的土壤含水率达到田间持水率？

第二章 作物需水量与灌溉用水量

【学习目标】

通过学习作物需水量、灌溉制度、灌水率的确定方法，能够合理确定灌溉用水量及灌溉用水流量。

【学习任务】

1. 掌握需水量的计算方法，能够确定各种作物的需水量。

2. 掌握用水量平衡方程式确定旱作物和水稻灌溉制度的方法，能够合理地拟定旱作物在充分灌溉条件下的灌溉制度。

3. 了解我国主要农作物的合理用水情况，为合理制定灌溉制度提供依据。

4. 掌握绘制和修正灌水率图的方法，能够确定灌溉用水量及灌溉用水流量。

第一节 作物需水量

一、作物生理需水和生态需水

（一）水在作物生理中的作用

水是作物的重要组成部分，其含量常常是生命活动强弱的决定因素。生长活跃和代谢旺盛的组织的含水量一般达70%～80%，甚至达90%以上。作物体内含水量分布大致遵循的规律是：生长旺盛的器官和组织高于老龄的器官和组织，上部高于下部，分生和输导组织高于表皮和其他组织。

水分在作物生理活动中的作用如下：

（1）水分是细胞原生质的重要成分。在正常情况下，原生质的含水量一般为70%～90%，呈溶胶状态，有利于生命活动的进行。含水量减少，原生质由溶胶变成凝胶，生命活动就大大减弱。如果细胞失水过多，可引起原生质破坏而致死亡。

（2）水分是光合作用的重要原料。对于大多数作物来说，在一定范围内，随着株体和细胞中含水量的提高，光合强度也提高。如果作物水分不足，就会抑制光合作用，从而严重影响产量。

（3）水分是作物溶解、吸收和运输养分的载体。一般来说，作物不能直接吸收固态的养分，只有溶解在水中才能被作物吸收，并输送至各器官。同样，由光合作用制造的有机物质，也只有溶于水才能输送至作物的各个部位。

（4）水分可使作物保持固有姿态。由于细胞含有大量水分，维持细胞的膨压（细胞吸水膨胀而对细胞壁产生的压力），使作物枝叶挺立，叶气孔张开，便于接受光照和气体交换，同时也使花朵开放，有利于授粉，保证作物正常生长发育。如果作物水分不足，就会发生萎蔫，造成危害。

（5）水分可以调节作物体温。炎热季节气温高，作物蒸腾强度大，散失水分多，好比人体出汗，有利于降低体温。

由于水分在作物生理活动中起着如此重大的作用，因此适时灌溉满足作物水分的需要，是获取农业丰收的重要保证。

（二）灌溉与排水对改善作物生态环境的作用

1. 调节土壤肥力

1）以水调气。作物生长要求土壤中有适量的空气，以利于根系呼吸和有益微生物活动。水分和空气共同存在于土壤孔隙中，它们互为消长、互为矛盾，即土壤水多时，空气就少，反之亦然。可见，水分是矛盾的主要方面。

2）以水调温。作物生长要求适当的土壤温度和大气温度，温度过高或过低都会抑制和危害作物的生长发育。由于水的热容量和导热率远大于空气，当土壤水分增加或减少时，都会影响土壤温度变化，所以在低温和高温来临之前，增加土壤水分，可以缓和、稳定土温及气温变化，缩小昼夜温差，防止作物受害。

3）以水调肥。作物对养分的吸收必须以水为媒介（或载体）。养分只有在适当的水分配合下，才能发挥其对作物的营养作用。同时，土壤水分状况对土壤养分的转化和保持也有重大的影响。

2. 改善农田小气候

农田小气候主要指地面以上 2m 内的空气层温度、湿度、光照和风的状况，以及土壤表层的水、热状况。它是作物生活的重要环境条件，对作物生长发育及产量高低有许多直接或间接的影响。

影响农田小气候的因素很多，其中通过灌溉排水改变农田水分状况，对改善农田小气候有显著作用。在灌溉之后，土壤湿度增加，土壤热容量和导热率增大，同时土壤蒸发耗热也增加，所以灌溉地比未灌溉地白天升温慢、温度低，夜间降温慢、温度高，土温日变幅小。日平均土温在升温季节（如春季）灌溉地比未灌溉地低，而在寒冷降温季节，灌溉地则比未灌溉地高。

3. 提高农业技术措施的质量和效果

农业技术措施如土壤耕作、施肥、田间管理等，都与田间的水分状况有密切的关系。灌溉排水和各项措施合理配合，可以提高各项农业技术措施的质量和效果，为作物生长创造良好的环境条件。

二、农田水分消耗的途径

农田水分消耗的途径主要有植株蒸腾、棵间蒸发和深层渗漏。

（一）植株蒸腾

植株蒸腾是指作物根系从土壤中吸入体内的水分，通过叶片的气孔扩散到大气中去的现象。试验证明，植株蒸腾要消耗大量水分，作物根系吸入体内的水分有 99%以上消耗于蒸腾，只有不足 1%的水量留在植物体内，成为植物体的组成部分。

植株蒸腾过程是由液态水变为气态水的过程，在此过程中，需要消耗作物体内的大量热量，从而降低作物的体温，以免作物在炎热的夏季被太阳光所灼伤。蒸腾作用还可以增强作物根系从土壤中吸取水分和养分的能力，促进作物体内水分和无机盐的运转。所以，作物蒸腾是作物的正常活动，这部分水分消耗是必需的和有益的，对作物的生长有重要意义。

（二）棵间蒸发

棵间蒸发是指植株间土壤或水面的水分蒸发。棵间蒸发和植株蒸腾都受气象因素的影响，但蒸腾因植株的繁茂而增加，棵间蒸发因植株造成的地面覆盖率加大而减少，所以植株蒸腾与棵间蒸发两者互为消长。棵间蒸发虽然能增加近地面的空气湿度，对作物的生长环境产生有利影响，但大部分水分消耗和作物的生长发育没有直接关系。因此，应采取措施减少棵间蒸发，如农田覆盖、中耕松土、改进灌水技术等。

（三）深层渗漏

深层渗漏是指旱田中由于降雨量或灌溉水量太多，使土壤水分超过了田间持水率，向根系活动层以下的土层产生渗漏的现象。深层渗漏对旱作物来说是无益的，且会造成水分和养分的流失，合理的灌溉应尽可能地避免深层渗漏。由于水稻田经常保持一定的水层，所以深层渗漏是不可避免的，适当的渗漏可以促进土壤通气、改善还原条件、消除有毒物质、有利于作物生长，但是渗漏量过大，会造成水量和肥料的流失，与开展节水灌溉有一定的矛盾。

在上述几项水量消耗中，植株蒸腾和棵间蒸发合称为腾发，两者消耗的水量合称为腾发量，通常又把腾发量称为作物需水量。腾发量的大小及其变化规律主要取决于气象条件、作物特性、土壤性质和农业技术措施等。渗漏量的大小主要与土壤性质、水文地质条件等因素有关，它和腾发量的性质完全不同，一般将腾发量与渗漏量分别进行计算。旱作物在正常灌溉情况下，不允许发生深层渗漏，因此旱作物需水量即为腾发量。对稻田来说，适宜的渗漏是有益的，通常把水稻腾发量与稻田渗漏量之和称为水稻的田间耗水量。

三、作物需水规律

作物需水规律是指在作物生长过程中日需水量及阶段需水量的变化规律。研究作物需水规律和各阶段的农田水分状况，是进行灌溉排水的重要依据。作物需水量的变化规律是：苗期需水量小，然后逐渐增多，到生育盛期达到高峰，后期又有所减少，其变化过程如图 2－1 所示。其中，日需水量最多、对缺水最敏感、影响产量最大的时期，称为需水临界期。不同作物需水临界期不同，如水稻为孕穗至开花期，冬小麦为拔节至灌浆期，玉米为抽穗至灌浆期，棉花为开花至结铃期。在缺水地区，把有限的水量用在需水临界期，能充分发挥水的增产作用，做到经济用水；相反，若在需水临界期不能满足作物对水分的要求，将会减产。

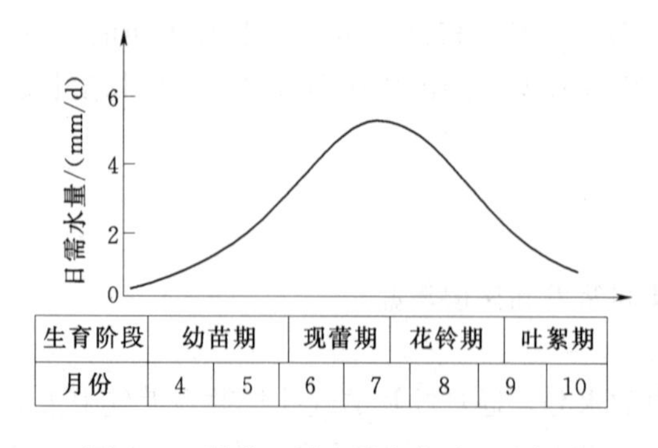

图 2－1　棉花日需水量变化过程示意图

四、作物需水量的计算方法

影响作物需水量的因素有气象条件（温度、日照、湿度、风速）、土壤水分状况、作物种类及其生长发育阶段、土壤肥力、农业技术措施、灌溉排水措施等。这些因素对需水量的影响是相互联系的，也是错综复杂的，目前尚不能从理论上精确确定各因素对需水量的影响程度。在生产实践中，一方面通过田间试验的方法直接测定作物需水量，另一方面常采用某些计算方法确定作物需水量。

现有计算作物需水量的方法大致可归纳为两类：一类是直接计算作物需水量，另一类是通过计算参照作物需水量来计算实际作物需水量。

（一）直接计算需水量的方法

该法是从影响作物需水量的诸因素中，选择几个主要因素（如水面蒸发、气温、日照、辐射等），再根据试验观测资料分析这些主要因素与作物需水量之间存在的数量关系，最后归纳成某种形式的经验公式。目前，常见的这类经验公式大致有以下几种。

1. 以水面蒸发为参数的需水系数法（简称“α 值法”或称蒸发皿法）

大量的灌溉试验资料表明，气象因素是影响作物需水量的主要因素，而当地的水面蒸发又是各种气象因素综合影响的结果。腾发量与水面蒸发都是水汽扩散，因此可以用水面蒸发这一参数估算作物需水量，其计算公式为

$$ET=\alpha E_0 \qquad (2-1)$$

或

$$ET=\alpha E_0+b \qquad (2-2)$$

式中 ET——某时段内的作物需水量，以水层深度计，mm；

E_0——与 ET 同时段的水面蒸发量，以水层深度计，mm；E_0 一般采用 80cm 口径蒸发皿的蒸发值，若用 20cm 口径蒸发皿，则 $E_{80}=0.8E_{20}$；

α——各时段的需水系数，即同时期需水量与水面蒸发量之比值，一般由试验确定，水稻 $\alpha=0.9\sim1.3$，旱作物 $\alpha=0.3\sim0.7$；

b——经验常数。

由于“α 值法”只需要水面蒸发量资料，所以该法在我国水稻地区曾被广泛采用。在水稻地区，气象条件对 ET 及 E_0 的影响相同，故应用“α 值法”较为接近实际，也较为稳定。对于水稻及土壤水分充足的旱作物，用此法计算，其误差一般不超过 20%～30%；对于土壤含水率较低的旱作物和实施湿润灌溉的水稻，因其腾发量还与土壤水分有密切关系，所以此法不太适宜。

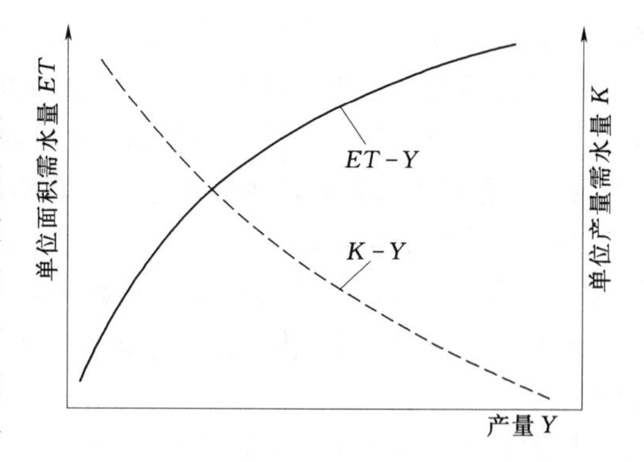

图 2-2 作物需水量与产量关系示意图

2. 以产量为参数的需水系数法（简称“K 值法”）

作物产量是太阳能的累积与水、土、肥、热、气诸因素的协调及农业技术措施综合作用的结果。因此，在一定的气象条件和农业技术措施条件下，作物田间需水量将随产量的提高而增加，如图 2-2 所示，但是需水量的增加并不与产量成比例。由图 2-2 还可看

出，单位产量的需水量随产量的增加而逐渐减小，说明当作物产量达到一定水平后，要进一步提高产量就不能仅靠增加水量，而必须同时改善作物生长所必需的其他条件，如农业技术措施、增加土壤肥力等。作物总需水量与产量之间的关系可用式（2-3）表示为

$$ET=KY$$

或

$$ET=KY^n+c \tag{2-3}$$

式中　ET——作物全生育期内总需水量，m^3/hm^2；

Y——作物单位面积产量，kg/hm^2；

K——以产量为指标的需水系数，即单位产量的需水量，m^3/kg；

n、c——经验指数和常数。

式（2-3）中的 K、n、c 值可通过试验确定。此法简便，只要确定计划产量后，便可算出需水量；同时，此法把需水量与产量相联系，便于进行灌溉经济分析。对于旱作物，在土壤水分不足而影响高产的情况下，需水量随产量的提高而增大，用此法推算较可靠，误差多在30%以下，宜采用。但对于土壤水分充足的旱田以及水稻田，需水量主要受气象条件控制，产量与需水量关系不明确，用此法推算的误差较大。

上述公式可估算全生育期作物需水量。在生产实践中，过去习惯采用需水模系数估算作物各生育阶段的需水量，即根据已确定的全生育期作物需水量，然后按照各生育阶段需水规律，以一定的比例进行分配，即

$$ET_i=\frac{1}{100}K_iET \tag{2-4}$$

式中　ET_i——某一生育阶段作物需水量；

K_i——需水模系数，即某一生育阶段作物需水量占全生育期作物需水量的百分数，可以从试验资料中取得或运用类似地区资料分析确定。

按上述方法求得的各阶段作物需水量很大程度上取决于需水模系数的准确程度。但由于影响需水模系数的因素较多，如作物品种、气象条件以及土、水、肥条件和生育阶段划分不严格等，使同一生育阶段在不同年份内同品种作物的需水模系数并不稳定，而不同品种的作物需水模系数则变幅更大。大量分析计算结果表明，用此方法求各阶段需水量的误差常在±(100%～200%)，但是用该方法计算全生育期总需水量仍有参考作用。

（二）通过计算参照作物需水量来计算实际作物需水量的方法

目前，作物需水量的计算方法是通过计算参照作物的需水量来计算实际需水量的。有了参照作物需水量，然后根据作物系数 K_c 对 ET_0 进行修正，得到某种作物的实际需水量。在水分亏缺时，再用 K_w 进行修正，即可求出某种作物在水分亏缺时的实际需水量 ET_{ai}。

所谓参照作物需水量 ET_0 是指高度一致、生长旺盛、地面完全覆盖、土壤水分充足的绿草地（8～15cm高）的蒸发蒸腾量，一般是指在这种条件下的苜蓿草的需水量，因为这种参照作物需水量主要受气象条件的影响，所以都是根据当地的气象条件分阶段计算的。

1. 参照作物需水量的计算

计算参照作物需水量的方法很多，大致可归纳为经验公式法、水气扩散法、能量平衡法

等。其中以能量平衡原理比较成熟、完整。其基本思想是：将作物腾发看作能量消耗的过程，通过平衡计算求出腾发所消耗的能量，然后再将能量折算为水量，即作物需水量（ET_0）。

2. 实际需水量的计算

已知参照作物需水量 ET_0 后，在充分供水条件下，采用作物系数 K_c，对 ET_0 进行修正，即得作物实际需水量 ET，即

$$ET = K_c ET_0 \tag{2-5}$$

式中的 ET 与 ET_0 应取相同单位。

作物系数是指某一阶段的作物需水量与相应阶段内的参考作物腾发量的比值，它反映了作物本身的生物学特性、产量水平、土壤耕作条件等对作物需水量的影响。根据各地的试验，作物系数 K_c 不仅随作物而变化，更主要的是随作物的生育阶段而异，生育初期和末期的 K_c 较小，而中期的较大。表 2-1 列出了山西省冬小麦作物系数 K_c 值；表 2-2 为湖北省中稻作物系数 K_c 值。

表 2-1　山西省冬小麦作物系数 K_c 值

生育阶段	播种—越冬	越冬—返青	返青—拔节	拔节—抽穗	抽穗—灌浆	灌浆—收割	全生育期
K_c	0.86	0.48	0.82	1.00	1.16	0.87	0.87

表 2-2　湖北省中稻作物系数 K_c 值

月　份	5	6	7	8	9
K_c	1.03	1.35	1.50	1.40	0.94

3. 作物需水量等值线图

任何物理量，只要它在空间呈连续变化，又不因人为措施导致迅速、大幅度变动，即可用等值线图来表示其空间分布规律。影响作物需水量的主要因素为气象因素和非气象因素，气象因素是在空间呈连续变化的物理量，非气象因素主要是指土壤水分条件、产量水平等，若把非气象因素维持在一定水平，这样便可以用等值线图来表示作物需水量空间变化规律。根据作物需水量的定义，非气象因素实际上已限定在同一水平，这就是作物要生长在适宜的水分条件下，而实现高产（潜在产量）时的需水量。对土壤水分条件与产量水平全国协作组已做了统一规定，按照统一的要求进行设计与试验，这样就在全国范围内取得了同一非气象因素水平下的需水量值。

全国主要作物需水量等值线图是采用作物系数法计算每一个县的作物需水量值，按照式（2-5）用统一的计算机程序进行计算并绘制的。在实际应用时，可直接查用已鉴定的作物需水量等值线图。

第二节　作物灌溉制度

农作物的灌溉制度是指作物播种前（或作物移栽前）及其全生育期内的灌水次数、每次的灌水时间、灌水定额以及灌溉定额。其是根据作物需水特性和当地气候、土壤、农业技术及灌水技术等条件，为作物高产及节约用水而制定的适时适量的灌水方案。灌水定额

是指一次灌水单位灌溉面积上的灌水量，灌溉定额是指播种前和全生育期内单位面积上的总灌水量，即各次灌水定额之和。灌水定额和灌溉定额常以 m^3/hm^2 或 mm 表示，它是灌区规划及管理的重要依据。

一、充分灌溉条件下的灌溉制度

充分灌溉条件下的灌溉制度，是指灌溉供水能够充分满足作物各生育阶段的需水量要求而制定的灌溉制度。常采用以下三种方法来确定灌溉制度。

（1）总结群众丰产灌水经验。群众在长期的生产实践中，积累了丰富的灌溉用水经验。能够根据作物生育特点，适时适量地进行灌水，夺取高产。这些实践经验是制定灌溉制度的重要依据。灌溉制度调查应根据设计要求的干旱年份，调查这些年份当地的灌溉经验，灌区范围内不同作物的灌水时间、灌水次数、灌水定额及灌溉定额。根据调查资料，分析确定这些年份的灌溉制度。

（2）根据灌溉试验资料制定灌溉制度。为了实施科学灌溉，我国许多灌区设置了灌溉试验站，试验项目一般包括作物需水量、灌溉制度、灌水技术和灌溉效益等。试验站积累的试验资料是制定灌溉制度的主要依据。但是，在选用试验资料时，必须注意原试验的条件（如气象条件、水文年度、产量水平、农业技术措施、土壤条件等）与需要确定灌溉制度地区条件的相似性，在认真分析研究对比的基础上确定灌溉制度，不能生搬硬套。

（3）按水量平衡原理分析制定作物灌溉制度。这种方法有一定的理论依据，比较完善，但必须根据当地具体条件，参考群众丰产灌水经验和田间试验资料，才能使制定的灌溉制度更加切合实际。下面分别就旱作物和水稻介绍这一方法。

（一）旱作物的灌溉制度

旱作物依靠其主要根系从土壤中吸取水分，以满足其正常生长的需要。因此，旱作物的水量平衡是分析其主要根系吸水层储水量的变化情况，其灌溉制度是以作物主要根系吸水层作为灌水时的土壤计划湿润层，并要求该土层内的储水量能保持在作物所要求的范围内，使土壤的水、气、热状态适合作物生长。所以，用水量平衡原理制定旱作物的灌溉制度就是通过对土壤计划湿润层内的储水量变化过程进行分析计算，从而得出相关指标。

1. 水量平衡方程

旱作物生育期内任一时段计划湿润层中含水量的变化取决于需水量和来水量的多少，其来去水量如图 2-3 所示，它们的关系可用下列水量平衡方程式表示：

$$W_t - W_0 = W_T + P_0 + K + M - ET \tag{2-6}$$

式中　W_0、W_t——时段初、时段末土壤计划湿润层内的储水量，m^3/hm^2；

W_T——由于计划湿润层增加而增加的水量，m^3/hm^2，如计划湿润层在时段内无变化则无此项；

P_0——时段内保存在土壤计划湿润层内的有效雨量，m^3/hm^2；

K——时段 t（单位时间为日，以 d 表示，下同）内的地下水补给量，m^3/hm^2；即 $K=kt$，k 为 t 时段内平均每昼夜地下水补给量，$m^3/(hm^2 \cdot d)$；

M——时段 t 内的灌溉水量，m^3/hm^2；

ET——时段 t 内的作物田间需水量，m^3/hm^2，即 $ET=et$，e 为 t 时段内平均每昼夜的作物田间需水量，$m^3/(hm^2 \cdot d)$。

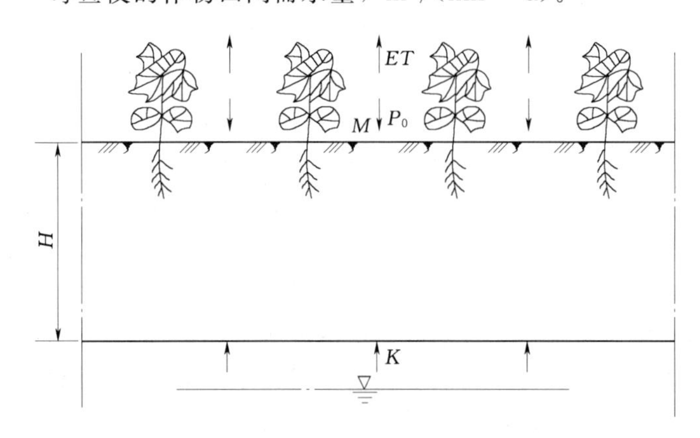

图 2-3 土壤计划湿润层水量平衡示意图

为了满足农作物正常生长的需要，任一时段内土壤计划湿润层内的储水量必须经常保持在一定的适宜范围以内，即通常要求不小于作物允许的最小储水量（W_{min}）和不大于作物允许的最大储水量（W_{max}）。在天然情况下，由于各时段内需水量是一种经常的消耗，而降雨则是间断的补给，因此当某些时段内降雨量很小或没有降雨时，往往使土壤计划湿润层内的储水量很快降低到或接近于作物允许的最小储水量，此时即需进行灌溉，以补充土层中消耗掉的水量。

例如，某时段内没有降雨，显然这一时段的水量平衡方程可写为

$$W_{min}=W_0-ET+K=W_0-t(e-k) \tag{2-7}$$

式中 W_{min}——土壤计划湿润层内允许最小储水量；

其余符号同前。

如图 2-4 所示，设时段初土壤储水量为 W_0，则由式（2-7）可推算出开始进行灌水时的时间间距为

$$t=\frac{W_0-W_{min}}{e-k} \tag{2-8}$$

而这一时段末的灌水定额 m 为

$$m=W_{max}-W_{min}=10^2\gamma H(\beta_{max}-\beta_{min}) \tag{2-9}$$

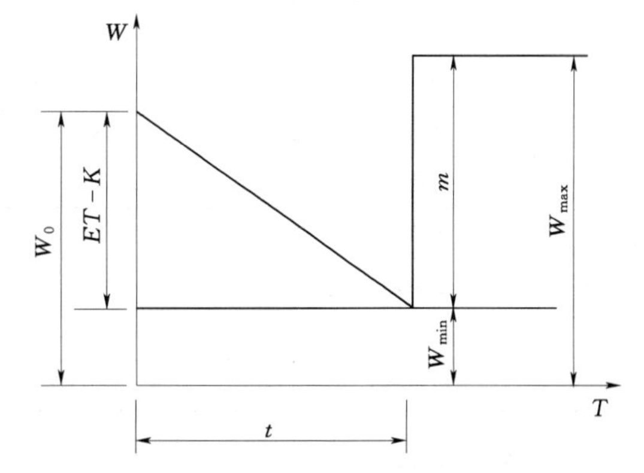

图 2-4 土壤计划湿润层（H）内储水量变化

式中 m——灌水定额，m^3/hm^2；

γ——H 深度内的土壤平均密度，t/m^3；

H——该时段内土壤计划湿润层的深度，m；

β_{max}、β_{min}——该时段内允许的土壤最大含水率和最小含水率（占干土质量的百分数，%）。

同理，可以求出其他时段在不同情况下的灌水时距与灌水定额，从而确定出作物全生

育期内的灌溉制度。

2. 制定旱作物灌溉制度所需的基本资料

制定的灌溉制度是否合理，关键在于方程中各项数据，如土壤计划湿润层深度、作物允许的土壤含水量变化范围以及有效降雨量等的选用是否合理。

1）土壤计划湿润层深度。土壤计划湿润层深度是指在对旱作物进行灌溉时，计划调节控制土壤水分状况的土层深度。它取决于旱作物主要根系活动层深度，随作物的生长发育而逐步加深。在作物生长初期，根系虽然很浅，但为了维持土壤微生物活动，并为以后根系生长创造条件，需要在一定土层深度内保持适当的含水率，一般采用 30～40cm；随着作物的成长和根系的发育，需水量增多，计划湿润层也应逐渐增加，至生长末期，由于作物根系停止发育，需水量减少，计划湿润层深度不宜继续加大，一般不超过 1.0m。在地下水位较高的盐碱化地区，计划湿润层深度不宜大于 0.6m。根据试验资料，列出几种作物不同生育阶段的计划湿润层深度，见表 2-3。

表 2-3　　冬小麦等作物土壤计划湿润层深度和适宜含水率

作物	生育阶段	土壤计划湿润层深度/cm	土壤适宜含水率（以田间持水率的百分数计）/%
冬小麦	出苗	30～40	45～60
	三叶	30～40	45～60
	分蘖	40～50	45～60
	拔节	50～60	45～60
	抽穗	50～80	60～75
	开花	60～100	60～75
	成熟	60～100	60～75
棉花	幼苗	30～40	55～70
	现蕾	40～60	60～70
	开花	60～80	70～80
	吐絮	60～80	50～70
玉米	幼苗期	30～40	60～70
	拔节期	40～50	70～80
	抽穗期	50～60	70～80
	灌浆期	60～80	80～90
	成熟期	60～80	70～90

2）适宜含水率及允许的最大、最小含水率。土壤适宜含水率（$\beta_{适}$）是指最适宜作物生长发育的土壤含水率。它随作物种类、生育阶段的需水特点、施肥情况和土壤性质（包括含盐状况）等因素而异，一般应通过试验或调查总结群众经验而定。表 2-3 中所列数值可供参考。

由于作物需水的持续性与农田灌溉或降雨的间歇性，土壤计划湿润层的含水率不可能经常保持在某一最适宜含水率数值而不变。为了保证作物正常生长，土壤含水率应控制在

允许最大含水率和允许最小含水率之间。允许最大含水率（β_{max}）一般以不致造成深层渗漏为原则，所以采用$\beta_{max}=\beta_{田}$，$\beta_{田}$为土壤田间持水率，见表2-4。作物允许最小含水率（β_{min}）应大于凋萎系数，一般取田间持水率的60%～70%，即$\beta_{min}=(0.6\sim0.7)\beta_{田}$。

表2-4　　各种土壤的田间持水率

土壤类别	孔隙率（占土壤体积的百分比）/%	田间持水率	
		占土体的百分比/%	占孔隙率的百分比/%
砂土	30～40	11～20	35～50
砂壤土	40～45	16～30	40～65
壤土	45～50	23～35	50～70
黏土	50～55	33～44	65～80
重黏土	55～65	42～55	75～85

在土壤盐碱化较严重的地区，往往由于土壤溶液浓度过高而妨碍作物吸取正常生长所需的水分，因此还要依据作物不同生育阶段允许的土壤溶液浓度作为控制条件来确定允许最小含水率（β_{min}）。

3）有效降雨量（P_0）。有效降雨量是指天然降雨量扣除地面径流和深层渗漏量后，蓄存在土壤计划湿润层内可供作物利用的雨量。一般用降雨入渗系数来表示，即

$$P_0=\alpha P \tag{2-10}$$

式中，α为降雨有效利用系数，其值与一次降雨量、降雨强度、降雨延续时间、土壤性质、地面覆盖及地形等因素有关。一般认为当次降雨小于5mm时，α为0；当次降雨为5～50mm时，α为1.0～0.8；当次降雨大于50mm时，α为0.8～0.7。

4）地下水补给量（K）。地下水补给量是指地下水借土壤毛细管作用上升至作物根系吸水层而被作物利用的水量，其大小与地下水埋藏深度、土壤性质、作物种类、作物需水强度、计划湿润层含水量等有关。当地下水埋深超过2.5m时，补给量很小，可以忽略不计；当地下水埋深不超过2.5m时，补给量为作物需水量的5%～25%。河南省人民胜利渠灌区测定冬小麦区地下水埋深为1.0～2.0m时，地下水补给量可达作物需水量的20%。因此，在制定灌溉制度时，不能忽视这部分的补给量，必须根据当地或类似地区的试验、调查资料估算。

5）由于计划湿润层增加而增加的水量（W_T）。在作物生育期内计划湿润层是变化的，由于计划湿润层增加，作物就可利用一部分深层土壤的原有储水量，W_T（m^3/hm^2）可按下式计算：

$$W_T=10^2(H_2-H_1)\beta\gamma \tag{2-11}$$

式中　H_1——时段初计划湿润层深度，m；

H_2——时段末计划湿润层深度，m；

β——（H_2-H_1）深度的土层中的平均含水率（以占干土质量的百分数计，%），一般$\beta<\beta_{田}$；

γ——H_1到H_2深度内的土壤平均密度，t/m³。

当确定了以上各项设计依据后，即可分别计算旱作物的播前灌水定额和生育期的灌溉

制度。

3. 旱作物播前的灌水定额（M_1）的确定

播前灌水往往只进行一次，M_1（m^3/hm^2）一般可按下式计算：

$$M_1 = 10^2 \gamma H(\beta_{max} - \beta_0) \tag{2-12}$$

式中　γ——H 深度内的土壤平均密度，t/m^3；

H——土壤计划湿润层深度，m，应根据播前灌水要求决定；

β_{max}——一般为田间持水率（占干土质量的百分数），%；

β_0——播前 H 土层内的平均含水率（占干土质量的百分数），%。

4. 生育期灌溉制度的制定

根据水量平衡原理，可用图解法或列表法制定生育期的灌溉制度。用列表法计算时，与制定水稻灌溉制度的方法基本一样，所不同的是旱作物的计算时段以旬为单位。下面以棉花灌溉制度为例，说明列表法制定灌溉制度的步骤。

【例 2-1】 用列表法制定陕西渭北塬某灌区棉花的灌溉制度。

【解】 1. 基本资料

（1）土壤。灌区土壤为黏壤土，经测定 0～80cm 土层内的密度为 $\gamma_{干土} = 1460kg/m^3$，孔隙率为 $n = 44.7\%$，田间持水率为 $\beta_{田} = 24.1\%$（占干土质量的百分数，%），播种时的土壤含水率为 $\beta_0 = 21.7\%$（占干土质量的百分数，%）。

（2）水文地质。灌区地下水埋深多为 4.5～5.3m，地下水出流通畅，地下水补给量可略而不计。

（3）气象。灌区早霜发生在 10 月中旬，晚霜发生在 4 月中旬，无霜期 177d。灌溉设计保证率采用 $P = 75\%$，经频率计算，选定设计典型年为 1984 年，该年棉花生长期的降雨量见表 2-5，降雨有效利用系数采用 0.8。

表 2-5　　设计年棉花生长期降雨量　　单位：mm

月份	4	5	6	7	8	9	10
上旬	0	4.0	25.3	11.4	33.8	75.6	8.0
中旬	0.2	37.7	28.7	23.2	32.6	39.2	0.3
下旬	8.9	33.9	0	62.8	0.4	0.9	6.0

（4）作物。经查"陕西省典型年（$P = 75\%$）棉花全生育期总需水量等值线图"，典型年（$P = 75\%$）棉花全生育期的总需水量为 675mm（$6750m^3/hm^2$），各生育阶段的需水模系数 K_i 与计划湿润层深度见表 2-6。允许最大含水率和允许最小含水率分别为 $\beta_{田}$ 和 $0.6\beta_{田}$。

表 2-6　　棉花各生育阶段计划湿润层深度及需水模系数

生育阶段	幼苗	现蕾	花铃	吐絮
起止日期（月.日）	4.21—6.20	6.21—7.10	7.11—8.20	8.21—10.10
需水模系数 K_i/%	15	21	29	35
计划湿润层深度 H/m	0.5	0.6	0.7	0.8

（5）当地群众灌水经验。中等干旱年一般灌水 3～4 次，灌水时间一般为现蕾期、开花期、结铃初和吐絮初，灌水定额 600～750m^3/hm^2。播前 10d 灌溉灌水定额 1200m^3/hm^2，使播种时 0.5m 土层内的含水率保持在 $0.9\beta_{田}$，0.5m 以下土层中的含水率保持在 $\beta_{田}$。

2. 列表计算

根据水量平衡原理列表计算见表 2－7，有关计算说明如下。

表 2－7　　　　棉花生育期灌溉制度计算表

生育阶段	起止日期（月．日）	H /m	W_{max} /(m^3/hm^2)	W_{min} /(m^3/hm^2)	W_0 /(m^3/hm^2)	$ET_{时段}$ /(m^3/hm^2)	$W_来$/(m^3/hm^2)			$W_来-ET_{时段}$ /(m^3/hm^2)		m /(m^3/hm^2)	灌水时间（月/日）	Wt /(m^3/hm^2)
							P_0	W_T	小计					
幼苗	4.21—4.30	0.5	1759.3	1055.6	1583.4	168.7	71.2	0	71.2		97.5			1485.9
	5.1—5.10				1485.9	168.8	0	0	0.0		168.8			1317.1
	5.11—5.20				1317.1	168.7	301.6	0	301.6	132.9				1450.0
	5.21—5.31				1450.0	168.8	271.2	0	271.2	102.4				1552.4
	6.1—6.10				1552.4	168.7	202.4	0	202.4	33.7				1586.1
	6.11—6.20				1586.1	168.8	229.6	0	229.6	60.8				1646.9
现蕾	6.21—6.30	0.6	2111.2	1266.7	1646.9	708.7	0	175.9	175.9		532.8	600	6/25	1714.1
	7.1—7.10				1714.1	708.8	91.2	175.9	267.1		441.7			1272.4
花铃	7.11—7.20	0.7	2463.0	1477.8	1272.4	489.4	185.6	88	273.6		215.8	600	7/15	1656.6
	7.21—7.31				1656.6	489.4	502.4	88	590.4	101.0				1757.6
	8.1—8.10				1757.6	489.4	270.4	88	358.4		131.0	600	8/5	2226.6
	8.11—8.20				2226.6	489.3	260.8	87.9	348.7		140.6			2086.0
吐絮	8.21—8.31	0.8	2814.9	1688.9	2086.0	472.5	0	70.4	70.4		402.1	600	8/25	2283.9
	9.1—9.10				2283.9	472.5	604.8	70.4	675.2	202.7				2486.6
	9.11—9.20				2486.6	472.5	313.6	70.4	384.0		88.5			2398.1
	9.21—9.30				2398.1	472.5	0	70.4	70.4		402.1			1996.0
	10.1—10.10				1996.0	472.5	64	70.3	134.3		338.2			1657.8
总计	4.21—10.10					6750	3368.8	1055.6	4424.4	−2325.6		2400		

（1）$W_{max}=10^2\gamma H\beta_{max}$；$W_{min}=10^2\gamma H\beta_{min}$。

（2）W_0 对于第一个时段可用 $W_0=10^2\gamma H\beta_0$ 计算，第二个时段初的 W_0 为第一个时段末的 W_t，依此类推。

（3）各生育阶段的需水量为 $ET_i=K_iET$，如现蕾期为 $ET_i=0.21\times6750=1417.5$（$m^3/hm^2$），各计算时段的需水量，如现蕾期为 $ET_{时段}=ET_i/旬数=1417.5/2=708.75$（$m^3/hm^2$）。

（4）$W_来$ 为时段内来水量，包括：

$$P_0=\alpha P(mm)=10\alpha P(m^3/hm^2)$$

$$W_T=10^2(H_2-H_1)\beta\gamma$$

播前灌水使 0.5m 以下土层的含水率为 $\beta_{田}$，即 $\beta=\beta_{田}$。

(5) ($W_{来}-ET_{时段}$) 为时段内来、用水量之差，当 $W_{来}>ET_{时段}$ 时为正值，为 $W_{来}<ET_{时段}$ 时为负值。

(6) m 为灌水定额，当 W_t 接近 W_{min} 时，即应进行灌水，在不超过 W_{max} 的范围内，结合群众灌水经验和近期雨情确定灌水定额的大小。

(7) 灌水时间为各次灌水的具体日期，可根据计划湿润层含水量和近期降雨量的情况，结合当地施肥和劳力的安排等具体条件进行确定。

(8) W_t 为时段末计划湿润层内的土壤储水量，可由 $W_0+(W_{来}-ET_{时段})$ 求出，当时段内有灌水时，$W_t=W_0+(W_{来}-ET_{时段})+m$。

(9) 校核。各生育阶段和全生育期的计算结果都可用式 (2-6) 进行校核。例如，对全生育期：

$$W_0+P_0+W_T+K+M-ET=1583.4+3368.8+1055.6+0+2400-6750$$
$$=1657.8(\mathrm{m^3/hm^2})=W_t$$

说明计算正确无误，否则应进行检查纠正。

(10) 计算成果。根据表 2-7 的计算结果，再加上播前灌水，即可得到棉花的灌溉制度，见表 2-8。

表 2-8　××灌区中等干旱年棉花灌溉制度

作　物	生育阶段	灌水次数	灌水定额 /($\mathrm{m^3/hm^2}$)	灌水时间 /(月.日)	灌溉定额 /($\mathrm{m^3/hm^2}$)
棉花	播前期	1	1200	4.10	3600
	现蕾期	2	600	6.25	
	花铃期	3	600	7.15	
	花铃期	4	600	8.5	
	吐絮期	5	600	8.25	

(二) 水稻的灌溉制度

由于水稻大都采用移栽，所以水稻的灌溉制度可分为泡田期及插秧以后的生育期两个时段进行计算。

1. 泡田期泡田定额的确定

泡田定额由三部分组成，一是使一定土层的土壤达到饱和，二是在田面建立一定的水层，三是满足泡田期的稻田渗漏量和田面蒸发量。

$$M_1=10H\gamma(\beta_{饱}-\beta_0)+h_0+t_1(s_1+e_1)-P_1 \tag{2-13}$$

式中　M_1——泡田期泡田定额，mm；

H——稻田犁底层深度，m；

γ——稻田 H 深度内土壤平均密度，$\mathrm{t/m^3}$；

$\beta_{饱}$、β_0——土壤饱和含水率、泡田开始时土壤实际含水率（占干土质量的百分数，%）；

h_0——插秧时田面所需的水层深度，mm；

s_1——泡田期稻田的日平均渗漏量，mm/d；

t_1——泡田期的天数，d；

e_1——泡田期日平均水面蒸发量，mm/d；

P_1——泡田期内的有效降雨量，mm。

泡田定额通常参考土壤、地下水埋深和耕犁深度相类似田块上的实测资料确定。一般情况下，当田面水层为30～50mm时，泡田定额可参考表2-9中的值。

表2-9　不同土壤及地下水埋深的泡田定额　单位：mm

土壤类别	地下水埋深	
	≤200	>200
黏土和黏壤土	75～120	—
中壤土和砂壤土	110～150	120～180
轻砂壤土	120～190	150～240

2. 生育期灌溉制度的确定

在水稻生育期中任何一个时段（t）内，农田水分的变化取决于该时段内的来水和耗水之间的消长，它们之间的关系可用下列水量平衡方程表示，即

$$h_1+P+m-E-c=h_2 \quad (2-14)$$

式中　h_1——时段初田面水层深度，mm；

h_2——时段末田面水层深度，mm；

P——时段内降雨量，mm；

m——时段内的灌水量，mm；

E——时段内田间耗水量，mm；

c——时段内田间排水量，mm。

为了保证水稻正常生长，必须在田面保持一定的水层深度。不同生育阶段田面水层有一定的适宜范围，即有一定的允许水层上限（h_{max}）和下限（h_{min}）。在降雨时，为了充分利用降雨量、节约灌水量、减少排水量，允许蓄水深度h_p大于允许水层上限（h_{max}），但以不影响水稻生长为限。各种水稻的适宜水层上、下限及允许最大蓄水深度见表2-10。当降雨深超过最大蓄水深度时，即应进行排水。

表2-10　水稻各生育阶段适宜水层下限～上限～最大蓄水深度　单位：mm

生育阶段＼种类	早稻	中稻	双季晚稻
返青	5～30～50	10～30～50	20～40～70
分蘖前	20～50～70	20～50～70	10～30～70
分蘖末	20～50～80	30～60～90	10～30～80
拔节孕穗	30～60～90	30～60～120	20～50～90
抽穗开花	10～30～80	10～30～100	10～30～50
乳熟	10～30～60	10～20～60	10～20～60
黄熟	10～20	落干	落干

在天然情况下，田间耗水量是一种经常性的消耗，而降雨量则是间断性的补充。因此，在不降雨或降雨量很小时，田面水层就会降到适宜水层的下限（h_{min}），这时如果没有降雨，则需进行灌溉，灌水定额为

$$m=h_{max}-h_{min} \tag{2-15}$$

这一过程可用如图2-5所示的图解法表示。如在时段初A点，水田应按1线耗水，至B点田面水层降至适宜水层下限，即需灌水，灌水定额为m_1；如果时段内有降雨P，则在降雨后，田面水层回升降雨深P，再按2线耗水至C点时进行灌溉；若降雨P_1很大，超过最大蓄水深度，多余的水量需要排除，排水量为d，然后按3线耗水至D点时进行灌溉。

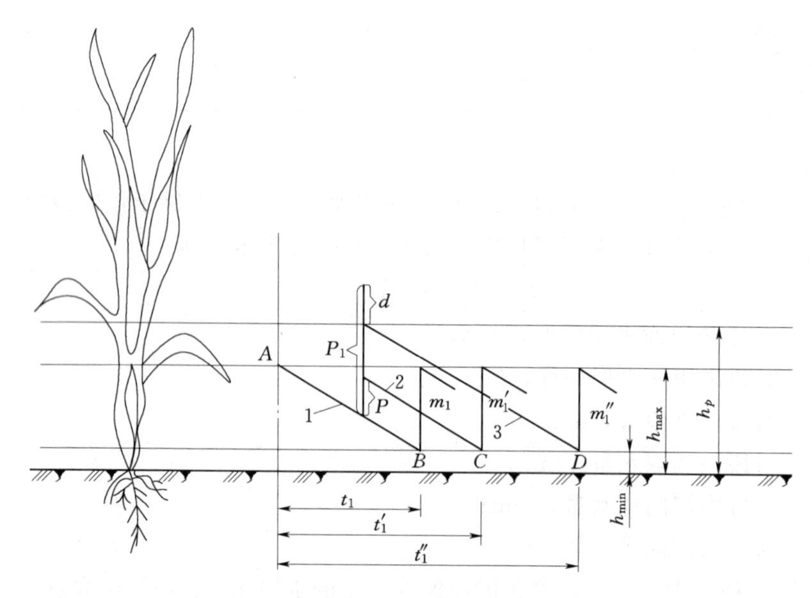

图2-5　水稻生育期中任一时段水田水分变化图解法

根据上述原理可知，当确定了各生育阶段的适宜水层h_{max}、h_{min}、h_p以及阶段需水强度e_i，便可用图解法或列表法推求水稻灌溉制度。

按水量平衡方法制定灌溉制度，如果作物耗水量和降雨量资料比较精确，其计算结果比较接近实际情况。对于大型灌区，由于自然地理条件差别较大，应分区制定灌溉制度，并与前面调查和试验结果相互核对，以求切合实际。

二、非充分灌溉条件下的灌溉制度简介

在缺水地区或时期，由于可供灌溉的水资源不足，不能满足充分灌溉作物各生育阶段的需水要求，从而只能实施非充分灌溉。非充分灌溉就是为获得总体效益最佳而采取的不充分满足作物需水要求的灌溉模式。非充分灌溉是允许作物受一定程度的缺水和减产，但仍可使单位水量获得最大的效益。在此条件下的灌溉制度称非充分灌溉制度。

非充分灌溉的情况要比充分灌溉复杂得多，实施非充分灌溉不仅要研究作物的生理需水规律，研究什么时候缺水、缺水程度对作物产量的影响，而且要研究灌溉经济学，使投入水量最小而获得的产量最大。因此，前面所述的充分灌溉条件下的灌溉制度的设计方法

和原理就不能用于非充分灌溉制度的设计。

旱作物非充分灌溉制度设计的依据是降低适宜土壤含水率的下限指标。充分灌溉制度用以判别是否需要灌溉的田间土壤水分下限控制指标，一般都定为田间持水率的60%～70%。基于上述理论高产而不省水。研究表明：作物对水分的要求有一定的适宜范围，超过适宜范围只能增加作物的“奢侈”蒸腾和地面的无效蒸发。根据我国北方各地经验，在田间良好的农业技术措施配合下，作物对土壤水分降低的适应性有相当宽的伸缩度，土壤适宜含水率下限可以从60%～70%降低到55%～60%，作物仍能正常生长，并获得理想的产量，而使田间耗水量减少30%～40%，灌水次数和灌水定额减少一半或者更多。采用适宜的土壤水分指标是非充分灌溉制度的核心。

在水源供水量不足时，应优先安排面临需水临界期的作物灌水，以充分发挥水的经济效益，把该时期的水分影响降低到最小程度，这对于稳定作物产量和保证获得相当满意的产量，提高水的利用效率是非常重要的。但是，适当限额灌水是在尽量利用降雨的条件下，考虑到作物的需水特性、主要根系活动层深度的补水要求，以及相应的灌水技术条件等实施的，绝不是灌水定额越小、灌水量越少越好。

对于水稻则是采用浅水、湿润、晒田相结合的灌水方法，不是以控制淹灌水层的上、下限来设计灌溉制度，而是以控制水稻田的土壤水分为主。同时，还有“薄露”灌溉、“水稻旱种”等技术取得了更好的节水效果。

第三节　主要作物的合理用水

一、小麦的合理用水

小麦是我国的主要粮食作物之一，分布遍及全国各地，其中主要是冬小麦，占全国小麦种植面积的80%以上，其余是春小麦。冬小麦一般以秦岭、淮河为界，以北称为北方冬麦区，以南称为南方冬麦区。下面主要介绍小麦的合理用水。

1. 小麦的需水规律

冬小麦每公顷生产5250～7500kg的需水量为3000～5250m³。其需水规律是：播种期至返青期需水量较少，返青期以后需水量逐渐增多，拔节抽穗期至成熟期增加到最多，以后又有所减少（表2-11）。

表2-11　冬小麦阶段需水量与需水强度

地点	项　　目	播种—越冬	越冬—返青	返青—拔节	拔节—抽穗	抽穗—成熟	全生育期
河北藁城	阶段需水量/mm	97.26	17.30	30.44	97.10	215.67	457.77
	占总需水量的百分比/%	21.25	3.78	6.65	21.21	47.11	100.00
	需水强度/(mm/d)	2.11	0.17	0.89	3.68	5.33	1.82
山西夹马口	阶段需水量/mm	75.56	26.10	102.80	77.97	171.81	454.24
	占总需水量的百分比/%	16.63	5.75	22.63	17.16	37.83	100.00
	需水强度/(mm/d)	1.06	0.38	2.34	3.18	3.93	1.79

续表

地点	项　目	播种—越冬	越冬—返青	返青—拔节	拔节—抽穗	抽穗—成熟	全生育期
河南新乡	阶段需水量/mm	66.33	30.16	50.18	134.30	167.74	448.71
	占总需水量的百分比/%	14.78	6.72	11.19	29.93	37.38	100.00
	需水强度/(mm/d)	0.86	0.85	1.29	4.19	3.81	1.98
河南商丘	阶段需水量/mm	38.7	15.0	39.8	120.2	182.0	395.7
	占总需水量的百分比/%	9.78	3.79	10.06	30.38	45.99	100.00
	需水强度/(mm/d)	0.57	0.29	1.05	3.88	4.1	1.94

2. 麦田的灌溉

我国幅员辽阔，各地气候条件、耕作制度和栽培技术不同，因而麦田对灌溉的要求很不一致。即使同一地区，也因水文年份不同而异。北方干旱、半干旱地区，麦季降水量一般远不能满足小麦正常发育和高产的要求，必须进行多次灌溉。下面简要介绍冬小麦各次灌水的作用和技术。

(1) 底墒水（播前水）。

据调查，浇底墒水的比不浇的单株分蘖多，次生根多。据水利部、中国农业科学院农田灌溉研究所测定，足墒下种比欠墒下种增产 750～1500kg/hm^2。

一般认为，当 0～10cm 土层含水量低于田间持水量的 70%，且底墒又不好时，就应灌足底墒水。灌底墒水方法有三种：一是在前茬作物收割前灌水，前茬作物收割后立即整地播种，这样有利于争取时间，做到适时早播；二是在前茬作物收割后马上灌水，称为茬水，其特点是灌水量较少，而且灌水期较早，有利于冬性品种小麦适时早播；三是前茬作物收后先整地，再灌水，称为塌地水，在不误适时播种的情况下，有利于苗全苗壮，增产效果明显，但是灌水量较大。三种方法各地可根据具体情况合理运用。底墒水灌水定额一般为 750～1200m^3/hm^2，要求灌匀灌透。另外，水源充足地区，可实行播前储水灌溉与秸秆覆盖相结合。储水灌溉指标是指播前使 1m，甚至 2m 深土层内的土壤含水量达到田间持水量的 80%以上。这样可减少生长期灌水次数，进而缓解春旱争水的矛盾，有利于节水增产。

(2) 冬灌（冻水或冬水）。

冬灌是我国劳动人民在长期生产实践中创造的一项重要的增产措施。北方麦区合理灌冬水，不仅能促根增蘖，培育壮苗，而且能平抑地温，减轻冻害，有利于麦苗安全越冬。冬灌后的麦田经冻融交替作用，可使表土疏松，结构改善。冬灌还能蓄水保墒，防御春旱，一部分水可留到来年春季，满足小麦返青和起身的需要，从而起到冬水春用，减轻春天灌水与春播作物争水的矛盾。冬灌还可以消减土壤内的一些越冬害虫，减轻病虫危害。根据各地试验资料，冬灌小麦比未冬灌的可增产 15%～20%，增产效果显著。

需要注意的是，要不要冬灌，冬灌技术如何掌握，必须根据当地的墒情、苗情和气温情况而定。生产实践和科学研究表明，当土壤含水量低于田间持水量的 70%，麦苗具有 1～2 个分蘖时，在夜冻昼消（日平均气温约 3℃）时进行最好。如果土壤水分充足，麦苗生长旺盛，或者气温过低，则不要进行冬灌。在冬灌任务大的灌区，冬灌应适当提前开始

时间，可掌握宁早勿晚的原则，一定要在夜冻昼消前灌完，这样可以避免灌后受寒潮侵袭而引起的冻害，同时有利于冬前施肥、中耕保墒和除草，培育壮苗。各地冬灌的时间均应根据各地的具体情况因地制宜地确定。冬灌水量一般为 $450\sim900m^3/hm^2$。

（3）返青起身水。

冬小麦返青期生长逐步加快，适当浇返青水，有促进返青、巩固冬前分蘖、争取部分早春分蘖的作用。返青水如何浇，主要根据土壤的墒情、苗情和土温情况而定。对土壤水分低于田间持水量70%的麦田，麦苗长势差，分蘖少，群体达不到合理的指标，一般应在冻土层化透，地表5cm平均地温稳定在5℃以上时，开始结合追肥灌返青水。若灌水过早，会降低地温，反而推迟返青，有时还会引起冻害。对冬灌过的或虽未冬灌，但早春雨雪较多，土壤不缺墒，冬前长势过旺，群体过大的麦田，都不宜浇返青水，而要控制土壤水分在田间持水量的70%以下，以防小麦倒伏。

小麦从起身开始转入旺盛生长时期，对低肥力地和有脱肥趋势的麦田，缺水时应结合追肥早灌起身水。对高肥力和有旺长趋势的麦田，应不浇或迟浇起身水，以免造成后期倒伏。返青起身水的灌水定额宜小，一般为 $450\sim675m^3/hm^2$。

（4）拔节孕穗水。

拔节孕穗期是小麦营养生长和生殖生长同时并进时期，也是小麦一生中生长最快、需水量最大的时期，是增穗增粒的关键时期。北方冬麦区，拔节期正是天旱缺水季节，而拔节期的灌溉就成为小麦增产的一次关键水。一般当土壤水分下降到田间持水量的70%以下时，就应考虑灌拔节水，拔节水一般应在拔节中期（即“一节定，二节伸，三节露”）进行，拔节初期保持水分略少的状态，控制麦茎基部第一、第二节长度，并使秆壁增厚，防止后期倒伏，同时要注意苗情和群体结构。通常是壮苗宜晚浇，弱苗应早浇，或掌握“群体大、中、小，灌水晚、中、早”的原则。

拔节孕穗水的灌水定额，一般为 $600m^3/hm^2$ 左右，应严格掌握。如果肥水过多，易引起徒长，群体过大，通风透光不良，造成倒伏减产。

（5）抽穗扬花水。

小麦在抽穗开花时，植株仍在继续生长，并且此时气温高，往往多风，天旱时应适当灌水，维持土壤含水量为田间持水量的75%左右，大气的最适宜相对湿度为70%～80%，利于开花和授粉，增加穗粒数。这一时期小麦穗头轻，灌水后不易引起倒伏，且能保持较多的水分到灌浆期，当灌浆期遇刮风天气时，还可推迟浇灌浆水。灌水定额一般为 $600\sim750m^3/hm^2$。

（6）灌浆麦黄水。

灌浆成熟期的主攻目标是籽饱粒重。北方冬麦区，灌浆期常比较干旱，有些地方还有干热风危害，因此及时浇好灌浆水是夺取小麦高产的重要保证。冬小麦灌浆过程表现出慢—快—慢的节奏，灌浆高峰期一般在开花后的12～20d。因此，灌浆水应在灌浆初期，即开花后10d左右进行。

麦黄水的主要作用是增加粒重，同时也能减轻后期干热风危害，并有利于套种玉米的出苗。因此，在有干热风袭击和土壤水分严重亏缺的条件下，应在叶片变黄时灌麦黄水，但施肥过多的高产麦田，一般不要灌麦黄水，以免造成贪青晚熟。

灌浆水和麦黄水的灌水定额不宜大，一般为 450～600m^3/hm^2。灌水时间应争取在土壤含水量不太低和无 4 级以上大风时，要求快灌、分次灌，密切注意天气变化，做到无风快灌，有风不灌，雨前停灌，避免灌后遇风雨而倒伏减产。

总之，麦田的灌水次数、时间和水量，除应根据小麦各生育阶段对水分的需求外，还应根据当地雨情、墒情和苗情来确定。在水源不足的情况下，应保证关键时期的灌水。从节水灌溉角度考虑，冬小麦应主要根据“争苗、争穗、争粒”的原则，确保播前水、拔节水和灌浆水。

在我国南方麦区的小麦生长中、后期，往往水分过多，应注意搞好麦田排水。

二、水稻的合理用水

水稻是我国主要的粮食作物，现有种植面积 3320 万 hm^2，约占全国粮食作物播种面积的 30%，产量占粮食总产量的 44%。因此，水稻生产在我国粮食生产中占有重要的地位。

我国水稻分布很广，但 90%以上集中在秦岭、淮河以南。其中，华南各省区气温较高，生长期长，年降雨量 1500mm 以上，多种植双季稻，也有三季稻的栽培。长江流域各省的气候和雨量均较适宜，双季稻和单季稻均有。秦岭、淮河以北的广大地区，气温较低，无霜期较短，水资源不足，多种植单季稻，稻田所占面积小，但发展潜力大。

1. 水稻的需水特性

水稻属湿生类型作物，在生理上具有一些特殊的性质：①水稻吸水力较弱，而细胞原生质较少，所含水分少，因而耐旱能力差；②植株内通气组织较发达，且根的外皮层有高度木栓化结构，因而其耐湿能力强。在稻田保持一定厚度的水层对满足水稻生理需水和生态需水有着重要的作用。如果是旱直播水稻，则不需要保持水层。水稻的这种需水特性是对其进行合理灌溉的重要依据。

2. 水稻的需水量和需水规律

水稻的需水量随地区、品种和水文年份而异，南方的双季稻，每季需水量为 3000～6000m^3/hm^2，中稻为 3000～7500m^3/hm^2，一季晚稻为 6000～9000m^3/hm^2。北方一般种单季稻，生长期长，蒸发量大，渗漏量也大，需水量多在 10500m^3/hm^2 以上。

水稻在返青期、拔节期、抽穗期到乳熟前期，对水分反应敏感，其中孕穗期和抽穗期是水稻一生中的需水高峰期，也是需水临界期。

3. 稻田的灌排技术

（1）秧田的灌排技术。

湿润秧田是水稻秧田灌溉的主要形式，其要点是在播种后、扎根前保持秧畦湿润，但没有水层，因为此时水稻通气组织尚未形成，最怕土壤缺氧，湿润通气可促使秧苗早扎根，防止倒芽烂秧。扎根后至三叶期秧苗抗寒力弱，通气组织还不健全，既要注意以水防寒，又要注意协调水、气矛盾，因而以水层和湿润结合为好。一般在低温天气可日排夜灌，高温天气可日灌夜排。三叶期后通气组织已健全，需水需肥逐渐增多，一般应维持一定水层，以促生长，到移栽前加深水层以利于起秧。

（2）水稻大田各时期的灌排技术。

1）泡田期的灌排技术。水稻大田在插秧前要结合整地灌水泡田。一般可在耕地后灌

浅水泡田，耙田时泥块（犁垡）半水半露，耙后保持湿润，以吸热增温。增温后维持1～2cm的浅水层至插秧。这样既节省灌水量，又能促进插秧后禾苗早返青。

2）插秧返青期的灌排技术。为保证插秧质量，插秧时稻田水层宜浅，早、中稻秧苗较小，稻田有1～2cm的薄水层即可。晚稻插秧时秧苗大，水层相应要深一些。秧苗在移栽过程中由于根系受损伤，吸水力弱，而蒸腾失水多，栽后常呈现萎黄，故栽后应维持3～5cm的水层（早、中稻可较浅，晚稻应较深），以利于秧苗成活返青。

3）分蘖期的灌排技术。分蘖前期要求分蘖早生快发，应结合中耕除草和施肥，灌以2～3cm的浅水层，既满足生理需水，又利于阳光直射稻苗基部，提高土温，促进根系吸收养分，为分蘖提供有利条件。分蘖到足够苗数时，应及时排水晒田，以控制无效分蘖，并改善土壤理化性状和通风透光条件，促进稻株生长。

4）拔节孕穗期的灌排技术。此时期是水稻的需水临界期，应维持适当水层，以满足生理需水和生态需水。最好每次灌至4～5cm深，等自然落干后再灌。如果长期深水，会使土壤还原作用加强，影响根系生长，并易引起病虫害和倒伏。

5）抽穗开花期的灌排技术。此时期宜维持2～5cm的水层，可采用活水浅水勤灌，保持较高的土壤和空气湿度，以利于抽穗开花和受精，降低空壳率。

6）结实成熟期的灌排技术。籽粒灌浆乳熟期间以保持稻田湿润状态为宜。就是在灌一次水后，自然落干1～2d，再灌下一次水。这样土壤中水、气协调，可达到养根保叶争粒重的效果。进入蜡熟期后应适时断水，以促进成熟。

4. 水稻节水高产灌溉技术

目前，水稻的灌溉技术已由格田灌溉形式向浅水间歇灌水形式演变。以土壤水分不低于生理需水为下限，向节水型灌溉方向发展。其节水高产灌溉有“薄、浅、湿、晒”模式，“间歇淹水”模式和“半旱栽培”模式。

（1）“薄、浅、湿、晒”模式。

广西推广的“薄、浅、湿、晒”灌溉，田间水分控制标准如下：

1）薄水插秧、浅水返青，插秧时田间保持1.5～2cm的薄水层，插秧后田间保持2～4cm的浅水层。

2）分蘖前期保持湿润，每3～5d灌一次1cm以下的薄水，让土壤水分处于饱和状态。

3）分蘖后期晒田。

4）拔节孕穗、抽穗扬花期要薄水，拔节孕穗期保持1～2cm的薄水层，抽穗扬花期保持0.5～1.5cm的薄水层。

5）乳熟期湿润，隔3～5d灌水约1cm。

6）黄熟期先湿润后落干，即水稻穗部勾头前湿润，勾头后自然落干。

北方地区（辽宁等省）所采用浅湿灌溉的田间水分控制标准是：

1）插秧和返青期浅水，保持3～5cm的浅水层。

2）分蘖前期、孕穗期、抽穗开花期浅湿交替，每次灌水3～5cm，田面落干至无水层时再灌水。

3）分蘖后期晒田。

4）乳熟期浅湿、干晒交替，灌水后水深为1～2cm，至土壤含水率降至田间持水量的80%左右再灌水。

5）黄熟期停水，自然落干。

（2）“间歇淹水”模式。

我国北方采用的这种模式，其水分控制方式为：返青期保持2～6cm的水层，分蘖后期晒田，黄熟落干，其余时间采用浅水层、干露（无水层）相间的灌溉方式。

（3）“半旱栽培”模式。

这是近年来通过对水稻需水规律和节水高产机理等方面较系统的试验研究提出的一种高效节水灌溉模式。这一模式与前述两类模式有较大差别，除在返青期和分蘖前期建立水层外，其余时间则不建立水层。这类灌溉模式的节水效果显著，对增产也有利。

三、玉米的合理用水

玉米是高产粮食作物之一，总产量仅次于水稻、小麦，居第三位，是我国东北、华北和西南地区的主要粮食作物。

1. 玉米的需水规律

玉米产量高，对水的利用率也较高，全生育期的需水量随地区和品种而异。春玉米为4350～6000m^3/hm^2，夏玉米为3300～4500m^3/hm^2。玉米在发芽和苗期需水量并不高，耐干旱。拔节以后生长加快，日需水量增加，抽雄期日需水量达到高峰，抽雄前10d到始花后20d是玉米的需水临界期，对水分十分敏感，拔节期至抽雄期需水量约占总需水量的50%。玉米生长后期（灌浆以后）日需水量逐渐减少（表2-12）。

表2-12　夏玉米阶段需水量与需水强度

地点	项目	苗期	拔节期	抽雄期	灌浆期	全生育期
山东石马	阶段需水量/mm	76.74	96.20	90.82	80.50	344.26
	占总需水量的百分比/%	22.29	27.94	26.38	23.39	100.00
	需水强度/(mm/d)	2.42	4.81	4.78	3.22	3.59
河北临西	阶段需水量/mm	94.65	98.61	39.13	90.30	322.69
	占总需水量的百分比/%	29.33	30.56	12.13	27.98	100.00
	需水强度/(mm/d)	3.16	3.40	3.00	3.22	3.16
山西小樊	阶段需水量/mm	76.80	116.60	93.00	31.00	317.40
	占总需水量的百分比/%	24.20	36.73	29.30	9.77	100.00
	需水强度/(mm/d)	2.56	3.89	3.19	1.55	2.90
河南新乡	阶段需水量/mm	54.11	95.16	52.80	82.87	284.94
	占总需水量的百分比/%	18.99	33.40	18.53	29.08	100.00
	需水强度/(mm/d)	2.22	3.09	3.47	2.52	2.82
河南商丘	阶段需水量/mm	115.0	63.9	116.2	128.4	423.50
	占总需水量的百分比/%	27.15	15.09	27.44	30.32	100.00
	需水强度/(mm/d)	3.03	3.36	6.84	4.76	4.19

2. 玉米灌溉技术

(1) 播前储水灌溉（底墒水）。

玉米种子发芽出苗的适宜土壤含水量为田间持水量的60%～70%，在此范围以下者都应进行播前灌水。

春玉米播前灌水，一些地方可推行冬前灌，即储水灌溉。“冬灌半年湿”正说明冬前灌塌墒水对春玉米是一种较好的灌水措施。冬灌水量一般为900～1200m^3/hm^2。没有条件冬灌的地方，应在早春解冻时及早进行春灌，灌水量以450～750m^3/hm^2为宜。

夏玉米的前茬多为小麦，而小麦收获时土壤含水量往往很低，为保证玉米苗全苗壮，最好都要灌水。灌水方法有三种：

1) 在麦收前10d左右灌一次“麦黄水”，既可增加小麦粒重，又可在麦收后抢墒早播玉米，随收随播。灌水定额为600m^3/hm^2左右，注意不能大水漫灌，防止小麦倒伏。

2) 麦收后灌茬水，灌水定额为400～600m^3/hm^2，以防积水或浇后遇雨，延迟播种。

3) 在麦收后，先整地再开沟，进行沟浇、穴灌或喷灌，灌水定额在225m^3/hm^2左右即可。

(2) 苗期水。

灌过播前水的田块，苗期一般不再灌水，以便使玉米“蹲苗”，经受抗旱锻炼。此时的土壤含水量以保持在田间持水量的55%～60%为宜。

(3) 拔节孕穗水。

拔节孕穗期植株生长加快，雌、雄幼穗也迅速分化发育，此时气温不断升高，叶面蒸腾最大，要求有充足的水分供应。保持土壤水分为田间持水量的70%左右，既有利于根系发育，茎秆粗壮，满足玉米拔节对水分的需要，又有利于穗的分化发育而形成大穗。根据各地试验资料，合理灌拔节孕穗水可增产18%～40%。但是拔节孕穗水也必须防止水量过大而引起植株徒长和倒伏。灌水定额应控制在600m^3/hm^2左右，宜隔沟先灌一半水，第二天再换沟灌另一半水。灌前要结合施攻穗肥，灌后要结合中耕松土，消灭田间杂草，破除土壤板结，使水、肥、气、热协调。

(4) 抽穗开花水。

玉米抽穗开花日耗水量最大，同时也是需水临界期的重要阶段。此时期土壤含水量保持在田间持水量的70%～80%，空气相对湿度为70%～90%，对抽穗开花和受精最为适宜。农谚有“开花不灌，减产一半”的说法，可见此时期灌水的重要性。这时期如果缺雨，天气大旱，一般每5～6d就要浇一次水，要连浇2～3次水，才能满足抽穗开花和受精的需要。抽穗开花水的灌水定额一般为600～750m^3/hm^2。

(5) 灌浆成熟水。

玉米授粉后的乳熟期和蜡熟期，是籽粒形成和决定粒重的关键时期。乳熟期适宜的水分条件，一般应保持在田间持水量的75%左右，开花灌浆阶段干旱则减产严重。玉米进入蜡熟期后，对水分要求显著减少。但若遇干旱，也应浇好“白皮水”（苞叶刚发黄时灌水），防止果穗早枯和下垂，使之正常成熟，籽粒饱满。

玉米的生长发育虽然需水较多，但也怕水分过多。当土壤含水量达到田间持水量的80%以上时，对玉米生育不利，应注意在雨季做好排水工作。

四、棉花的合理用水

棉花是我国的主要经济作物。其产品中的皮棉是重要的纺织工业原料，棉籽是很好的工业用油和食用油的原料，短绒、棉籽壳、榨油后的棉饼及棉秆皮、棉秆等，都有广泛的用途。

1. 棉花的需水规律

棉花的需水量随地区不同而相差很大，一般为 3750～6000m^3/hm^2。其需水规律是：现蕾以前需水少；现蕾到开花需水增多；花铃期需水最多，对水分敏感，是需水临界期；吐絮以后需水又明显减少（表 2-13）。

表 2-13　　棉花各生育期需水量与需水强度

地点	项目	苗期	拔节期	抽雄期	灌浆期	全生育期
河南新乡	阶段需水量/mm	42.28	90.41	193.85	156.37	482.91
	占总需水量的百分比/%	8.76	18.72	40.14	32.38	100.00
	需水强度/(mm/d)	0.85	3.03	5.39	3.26	2.95
山东菏泽	阶段需水量/mm	141.00	87.70	243.60	103.70	576.00
	占总需水量的百分比/%	24.48	15.22	42.30	18.00	100.00
	需水强度/(mm/d)	2.25	4.18	4.40	2.36	3.16
山西夹马口	阶段需水量/mm	101.50	103.90	315.24	87.71	608.35
	占总需水量的百分比/%	16.68	17.08	51.82	14.42	100.00
	需水强度/(mm/d)	1.66	3.46	5.08	2.92	3.33
河北临西	阶段需水量/mm	110.79	73.99	259.89	44.88	489.55
	占总需水量的百分比/%	22.63	15.11	53.09	9.17	100.00
	需水强度/(mm/d)	1.94	3.70	4.77	2.24	3.36
河南商丘	阶段需水量/mm	40.2	81.4	203.5	73.8	398.9
	占总需水量的百分比/%	10.08	20.40	51.02	18.50	100.00
	需水强度/(mm/d)	1.09	2.71	3.51	1.94	2.45

2. 棉田的灌溉技术

（1）冬春储水灌溉与播前灌。

我国北方主要棉区播种时干旱少雨，为了保证及时播种与苗期的适宜土壤湿度，要进行冬季或春季储水灌溉，有时还要播前灌水。棉花发芽出苗要求土壤水分为田间持水量的70%～80%，5cm 处土温要稳定在 12℃以上。由于灌溉与土壤水热状况密切相关，因此灌水时间和水量要适当掌握。棉田冬灌时间一般在 11 月下旬，灌水量为 1200m^3/hm^2。冬灌后由于冻融交替作用使土壤疏松，并能减轻春季地下虫害，并在深层也储存了一定的水分供苗期需要。没有冬灌的棉田，也可进行早春储水灌溉，春灌时间一般在 3 月上旬，灌水量为 750m^3/hm^2。在早春水源不足时，为了保证播种时的墒情，满足棉苗需水要求，

可实行播前灌。播前灌水时间一般以播种前15～20d为宜，灌水量不宜过大，可采取隔沟灌的方法，水量以控制在450m^3/hm^{2}左右为宜，主要解决表墒不足问题。

（2）生长期灌溉。

1）苗期灌溉。除西北内陆棉区外，其他棉区幼苗阶段一般不需要浇水。北方棉农有“蹲苗”或“浇桃不浇苗”的经验，即用加强中耕的方法保墒，促进根系发育，使棉苗敦实健壮，防止徒长。

2）蕾期灌溉。现蕾以后棉花需水量迅速增大，此时土壤湿度适宜，有利于早现蕾、多现蕾、多坐伏前桃，并可控制后期徒长。现蕾期正值麦收季节，北方棉区干旱少雨，急需灌水，当地棉农历来有“麦收浇棉花，十年九不差”之说。蕾期土壤水分以控制在田间持水量的60%～70%为宜。灌水可采取隔沟灌的方法，水量控制在600m^3/hm^{2}左右为宜。

3）花铃期灌溉。花铃期是棉花生长发育最旺盛的时期，对水肥要求迫切，反应也敏感。此时若水肥不足，会造成花铃大量脱落而减产。在此期间，土壤水分以控制在田间持水量的70%～80%为宜。我国大部分棉区（西北地区除外）此时正值雨季，因而这时棉田管理既有灌溉问题，又有排水问题。灌水前要注意中短期天气预报，以免灌后遇雨造成渍涝。

4）吐絮期灌溉。吐絮期气温逐渐降低，棉株需水量逐渐减少，一般控制土壤水分为田间持水量的55%～70%即可，多数情况无灌溉要求。但秋旱严重时，为了防止棉株早衰也应灌水，灌水量在450m^3/hm^{2}左右即可。

（3）棉田覆膜灌溉技术。

1）覆膜要与灌足底墒水相结合。覆膜与灌足底墒水相结合不仅可以保证棉花发芽出苗的水分需要，而且也保证了前期棉花需水要求，减轻了伏旱威胁。灌底墒水以冬水为好。

2）膜上灌。膜上灌是通过放苗孔和膜侧旁入渗给作物供水，其特点是节水、增产、见效快、效益高、简便易行，是符合我国国情的先进节水灌溉技术。

第四节　灌 溉 用 水 量

灌溉用水量和灌溉用水流量是指灌区需要从水源引入的水量和流量。它们是流域规划和区域水利规划不可缺少的数据，也是灌区规划、设计和用水管理的基本依据。因此，在制定灌溉制度的基础上，需要进行灌溉用水量和灌溉用水流量的计算。

灌溉用水量和灌溉用水流量是根据灌溉面积、作物组成、灌溉制度及灌水延续时间等直接计算的。为了简化计算，常用灌水率来推求灌溉用水量。

一、灌水率

灌水率是指灌区单位灌溉面积（以100hm^{2}计）上所需的净灌溉用水流量，又称灌水模数。这里所指的灌溉面积是指灌区的总灌溉面积，而不是某次灌水的实际受水面积，利用它可以计算灌区渠首的引水流量和灌溉渠道的设计流量。

（一）灌水率的计算

$$q_{ik}=\frac{\alpha_i m_{ik}}{864T_{ik}} \tag{2-16}$$

式中　q_{ik}——第 i 种作物第 k 次灌水的灌水率，$m^3/(s\cdot 100hm^2)$；

m_{ik}——第 i 种作物第 k 次灌水的灌水定额，m^3/hm^2；

T_{ik}——第 i 种作物第 k 次灌水的灌水延续时间，d；

α_i——第 i 种作物的种植比例，其值为第 i 种作物的灌溉面积与灌区灌溉面积之比，$\alpha_i=(A_i/A)\times 100\%$，$A_i$ 为第 i 种作物的种植面积，A 为灌区的灌溉面积。

灌水延续时间 T 是指某种作物灌一次水所需要的天数。它与作物种类、灌区面积大小及农业技术条件等有关。它的长短直接影响着灌水率的大小，灌水延续时间越短，灌水率越大，作物对水分的要求越容易及时得到满足，但这将加大渠道的设计流量，提高工程造价，并造成灌水时劳动力的过分紧张。反之，灌水时间越长，则灌水率越小，渠道和渠道建筑物的设计流量也越小，相应的工程投资也越少，但作物的生长可能由于灌水不及时而受到影响。对于面积较小的灌区，灌水延续时间可相应减小。

不同作物允许的灌水延续时间不同。对主要作物关键期的灌水延续时间不宜过长，次要作物的可以延长一些。若灌区面积较大，则灌水时间亦可较长。但延长灌水时间应在农业技术条件许可和不降低作物产量的条件下进行。对于我国大中型灌区，灌溉面积在万亩（1 亩$=1/15hm^2$）以上的各地主要作物的灌水延续时间见表 2－14。

表 2－14　万亩以上灌区主要作物灌水延续时间　单位：d

作　物	播　前　期	生　育　期
水稻	5～15（泡田）	3～5
冬小麦	10～20	7～10
棉花	10～20	5～10
玉米	7～15	5～10

用式（2－16）可以计算出各种作物的各次灌水的灌水率，见表 2－15。

表 2－15　灌水率计算表

作物	作物所占面积/%	灌水次数	灌水定额/(m^3/hm^2)	灌水时间/(月．日)			灌水延续时间/d	灌水率/[$m^3/(s\cdot 100hm^2)$]
				始	终	中间日		
小麦	50	1	975	9.16	9.27	9.22	12	0.,047
		2	750	3.19	3.28	3.24	10	0.043
		3	825	4.16	4.25	4.21	10	0.048
		4	825	5.6	5.15	5.11	10	0.048
棉花	25	1	825	3.27	4.3	3.30	8	0.030
		2	675	5.1	5.8	5.5	8	0.024
		3	675	6.20	6.27	6.24	8	0.024
		4	675	7.26	8.2	7.30	8	0.024

续表

作物	作物所占面积/%	灌水次数	灌水定额/(m^3/hm^2)	灌水时间/(月.日)			灌水延续时间/d	灌水率/[$m^3/(s \cdot 100hm^2)$]
				始	终	中间日		
谷子	25	1	900	4.12	4.21	4.17	10	0.026
		2	825	5.3	5.12	5.8	10	0.024
		3	750	6.16	6.25	6.21	10	0.022
		4	750	7.10	7.19	7.15	10	0.022
玉米	50	1	825	6.8	6.17	6.13	10	0.048
		2	750	7.2	7.11	7.7	10	0.043
		3	675	8.1	8.10	8.6	10	0.039

(二) 灌水率图的绘制与修正

根据表2-15的计算结果，以灌水时间为横坐标，以灌水率为纵坐标，即可绘出初步灌水率图（图2-6）。由图2-6可见，各时期的灌水率大小相差悬殊，渠道输水断断续续，不利于管理。若以其中最大的灌水率计算渠道流量，势必偏大，不经济。因此，必须对初步灌水率图进行必要的修正。

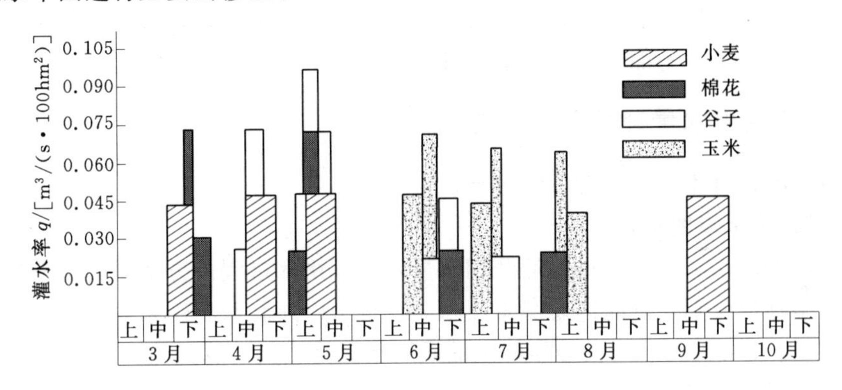

图2-6 北方某灌区初步灌水率图

灌水率图的修正方法：①灌水日期可以提前或推后，提前或推后的灌水时间不得超过3d，若同一种作物连续两次灌水均需变动灌水日期，不应一次提前、一次推后；②延长或缩短灌水时间与原定时间相差不应超过20%；③改变灌水定额，灌水定额的调整值不应超过原定额的10%，同一种作物不应连续两次减小灌水定额。当上述要求不能满足时，可适当调整作物组成。

修正后的灌水率图应与水源供水条件相适应，且全年各次灌水率大小应比较均匀。以累计30d以上的最大灌水率为设计灌水率，短期的峰值不应大于设计灌水率的120%，最小灌水率不应小于设计灌水率的30%；应避免经常停水，特别应避免小于5d的短期停水现象。

修正后的灌水率如图2-7所示。

(三) 设计灌水率

作为设计渠道用的设计灌水率，应从图2-7中选取延续时间较长，即累计30d以上

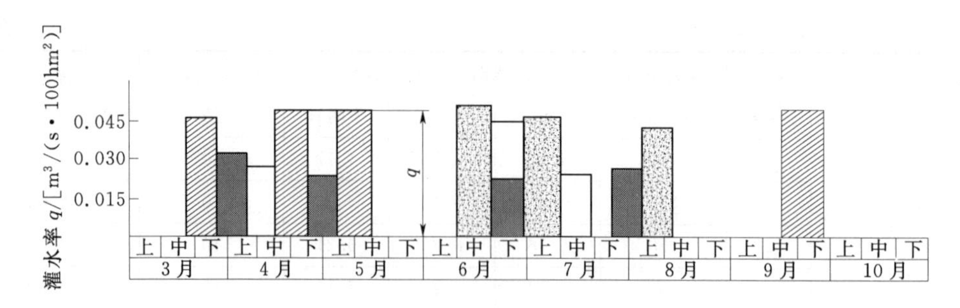

图 2-7　北方某灌区修正后的灌水率图

的最大灌水率值作为设计灌水率，如图 2-7 所示 q 值，而不是短暂的高峰值，这样不致使设计的渠道断面过大，增加渠道工程量。在渠道运用过程中，对短暂的大流量可由渠堤超高部分的断面去满足。

根据调查统计，大面积水稻灌区（100hm² 以上）的设计净灌水率（$q_{净}$）一般为 0.067～0.09m³/(s·100hm²)；大面积旱作灌区的设计净灌水率一般为 0.030～0.052m³/(s·100hm²)；水、旱田均有的大中型灌区，其综合净灌水率可按水、旱面积比例加权平均求得。以上数值也可作为调整后灌水率最大值的控制数值。对管理水平较高的地区可选用小一些的数值，反之取大值；否则会造成设计灌水率偏小，使渠道流量偏小，导致在现有管理水平条件下，不能按时完成灌溉任务。

二、年灌溉用水量计算及用水过程

年灌溉用水量可用以下三种方法进行。

（一）利用灌水率图推算

用调整后的灌水率图可以推算灌溉用水量及灌溉用水过程。方法是把调整后的灌水率图中的各纵坐标值分别乘以灌区总灌溉面积 A，再除以灌溉水利用系数，即把灌水率图扩大（A/η）倍，便可得到灌区设计年的毛灌溉用水流量。其计算式为

$$Q_i=\frac{q_iA}{\eta} \tag{2-17}$$

式中　Q_i——某时段的毛灌溉用水流量，m³/s；

q_i——相应时段的灌水率，m³/(s·100hm²)；

A——灌区总的灌溉面积，100hm²；

η——灌溉水利用系数，为灌入田间可被作物利用的水量与渠首引进总水量的比值。

灌溉用水流量与灌水时间的乘积即为灌溉用水量。

$$W_i=Q_i\Delta T_i=\frac{q_iA}{\eta}\Delta T_i \tag{2-18}$$

式中　W_i——某时段的毛灌溉用水量，m³；

Q_i——该时段的毛灌溉用水流量，m³/s；

ΔT_i——该时段的长度，s；

其他符号意义同上。

（二）用灌水定额和灌溉面积直接计算

对于任何一种作物的某次灌水，需供水到田间的灌水量（称为净灌溉用水量）$W_{净}$ 可用下式求得：

$$W_{净}=mA_i \tag{2-19}$$

式中　$W_{净}$——任何一种作物某次灌水的净灌溉用水量，m^3；

m——该作物某次灌水的灌水定额，m^3/hm^2；

A_i——该作物的灌溉面积，hm^2。

同理可以计算出各种作物各次的净灌溉用水量。然后，把同一时间各种作物的净灌溉用水量相加，就得到不同时期灌区的净灌溉用水量，按此可求得典型年全灌区净灌溉用水过程。

某时段毛灌溉用水量可用下式计算：

$$W_{毛}=\frac{W_{净}}{\eta} \tag{2-20}$$

式中　$W_{毛}$——灌区某时段毛灌溉用水量，m^3；

$W_{净}$——灌区某时段净灌溉用水量，m^3；

η——灌溉水利用系数。

（三）用综合灌水定额推算

全灌区综合灌水定额是同一时段内各种作物灌水定额的面积加权平均值，即

$$m_{综,净}=\alpha_1 m_1+\alpha_2 m_2+\alpha_3 m_3+\cdots \tag{2-21}$$

式中　$m_{综,净}$——某时段内综合净灌水定额，m^3/hm^2；

m_1，m_2，m_3，…——第 1 种、第 2 种、第 3 种……作物在该时段内的灌水定额，m^3/hm^2；

α_1，α_2，α_3，…——第 1 种、第 2 种、第 3 种……作物的种植比例。

全灌区某时段内的净灌溉用水量 $W_{净}$，可用下式求得

$$W_{净}=m_{综,净}A \tag{2-22}$$

式中　A——全灌区的灌溉面积，hm^2。

计入水量损失，则综合毛灌水定额为

$$m_{综,毛}=\frac{m_{综,净}}{\eta} \tag{2-23}$$

全灌区任何时段毛灌溉用水量为

$$W_{毛}=m_{综,毛}A \tag{2-24}$$

因此，用综合灌水定额即可求得任何时段灌区灌溉用水量及用水过程。

同样，根据各种作物的灌溉定额，可推求全灌区综合灌溉定额：

$$M_{综,净}=\alpha_1 M_1+\alpha_2 M_2+\alpha_3 M_3+\cdots \tag{2-25}$$

式中　$M_{综,净}$——全灌区综合净灌溉定额，m^3/hm^2；

M_1，M_2，M_3，…——第一种、第二种、第三种……作物的灌溉定额，m^3/hm^2；

α_1，α_2，α_3，…——第1种、第2种、第3种……作物的种植比例。

$$M_{综,毛}=\frac{M_{综,净}}{\eta} \tag{2-26}$$

式中　$M_{综,毛}$——全灌区综合毛灌溉定额，m^3/hm^2；

η——灌溉水利用系数。

利用综合灌溉定额，可以计算全灌区各种作物一年内的总灌溉用水量。

通过综合灌水定额推算灌溉用水量，与直接推算方法相比，其繁简程度类似，但求得的综合灌水定额有以下作用：①衡量灌区灌溉用水是否合适，可以与自然条件及作物种植比例类似的灌区进行对比，便于发现 $m_{综}$ 是否偏大或偏小，从而进行调整、修改；②推算灌区局部范围内灌溉用水量；③有时灌区的作物种植比例已按规划确定，但灌区总的灌溉面积还需根据水源等条件决定，此时，可利用综合毛灌溉定额推算全灌区应发展的灌溉面积，即

$$A=\frac{W_{源}}{M_{综,毛}} \tag{2-27}$$

式中　A——全灌区可发展的灌溉面积，hm^2；

$W_{源}$——水源每年能供给的灌溉水量，m^3；

$M_{综,毛}$——全灌区毛综合灌溉定额，m^3/hm^2。

习　　题

一、填空题

1. 作物从广义上来讲，是指对人类__________、为人类__________的各种植物。

2. 农田水分消耗的途径主要有__________、__________和__________。

3. 作物需水量的变化规律：苗期需水量__________，然后逐渐__________，到生育盛期达到高峰后期又有所__________。

4. 农作物的灌溉制度是指作物播种前（或作物移栽前）及其全生育期内的__________、__________、__________以及__________。

5. 充分灌溉条件下的灌溉制度制定常采用的三种方法是________________、________________和________________。

6. 旱作物灌溉制度制定的水量平衡方程式是__________________________。

7. 水稻灌溉制度制定的水量平衡方程式是__________________________。

8. 灌溉用水量和灌溉用水流量是指灌区需要从__________引入的水量和流量。

9. 灌水率是指灌区单位灌溉面积（以 $100hm^2$ 计）上所需的________________。

10. 灌溉水利用系数是灌入田间可被作物利用的水量与__________引进总水量的比值。

二、选择题

1. 水分在作物生理活动中的作用是（　　）、可使作物保持固有姿态、调节作物体温。

A. 细胞原生质的重要成分　　B. 光合作用的重要原料

C. 溶解、吸收和运输养分的载体　　D. 保持湿度

2. 灌溉与排水对改善作物生态环境的作用是（　　）。

A. 调节土壤肥力　　B. 改善农田小气候

C. 光合作用　　D. 提高农业技术措施的质量和效果

3. 作物需水量的直接计算方法有（　　）。

A. α 值法　　B. K 值法　　C. 参照法　　D. 实验法

4. 灌溉用水量是根据（　　）等直接计算的。

A. 灌溉面积　　B. 作物组成　　C. 灌溉制度　　D. 灌水延续时间

E. 来水量

5. 灌水延续时间与（　　）及农业技术条件等有关。

A. 天气　　B. 作物种类　　C. 灌区面积大小　　D. 土壤

6. 小麦成熟期可分为（　　）三个阶段。

A. 乳熟　　B. 黄熟　　C. 完熟　　D. 早熟

7. 水稻的需水临界期是（　　）。

A. 孕穗期　　B. 抽穗期　　C. 分蘖期　　D. 幼苗期

8. 玉米全生育期可划分为（　　）三个生育阶段。

A. 苗期阶段　　B. 穗期阶段　　C. 吐絮阶段　　D. 花粒期阶段

9. 棉花的需水临界期是（　　）。

A. 苗期　　B. 蕾期　　C. 花铃期　　D. 吐絮期

三、简答题

1. 简述影响旱作物灌溉制度制定合理性的因素。

2. 简述灌水率图修正的方法。

第三章　灌溉水源及取水工程技术

【学习目标】

通过学习灌溉对水源的类型、灌溉对水源的要求、取水方式、引水工程水利计算等内容，能够合理选择取水方式，并能进行引水灌溉工程的水利计算。

【学习任务】

1. 学习灌溉水源的类型、灌溉对水源的要求，能合理选择灌溉水源。

2. 掌握各种灌溉取水方式的适用条件，能合理选择灌溉取水方式及引水口位置。

3. 掌握引水灌溉工程的水利计算方法，能够合理确定设计年并能进行引水工程的水利计算。

第一节　灌　溉　水　源

一、灌溉水源的主要类型

灌溉水源系指可以用于灌溉的水资源，主要有地表水和地下水两类。地表水包括河川径流和汇流过程中拦蓄起来的地面径流；地下水主要是指可以用于灌溉的浅层地下水。另外，随着工业和城市的发展，城市污水和灌溉回归水也逐步成为灌溉水源的组成部分。

（1）河川径流。河川径流指江河、湖泊中的水体。它的集雨面积主要在灌区以外，水量大，含盐量小，含沙量较多，是我国大中型灌区的主要水源，也可满足发电、航运和供水等部门的用水要求。

（2）当地地面径流。当地地面径流指由于当地降雨所产生的径流，如小河、沟溪和塘堰中的水。它的集雨面积主要在灌区附近，受当地条件的影响很大，是小型灌区的主要水源。我国南方地区降雨量大，利用当地地面径流发展灌溉十分普遍；北方地区降雨量小，时空分布不均，采用工程措施拦蓄当地地面径流用于灌溉也非常广泛。

（3）地下径流。地下径流一般指埋藏在地面下的潜水和承压水。它是小型灌溉工程的主要水源之一。在我国利用地下水进行灌溉，已有悠久的历史。特别是西北、华北及黄淮平原地区，地表水缺乏，地下水丰富，开发利用地下水尤为重要。

（4）城市污水。城市污水一般指工业废水和生活污水。城市污水肥分高，水量稳定，但含有一定的有害物质，经过处理用于灌溉增产显著，已被城市郊区农田广泛应用。城市污水不仅是解决灌溉水源的重要途径，而且也是防止水资源污染的有效措施，但需要经过处理达到灌溉水质标准才可使用。

（5）灌溉回归水。灌溉回归水指灌溉水由田间、渠道排出或渗入地下并汇集到沟、渠、河道和地下含水层中，成为可再利用的水源。但使用之前，要化验确认其水质是否符合灌溉水质标准。

为了扩大灌溉面积和提高灌溉保证率，必须充分开发利用各种水资源，将地面水、地下水和城市污水统筹规划，合理开发，科学利用，厉行节约，全面保护，为实现农业生产的可持续发展提供可靠的物质基础。

二、灌溉对水源的要求

（一）灌溉水源的水质及其要求

灌溉水质是指水的化学、物理性状和水中含有固体物质的成分和数量。

1. 灌溉水的水温

水温对农作物的生长影响颇大：水温偏低，对作物的生长起抑制作用；水温过高，会降低水中溶解氧的含量并提高水中有毒物质的毒性，妨碍或破坏作物、鱼类的正常生长和生活。因此，灌溉水要有适宜的水温。麦类根系生长的适宜温度一般为15～20℃，最低允许温度为2℃；水稻田灌溉水温为15～35℃；一般井泉水及水库底层水温偏低，不宜直接灌溉水稻等作物，可通过水库分层取水、延长输水路程，实行迂回灌溉等措施，以提高灌溉水温。

2. 水中的含沙量

灌溉对水中泥沙的要求主要指泥沙的数量和组成。粒径小的具有一定肥分，送入田间对作物生长有利，但过量输入，会影响土壤的通气性，不利作物生长。粒径过大的泥沙，不宜入渠，以免淤积渠道，更不宜送入田间。一般认为，灌溉水中粒径小于0.001～0.005mm的泥沙颗粒，含有较丰富的养分，可以随水入田；粒径0.005～0.1mm的泥沙，可少量输入田间；粒径大于0.15mm的泥沙，一般不允许入渠。

3. 水中的盐类

鉴于作物耐盐能力有一定限度，灌溉水的含盐量应不超过许可浓度。含盐浓度过高，使作物根系吸水困难，形成枯萎现象，还会抑制作物正常的生理过程。此外，还会促进土壤盐碱化的发展。灌溉水的允许含盐量一般应小于2g/L。土壤透水性能和排水条件好的情况下，可允许矿化度略高；反之应降低。

4. 水中的有害物质

灌溉水中含有某些重金属如汞、铬和非金属砷以及氰和氟等元素，是具有毒性的。这些有毒物质，有的可直接使灌溉过的作物、饮用过的人畜或生活在其中的鱼类中毒，有的可在生物体摄取这种水分后经过食物链的放大作用，逐渐在较高级生物体内成千百倍地富集起来，造成慢性累积性中毒。因此，灌溉用水对有毒物质的含量须有严格的限制。

总之，对灌溉水源的水质必须进行化验分析，要求符合《农田灌溉水质标准》（GB 5084—2005）中规定的农田灌溉用水水质基本控制项目标准值（表3-1）。不符合上述标准的，应设立沉淀池或氧化池等，经过沉淀、氧化和消毒处理后，才能用来灌溉。

表 3-1　　农田灌溉用水水质基本控制项目标准值

序号	项　目　类　别	作　物　种　类		
		水作	旱作	蔬菜
1	五日生化需氧量/(mg/L)，≤	60	100	40[a]，15[b]
2	化学需氧量/(mg/L)，≤	150	200	100[a]，60[b]
3	悬浮物/(mg/L)，≤	80	100	60[a]，15[b]
4	阴离子表面活性剂/(mg/L)，≤	5	8	5
5	水温/℃，≤	35		
6	pH 值	5.5～8.5		
7	全盐量/(mg/L)，≤	1000[c]（非盐碱土地区），2000[c]（盐碱土地区）		
8	氯化物/(mg/L)，≤	350		
9	硫化物/(mg/L)，≤	1		
10	总汞/(mg/L)，≤	0.001		
11	镉/(mg/L)，≤	0.01		
12	总砷/(mg/L)，≤	0.05	0.1	0.05
13	铬（六价）/(mg/L)，≤	0.1		
14	铅/(mg/L)，≤	0.2		
15	粪大肠菌群数/(个/100mL)，≤	4000	4000	2000[a]，1000[b]
16	蛔虫卵数/(个/L)，≤	2		2[a]，1[b]

a　加工、烹调及去皮蔬菜。

b　生食类蔬菜、瓜类和草本水果。

c　具有一定的水利灌排设施，能保证一定的排水和地下水径流条件的地区，或有一定淡水资源能满足冲洗土体中盐分的地区，农田灌溉水质全盐量指标可以适当放宽。

（二）灌溉水源的水位及水量要求

灌溉对水源水位的要求是应该保证灌溉所需的控制高程；对水量的要求是应满足灌区不同时期的用水需求，但是未经调蓄的水源与灌溉用水常发生不协调的矛盾。因此，人们经常采用一些措施，如修建必要的水库等，以抬高水源的水位和调蓄水量，将所需的灌溉水量提高到灌溉要求的控制高程，有时也可以调整灌溉制度，以变动灌溉对水源水量提出的要求，使之与水源状况相适应。

第二节　灌 溉 取 水 方 式

灌溉取水方式随水源类型、水位和水质的状况而定。利用地面径流灌溉，可以有各种不同的取水方式，如无坝引水、有坝引水、抽水取水和水库取水等。利用地下水灌溉，则需打井或修建其他集水工程。

一、无坝引水

灌区附近河流水位、流量均能满足灌溉要求时，即可选择适宜的位置作为取水口修建进水闸引水自流灌溉，形成无坝引水。在丘陵山区，灌区位置较高，可自河流上游水位较

高的地点 A 引水（图 3-1）。通过修筑较长的引水渠，取得自流灌溉的水头。这种方式，引水口一般距灌区较远，引水干渠常有可能遇到难工险段。引水渠首的位置一般应选在河流的凹岸，这是因为河槽的主流总是靠近凹岸，同时还可利用弯道横向环流的作用，防止泥沙淤积渠口和防止底沙进入渠道。一般使渠首位于凹岸中点偏下游处，这里横向环流作用发挥得最充分，同时避开了凹岸水流顶冲的部位。其距离弯道凹岸顶点的距离可按下式确定：

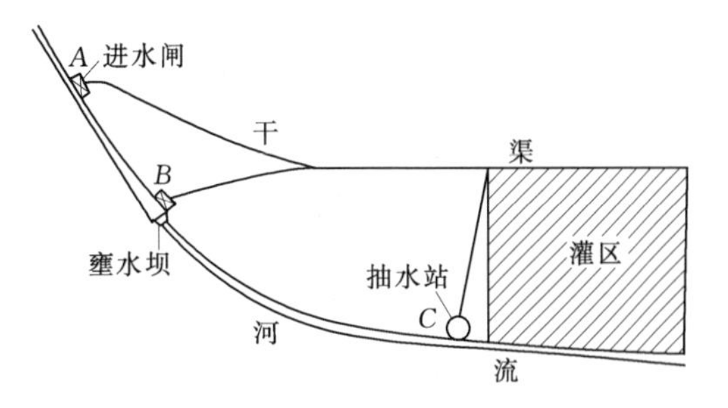

图 3-1 灌溉取水方式示意图

A—无坝取水；B—有坝取水；C—抽水取水

$$L=KB\sqrt{4\frac{R}{B}+1} \tag{3-1}$$

式中 L——引水口至弯道段凹岸顶点的距离（弧长），m；

K——系数，取值范围为 0.6～1.0，一般可取 0.8；

B——弯道水面宽度，m；

R——弯道段河槽中心线曲率半径，m。

此外，为减少土方量、节约工程投资，渠首位置还应选在干渠路线较短，且不经过陡坡、深谷及塌方的地段。引水渠轴线与河道水流所成的夹角应为锐角，通常采用 30°～45°。

因灌区位置及地形条件限制，无法把渠首布置在凹岸而必须放在凸岸时，可以把渠首放在凸岸中点偏上游处，这里泥沙淤积较少。在较大的河流上，为了保证主流稳定，引水流量一般不应超过河流引水期间最小流量的 30%。

无坝引水渠首一般由进水闸、冲沙闸和导流堤三部分组成。进水闸控制入渠流量，冲沙闸冲走淤积在进水闸前的泥沙，而导流堤一般修建在中小河流中，平时发挥导流引水和防沙的作用，枯水期可以截断河流，保证引水。渠首工程各部分的位置应相互协调，以有利于防沙取水为原则。

图 3-2 所示是历史悠久、闻名中外的四川都江堰工程。它的进水口位于岷江凹岸下游，整个枢纽由分水鱼嘴、金刚堤、飞沙堰和宝瓶口等建筑物组成。金刚堤起导流堤的作用，位于宝瓶口进水口前，用以导水入渠；分水鱼嘴位于金刚堤前，将岷江分为内江和外江，洪水期间，内外江水量分配比例约为 4∶6，大部分水由外江流走，保证内江灌区安全，枯水期水量分配颠倒，大部分水量进入内江，保证灌溉用水。飞沙堰用以宣泄内江多余水量及排走泥沙，并用于保证宝瓶口的引水水位。整个工程雄伟壮观，建筑物之间配合密切，虽然没有一座水闸，仍能发挥效益 2000 多年，是无坝引水的典范。

二、有坝引水

当河流水源虽较丰富，但水位较低时，可在河道上修建壅水建筑物（坝或闸）抬高水位，自流引水灌溉，形成有坝引水，如图 3-1 所示的 B 点。在灌区位置已定的情况下，

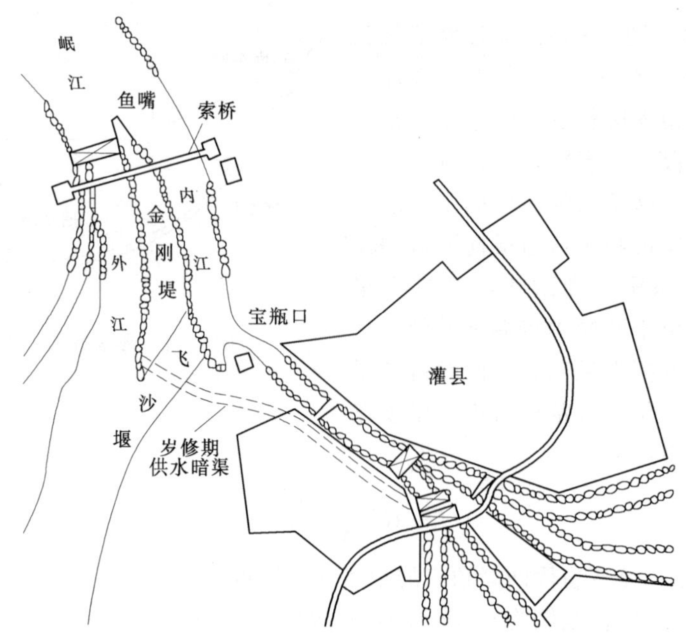

图 3-2　都江堰工程示意图

此种形式与有引渠的无坝引水相比较，虽然增加了拦河坝（闸）工程，但引水口一般距灌区较近，可缩短干渠线路长度，减少工程量。在某些山区丘陵地区洪水季节虽然流量较大，水位也够，但洪、枯季节变化较大，为了便于枯水期引水也需修建临时性低坝。

有坝引水枢纽主要由拦河坝（闸）、进水闸、冲沙闸及防洪堤等建筑物组成，如图 3-3 所示。

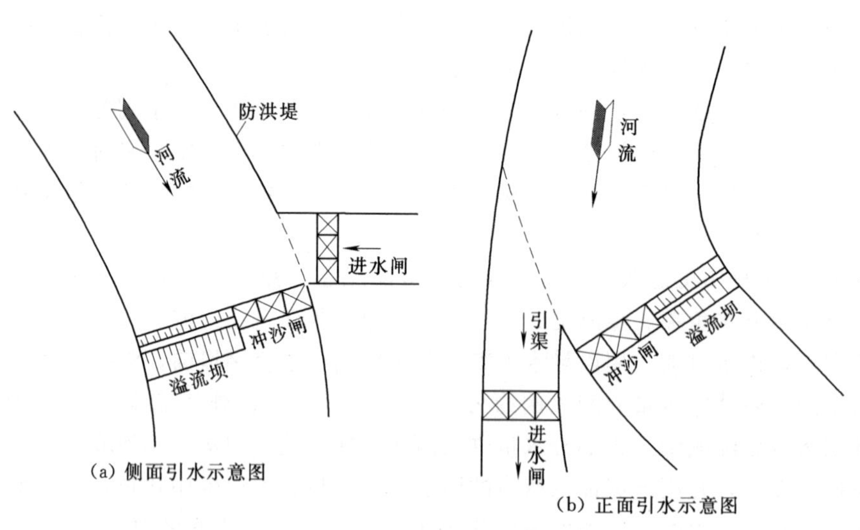

(a) 侧面引水示意图

(b) 正面引水示意图

图 3-3　有坝引水

1. 拦河坝

拦河坝用以拦截河道、抬高水位，以满足灌溉引水的要求，汛期则在溢流坝顶溢流，宣泄河道洪水。因此，坝顶应有足够的溢洪宽度，当宽度增长受到限制或上游不允许壅水

过高时，可降低坝顶高程，改为带闸门的溢流坝或拦河闸，以增加泄洪能力。

2. 进水闸

进水闸用以引水灌溉。进水闸的平面布置主要有两种形式：

(1) 侧面引水。进水闸过闸水流方向与河流水流方向正交，如图 3-3 (a) 所示。这种取水方式，由于在进水闸前不能形成有力的横向环流，因而防止泥沙入渠的效果较差，一般只用于含沙量较小的河道。

(2) 正面引水。正面引水是一种较好的取水方式。进水闸过闸水流方向与河流方向一致或斜交，如图 3-3 (b) 所示。这种取水方式，能在引水口前激起横向环流，促使水流分层，表层清水进入进水闸，底层含沙水流则涌向冲沙闸而被排掉。

3. 冲沙闸

冲沙闸是多泥沙河流低坝枢纽中不可缺少的组成部分，它的过水能力一般应大于进水闸的过水能力。冲沙闸底板高程应低于进水闸底板高程，以保证较好的冲沙效果。

4. 防洪堤

为减少拦河坝上游的淹没损失，在洪水期保护上游城镇、交通的安全，可在拦河坝上游沿河修筑防洪堤。此外，若有通航、过鱼、过木和发电等综合利用要求，尚需设置船闸、鱼道、筏道及电站等建筑。

三、抽水取水

当河流水量比较丰富，但灌区位置较高，河流水位和灌溉要求水位相差较大，修建其他自流引水工程困难或不经济时，可就近采用抽水取水方式。这样干渠工程量小，但增加了机电设备和年管理费，如图 3-1 所示的 C 点。

四、水库取水

当河流的流量、水位均不能满足灌溉要求时，必须在河流的适当地点修建水库进行径流调节，以解决来水和用水之间的矛盾，并综合利用河流水源。这是河流水源较常见的一种取水方式。水库蓄水一般可兼顾防洪、发电、航运、供水和养殖等方面的要求，为综合利用河流水源创造了条件。采用水库取水必须修建大坝、溢洪道和进水闸等建筑物，工程较大，且有相应的库区淹没损失，因此必须认真选择好建库地址。但水库能充分利用河流水资源，这是其优于其他取水方式之处。

上述几种取水方式除单独使用外，有时还能综合使用多种取水方式，引取多种水源，形成蓄、引、提相结合的灌溉系统。

第三节　灌溉取水工程的水利计算

灌溉工程的水利计算是灌区规划的主要组成部分。通过水利计算，可以揭示灌区来水与用水之间的矛盾，并确定协调这些矛盾的工程措施及其规模。在确定引水灌溉工程的规模及尺寸之前，需先进行灌区水量平衡计算。灌区水量平衡计算是根据水源来水过程和灌区用水过程进行的。所以，必须首先确定水源的来水过程和灌区的用水过程。这两个过程都是逐年变化的，年年各不相同。因此，在灌溉工程规划设计时，必须确定用哪个年份的来水过程和用水过程作为设计的依据。在工程实践中，中小型灌溉工程多用一个特定水文年份的来水过程和用水过程进行平衡计算，这个特定的水文年份称为典型年，又称设计年，而设计年又是根据灌溉标准确定的。

一、设计标准与设计年的选择

（一）设计标准

进行灌溉工程的水利计算以前，必须首先确定灌溉工程的设计标准。我国表示灌溉设计标准的指标有两种：一种是灌溉设计保证率，另一种是抗旱天数。

1. 灌溉设计保证率

灌溉设计保证率是指一个灌溉工程的灌溉用水量在多年期间能够得到保证的概率，以正常供水的年数占总年数的百分数表示，通常用符号 P 表示。例如 $P=80\%$，表示一个灌区在长期运用中，平均100年中有80年的灌溉用水量可以得到水源供水的保证，其余20年则供水不足，作物生长受到影响。可用下式计算：

$$P=\frac{m}{n+1}\times 100\% \tag{3-2}$$

式中　P——灌溉设计保证率，%；

m——灌溉设施能保证正常供水的年数，年；

n——灌溉设施供水的总年数，年，一般计算系列年数不宜少于30年。

灌溉设计保证率的选定，不仅要考虑水源供水的可能性，还要考虑作物的需水要求。在水源一定的条件下，灌溉设计保证率定得高，灌溉用水量得到保证的年数多，灌区作物因缺水而造成的损失小，但可发展的灌溉面积小，水资源利用程度低；定得低时则相反。在灌溉面积一定时，灌溉设计保证率越高，灌区作物因供水保证程度高而增产的可能性越大，但工程投资及年运行费用越大；反之，虽可减小工程投资及年运行费用，但作物因供水不足而减产的概率将会增加。因此，灌溉设计保证率定得过高或过低都是不经济的。

灌溉设计保证率选定时，应根据水源和灌区条件，全面考虑工程技术、经济等各种因素，拟订几种方案，计算几种保证率的工程净效益，从中选择一个经济上合理、技术上可行的灌溉设计保证率，以便充分开发利用地区水土资源，获得最大的经济效益和社会效益。具体可参照《灌溉与排水工程设计规范》（GB 50288—99）所规定的数值，见表3-2。

表3-2　灌溉设计保证率

灌水方法	地　　区	作物种类	灌溉设计保证率/%
地面灌溉	干旱地区 或水资源紧缺地区	以旱作为主	50～75
		以水稻为主	70～80
	半干旱、半湿润地区 或水资源紧缺地区	以旱作为主	70～80
		以水稻为主	75～85
	湿润地区 或水资源丰富地区	以旱作为主	75～85
		以水稻为主	80～95
喷灌、微灌	各类地区	各类作物	85～95

注　1. 作物经济价值较高的地区，宜选用表中较大值；作物经济价值不高的地区，可选用表中较小值。
2. 引洪淤灌系统的灌溉设计保证率可取30%～50%。

2. 抗旱天数

抗旱天数是指在作物生长期间遇到连续干旱时，灌溉设施的供水能够保证灌区作物用水要求的天数。例如，某灌溉设施的供水能够满足连续50d干旱所灌面积上的作物灌溉用水，则该灌溉设施的抗旱天数为50d。用抗旱天数作为灌溉设计标准，概念明确具体，易于被群众理解接受，适用于以当地水源为主的小型灌区，在我国南方丘陵地区使用较多。

选定抗旱天数时也应进行经济分析，抗旱天数定得越高，作物缺水受旱的可能性越小，但工程规模大，投资多，水资源利用不充分，不一定是经济的；反之，定得过低，工程规模小，投资少，水资源利用较充分，但作物遭受旱灾的可能性也大，也不一定经济。

应根据当地水资源条件、作物种类及经济状况等，全面考虑，分析论证，以选取切合实际的抗旱天数。根据《灌溉与排水工程设计规范》（GB 50288—99）规定：以抗旱天数为标准设计灌溉工程时，单季稻灌区可用30～50d，双季稻灌区可用50～70d。经济发达地区，可按上述标准提高10～20d。

（二）设计年选择

1. 灌溉用水设计年的选择

灌溉设计标准确定后，就可根据这个标准对某一水文气象要素进行分析计算来选择灌溉用水设计年。常用的选择方法有以下几种：

（1）按年雨量选择。把灌区多年降雨量资料组成系列，进行频率计算，选择降雨频率与灌溉设计保证率相同或相近的年份，作为灌溉用水设计典型年。这种方法只考虑了年降雨量的大小，而没有考虑年雨量的年内分配情况及其对作物灌溉用水的影响，按此年份计算出来的灌溉用水量和作物实际要求的灌溉用水量往往差别较大。

（2）按干旱年份的雨型分配选择。对历史上曾经出现的、旱情较严重的一些年份的降雨量年内分配情况进行分析研究，首先选择对作物生长最不利的雨量分配作为设计雨型；然后按第一种方法确定设计年的降雨量；最后把设计年雨量按设计雨型进行分配，以此作为设计年的降雨过程。这种方法采用了真实干旱年的雨量分配和符合灌溉设计保证率的年雨量，是一种比较好的方法。

灌溉用水设计年确定后，即可根据该年的降雨量、蒸发量等气象资料制定作物灌溉制度，绘制灌水率图和灌溉用水流量过程线，计算灌溉用水量。这样，设计年的灌溉用水过程就完全确定了。

2. 水源来水设计年的选择

与确定灌溉用水设计年的方法一样，把历年灌溉用水期的河流平均流量（或水位）从大到小排列，进行频率计算，选择与灌溉设计保证率相等或相近的年份作为河流来水设计年，以这一年的河流流量、水位过程作为设计年的来水过程。

二、无坝引水工程水利计算

无坝引水工程水利计算的主要任务是：确定经济合理的灌溉面积，计算设计引水流量，确定引水枢纽规模与尺寸等。

（一）设计灌溉面积的确定

首先根据实际需要，初步拟订一个灌溉面积，用此面积分别乘以设计灌水率图上各灌水率值，求出设计年流量过程线。由于无坝引水灌溉流量不得大于河道枯水流量的30%，所以应把设计年的河道流量过程线乘以30%，作为设计年的河道供水流量过程线。然后进行供水平衡计算，可能出现三种情况：①供水过程远大于用水过程，说明初定的灌溉面积小了，尚可扩大灌溉面积；②供水过程能够满足用水过程，且两个过程比较接近，说明初定的灌溉面积比较合适，就以它作为灌溉面积；③供水过程不能满足用水过程，说明初定的灌溉面积大了，应减少灌溉面积，并按河道供水过程确定设计灌溉面积，方法是依据设计年供水流量过程线和灌水率图，找出供水流量与灌水率商值最小的时段，以此时段的供水 $Q_{供}$ 除以毛灌水率 $q_{毛}$，即为设计灌溉面积 $A_{设}$。这种方法也可直接用来计算设计灌溉面积。计算公式为

$$A_{设}=[Q_{供}/q_{毛}]_{min} \tag{3-3}$$

（二）设计引水流量的确定

无坝引水渠首进水闸设计流量，应取历年灌溉期最大灌溉流量进行频率分析，选取相应于灌溉设计保证率的流量作为进水闸设计流量，也可取设计代表年的最大灌溉流量作为进水闸设计流量。下面介绍设计代表年法确定设计引水流量的方法。

（1）选择设计代表年。由于仅选择一个年份作为代表年具有很大的偶然性，故可按下述方式选择一个代表年组：①对渠首河流历年（或历年灌溉临界期）的来水量进行频率分析，按灌区所要求的灌溉设计保证率，选出2～3年，作为设计代表年，并求出相应年份的灌溉用水量过程；②对灌区历年作物生长期降雨量或灌溉定额进行频率分析，选择频率接近灌区所要求的灌溉设计保证率的年份2～3年，作为设计代表年，并根据水文资料，查得相应年份渠首河流来水过程；③从上述一种或两种方法所选得的设计代表年中，选出2～6年组成一个设计代表年组。

（2）对设计代表年组中的每一年，进行引、用水量平衡分析计算，若在引、用水量平衡计算中，发生破坏情况，则应采取缩小灌溉面积、改变作物组成或降低设计标准等措施，并重新计算。

（3）选择设计代表年组中实际引水流量最大的年份作为设计代表年，并以该年最大引水流量作为设计流量。

对于小型灌区，由于缺乏资料，没有绘制灌水率图时，可根据已成灌区的灌水率经验值和水源供水流量来计算设计灌溉面积和设计引水流量，也可根据作物需水高峰期的最大灌水定额和灌水延续时间来确定设计引水流量。

（三）闸前设计水位的确定

无坝引水渠首进水闸闸前设计水位，应取河、湖历年灌溉期旬或月平均水位进行频率分析，选取相应于灌溉设计保证率的水位作为闸前设计水位，也可取河、湖多年灌溉期枯水位的平均值作为闸前设计水位。

（四）闸后设计水位的确定

闸后设计水位一般是根据灌区高程控制要求而确定的干渠渠首水位。干渠渠首水位推

算出来以后，还应与闸前设计水位减去过闸水头损失后的水位相比较，如果推算出的干渠渠首水位偏高，则应以闸前设计水位扣除过闸水头损失作为闸后设计水位。这时灌区控制高程要降低，灌区范围应适当缩小，或者向上游重新选择新的取水地点。

（五）进水闸闸孔尺寸的拟定及校核

进水闸闸孔尺寸主要指闸底板高程和闸孔净宽。在确定这些尺寸时，应将底板高程与闸孔宽度联系起来，统一考虑。因为同一个设计流量，闸底板定得高些，闸孔宽度就要大些；闸底板定得低些，闸孔净宽就可小些。设计时必须根据建闸处地形、地质条件、河流挟沙情况等综合考虑，反复比较，以求得经济合理的闸孔尺寸。

闸底板高程确定后，即可根据过闸设计流量、闸前及闸后设计水位、过闸水流流态，按相应的水力学公式计算出闸孔净宽。具体计算方法详见《水力学》教材。大型工程在设计计算后，还应通过模型试验予以验证。

三、有坝引水工程的水利计算

有坝引水工程水利计算的任务，是根据设计引水要求和设计供水情况，确定拦河坝高度、上游防护范围及进水闸尺寸等。

（一）拦河坝高度的确定

确定拦河坝高度应考虑：①应满足灌溉引水对水源水位的要求；②在满足灌溉引水的前提下，使筑坝后上游淹没损失尽可能小；③适当考虑发电、航运、过鱼等综合利用的要求。设计时常先根据灌溉引水高程初步拟定坝顶高程，然后结合河床地形、地质、坝型以及坝体工程量和坝上游防洪工程量的大小等因素，进行综合比较后加以确定。

1．溢流坝顶高程的计算

溢流坝顶高程可按下式计算（图3－4）：

$$Z_{溢}=Z_{设计}+\Delta Z+\Delta D_1 \tag{3-4}$$

式中　$Z_{溢}$——拦河坝溢流段坝顶高程，m；

$Z_{设计}$——相应于设计引水流量的干渠渠首水位，m；

ΔZ——渠首进水闸过闸水头损失，一般为0.1～0.3m；

ΔD_1——安全超高，中小型工程可取0.2～0.3m。

推算出来的坝顶高程 $Z_{溢}$ 减去坝基高程 $Z_{基}$（图3－4），即得溢流坝的高度 H_1。

2．非溢流段坝顶高程的计算

$$Z_{坝}=Z_{溢}+H_0+\Delta D_2 \tag{3-5}$$

$$H_0=\left(\frac{Q_M}{\varepsilon mB\sqrt{2g}}\right)^{2/3} \tag{3-6}$$

式中　Q_M——设计洪峰流量，m^3/s；

ΔD_2——安全超高，m，按坝的级别、坝型及运用情况确定，一般可取0.4～1.0m；

H_0——宣泄设计洪峰流量时的溢流水深，m；

B——拦河坝溢流段宽度，m，可按 $B=Q_M/q_M$ 计算；

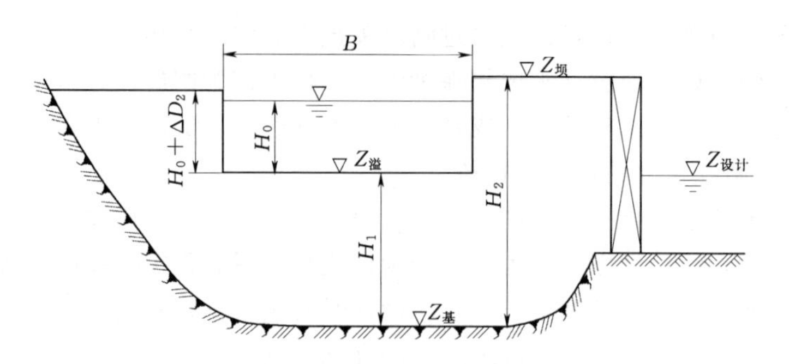

图 3-4 拦河坝坝顶高程示意图

q_M——下游河床允许单宽流量，软岩基为 30～50m³/(s·m)，坚硬岩基为 70～100m³/(s·m)，软弱土基为 5～15m³/(s·m)，坚实土基为 20～30 m³/(s·m)；

m——溢流坝流量系数；

ε——侧收缩系数；

其余符号意义同前。

非溢流段坝高 H_2 为

$$H_2 = Z_{坝} - Z_{基} \tag{3-7}$$

（二）拦河坝的防洪校核及上游防护设施的确定

河道中修筑拦河坝后，抬高了上游水位，扩大了淹没范围，必须采取防护措施，确保上游城镇、交通和农田的安全。为了进行防洪校核，首先要确定防洪设计标准。中小型引水工程的防洪设计标准，一般采用 10～20 年一遇洪水设计，100～200 年一遇洪水校核。根据设计标准的洪峰流量与初拟的溢流坝坝高和坝长，即可用式（3-6）计算出坝顶溢流水深 H_0。这项计算往往与溢流坝坝高的计算交叉进行。

H_0 确定后，可按稳定非均匀流推求出上游回水曲线，计算方法详见《水力学》教材，回水曲线确定后，根据回水曲线各点的高程就可确定淹没范围。对于重要的城镇和交通要道，应修建防洪堤进行防护。防洪堤的长度应根据防护范围确定，堤顶高程则按设计洪水回水水位加超高来确定，超高一般采用 0.5m。如果坝上游淹没情况严重，所需防护工程投资很大，则应考虑改变拦河坝设计方案，如增加溢流坝段的宽度，在坝顶设置泄洪闸或活动坝等，以降低壅水高度，减少上游淹没损失。

（三）进水闸尺寸的确定

进水闸的尺寸取决于过闸水流状态、设计引水流量、闸前及闸后设计水位，而闸前设计水位 $Z_{前}$ 与设计时段河流来水流量有关（图 3-5）。

当设计时段河流来水流量等于引水流量（$Q_1 = Q_{引}$）时，闸前设计水位为：

$$Z_{前} = Z_{溢} \tag{3-8}$$

当设计时段来水流量大于引水流量（$Q_1 > Q_{引}$）时，闸前设计水位为：

$$Z_{前} = Z_{溢} + h_2 \tag{3-9}$$

式中 h_2——设计年份灌溉临界期河道流量 Q_1 减去引水流量 $Q_{引}$ 后，相应于河道流量的

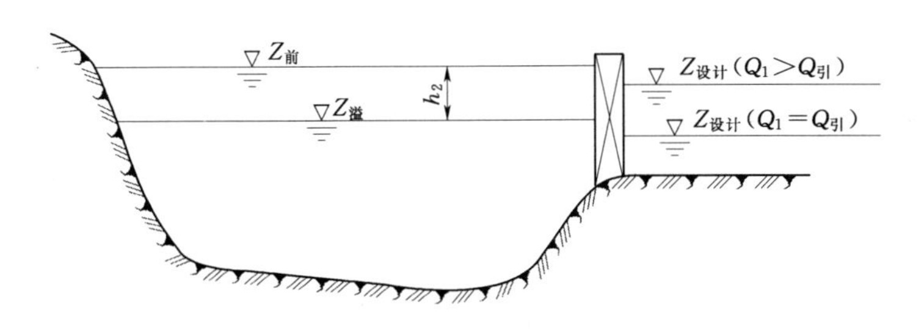

图 3-5　有坝引水闸前设计水位计算示意图

Q_2 的溢流水深，按式（3-6）计算。

如有引渠，式（3-8）和式（3-9）中还应考虑引水渠中的水头损失。

闸后设计水位和闸孔尺寸的计算，与无坝引水工程计算方法相同。

习　题

一、填空题

1. 作为灌溉水源的地下水主要是指可以用于灌溉的__________。

2. 作为灌溉水源的地表水包括河川径流和汇流过程中拦蓄起来的__________。

3. 灌溉水质是水的化学、物理性状和水中含有固体物质的__________和__________。

4. 灌溉取水方式随__________、__________、__________的状况而定。

5. 有坝引水枢纽主要由__________、__________、__________及防洪堤等建筑物组成。

6. 在工程实践中，中小型灌溉工程多用一个特定水文年份的来水过程和用水过程进行平衡计算，这个特定的水文年份称为__________。

7. 灌溉设计保证率是指一个灌溉工程的灌溉用水量在__________期间能够得到保证的概率。

8. 抗旱天数是指在作物生长期间遇到__________时，灌溉设施的供水能够保证灌区作物用水要求的天数。

二、选择题

1. 灌溉水源的主要类型有（　　）。

A. 河川径流　B. 当地地面径流　C. 地下径流　D. 城市污水

E. 灌溉回归水

2. 灌溉水源在水质方面的要求包括（　　）等方面。

A. 水温　B. 含沙量　C. 盐类　D. 有害物质

3. 灌溉水源应在（　　）方面满足灌溉的要求。

A. 水平　B. 水质　C. 水位　D. 水量

4. 利用地面径流灌溉的取水方式有（　　）等。

A. 无坝引水　B. 有坝引水　C. 抽水取水　D. 水库取水

5. 无坝引水渠首一般由（　　）三部分组成。

A. 溢流洞　B. 冲沙闸　C. 导流堤　D. 进水闸

6. 有坝引水方式中进水闸的平面布置主要有（　　）两种形式。

A. 前面引水　　B. 侧面引水　　C. 正面引水　D. 背面引水

7. 我国表示灌溉设计标准的指标有（　　）两种。

A. 灌溉设计保证率　B. 设计概率　　C. 抗旱天数　D. 灌溉水利用率

三、简答题

1. 简述如何选择灌溉用水设计年。

2. 简述有坝引水拦河坝高度确定应满足的要求。

第四章　井灌工程技术

【学习目标】

通过学习地下水资源的评价方法、机井设计方法、井灌区规划方法，能够根据地下水的允许开采量进行井灌区的规划和机井的设计。

【学习任务】

1. 能够利用地下水资源评价方法计算地下水的允许开采量。

2. 能够进行机井的设计和井灌区的规划。

第一节　地下水资源评价

一、地下水资源的特点

地下水资源与其他资源相比，有许多特点，最基本的特点是可恢复性、调蓄性和转化性。

1. 可恢复性

地下水资源不像其他资源，它在开采后能得到补给，具有可恢复性，合理开采不会造成资源枯竭，但开采过量，又得不到相应的补给，就会出现亏损。所以，保持地下水资源开采与补给的相对平衡是合理开发利用地下水应遵循的基本原则。

2. 调蓄性

地下水可利用含水层进行调蓄，在丰水年可把多余的水储存在含水层中，在枯水期动用储存量以满足生产、生活的需要。“以丰补枯”是充分开发利用地下水的合理性原则。

3. 转化性

地下水与地表水在一定条件下可相互转化。当河道水位高于沿岸的地下水位时，河道水补给地下水；相反，当沿岸地下水位高于河道水位时，则地下水补给河水。转化性是开发利用地下水和地表水资源的适度性原则。

二、地下水资源的分类

根据以水均衡为基础的分类法，将地下水资源分为补给量、排泄量和储存量三类。

1. 补给量

补给量是指某时段内进入某一单元含水层或含水岩体的重力水体积，它包括降雨入渗补给河渠湖库渗漏补给量、山前与区外侧渗补给量、渠灌田间入渗补给量、井灌回归补给量、越流补给量和人工回灌补给量。它又分为天然补给量、人工补给量和开采补给量。

2. 排泄量

排泄量是指某时段内从某一单元含水层或含水岩体中排泄出去的重力水体积。排泄量包括潜水蒸发量、向河沟湖库等排泄的水量、向区外侧向排泄的水量、地下水实际开采量和越流排泄量。排泄量可分为天然排泄量和人工开采量两类。

3. 储存量

储存量是指储存在含水层内的重力水体积，可用下式计算：

$$W=\mu V \tag{4-1}$$

式中　W——含水层中的容积储存量，m^3；

μ——给水度，指饱和岩土在重力作用下可自由排出重力水的体积与岩土体积之比，随岩性和地下水埋深而变，其值见表 4-1；

V——计算区含水层的体积，m^3。

表 4-1　　不同岩性给水度（μ）

岩　性	给水度	岩　性	给水度
黏土	0.01～0.03	粉细砂	0.07～0.10
砂质黏土	0.03～0.045	细砂	0.08～0.11
黏质砂土	0.04～0.055	中砂	0.09～0.13
黄土	0.025～0.05	粗砂	0.11～0.15
粉砂	0.05～0.065	砂卵砾石	0.13～0.20

由于地下水位是随时变化的，所以储存量也随时增减。天然条件下，在补给期，补给量大于排泄量，多余的水量便在含水层中储存起来；在人工开采条件下，如开采量大于补给量，就要动用储存量，以支付不足；当补给量大于开采量时，多余的水变为储存量。总之，储存量起着调节作用。

三、地下水资源评价

地下水资源评价就是对一个地区地下水资源的质量、数量、时空分布特征和开发利用的技术要求做出科学的定量分析，并评价其开采价值，它是地下水资源合理开发与科学管理的基础。地下水资源评价的主要任务包括水质评价和水量评价。

1. 水质评价

对水质的要求是随其用途的不同而不同的。因此，必须根据用水部门对水质的要求，进行水质分析，评价其可用性并提出开采区水质监测与防护措施。用于灌溉的地下水应符合《农田灌溉水质标准》(GB 5084—2005)。

2. 水量评价

水量评价的任务是通过计算，分析不同的资源量，而后确定允许开采量，并对能否满足用水部门需要以及有多大保证率做出科学评价。

允许开采量是指在一定的开采条件下允许从地下水中提取的最大水量。允许开采量的大小，取决于开采地区的水文地质条件和开采条件。

第二节 单 井 设 计

一、井型分类

井是开发利用地下水使用最广泛的取集水建筑物。由于地下水埋藏条件、补给条件、开采条件和当地的经济技术条件的不同，取水井的类型也就多种多样。按水井的构造分类分为以下几种类型。

1. 管井

通常将直径较小、深度较大和井壁采用各种管子加固的井型称为管井。这种井型须采用专用机械施工和机泵抽水，故群众习惯上称为机井，如图 4-1 所示。管井是使用范围最广泛的井型，可适用于开采浅、中、深层地下水，深度可由几十米到几百米以上，井壁管和滤水管多采用钢管、铸铁管、石棉水泥管、混凝土管和塑料管等。管井采用钻机施工，具有成井快、质量好、出水量大、投资省等优点，在条件允许的情况下尽可能采用管井。

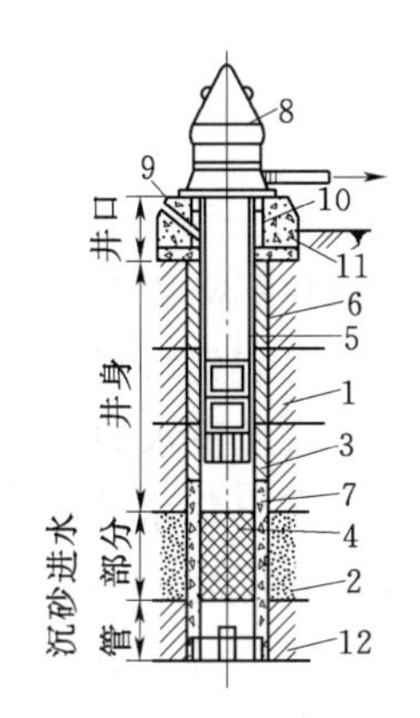

图 4-1 管井示意图

1—非含水层；2—含水层；3—井壁管；4—滤水管；5—泵管；6—封闭物；7—滤料；8—水泵；9—水位观测孔；10—护管；11—泵座；12—不透水层

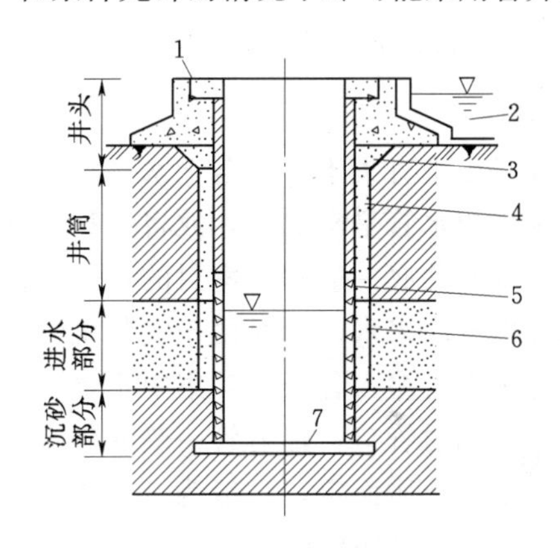

图 4-2 筒井示意图

1—井台；2—出水池；3—截墙；4—护衬井壁；5—透水井壁；6—滤料；7—井盘

2. 筒井

筒井一般是由人工或机械开挖，井深较浅，井径较大，是用于开采浅层地下水的一种常用井型。因其形状类似圆筒且口大，故称筒井。井深一般为 10～20m，深的达 50～60m，直径一般为 1～2.5m，也有直径达 10m 以上的。筒井多用预制混凝土管、钢筋混凝土管或用砖石材料圈砌，故也称为砖井、石井等。筒井由井头、井筒、进水部分和沉砂部分组成，如图 4-2 所示。

筒井具有出水量大、施工简单、就地取材、检修容易、使用年限长等优点，但由于潜水位变化较大，对一些井深较浅的筒井会影响其单井出水量。另外，由于筒井的井径较大，造井所用的材料和劳力也较多。它主要适用于埋藏较浅的潜水、浅层承压水丰富、上

部水质为淡水的地区。

3. 筒管井

筒管井是在筒井底部打管井，是筒井和管井结合使用的一种形式。筒管井施工容易、投资少、便于取水。它适用于浅层水贫乏、深层水丰富的地区，在旧筒井地下水下降、出水量减少时也可将其底部打成管井，增加井的出水量，或者在筒井施工继续开挖有困难时，用钻机施工，打成管井，如图 4-3 所示。

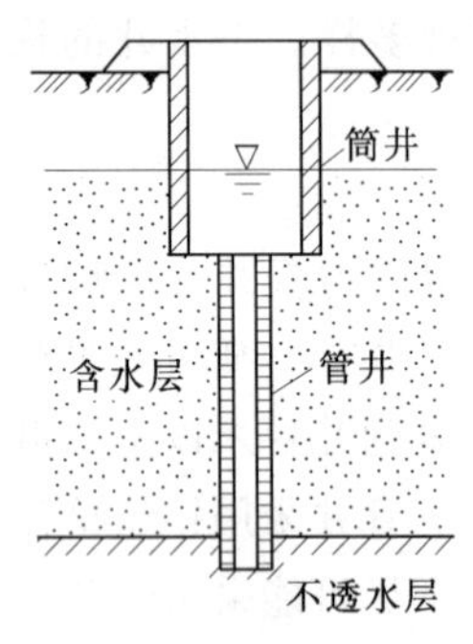

图 4-3　筒管井示意图

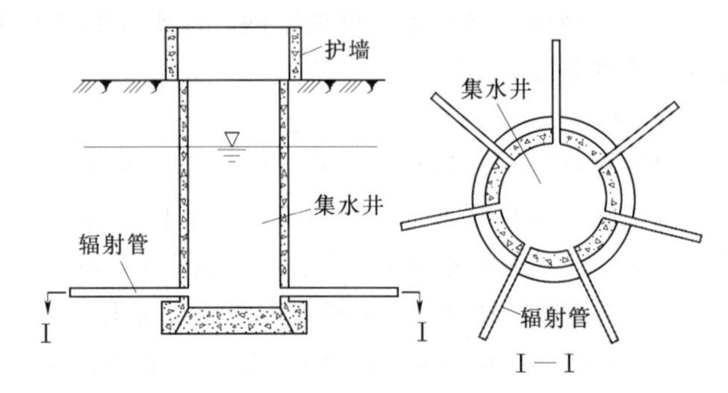

图 4-4　辐射井示意图

4. 辐射井

辐射井是由垂直集水井和若干水平集水管（孔）联合构成的一种井型，如图 4-4 所示。因其水平集水管呈辐射状，故将这种井称为辐射井。集水井不需要直接从含水层中取水，因此井壁与井底一般都是密封的，主要作用是施工时用作安装集水管的工作场所和成井后汇集辐射管的来水，同时便于安装机泵。辐射管是用以引取地下水的主要设备，均设有条孔，地下水可渗入各条孔，集中于集水井中；辐射管一般高出集水井底 1m 左右，以防止淤积堵塞辐射管口；辐射管一般沿集水井四周均匀布设，数目为 3～10 根，其长度根据要求的水量和土质而定，一般为 3m 左右。辐射井主要适用于含水层埋深浅、厚度薄、富水性强、有补给来源的砂砾含水层，裂隙发育、厚度大的含水层，富水性弱的砂层或黏土裂隙含水层，透水性较差、单井出水量较小的地区。

此外，其他井型还有坎儿井、真空井等。各种井的适用条件见表 4-2。

表 4-2　　各种井型及其适用条件

名称	结　构　要　点	适　用　条　件
管井	直径 0.5m 以下的井	浅层或深层地下水富水性较好
筒井	直径 0.5m 以上的浅井	浅层地下水丰富
真空井	井管与水泵进水管密封连接	地层以上为有裂隙或块状黏土，透水性好，其下为砂层，深度不超过 10m
辐射井	在筒井中向四周打横管	潜水不丰富，上部土层透水性差，下有薄砂层
虹吸井	由一眼抽水主井和 1～4 眼供水副井组成，副井的水用虹吸管送到主井	潜水不丰富，单井出水量不能满足开泵的要求
大骨料井	管材为直径 65～75cm 的无砂混凝土管，洗井前进行填料，再边填边洗加入骨料	含水层为薄砂层，其顶板为一定厚度呈透镜体的黏土

二、机井设计

管井因水文地质条件、施工方法、配套水泵和用途等不同，其结构形式也相异。但大体上可分为井口、井身、进水部分和沉砂管四个部分。

（一）井口

通常将管井上端接近地表的一部分称为井口，可密封置于户外或与机电设备同设在一个泵房内。

井口不是管井的主要结构部分，但设计施工不当，不仅会给管理工作带来不便，同时还会影响整个井的质量和寿命，因此设计时应注意以下几点：

（1）管井出口处的井管应与水泵连接紧密。通常井管口需露出泵房地板或地表 30～50cm，以便加套一短节直径略大于井管外径的护管，护管宜用钢管和铸铁管。

（2）井头要有足够的坚固性和稳定性。通常在井口周围半径不小于 1.5m 的范围将原土挖掉并分层夯实回填黏性土或灰土，然后再在其上按要求浇筑混凝土泵座。

（3）在井管的封盖法兰盘上或在泵座的一侧，应预留直径为 30～50m 的孔眼，以便观测井中静、动水位的变化，孔眼要有专制的盖帽保护，以防杂物掉入被卡死失效。

（二）井身

安装在隔水层、咸水层、流沙层、淤泥层或者不拟开采含水层处的实管称为井身，起支撑井孔壁和防止坍塌的作用。井身是不要求进水的，在一般松散地层中，应采用密实井管加固。如果井身部分的岩层是坚固稳定的基岩或其他岩层，可不用井管加固，但如果有要求隔离有害的和不计划开采的含水层时，则仍需井管严密封闭。井身部分是安装水泵和泵管的处所，为了保证井泵的顺利安装和正常工作，要求其轴线要相当端直。井身的长度通常所占的比例较大，故在设计和施工时不容忽视。

井管类型很多，主要根据井深进行选用。当井深不大时，可采用造价较低的水泥管、石棉水泥管、塑料管和铸铁管；当井深较大时，则应采用强度较大的钢管或玻璃钢管。可参考表 4－3 选用。

表 4－3　　各种管材适宜深度

管材类型	钢管	铸铁管	钢筋混凝土管	混凝土管
适宜深度/m	＞400	200～400	100～200	≤100

井管直径主要是根据机井设计出水量和抽水设备来确定，一般要求金属井管的直径应大于水泵吸水管最小外径 50mm，水泥井管的直径应大于水泵吸水管最小外径 100m。各种井深、钻孔直径、井管直径与井管类型的配合关系见表 4－4。

表 4－4　　井深、孔径、管径与井管类型配合表

井深/m	井孔直径/mm	井管直径/mm	井 管 类 型
＜60	＞500	200、250、300	砖瓦管、混凝土管、铸铁管
60～300	400～500	200、250、300	混凝土管、塑料管、铸铁管、钢管
300～450	400～500	200、250	铸铁管、钢管
＞450	250～350	150、200	钢管

（三）进水部分

进水部分是指安装在所开采含水层处的透水管，又称滤水管，主要起滤水和阻沙作用，它是管井的心脏，结构是否合理，对整个井来说是至关重要的，它直接影响管井的质量和使用寿命。除在坚固的裂隙岩层处，一般对松散含水层，甚至对破碎的和易溶解成洞穴的坚固含水层，均须装设各种形式的滤水管。

1. 滤水管设计基本要求

（1）滤水管结构要求如下：

1）要有高的透水性。地下水从含水层经滤水管流入井内时受到的阻力最小。

2）要有很强的拦砂能力。抽水时能有效地拦截含水层中的细砂粒，以防随水进入井内。

（2）滤水管设计要求如下：

1）防止产生涌砂。滤水管孔隙的大小必须根据含水层的颗粒大小合理确定。

2）滤水管结构要能有效地防止机械和化学堵塞。

3）滤水管要具有适宜含水层的最大可能的透水性和最小的阻力，其进水孔眼或通道要尽可能地均匀分布。

4）滤水管要具有合理的强度和耐久性，以防在施工和管理中损坏。

5）制作滤水管的材料，要具有抗腐蚀和抗锈结的能力。

6）滤水管在满足上述要求的情况下，其结构要简单、易于制作，而且造价要尽可能的低廉。

2. 滤水管的类型及选择

管井滤水管的类型繁多，如图 4－5 所示，概括起来大致可分为不填砾类和填砾类两大类。

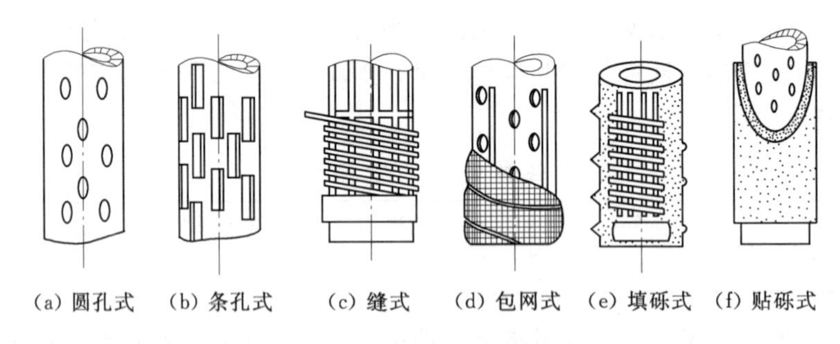

(a) 圆孔式　(b) 条孔式　(c) 缝式　(d) 包网式　(e) 填砾式　(f) 贴砾式

图 4－5　滤水管类型示意图

（1）不填砾类。

这类滤水管主要适用于粗砂、砾石以上的粗颗粒松散含水层和基岩破碎带及含泥沙石灰岩溶洞等含水层，有以下几种常用类型。

1）圆孔式滤水管。这种滤水管是最古老而又简单的一种形式，如图 4－5（a）所示，其孔眼根据不同管材可用不同方法制成，孔眼的大小，主要按所开采含水层的颗粒粒径而定，一般可用下式计算：

$$t \leqslant \beta d_{50} \tag{4-2}$$

式中　t——进水孔眼的直径，mm；

d_{50}——含水层取样标准筛分时，累积过筛量占50%的颗粒直径，mm；

β——换算比例系数，与含水层的颗粒粒度有关，对较小粒度的均匀含水层可取2.5～3，而对粗粒度和非均匀含水层可取3～4。

进水孔眼在管壁上的布置形式，通常采用相互交错的梅花形，如图4－6所示，进水孔眼的相互位置还可以分为等腰三角形和等边三角形两种。

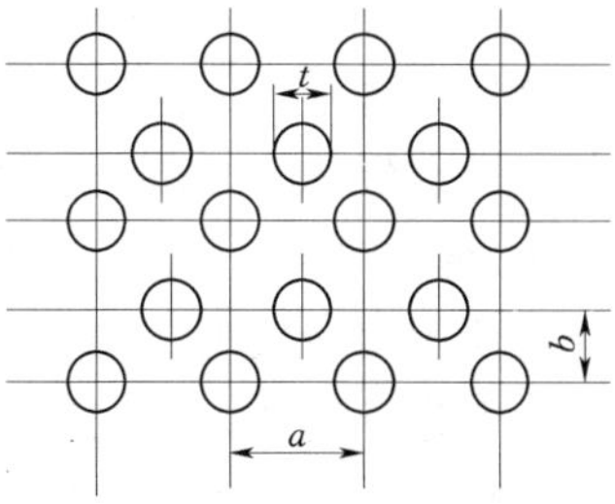

等腰三角形：

水平孔距　$a=(3\sim5)t$　(4－3)

垂直孔距　$b=0.667a$　(4－4)

等边三角形：

水平孔距　$a=(3\sim5)t$　(4－5)

垂直孔距　$b=0.866a$　(4－6)

图4－6　进水孔眼布置图

经初步计算，选定孔眼布置的水平与垂直孔距后，还应按对不同管材所要求的开孔率再加以调整，并使其孔距基本为整数以便于加工。所谓的开孔率是指单位长度滤水管孔眼的有效总面积与管壁外表面积之比的百分数，各种管材的适宜开孔率见表4－5。

表4－5　不同管材开孔率表

管材	钢管	铸铁管	钢筋混凝土管	塑料管	混凝土管
开孔率/%	25～30	20～25	≥15	≥12	≥12

孔眼为圆形的开孔率为：

$$A=\frac{n_1 n_2 d^2}{4DL} \tag{4-7}$$

式中　A——滤水管壁上圆孔的开孔率，%；

n_1——滤水管圆周上孔眼的行数；

n_2——滤水管每行的孔眼数；

d——孔眼直径，cm；

D——滤水管的外径，cm；

L——滤水管工作部分的长度，cm。

圆形孔眼的优点是易于加工，对脆性材料较为适宜。其缺点主要是易堵塞且进水阻力较大，当开孔率增大后，对滤水管强度影响较大。目前，直接使用圆形孔眼的情况正逐渐减少。

2）条孔式滤水管。这种滤水管进水孔眼的几何形状呈细长矩形，多用于金属类井管冲压、烧割或用楔形金属杆条和支撑环焊接组成，如图4－5（b）所示。条孔滤水管根据条孔在滤水管上的布置形式不同，还可以分为垂直和水平条孔，垂直条孔稳定细颗粒能力相对较差，故多用水平条孔，但水平条孔相对阻力略大。条孔的宽度（或缝宽）可用下式估算：

$$t\leqslant(1.5\sim2)d_{50} \tag{4-8}$$

式中　t——条孔宽度，mm；

其余符号意义同前。

条孔式滤水管的开孔率较大，可达30%～40%，因而进水阻力较小，不易机械堵塞，目前在生产上已逐渐推广使用。

3）缝式滤水管。在易于加工的圆孔式滤水管外周缠绕各种金属和非金属线材，用以构成合适的进水缝，这种形式的滤水管称为缝式滤水管，如图4-5（c）所示。一般在花管的外周点焊ϕ6～8mm的纵向垫条，其间距为50～70mm。然后再在垫条上缠绕ϕ2～3mm的镀锌铁丝、铜丝，为防止缠丝松散脱落，用锡焊将缠丝与垫条固定在一起。镀锌铁丝其使用寿命较短，甚至2～3年就有破坏的；铜丝虽较耐久，但造价高，且易使滤水管遭到电化学腐蚀，因此垫条和缠丝都应采用无毒、耐久且价廉的非金属材料，建议垫条采用塑料、玻璃钢条，缠丝采用玻璃纤维增强聚乙烯丝或其他非金属高强线材。近些年来，我国试验和发展了一种编竹笼形缝式滤水器，用竹笼代替垫条和缠丝，其结构一般视圆孔花管的直径大小，纵条约7mm×7mm计11～17根，保持间距50～60mm；横条（线条）为2～3mm，按设计缝宽手工编织而成。

4）包网式滤水管。在细颗粒砂层的含水层中，穿孔式滤水管若直接使用，会在抽水时产生大量的涌砂，需在其外周垫条并包裹以各种材料，如铜丝、镀锌细铁丝和尼龙丝等，编织成网子或天然棕网，即所谓的包网式滤水管，如图4-5（d）所示。

包网式滤水管的使用历史比较悠久，制作容易。但孔眼易被堵塞，因而进水阻力也大，在水下耐久性差，目前已很少使用。

（2）填砾类。

1）填砾式滤水管。天然砂砾石是一种良好的滤水材料，将滤料均匀填于上述各种滤水管与含水层的井孔间隙内，构成一定厚度的砂砾石外罩，便成为填砾式滤水管，此时滤料成为滤水管的重要组成部分，对滤水效果起决定作用，如图4-5（e）所示。尽管对一些粗颗粒含水层，从理论上讲是不需要填滤料的，但在生产上为了安全可靠，大都采用填砾式滤水管，目前98%以上的滤水管都采用此类型。

2）无砂混凝土滤水管。填砾滤水管通过生产验证，是一种比较好的滤水管类型，但要将其砂砾石滤料施工围填至理想的均匀密实状态，有时难以完全做到，特别对细颗粒的含水层，井的深度越大时，其难度也就相应增大。鉴于上述原因，在良好的天然砂砾石中，掺加适量高标号的水泥作为胶结剂，制作成的滤水管，即为无砂混凝土滤水管。它一方面具有填砾滤水管透水性强的优点，同时又减去了填砾滤水管复杂的骨架管，从而大大降低了滤水管的造价，同时又克服了填砾滤水管围填滤料施工质量难以保证的缺点。

3）贴砾式滤水管。将砂石滤料用一定剂量的树脂等高强胶结剂拌和均匀，并紧贴（粘）在骨架管的外周，便成为贴砾式滤水管，如图4-5（f）所示。这种滤水管实质上是多孔混凝土滤水管的另一种使用方式，它可将多孔混凝土的厚度减薄至15～20mm，可用于深度很大和钻孔直径较小的井中，特别适用于该种情况下含水层为粉细砂的井，可减少扩孔和围填滤料的费用。

3. 滤水管设计

（1）滤水管直径。滤水管口径大小对机井的出水量影响极大。在潜水含水层中，机井

出水量的增加与滤水管直径增加的半数成正比；在承压含水层中，出水量与滤水管直径的增加略成直线关系。在松散岩层中，滤水管的内径一般不得小于200mm，但滤水管直径大于400mm以后，出水量增加不明显。

滤水管的直径可用下式计算：

$$d=\frac{Q}{\pi L v_c} \tag{4-9}$$

其中

$$v_c=65\sqrt[3]{K}$$

式中 d——滤水管的外径，m，对于填砾滤水管即为井的开孔直径；

Q——钻孔出水量，m^3/d；

L——滤水管进水部分的长度，m；

v_c——含水层的允许渗流速度，m/d；

K——含水层的渗透系数，m/d。

（2）滤水管长度。滤水管长度关系到机井的建设投资和出水量，应根据含水层的厚度和颗粒组成、出水量大小及滤水管直径而定。当含水层厚度小于10m时，其长度应与含水层厚度相等；当含水层厚度很大时，其长度可取含水层厚度的3/4。每节滤水管长一般不超过20～30m。滤水管的长度也可用下式计算：

$$L=\frac{\alpha Q}{d} \tag{4-10}$$

式中 L——滤水管设计长度，m；

α——经验系数，按表4-6取值；

Q——机井设计出水量，m^3/h；

d——滤水管的外径，mm。

表4-6　　不同含水层的 α 值

含水层岩性	渗透系数 K/(m/d)	α 值	含水层岩性	渗透系数 K/(m/d)	α 值
粉细砂	2～5	90	砾石	30～70	30
中砂	5～15	60	砾卵石	70～150	20
粗砂	15～30	50			

4. 滤料设计

填砾滤水管的砾石是滤水管的重要组成部分，如何正确地选用滤料以及合理的填砾厚度是设计填砾滤水管的关键。

（1）填砾位置和高度。填砾的位置和高度应根据滤水管的位置和长度来确定，要求所有滤水管的周围都必须填砾料。承压井第一个含水层上部的填砾高度应高出含水层顶板8～12m，以防止洗井、抽水后砾料下沉（下沉率一般为1/10）露出滤水管；填砾还应低于滤水管下端2～3m，防止因填砾错位而露出滤水管。

（2）滤料粒径。滤料是密切配合含水层而起拦砂透水的作用，是决定管井质量的关键部位，因此，选择滤料粒径大小应遵循最基本的原则：一是要求在强力洗井或除砂的条件下，能将井孔周围含水层中的额定部分的较细粒砂和泥质等滤出；二是能保证在正常工作条件下，不会产生任何涌砂。所选配的滤料并不要求将含水层中大小颗粒全部拦住，而只希望拦住其中较大颗粒的一部分，这一部分留于滤料层之外，形成一层天然滤料层或滤料与含水层之间的缓冲过渡层，一般将设计冲出额定部分的最大颗粒粒径称为含水层的标准颗粒粒径。在选滤料时，滤料粒径可参考表4-7，一般可按下式进行计算：

$$D_b = Md_b \tag{4-11}$$

式中 D_b——滤料标准颗粒粒径，mm；

d_b——含水层标准颗粒粒径，mm；

M——倍比系数，以8～10为最佳，均匀含水层取小值，非均匀含水层取大值。

表4-7 **砂及滤料的粒径** 单位：mm

砂粒等级	砂的粒径	规格滤料	混合滤料
粉砂	0.05～0.1	0.75～1.5	1.0～2.0
细砂	0.1～0.25	1.0～2.5	1.0～3.0
中砂	0.25～0.50	2.0～5.0	1.0～5.0
粗砂	0.5～2.0	4.0～7.0	1.0～7.0

（3）滤料围填厚度。滤料围填厚度过薄，围填质量就难保证，会出现疏密不均和若干“空白点”现象。若井管在井孔中同心度不够，可能使回填滤料厚薄不一，难以保证有效厚度。建议滤料围填厚度对于粉细砂含水层可选取150～200mm，对于粗砂以上的粗粒含水层，可选取100～150mm。根据试验和实践经验，一般滤料围填厚度不小于100mm，最厚可达250mm，平均厚一般为100～150mm。

（4）滤料的质量。滤料的质量不仅取决于选取的粒度和围填厚度，还与其几何形状和成分有关。一般应尽量选取磨圆度高的砾石和卵石，而不宜采用碎石和石屑作为滤料，因圆球形滤料形成孔隙直径较大，孔隙率高，透水性较强，滤水效果较好。滤料质地一般以石英为最佳，泥灰岩等不宜作为滤料。

5. 封闭止水

封闭止水是为了使取水层与有害的或不良的含水体隔离开来，以免互相串通使井的水质恶化。封闭位置应超过拟封闭含水层上下各不少于5m。井口附近也应封闭，厚度3～5m，以防止地表水渗入污染井水。当水压较大或要求较高时，可用水泥浆或水泥砂浆封闭。

（四）沉砂管

管井最下部装设的一段不透水的井管称为沉砂管。其用途是在使用和管理过程中沉淀井中的泥沙，以备定期清淤。沉砂管长度一般按含水层颗粒大小和厚度而定，当管井所开采含水层的颗粒较细、厚度较大时，可取长些；反之可取短些。松散地层中的管井，浅井为2～4m，深井为4～8m。若含水层较薄，为了增大井的出水量，应尽量将沉砂管设在含水层底板的不透水层内，不要因装设沉砂管而减少了滤水管长度。

沉砂管下面的底盘和导向木塞，施工时起托住井管和导正管子的作用，下完井管后即为井底。

三、成井工艺

成井工艺流程主要有：钻进→清孔→下管→回填滤料及封闭→洗井及抽水试验→竣工验收。

（一）钻进

井孔钻进的方法很多，有冲击钻进、回转钻进以及反循环钻进和空气钻进等，但在农用管井施工中，目前普遍使用的方法多为冲击钻进和回转钻进。冲击式钻机设备施工方法简单，在松散岩层中工效高。回转钻进适用于颗粒较细的松散岩层，易于被群众掌握。

在钻孔前要平整夯实场地，准备好水源，为保护孔口不坍塌，在开钻前要下入护筒，护筒一般由铁板制成，其直径比开孔钻头大 50～100mm，长度一般为 1.5～3m。钻井机械按规程进行安装，做到安全可靠、易于操作。

钻孔过程要严格按钻机的钻进技术规程操作，以免引起井壁坍塌，损坏机件。具体钻机安装和钻进技术规程可参考《水利工程施工》教材中的有关内容。

（二）清孔

为避免井管断落、错位、扭斜等事故的发生，下管前先要进行井孔的处理。钻孔结束后，用直眼钻头疏孔，直眼钻头一般比终孔直径小 30～50mm，长度不小于 4m。疏孔应一次到井底，为下管扫清障碍，使井孔圆直，上下畅通，一般要求倾斜度不超过 1.5°。疏孔结束后要进行冲孔，用泥浆冲洗液逐渐稀释，以冲掉井壁上的厚泥皮，利于地下水进入井内。下管前还要对井孔、井壁管、沉淀管、滤水管等的规格质量严格把关，各种偏差要在允许范围内，符合设计标准。

（三）井管连接

由于制管和运输要求，一般井管多制成 1～4m 的短管，因此在安装时须将每一节短管牢固连接，并保证形成一根端直的整体管柱。如果连接处发生松脱、错口、张裂等情况，就会影响成井的质量，严重的会造成涌砂、漏砾、污水侵入，或使井泵难于顺利装入井内，从而使井成为病井或废井。

混凝土井管接头常采用黏接和焊接两种。供焊接连接的混凝土管，须在预制时在其纵向钢筋的端头处，焊有与井管外径相一致且宽为 40～50mm 的短节钢管或 4～6 根扁钢片，连接时先在下面井管口涂以沥青或其他黏结材料，再将上面管口对正黏合在一起，然后用短节圆钢或扁钢焊于上下管口预埋短管或扁钢上，便可牢固连接。对于未预埋短节钢管或扁钢的混凝土井管和难于预埋钢件的石棉水泥井管则适于采用黏结。黏结时先在两节井管搭接处涂一层沥青黏结，井管外壁接缝处可用涂有沥青的布包一周，搭接长度不小于 30cm，井管外壁用 4～6 根钢筋或竹片竖向捆扎，如图 4－7 所示。井管底座应平整，与井管接触处可涂一层沥青，并用涂有沥青的布包 1～2 层。

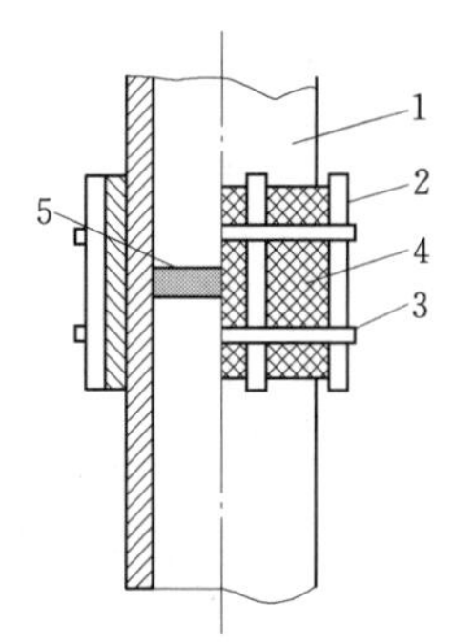

图 4－7　沥青黏结井管接头示意图

1—井管；2—毛竹片；3—铅丝；4—沥青布；5—黏结层

一般钢管和塑料管采用焊接和管箍丝扣连接。铸铁管和其他金属管以及玻璃钢管均可采用管箍丝扣连接。

（四）下管

井管安装简称下管，下管是管井施工中最关键的一道工序，常见的下管方法有钻杆托盘下管法和悬吊下管法两种。

1. 钻杆托盘下管法

该法适用于非金属管材建造的深井，其使用较为普遍。钻杆托盘下管法如图 4-8 所示。其主要的设备为托盘、钻杆、井架及起重设备。托盘如图 4-9 所示。

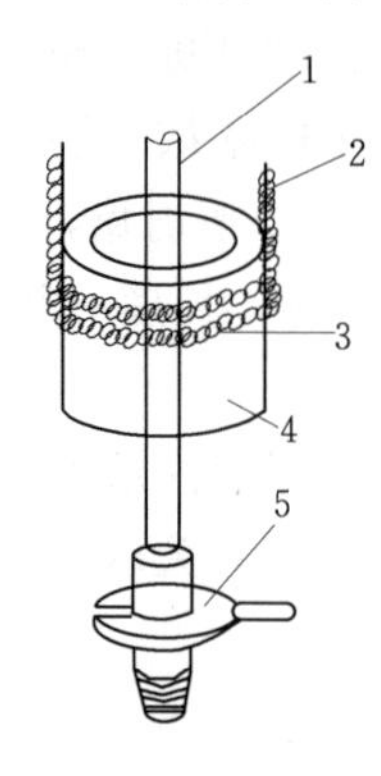

图 4-8 钻杆托盘下管法示意图
1—钻杆；2—大绳；3—大绳套；4—井管；5—圆形垫叉

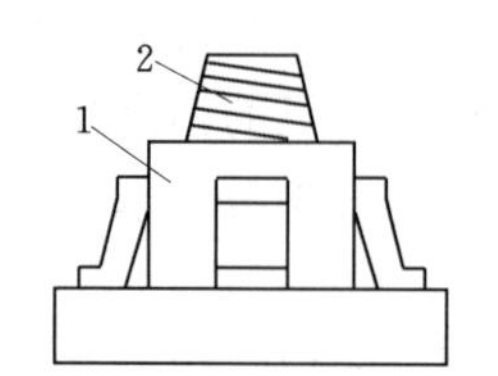

图 4-9 托盘示意图
1—托盘；2—反丝扣接头

钻杆托盘下管法下管的步骤如下：

（1）将第一根带反丝接箍的钻杆与托盘中心的反丝锥接头连接好，然后将井管吊起套于钻杆上，徐徐落下，使托盘与井管端正连接在一起。

（2）把装好井管的第二根钻杆吊起后放入井内，用垫叉在井口枕木或垫轨上将钻杆上端卡住，另用提引器吊起另一根钻杆。

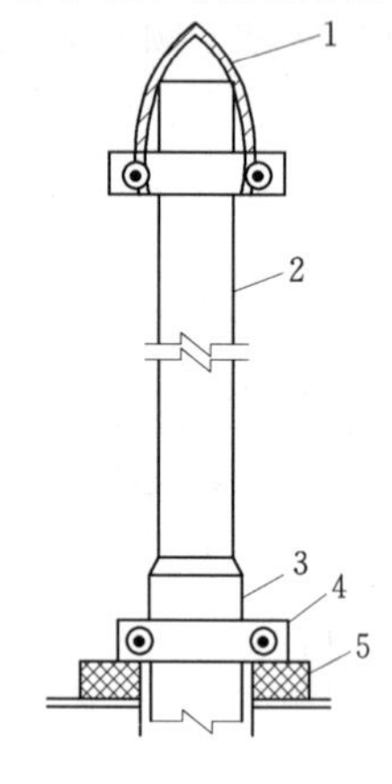

图 4-10 悬吊下管法示意图
1—钢丝绳套；2—井管；3—管箍；4—铁夹板；5—方木

（3）将第二根钻杆对准第一根钻杆上端接头，然后用另一套起吊设备，单独将套在第二根钻杆上的井管提高一段距离，拿去垫叉，对接好两根钻杆。再将全部的钻杆提起，并使两根井管在井口接好之后，即将接好的井管全部下入井内。第二根钻杆上端接头；再用垫叉卡在井口枕木上，去掉提引器，准备提吊第三根钻杆上的井管，如此循环直至下完井管。

待全部井管下完及管外回填已有一定的高度且使井管在井孔中稳定后，按正扣方向用人力转动钻杆，使之与托盘脱离，然后将钻杆逐根提出井外。

2. 悬吊下管法

其主要设备有管卡、钢丝绳套、井架和起重设备。该法适用于钻机钻进，并且是由金属管材和其他能承受拉力的管材建造的深井。悬吊下管法如图 4-10 所示。其步骤较为简单，先用管卡将底端设有木塞的第一根井管在箍下边夹紧，并将钢丝绳套套在管卡的两侧，通过滑车将井管提起下入孔内，使管卡轻轻落在井口垫木上，随后取下第

一根井管上的钢丝绳套。用同样的方法起吊第二根井管，并将第二根井管的下端外丝扣与第一根井管上端的内丝扣对正，并用绳索或链钳上紧丝扣，然后将井管稍稍吊起，卸开第一根井管上端的管卡，向井孔下入第二根井管，按此方法直至将井管全部安装完毕。

（五）回填滤料及封闭止水

回填滤料是成井工艺中的主要环节，直接影响井的质量和使用寿命。滤料规格必须满足设计要求，并清洗干净。投放滤料前应检查井管是否对中，并设法固定。井内泥浆比重应控制在1.05左右，按设计要求在井管周围缓慢均匀投放，以免冲击井管，使管子产生偏移，不论井孔深浅，填料必须一次填完，以免大小颗粒发生离析现象。

管外封闭通常都是与回填滤料同时进行或交替进行的。按设计要求，在井管周围均匀投放黏土球或水泥浆进行封闭，以达到隔离止水的目的。

（六）洗井

下管、填砾、封闭后应立即洗井。通过洗井可以洗掉井底内的泥沙、井壁上的泥皮以及井孔附近含水层中的细颗粒物质，以增加井孔周围含水层的透水性和井的出水量。洗井的方法很多，常见的有水泵洗井、活塞洗井、空压机洗井、CO_2洗井和焦磷酸钠洗井等几种。由于井管的材质不同，选择洗井的方法也不相同，在钢管及铸铁管井中洗井可任意选择洗井方法。而在水泥管井中洗井，由于水泥管材质脆、强度低，加上其内径较大，多年来一直沿用单一的水泵洗井。水泵洗井即在钻孔、下管、填料等工序完成后，下泵进行大流量抽水，抽至水泵出清水为止。其成败的关键在于泥皮的厚薄和泵的吸力。当泥皮难以破坏时，含水层的水被隔离，从而导致井不出水，也就是平常所说的“干井”。

活塞洗井是一种设备简单、效果显著的洗井方法，可缩短洗井时间，降低洗井费用，提高洗井效率，保证洗井质量，因此得到广泛使用。

活塞洗井原理如图4-11所示。当活塞上提时，活塞下部形成负压，含水层中的地下水急速向井内流动，可冲破泥皮并将含水层中的细颗粒带入井内。当活塞下降时，又可将井中水从滤水管处压出，以冲击泥皮和含水层。如此反复升降活塞，即可在短时间内将孔壁泥皮全部破坏，并将渗入到含水层中的泥浆冲洗出来，最后用抽砂筒或空压机将井底淤积物掏出或冲出井外。

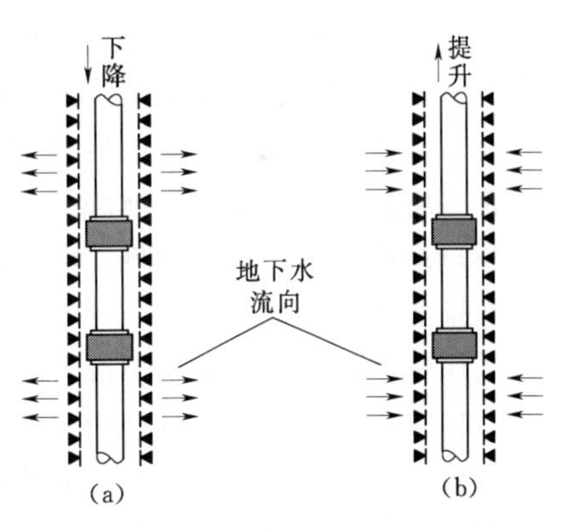

图4-11　活塞洗井原理示意图

在使用活塞洗井中，要注意不能使用直径过大的活塞，防止因活塞过紧难以升降或卡死在井管中，特别是对木制活塞更要注意。此外，升降速度不能过快，一般应控制在0.5～1.0m/s。

对每一个含水层来说，活塞洗井的时间不能太长，不能追求水清砂净，以防止因冲洗时间过长而使井孔产生涌砂坍塌的现象。

（七）验收

成井工艺的最后阶段就是质量验收。管井竣工后要全面进行质量鉴定，基本符合设计标准时，才能交付使用。验收的主要项目有以下几个方面：

（1）井斜度，对于安装深井泵的井不超过1°，对安装潜水泵的井不得超过2°。

（2）滤水管安装位置必须与含水层位置相对应，其深度偏差不能超过0.5～1.0m。

（3）井的出水量不应低于设计出水量。

（4）滤料及封闭材料除其质量符合要求外，围填数量与设计数量不能相差太大，一般要求填入数量不能少于计算数量的95%。

（5）在粗砂、砾石、卵石含水层中，其含砂量应小于1/5000。在细砂、中砂含水层中其含砂量应小于1/5000～1/10000。

（6）水质符合设计用水对象的要求。

第三节　井灌区规划

井灌区规划应在农业区域规划和区域综合利用各种水资源规划的前提下进行，规划一定要建立在可靠的地下水资源评价的基础上，并对区内各用水对象对水质和水量的要求调查清楚，然后针对主要规划任务进行全面综合规划，通过对方案的经济效益分析，从中选出最优方案。

井灌区规划按其主要任务不同可分为：①计划发展的新井灌区；②对旧井灌区的改建规划；③井渠结合的井灌区；④防渍涝和治碱等综合治理的井灌区。

一、基本资料收集

（1）自然地理概况。收集内容包括地理和地貌特征，地表水的分布和特征，规划区总面积和耕地面积特点，土壤的类别、性质和分布情况。

（2）水文和气候。收集内容包括历年降雨量和蒸发量、地表水体的水文变化、历年旱涝灾害、历年气温和霜期、冰冻层深度等情况。

（3）地质与水文地质条件。收集内容包括地质构造和地层岩性特征，地下水的补给、径流和排泄条件，地下水水质评价，地下水的动态，水文地质参数，地下水资源评价和可开采量评价，环境水文地质情况等。

（4）农业生产情况。收集内容包括用水对象的用水情况和水利现状，包括农作物的种类、种植面积、复种指数和单位面积的产量等；农业生产需水量和其他用水对象对水质的要求与需水量；当地和附近灌溉、排水等经验；现有渠灌和井灌的情况等。

（5）社会经济和技术经济条件。包括专业和技术设备、能源供应、建筑材料等情况。

（6）井灌区规划所需的图件和图表，主要有：①第四纪地质地貌图；②水文地质分区图（附各区典型钻孔柱状图和主要地质剖面图）；③典型年和季节地下水等水位线或等埋深线图；④承压水等水压线图；⑤分区典型观测孔潜水动态图；⑥分区抽水试验和有关水文地质参数汇总表。

二、井型选择

井型选择主要根据当地水文地质条件和技术经济条件、计划开采含水层的位置和埋深来定。具体的井型选定可参考本章第二节的有关知识来确定。

三、井位与井网布置

井位的选定与井网的布置，对灌溉效益和抽水成本有着直接影响，除首先考虑地质条件外，还应考虑以下几个问题：

（1）结合地形条件，便于自流灌溉。地形平坦时，井位尽量布置在田块的中心，以减少渠道输水损失和缩短灌水时间。地形单向倾斜或起伏不平时，井位可设在灌溉田块地势较高的一端，以利于灌水和减少渠道的填方量。

（2）考虑含水层分布和地下水流向，减少井群抽水干扰。在地形平坦、地下水力坡度较小时，应按网格状布置，如图 4-12（a）所示。沿河地段，含水层呈平行于河道的带状分布，井位应按直线布置，如图 4-12（b）所示。在地下水力坡度较大的地区，井网应垂直于地下水流向交错布置，如图 4-12（c）所示。

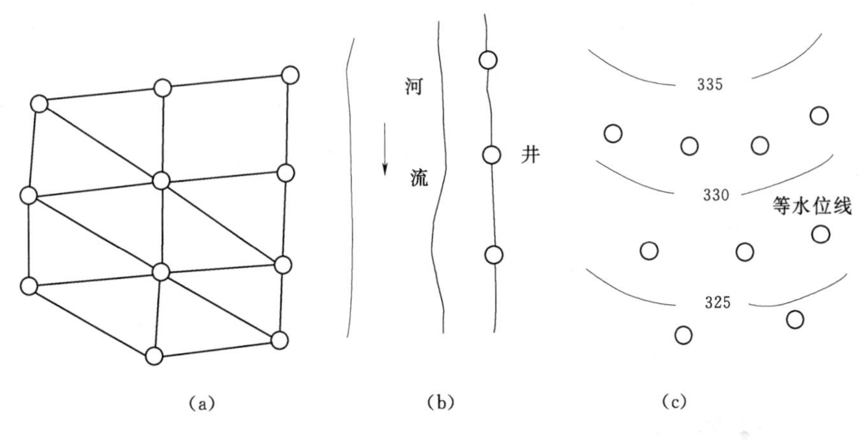

图 4-12　井网布置形式

（3）考虑渠、沟、路、林、电综合规划，做到占地少，利于交通、机耕和管理，输电线最短。

（4）应优先考虑旧井的改造利用，不要轻易废除旧井，以免造成浪费。

四、井深确定

井深应根据当地水文地质条件和单井出水量来确定，单井出水量的大小，与水文地质条件、井型和成井工艺有关。一般单井出水量是进行实地抽水实验确定，也可按下式估算：

$$Q=(q_1H_1+q_2H_2+\cdots+q_nH_n)S \tag{4-12}$$

式中　Q——单井出水量，m^3/h；

q_1，q_2，…，q_n——砂层的出水率，$m^3/(h \cdot m \cdot m)$；

H_1，H_2，…，H_n——各砂层的厚度，m；

S——设计水位降深，采用离心泵抽水，一般取 4～6m。

砂层出水率是指每米砂层在水位降深 1m 时的水井出水量。可根据当地打井经验和抽水试验资料确定，也可参考表 4-8 中的经验值选用。

表 4-8 各种砂层出水率经验值表

出水率 /[m^3/(h·m·m)]	管井		筒井		
	200mm	300mm	500mm	700mm	1000mm
粉砂	0.1	0.15	0.20	0.30	0.40
细砂	0.2	0.30	0.40	0.60	0.80
中砂	0.4	0.50	0.60	0.80	1.00
粗砂	0.6	0.80	1.00	2.00	3.00
沙砾石	1.0	1.50	2.00	3.00	5.00

根据设计要求，给定单井出水量和设计水位降深值，按上式求出所需砂层总厚度，综合考虑地层情况，加上隔水层厚度和沉淀管长度，即可确定出机井的深度。

五、井径确定

井径对井的出水量影响很大，实验资料表明，井的出水量随井径的增加而增大，两者近似呈曲线关系，即当井径增加至某一数值后，井径再继续增加，出水量的增加会越来越少。如含水层透水性较好，水量丰富的潜水井，井径在 300mm 以内时，出水量与井径基本成正比关系；井径继续增大时，出水量增加会越来越小。对于承压浅井，在深度及水文地质条件相同时，出水量与井径成正比关系。

实际情况下，井径的选择，除应考虑水文地质和井径对出水量的影响外，还要考虑井深、凿井机具、提水工具和农田基本建设投资等因素。一般井深为 50～60m 时，井径最好为 700～1000mm；井深为 60～150m 时，井径为 300～500mm；井深超过 150m 时，井径可选用 200～300mm。

六、井距和井数确定

井距确定要综合考虑井的出水量，可开采资源量、地下水补给情况，以及单井灌溉面积、渠系布置、作物种植、灌水定额、轮灌天数、每天浇地时数等因素，进行全面分析、合理确定。下面介绍两种确定井距的常用简化方法。

1. 单井灌溉面积法

在大面积水文地质条件差异不大，地下水补给比较充足，地下水资源比较丰富，地下水能满足作物需水要求，地下水位降深在一定时间内可以达到相对稳定时（采补基本平衡），水井的间距主要决定于井的出水量和所能灌溉的面积。单井灌溉面积可按下式计算：

$$F=\frac{QTt\eta(1-\eta_1)}{m} \tag{4-13}$$

式中 F——单井控制的灌溉面积，hm^2；

Q——单井出水量，m^3/h；

T——整个灌溉面积完成一次灌水所需要的时间，d，一般取 7～10d；

t——每天灌水时间，h/d，一般取 20h/d 左右；

η——渠系利用系数；

η_1——井群干扰抽水时的出水量削减系数，北方干旱地区一般取 0.1～0.3；

m——灌水定额，m^3/hm^2。

2. 开采模数法

在地下水补给量不足，地下水位不太丰富，地下水量不能满足作物需水要求的地区，如按作物需水要求布井，将会造成超量开采、使地下水位持续下降，这是不允许的。因此，应根据计划开采量等于地下水允许开采量，使地下水量保持均衡的原则进行布井。根据地下水资源评价，对于单位面积允许开采量（即开采模数）已经确定后，则可按下列公式计算每平方千米的井数和井距，即

$$N=\frac{q}{QTt} \tag{4-14}$$

式中 N——每平方千米平均布井数，眼/km^2；

q——开采模数，$m^3/(km^2 \cdot a)$；

Q——单井出水量，m^3/h；

T——单井每年抽水天数，d/a；

t——单井每天抽水时数，h/d。

单井控制的灌溉面积为

$$F=\frac{100}{N} \tag{4-15}$$

井距可以根据井网的布置形式确定。

单井灌溉面积确定后，即可按井网的布置形式来布置井距。

（1）正方形布井时，单井控制的灌溉面积为 $F=D^2$，则井距为

$$D=100\sqrt{F} \tag{4-16}$$

（2）梅花形网状布井时，如图4-13所示，单井控制的灌溉面积为 $F=Db$，$b=\frac{\sqrt{3}}{2}D$，则井距为

$$D=107\sqrt{F} \tag{4-17}$$

式中 D——井的间距，m；

b——井的排距，m。

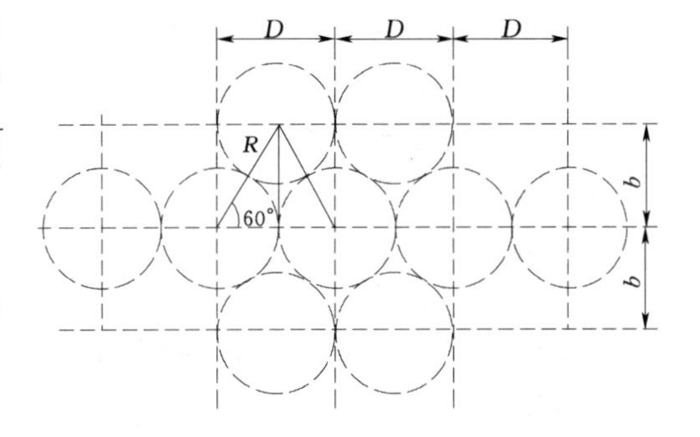

图4-13 梅花形网状布井示意

井距确定后，根据井灌区的灌溉面积和单井控制的灌溉面积，按式（4-18）计算井数：

$$n=\frac{A}{F} \tag{4-18}$$

式中 n——井灌区所需井数，眼；

A——井灌区的灌溉面积，hm^2。

七、井灌区规划布置

井灌区渠系规划布置，一般与渠灌区的田间系统基本相似，要同时考虑灌溉、田间交通、机械耕作的要求。

在平原井灌区应用低压管道灌溉系统比较普遍，其管网布置可根据水井位置、浇灌面积、田块形状、地面坡度、作物种植方向等条件确定。

习　　题

一、选择题

1. 关于地下水的特点，下列说法正确的是（　　）。

A. 可恢复性　　B. 利用性　　C. 调蓄性　　D. 转化性

2. 地下水资源评价的主要任务是（　　）。

A. 水质评价　　B. 水量评价

C. 确定允许开采量　　D. 地下水转化数量

3. 按构造不同，井的类型分为（　　）。

A. 管井　　B. 筒井　　C. 非完整井　　D. 完整井

E. 辐射井　　F. 筒管井

4. 机井的组成部分有（　　）。

A. 管井　　B. 井口　　C. 井身　　D. 进水部分

E. 沉砂管　　F. 井管连接

5. 下面是不填砾的滤水管的有（　　）。

A. 圆孔式滤水管　　B. 无砂混凝土滤水管

C. 条孔滤水管　　D. 缝式滤水管

E. 包网式滤水管　　F. 贴砾滤水管

G. 填砾滤水管

6. 下面是填砾的滤水管的有（　　）。

A. 圆孔式滤水管　　B. 无砂混凝土滤水管

C. 条孔滤水管　　D. 缝式滤水管

E. 包网式滤水管　　F. 贴砾滤水管

7. 下面属于成井的工艺流程的是（　　）。

A. 井口　　B. 钻进　　C. 清孔　　D. 井管连接

E. 下管　　F. 井身　　G. 回填滤料及封闭止水

H. 洗井及抽水试验

8. 下面属于井灌区规划的内容的是（　　）。

A. 基本资料收集　　B. 井型选择　　C. 井位与井网布置　　D. 滤料选择

E. 井深、井径确定　　F. 井距和井数确定　　G. 滤水管类型的选择

二、计算题

某地区地下水丰富，宜于发展机井灌溉，采用梅花形网状布井，单井出水量为 $60m^3/h$，渠系水利用系数为0.87，灌一轮水需要8d，每天抽水16h，削减系数为0.1，灌水定额为 $600m^3/hm^2$，试计算单井灌溉面积和井距？

第五章　渠道输水灌溉工程技术

【学习目标】

通过学习灌溉渠道系统规划布置原则和方法、渠系建筑物类型和布置方法、田间工程规划设计方法、渠道各种特征流量的推算方法、渠道纵横断面设计方法等，能初步完成中小型灌溉渠道系统的规划设计。

【学习任务】

1. 掌握灌溉渠道系统规划布置的原则和方法，能进行灌区规划布置。
2. 掌握渠系建筑物选型原则和布置方法，能够合理地选择和布置建筑物。
3. 掌握田间工程规划原则和设计方法，能够进行田间工程的设计。
4. 掌握渠道各种特征流量的推算方法，能够推算各级渠道的流量。
5. 掌握渠道纵、横断面设计原理和方法，能够合理设计渠道的纵横断面。

第一节　灌溉渠道系统规划布置

灌溉渠道系统由各级灌溉渠道和退（泄）水渠道组成。按控制面积大小和水量分配层次，灌溉渠道分为若干等级，应依干渠、支渠、斗渠、农渠顺序设置固定渠道，如图5-1所示。30万亩以上灌区必要时可增设总干渠、分干渠、分支渠或分斗渠，灌溉面积较小的灌区可减少渠道级数。灌溉渠道系统不宜越级设置渠道。农渠以下的小渠道一般为季节性的临时渠道。退、泄水渠道包括渠首排沙渠、中途泄水渠和渠尾退水渠，其主要作用是定期冲刷和排放渠首段的淤沙、排泄入渠洪水、退泄渠道剩余水量及下游出现工程事故时断流排水等，达到调节渠道流量、保证渠道及建筑物安全运行的目的。中途退水设施一般布置在重要建筑物和险工渠段的上游。干、支渠道的末端应设退水渠道。

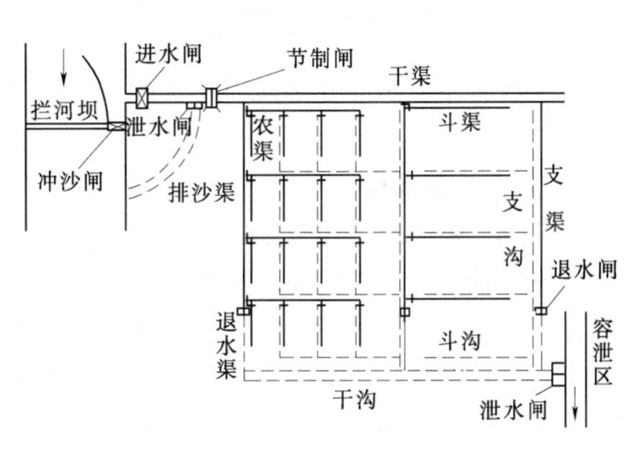

图5-1　灌溉排水系统示意图

一、灌溉渠系规划布置原则

灌溉渠道系统布置应符合灌区总体设计和灌溉标准要求，并应遵循以下原则：

（1）各级渠道应选择在各自控制范围内地势较高地带。干渠、支渠宜沿等高线或分水岭布置，斗渠宜与等高线交叉布置。

（2）渠线应避免通过风化破碎的岩层、可能产生滑坡及其他地质条件不良的地段。

(3) 渠线宜短而直，并应有利于机耕，避免深挖、高填和穿越村庄。

(4) 4级及4级以上土渠的弯道曲率半径应大于该弯道段水面宽度的5倍。受条件限制不能满足上述要求时，应采取防护措施。石渠或刚性衬砌渠道的弯道曲率半径可适当减小，但不应小于水面宽度的2.5倍。通航渠道的弯道曲率半径还应符合航运部门的有关规定。灌排沟渠工程分级指标见表5-1。

(5) 渠系布置应兼顾行政区划，每个乡、村应有独立的配水口。

(6) 自流灌区范围内的局部高地，经论证可实行提水灌溉。

(7) 井渠结合灌区不宜在同一地块布置自流与提水两套灌溉渠道系统。

(8) 干渠上主要建筑物及重要渠段的上游，应设置泄水渠、闸；干渠、支渠和位置重要的斗渠末端应有退水设施。

(9) 对渠道沿线山（塬）洪应予以截导，防止进入灌溉渠道。必须引洪入渠时，应校核渠道的泄洪能力，并应设置排洪闸、溢洪堰等安全设施。

表5-1　灌排渠沟工程分级指标

工程级别	1	2	3	4	5
灌溉流量/(m^3/s)	>300	300～100	100～20	20～5	<5
引水流量/(m^3/s)	>500	500～200	200～50	50～10	<10

二、干、支渠的规划布置形式

灌区渠系布置的形式按照地形条件，一般可分为山丘区灌区、平原区灌区、圩垸区灌区等。

（一）山丘区灌区

山区、丘陵区地形比较复杂，起伏剧烈，坡度较陡，河床切割较深，比降较大，耕地分散，位置较高。一般需要从河流上游引水灌溉，输水距离较长。干、支渠道的特点是：渠道高程较高，比降平缓，渠线较长而且弯曲较多，深挖、高填渠段较多，沿渠交叉建筑物较多。渠道常和沿途的塘坝、水库相连，形成“长藤结瓜”式水利系统，以求增强水资源的调蓄利用能力和提高灌溉工程的利用率。干渠一般沿灌区上部边缘布置，大体上和等高线平行，支渠沿两面溪间的分水岭布置，如图5-2所示。在丘陵地区，若灌区内有主要岗岭横贯中部，干渠可布置在岗脊上，大体和等高线垂直，干渠比降视地面坡度而定，支渠自干渠两侧分出，控制岗岭两侧的坡地。

（二）平原区灌区

平原区灌区大多位于河流的中下游，由河流冲积而成，地形平坦开阔，耕地大片集中。由于灌区的自然地理条件和洪、涝、旱、渍、碱等灾害程度不同，灌排渠系的布置形式也有所不同。

1. 山前平原灌区

此类灌区一般靠近山麓，地势较高，排水条件较好，渍涝威胁较轻，但干旱问题比较突出。干渠多沿山麓方向大致和等高线平行布置，支渠与其垂直或斜交，视地形情况而定，如图5-3(a)所示。这类灌区和山麓相接处有坡面径流汇入，与河流相接处地下水

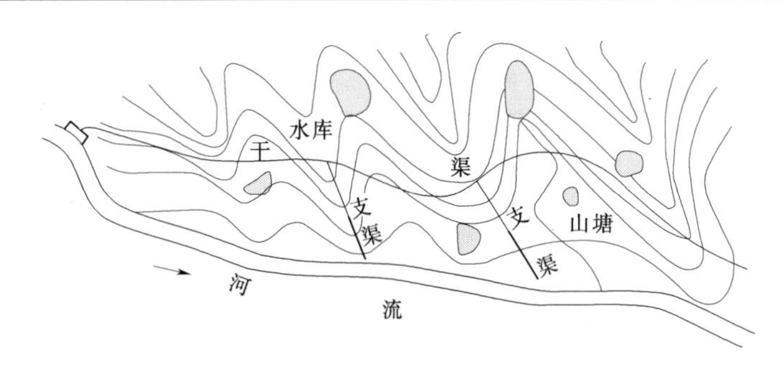

图 5-2　山区、丘陵区干、支渠道布置

位较高，因此还应建立排水系统。

2. 冲积平原灌区

此类灌区一般位于河流中下游，地面坡度较小，地下水位较高，涝碱威胁较大。因此，应同时建立灌排系统，并将灌排分开，各成体系。干渠多沿河流岸旁高地与河流平行布置，大致和等高线垂直或斜交，支渠与其成直角或锐角布置，如图 5-3（b）所示。

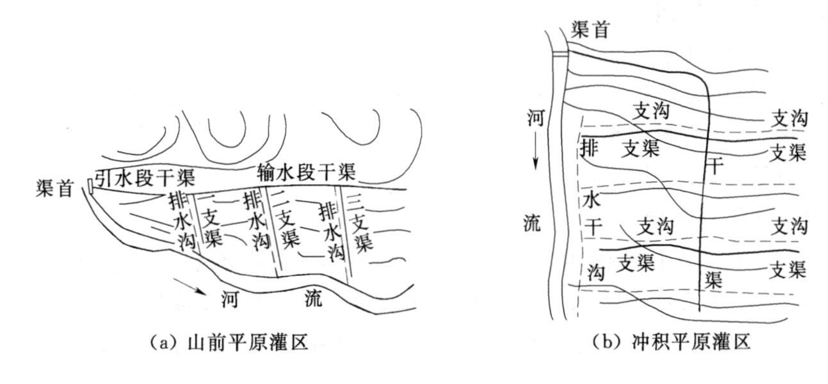

图 5-3　平原灌区干支渠布置示意图

（三）圩垸区灌区

圩垸区灌区分布在沿江、滨湖低洼地区的圩垸区，地势平坦低洼，河湖港汊密布，洪水位高于地面，必须依靠筑堤圈圩才能保证正常的生产和生活，一般没有常年自流条件，普遍采用机电排灌站进行提排、提灌。面积较大的圩垸，往往一圩多站，分区灌溉或排涝。圩内地形一般是周围高、中间低。灌溉干渠多沿圩堤布置，灌溉渠系通常只有干、支两级，如图 5-4 所示。

三、斗、农渠的规划布置

（一）斗、农渠的规划要求

由于斗、农渠深入基层，与农业生产关系密切，并负有直接向用水单位配水的任务，所以在规划布置时除遵循前面讲过的灌溉渠道系统规划原则外，还应满足下列要求：

（1）适应农业生产管理和机械耕作的要求。

（2）便于配水和灌水，有利于提高灌水工作效率。

（3）有利于灌水和耕作的密切配合。

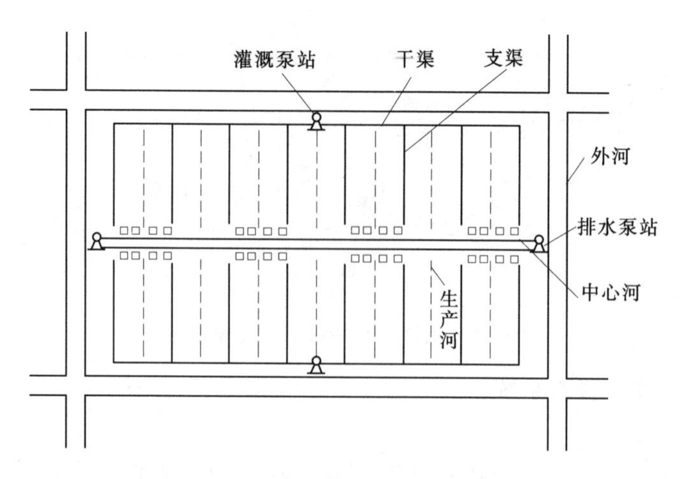

图 5-4　圩垸区干、支渠布置示意

(4) 土地平整工程量较少。

(二) 斗渠的规划布置

斗渠的长度和控制面积随地形变化很大。山区、丘陵地区的斗渠长度较短，控制面积较小；平原地区的斗渠较长，控制面积较大。北方平原地区的大型自流灌区的斗渠长度一般为1000～3000m，控制面积为600～4000亩（1亩＝$\frac{1}{15}$$hm^2$）。斗渠的间距主要根据机耕要求确定，与农渠的长度相适应。

(三) 农渠的规划布置

农渠控制范围是一个耕作单元。农渠长度根据机耕要求确定，在平原地区通常为500～1000m，间距为200～400m，控制面积为200～600亩。丘陵地区农渠的长度和控制面积较小。在有控制地下水位要求的地区，农渠间距根据农沟间距确定。

四、渠线规划步骤

干、支渠道的渠线规划大致可分为查勘、纸上定线和定线测量三个步骤。

(一) 查勘

先在小比例尺（一般为1/50000）地形图上初步布置渠线位置，地形复杂的地段可布置几条比较线路，然后进行实际查勘，调查渠道沿线的地形、地质条件，估计建筑物的类型、数量和规模，对难工地段要进行初勘和复勘，经反复分析比较后，初步确定一个可行的渠线布置方案。

(二) 纸上定线

对经过查勘初步确定的渠线，测量带状地形图，比例尺为1/1000～1/5000，等高距为0.5～1.0m，测量范围从初定的渠道中心线向两侧扩展，宽度为100～200m。在带状地形图上准确地布置渠道中心线的位置，包括弯道的曲率半径和弧形中心线的位置，并根据沿线地形和输水流量选择适宜的渠道比降。在确定渠线位置时，要充分考虑到渠道水位的沿程变化和地面高程。在平原地区，渠道设计水位一般应高于地面，形成半挖半填渠道，使渠道水位有足够的控制高程。在丘陵山区，当渠道沿线地面横向坡度较大时，可按渠道设计水位选择渠道中心线的地面高程，还应使渠线顺直，避免过多的弯曲。

（三）定线测量

通过测量，把带状地形图上的渠道中心线放到地面上去，并测量各木桩处的地面高程和横向地面高程线，再根据设计的渠道纵横断面确定各桩号处的挖、填深度和开挖线位置。在平原地区和小型灌区，可用比例尺等于或大于 1/10000 的地形图进行渠线规划，先在图纸上初定渠线，再进行实际调查，修改渠线，然后进行定线测量，一般不测带状地形图。斗、农渠的规划也可参照这个步骤进行。

第二节 渠系建筑物规划布置

渠系建筑物是指为安全、合理地输配水量，以满足各部门的需要，在渠道系统上所建的建筑物。它是灌排系统必不可少的重要组成部分，没有或缺少渠系建筑物，灌排工作就无法正常进行。所以，必须做好渠系建筑物的规划布置。

一、渠系建筑物的布置和选型原则

（1）渠系建筑物的位置和型式，应根据工程规模、作用、运行特点和灌区总体布置的要求，布置在地形条件适宜和地质条件良好的地点。

（2）渠系建筑物的布置应满足灌排系统水位、流量、泥沙处理、施工、运行、管理的要求。保证渠道安全运行，提高灌溉效率和灌水质量，最大限度地满足作物需水。

（3）尽量减少建筑物数量，并宜采用联合建筑的形式，形成枢纽，节约投资，便于管理。

（4）适应交通、航运和群众生产、生活的需要，为提高劳动生产力和繁荣地方生态经济创造条件。

（5）灌排建筑物的结构型式应根据工程特点、作用和运行要求，结合建筑材料来源和施工条件等因地制宜选定。

（6）灌排建筑物分级指标见表 5－2。灌排建筑物设计可采用与当地实际情况相适应的定型设计，有条件时宜采用装配式结构。

表 5－2　灌排建筑物分级指标

工程级别	1	2	3	4	5
过水流量/(m^3/s)	＞300	300～100	100～20	20～5	＜5

二、渠系建筑物的类型及布置

渠系建筑物按其作用可分为控制建筑物、交叉建筑物、泄水建筑物、衔接建筑物、量水建筑物等。

（一）控制建筑物

控制建筑物的作用在于控制渠道的流量和水位，如进水闸、分水闸、节制闸等。

1. 进水闸和分水闸

进水闸是从灌溉水源引水的控制建筑物，分水闸是上级渠道向下级渠道配水的控制建

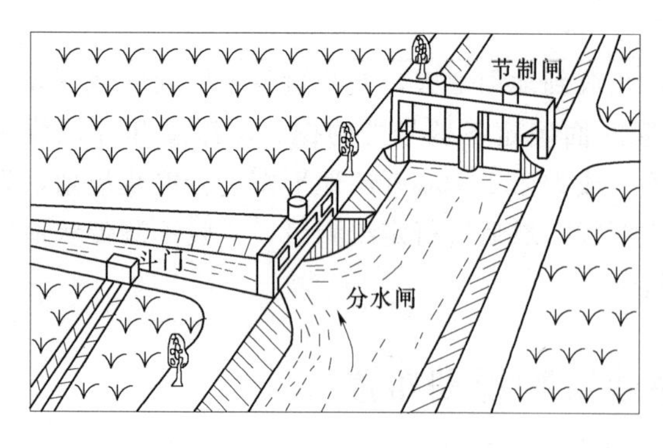

图 5-5　节制闸与分水闸示意图

筑物。进水闸布置在干渠的首端，分水闸布置在其他各级渠道的引水口处（图 5-5），其结构型式有开敞式和涵洞式两种。斗、农渠上的分水闸常称为斗门、农门。

2. 节制闸

节制闸的主要作用有：①抬高渠中水位，便于下级渠道引水；②截断渠道水流，保护下游建筑物和渠道的安全；③便于实行轮灌。

（二）交叉建筑物

渠道穿越河流、沟谷、洼地、道路或排水沟时，需要修建交叉建筑物。常见的交叉建筑物有渡槽、倒虹吸、涵洞和桥梁等。

1. 渡槽

渡槽又称过水桥，是用明槽代替渠道穿越障碍的一种交叉建筑物，它具有水头损失小、淤积泥沙易于清除、维修方便等优点。其适用条件如下：

(1) 渠道与道路相交，渠底高于路面，且高差大于行驶车辆要求的安全净空（一般应大于 4.5m）时。

(2) 渠道与河沟相交，渠底高于河沟最高洪水位时。

(3) 渠道与洼地相交，或洼地中有大片良田时。

2. 倒虹吸

倒虹吸是用敷设在地面或地下的压力管道输送渠道水流穿越障碍的一种交叉建筑物。其缺点是：水头损失较大；输送流量受到管径的限制；管内积水不易排除，寒冷地区易受冻害；清淤困难，管理不便。其优点是：可避免高空作业，施工比较方便；工程量较小，节省劳力和材料；不受河沟洪水位和行车净空的限制；对地基条件要求较低；单位长度造价较小。其适用条件如下：

(1) 渠道流量较小，水头富裕，含沙量小，穿越较大的河沟，或河流有通航要求时。

(2) 渠道与道路相交，渠底虽高于路面，但高差不满足行车净空要求时。

(3) 渠道与河沟相交，渠底低于河沟洪水位；河沟宽深，修建渡槽下部支承结构复杂；需要高空作业，施工不便；或河沟的地质条件较差，不宜做渡槽时。

(4) 渠道与洼地相交，洼地内有大片良田，不宜做填方时。

(5) 田间渠道与道路相交时。

3. 涵洞

涵洞是渠道穿越障碍时常用的一种交叉建筑物。其适用条件如下：

(1) 渠道与道路相交，渠水面低于路面，渠道流量较小时用涵洞。

(2) 渠道与河沟相交时，渠道的水面线低于河底的最大冲刷线，可在河沟底部修输水涵洞，以输送渠水通过河沟，而河沟中的洪水仍自原河沟泄走。

(3) 渠道与洼谷相交，渠水面低于洼谷底，可用涵洞代替明渠。

(4) 挖方渠道通过土质极不稳定的地段，也可修建涵洞代替明渠。

上述交叉建筑物的选型，要视具体情况进行技术经济比较，同时还要适当考虑社会效益。

4. 桥梁

渠道与道路相交，渠道水位低于路面，而且流量较大、水面较宽时，要在渠道上修建桥梁，以满足交通要求。

(三) 泄水建筑物

泄水建筑物的作用在于排除渠道中的余水、坡面径流入渠的洪水、渠道与建筑物发生事故时的渠水。常见的泄水建筑物有泄水闸、退水闸、溢洪堰等。

泄水闸是保证渠道和建筑物安全的水闸，必须在重要建筑物和大填方段的上游，渠首进水闸和大量山洪入渠处的下游。泄水闸常与节制闸联合修建，配合使用，其闸底高程一般应低于渠底高程或与之齐平，以便泄空渠水。

在较大干、支渠和位置重要的斗渠末端应设退水闸和退水渠，以排除灌溉余水，腾空渠道。溢洪堰应设在大量洪水汇入的渠段，其堰顶高程与渠道的加大水位相平，当洪水汇入渠道水位超过堰顶高程时即自动溢流泄走，以保证渠道安全。

泄水建筑物应结合灌区排水系统统一规划，以便使泄水能就近排入沟、河。

(四) 衔接建筑物

当渠道通过地势陡峻或地面坡度较大的地段时，为了保持渠道的设计比降和设计流速，防止渠道冲刷，避免深挖高填，减少渠道工程量，在不影响自流灌溉控制水位的原则下，可修建跌水、陡坡等衔接建筑物，如图 5-6 所示。

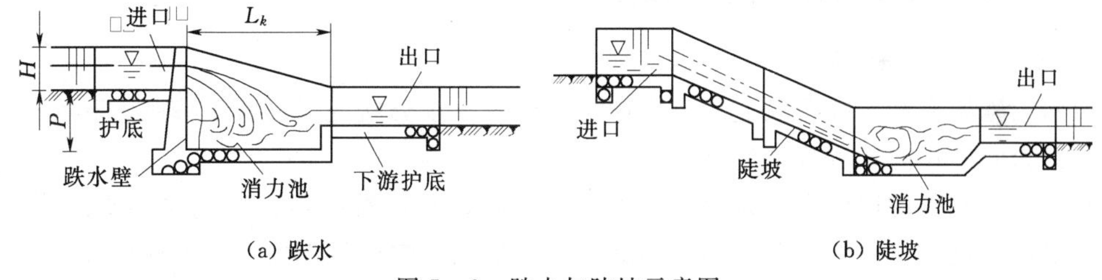

图 5-6　跌水与陡坡示意图

跌水是使渠道水流呈自由抛射状下泄的一种衔接建筑物，多用于跌差较小（一般小于3m）的陡坎处。跌水不应布置在填方渠段，而应建在挖方地基上。

陡坡是使渠道水流沿坡面急流而下的倾斜渠槽，一般在下述情况下选用：

(1) 跌差较大，坡面较长，且坡度比较均匀时多用陡坡。

(2) 陡坡段系岩石，为减少石方开挖量，可顺岩石坡面修建陡坡。

(3) 陡坡地段土质较差，修建跌水基础处理工程量较大时，可修建陡坡。

(4) 由环山渠道直接引出的垂直等高线的支、斗渠，其上游段没有灌溉任务时，可沿地面坡度修建陡坡。

一般来说，跌水的消能效果较好，有利于保护下游渠道安全输水；陡坡的开挖量小，比较经济，适用范围更广一些。具体选用时，应根据当地的地形、地质等条件，通过技术经济比较确定。

（五）量水建筑物

灌溉工程的正常运行需要控制和量测水量，以便实施科学的用水管理。在各级渠道的进水口需要量测入渠水量，在末级渠道上需要量测向田间灌溉的水量，在退水渠上需要量测渠道退泄的水量。可以利用水闸等建筑物的水位-流量关系进行量水，但建筑物的变形以及流态不够稳定等因素会影响量水的精度。在现代化灌区建筑中，要求在各级渠道进水闸下游安装专用的量水建筑物或量水设备。量水堰是常用的量水建筑物，三角形薄壁堰、矩形薄壁堰和梯形薄壁堰在灌区量水中被广为使用。巴歇尔量水槽也是被广泛使用的一种量水建筑物，虽然结构比较复杂，造价较高，但壅水较小，行近流速对量水精度的影响较小，进口和喉道处的流速很大，泥沙不易沉积，能保证量水精度。

第三节　田间工程规划

田间工程是指末级固定渠道（农渠）和固定沟道（农沟）之间的条田范围内的临时性或永久性灌排设施以及土地平整等的总称。田间工程规划的目标是建设旱涝保收、高产、优质、高效的农田；规划的中心任务是改土治水，建立良好的农业生态环境；规划的内容是沟、渠、山、田、路、林、井、电等全面规划，综合治理，使农业生产、居民生活水平稳步提高，生态环境不断改善，以实现灌区经济的可持续发展。各地的自然条件不同，田间灌排渠系的组成和布置也各不相同，必须根据具体情况，因地制宜地进行规划布置。

一、田间工程的规划要求与原则

1. 田间工程的规划要求

田间工程要有利于改善农业生态环境、调节农田水分状况、培育土壤肥力和实现农业现代化。为此，田间工程规划应满足以下基本要求：

（1）要有完善的田间灌排系统，旱地有沟、畦，种稻有格田，并配置必要的建筑物，达到灌水能控制、排水有出路，消灭旱地漫灌和稻田串灌串排现象，并能有效控制地下水位，防止土壤过湿和产生土壤次生盐渍化现象。

（2）田面平整，灌水时土壤湿润均匀，排水时田面不留积水。

（3）田块的形状和大小要适应农业现代化需要，有利于农业机械作业和提高土地利用率。

（4）改良土壤，提高肥力，促进作物高产、稳产。

2. 田间工程的规划原则

（1）必须在农业发展规划和水利规划的基础上进行规划，着眼长远，立足当前，既要充分考虑农业现代化发展的要求，又要满足当前农业生产发展的实际需要。

（2）要从实际出发，注重调查研究，因地制宜，尽可能兼顾区、乡行政区划和土地利用规划以及原有田块的基础，力求布局合理，便于实施，便于管理，讲求实效。

（3）田间渠系布置应以固定沟渠为基础，结合地形条件和土地规划，尽量相互平行或垂直布置，力求沟渠顺直端正，以利耕作和种植，减少占地，提高土地利用率。

（4）合理利用水土资源，充分挖掘水土潜力，以治水改土为中心，实行综合治理，注重生态环境的改善，促进农、林、牧、副、渔全面发展。

（5）田间渠系规划要与农村道路、防护林网规划相结合，以利于农业机具通行和交通运输，以及田间作业和管理。

（6）尽量利用原有工程设施。

二、条田规划

旱作物灌区末级固定渠道（一般为农渠）和末级固定沟道（一般为农沟）之间的矩形田块称为条田。它是进行机械耕作的基本单位，也是田间灌溉渠系布置和组织田间灌水的基本单元。条田的适宜尺寸应根据机械耕作、田间灌排和管理、田间道路和防护林网、作物种植和轮作等方面的要求，综合考虑确定。

1. 排水要求

为了除涝、防渍和治盐，就要排除地面涝水、地下渍水和盐碱冲洗水，并应控制地下水位，它们都要求末级固定排水沟道有适宜的深度和间距。条田的宽度应首先满足排水农沟的间距要求。对于排水沟密度要求较大时，可在条田内部增设临时排水毛沟、小沟等，将条田分为小田块，而保持条田的尺寸和形状基本不变，以满足其他方面的要求。

2. 机耕要求

机耕不仅要求条田形状方整，还要求条田具有一定的长度。若条田太短，拖拉机开行长度太小，转弯次数就多，生产效率低，机械磨损较大，消耗燃料也多。若条田太长，控制面积过大，不仅增加了平整土地的工作量，而且由于灌水时间长，灌水和中耕不能密切配合，会增加土壤蒸发损失，在有盐碱化威胁的地区还会加剧土壤返盐。从有利于机械耕作这一因素考虑，条田长度对于大型农机具以400～800m、中型以300～500m、小型以200～300m为宜。

3. 田间管理和灌水要求

为使灌水后条田耕作层土壤干湿程度基本一致，以便及时中耕松土和防止土壤水分蒸发及盐分向表土积累，一般要求一块条田能在1～2d内灌水完毕。从便于组织灌水和田间管理考虑，条田长度以不超过500m为宜。

条田宽度主要根据地形条件、土壤性质和排水要求等确定。地面坡度较大、土壤透水性较好、汇流较快、排水通畅的地区，排水沟的间距和条田宽度可大一些；反之，则应小些。一般来说，当农渠和农沟相间布置时，条田宽度以100～150m为宜；当农渠和农沟相邻布置时，条田宽度以200～300m为宜。

一般情况下，北方机械化程度较高、灌溉面积较大的平原区灌区，条田长度以400～800m、宽度以200～300m为宜；机械化程度和灌溉面积中等的平原区灌区，条田长度以300～500m、宽度以100～200m为宜；机械化程度较低和灌溉面积较小的灌区或山丘地区，条田长度以200～300m、宽度以100m左右为宜。南方水稻地区可相应小些。

三、田间渠系布置

田间渠系是指条田内部临时性的灌溉渠道系统。它担负着田间输水和灌水任务，根据田块内部的地形特点和灌水需要，田间渠系由一至二级临时渠道组成。一般把从农渠引水的临时渠道称为毛渠，从毛渠引水的临时渠道称为输水垄沟，简称输水沟。田间渠系的布置有纵向布置和横向布置两种基本形式。

1. 纵向布置

灌水方向垂直于农渠，毛渠和灌水沟、畦平行布置，灌溉水流从毛渠流入与其垂直的输水垄沟，然后进入灌水沟、畦。毛渠一般沿地面最大坡度方向布置，使灌水方向和地面最大坡向一致，为灌水创造有利条件。在有微地形起伏的地区，毛渠可以双向控制，向两侧输水，以减少土地平整工程量。田间渠系的纵向布置如图 5－7 所示。

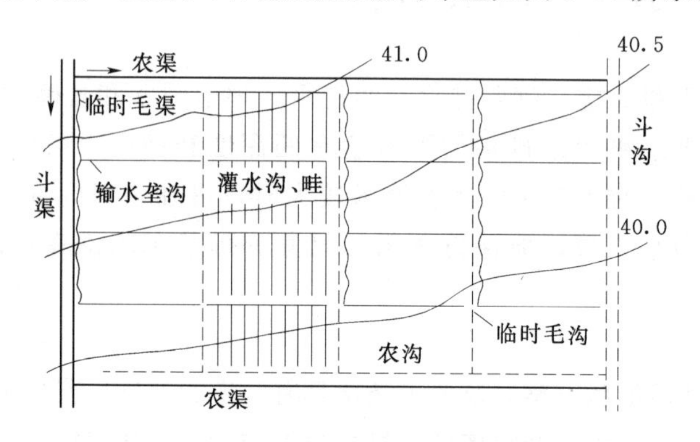

图 5－7　田间渠系纵向布置示意图（单位：m）

2. 横向布置

当地面坡度较大且农渠平行于等高线布置，或地面坡度较小而农渠垂直于等高线布置时，其灌水方向应与农渠平行。这里，条田内只需布置毛渠一级临时渠道，毛渠与灌水沟、畦垂直，这种布置形式称为横向布置，如图 5－8 所示。这种布置省去了输水垄沟，减小了田间渠道长度，节省了占地并减少了水量损失。毛渠一般平行于等高线布置，以便使灌水沟、畦沿最大地面坡度方向布置，以利灌水。

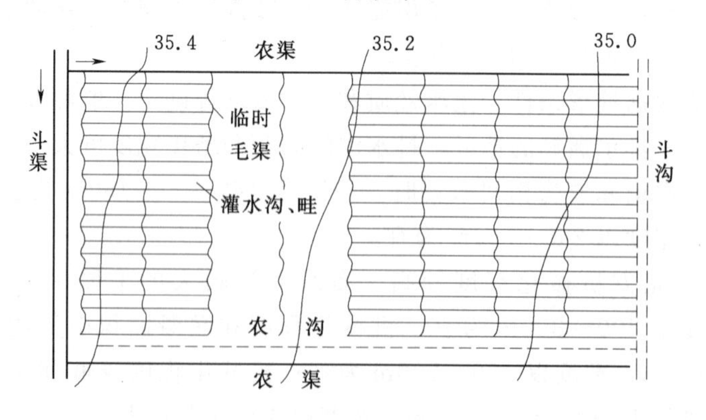

图 5－8　田间渠系横向布置示意图（单位：m）

上述两种布置形式，在北方旱作灌区均有采用。一般地形较复杂、土地平整较差时，常采用纵向布置；地形平坦、坡向一致、坡度较小时，可采用横向布置。

四、稻田区的格田规划

水稻田一般都采用淹灌法，因此在种稻地区，田间工程的一项主要内容就是修筑田埂，用田埂把平原地区的条田或山丘地区的梯田分隔成许多矩形或方形田块，称为格田。格田是平整土地、田间耕作和用水管理的独立单元。田埂的高度一般为20～30cm，埂顶兼作田间管理道路，宽为30～40cm。格田的长边通常沿等高线方向布置，其长度一般为农渠到农沟之间的距离。沟、渠相间布置时，格田长度一般为100～150m；沟、渠相邻布置时，格田长度为200～300m。格田宽度根据田间管理要求而定，一般为15～20m。

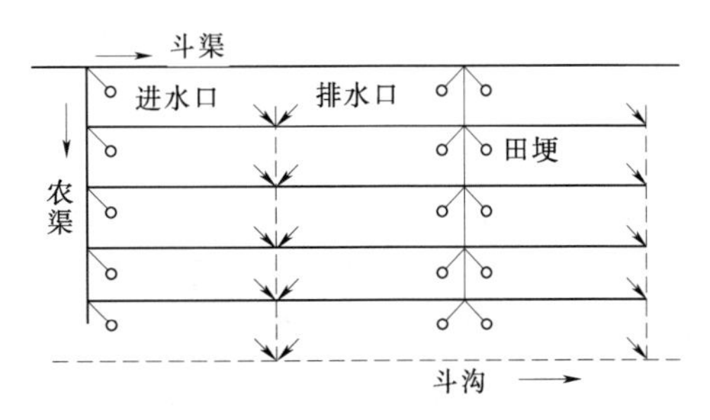

图5-9 稻田区田间灌排工程布置示意图

稻田区不需要修建田间临时渠网。在平原地区，农渠直接向格田供水，农沟接纳格田排出的水量，每块格田都应有独立的进、出水口，如图5-9所示。

五、土地平整

土地平整是建设稳产、高产农田必不可少的重要措施。搞好土地平整对合理灌排、节约用水、提高劳动生产率、发挥机械作业效率，以及改良土壤、保水、保土、保肥等方面都有着重要的作用，特别是在盐碱土等低产土地的治理中，土地是否平整直接影响到土壤水分和盐分的重新分配。所以，平整土地是治水、改土，建设高产、优质、高效农田的一项重要措施。

（一）土地平整的原则

（1）要与土地开发整理统一起来。土地平整应符合土地开发整理的要求并作为其中一个组成部分。

（2）既要有长远目标，又要立足当前。土地平整要实现当年受益、确保当年增产的关键是保留表土。

（3）平整后的地面坡度应满足灌水要求。不同的灌水技术要求的坡度不同，平整土地工作应以此为标准，绝不能有倒坡的情况发生。

（4）平整土方量最小。在平整田块内应力求移高填低，使填挖土方量基本平衡，总的平整土方量达到最小。在此基础上，应使同一平整田块内的平均土方量运距最小。

（二）平整田块的划分标准

1．平整单元划分

沟、畦灌溉的平整土地范围一般以条田内部一条毛渠所控制的灌溉面积为一个平整单位。如果地形起伏较大，还可将毛渠控制面积分为几个平整区。水稻田或以洗盐为主要目的的平整土地范围，可以以一个格田的面积为平整单位。

2. 地面平整度

在沟、畦灌溉的旱作区，一个临时毛渠控制的田面地段，纵横方向没有反坡，田面纵坡方向一般设计成与自然坡降一致，田面横向一般不设计坡度。

3. 平整田块大小

从目前生产情况出发，考虑到田间渠系布设、平整工作量以及田间管理的方便，应适当考虑机耕要求，平整田块长度以160～360m为宜，宽度以40～100m为宜。

(三) 土地平整方案

1. 根据平整单元范围分类

根据整理区平整单元范围，土地平整方案可分为局部平整和全面平整两种。

局部平整是结合地形地势进行的平整。它允许田块有一定的坡度，以耕作田块为平整田块，在每个平整田块内部保持土地的挖填方平衡，不需要从区外大量取土或将土大量运至区外。局部平整的优点是：填挖方工程量和工程投资大大降低，有利于保护表土层。缺点是：土方量计算较复杂，耕地新增量有所降低，沟渠布置的难度增大。

全面平整是在地形平坦地区将整个项目区作为一个平整田块，设立一个平整高程，以平整高程为基准对整理区进行全面平整。全面平整的优点是：能够最大限度地挖掘土地利用潜力，增加耕地面积，便于布置各项工程项目，方便农业生产；田面水平，易于开展机械化作业，进行渠道、道路、防护林的规划设计。缺点是：挖填工程量大，投资量大，对表土造成的破坏大。

2. 根据地形纵向变化情况分类

根据地形纵向变化情况，土地平整方案有平面法、斜面法和修改局部地形面法三种。

平面法是指将设计地段平整成一近似水平面。一般多用于水稻田的平整，土方量大。

斜面法是指将设计地段平整成具有一定纵坡的斜面。坡度方向与灌水方向一致，这样对沟、畦灌有利，但土方量也较大。

修改局部地形面法是对设计地段进行局部适当修改，只是将过于弯曲、凸凹的地段修直顺平，把阻碍灌水的高地削除、低地填平、倒坡取削，但不强调纵坡完全一致，能实现畦平地不平、对灌水无阻碍就可以。该法适用于面积较大、地形变化较多、若大平大填则工作量过大的地区，其优点是可大大减少土方量。

以上三种方法的布置如图5-10所示。

(四) 土地平整设计

在进行土地平整工程设计时，尽量做到合理配置土方，基本保证挖填平衡。

1. 土地平整高程设计

在土地开发整理中，土地平整高程设计的合理与否关系到平整工程量的大小及相应的田块规划。因此，在土地平整中应当遵循因地制宜、确保农田旱涝保收、填挖土方量最小和与农田水利工程设计相结合的原则。在不同地区，土地平整高程设计的标准不同，主要体现在：

(1) 地形起伏小、土层厚的旱涝保收农田田面设计高程根据土方挖填量确定。

(2) 以防涝为主的农田，田面设计高程应高于常年涝水位0.2m。

(3) 地形起伏大、土层薄的坡地，田面高程设计应因地制宜。

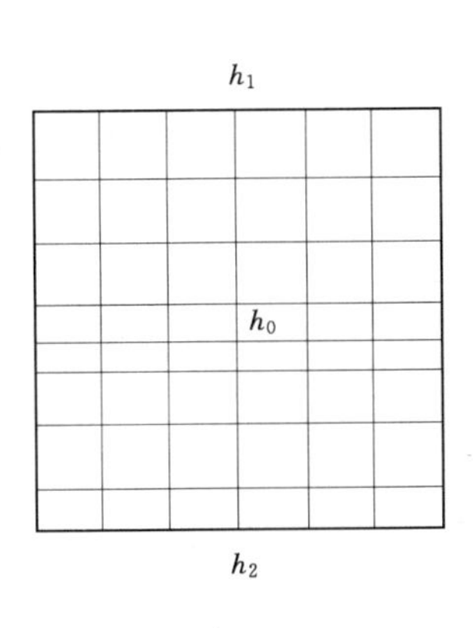

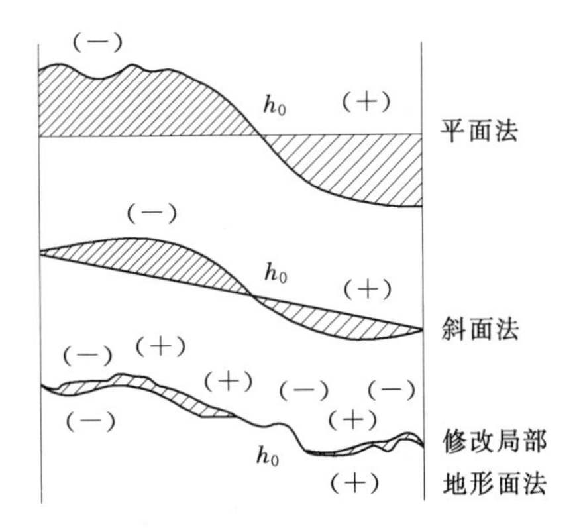

图 5-10 以地形纵向变化为标准的田块平整方案

(4) 地下水位较高的农田，田面设计高程应高于常年地下水位 0.8m。

2. 平整土地设计

平整土地设计方法很多，这里主要介绍方格网中心点法。具体步骤如下（图 5-11)：

(1) 布置方格网。图 5-11 中方格网为 20m×20m，边点至各田边的距离为 10m。

(2) 测量方格网各桩点的高程，并注在图上。

(3) 计算田块平均地面高程及各桩号的设计田面高程，并注在图上。

图 5-11 中田块地面坡度采用横向平、纵向坡，其坡度为 1/500。设计步骤为：

1）计算各横断面地面平均高程。图 5-11 中第一排横断面平均地面高程为：

$$(2.40+2.47+2.56+2.69)\div 4=2.53(\text{m})$$

2）计算田块平均地面高程。将各排断面地面平均高程累加，以横排数除之，即为田块平均地面高程，如图 5-11 中的 15.37÷7＝2.2(m)。

3）计算各桩号的设计田面高程，并注于图上。整平后田块平均高程应位于纵向中心位置，即图 5-11 中第四排桩号位置。然后根据设计地面纵向坡降，按照顺坡相减、逆坡相加的原则，从平均田面高程中减去或加上一定数值，依次求得各横断面的田面设计高程，图 5-11 中方格网边长为 20m，故纵向各桩号设计高程差值为 20×1/500＝0.04 (m)。如第三排桩，设计地面高程为 2.20＋0.04＝2.24 (m)，其余依此类推。

(4) 设计各测点的填挖深度。设计地面高程减去各测点地面高程，即为各测点的填挖深度。得"—"数为挖方，得"＋"数为填方。

(5) 设计挖填土方量。将各测点（或各横断面）填挖深度分别累加，然后将各累加值分别乘以方格面积即求出填、挖土方量。在实际工作中常将施工误差范围以内挖填数忽略（如本例为 5cm 以下)，视为不填不挖。图 5-11 中方格面积为 20×20＝400 (m^2)，挖方量为 400×2.57＝1028 (m^3)，填方量为 400×2.65＝1060 (m^3)。填挖土方数量不符是计算数据采取近似值及舍掉 5cm 以下挖填深度等原因所造成的。

(6) 开挖线的确定。找出与设计高程等高的一些点连成线，这条线即开挖线，它是施工的重要依据。当地形复杂时，开挖线应水平测量确定；当地形平坦时，也可从土地平整设计图中确定。图 5-11 中有开挖线两条，开挖线为挖填深度 5cm 的位置，在两条开挖线中间的面积作为不挖不填的面积，可在农业耕种过程中整平。有了土地平整设计图，即可根据各测点挖填土深度，确定运土方向、运土地点、运土数量等。

渠道

−9	−15	−24	−47
−2.32 2.40	−2.32 2.47	−2.32 2.56	−2.32 2.69
−43	−25	−21	−24
−2.28 2.71	−2.28 2.53	−2.28 2.49	−2.28 2.52
−8	−13	−6	−7
−2.24 2.32	−2.24 2.37	−2.24 2.30	−2.24 2.31
−10	−8	−3	+2
−2.20 2.30	−2.20 2.28	−2.20 2.23	−2.20 2.18
−7	+1	+1	+3
−2.16 2.17	−2.16 2.15	−2.16 2.10	−2.16 2.13
+25	+43	+38	−8
−2.12 1.87	−2.12 1.64	−2.12 1.74	−2.12 2.20
+33	+48	+53	+18
−2.08 1.75	−2.08 1.60	−2.08 1.53	−2.08 1.90

20　10　10　20

横断面平均高/m	设计高程/m	挖深/cm	填高/cm
2.53	2.32	−95	
2.56	2.28	−113	
2.35	2.24	−34	
2.25	2.20	−21	+2
2.15	2.16	−1	+5
1.88	2.12	−8	+106
1.70	2.08	0	+152
15.42		−272	+265

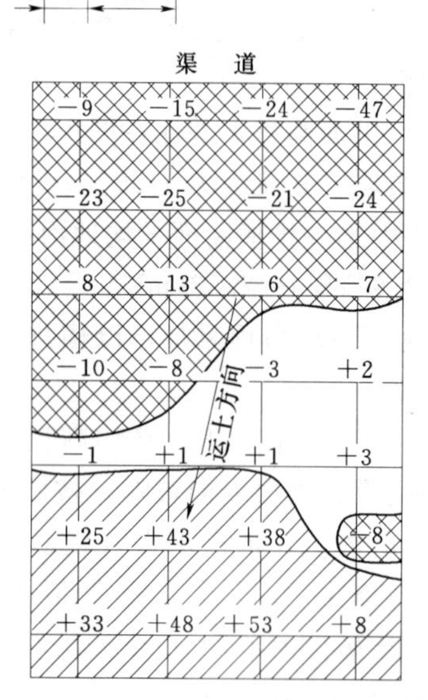

挖深/cm	填高/cm	方格面积/m²	土方/m³
−95		20×20	挖方
−113			1072
−34			
−18			
0			
−8	106		填方
0	152		1032
−268	258		

图 5－11　方格网中心点法布置图

六、农村道路布置

农村道路是农田基本建设的重要组成部分，交通运输是生产过程的重要环节。其对于发展农业生产、改善交通运输条件、繁荣农村经济、提高农民生活水平和实现农业机械化都有着极其重要的作用。

（一）农村道路的分级与规格

农村道路一般可分为乡镇公路（干道）、机耕道路（支路）和田间道路等几级。农村道路应根据便利生产、生活，减少交叉建筑物和少占耕地等原则，结合灌排渠系和新农村

规划统一布置，尽量利用开挖沟渠的土方进行修筑，做到路随沟渠走，沟渠随路开，沟渠建好，道路修成。路面宽度要因地制宜确定，人少地多的地区可适当放宽。表5-3为农村道路的规格标准，可供参考。

表5-3　农村道路规格标准

类别		路面宽/m		高出地面/m
		南方地区	北方地区	
乡镇公路		4～6	6～8	0.7～1.0
机耕道路		2.5～3.5	4～6	0.5～0.7
田间道路	手扶拖拉机、胶轮车	1.5～2.0	3～4	0.3～0.5
	人行	1	2	0.3

（二）农村道路的布置形式

（1）沟-渠-路（图5-12）。道路位于条田的上端，靠斗渠的一侧。其优点是：①路的一侧靠田，人、机进田方便；②道路位置较高，雨天不易积水，行车安全方便；③道路穿越农渠，可结合农门修建桥涵，节省工程量和投资；④道路拓宽比较容易。这种布置的缺点是：①道路要穿越全部下级农渠，需要修建较多的桥涵，路面起伏较大；②渠沟紧邻，渠道渗漏损失较大；③灌水季节道路比较潮湿。

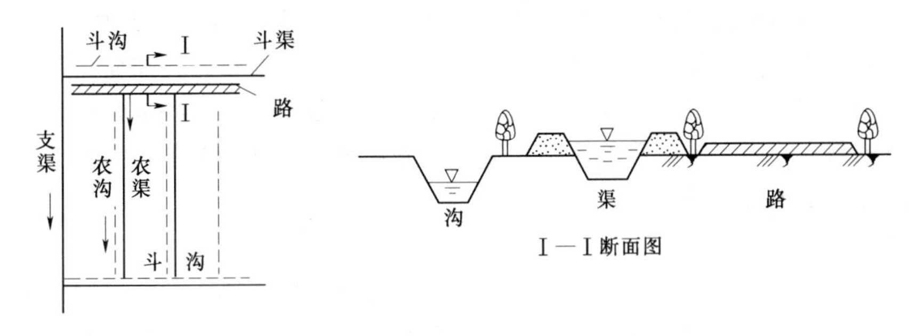

图5-12　沟-渠-路布置示意图

（2）沟-路-渠（图5-13）。道路位于条田的下端，在斗沟与斗渠之间。这种布置的优点是：①道路不与农级沟渠相交，交叉建筑物少，路面平坦；②渠靠田，灌水方便；③渠离沟较远，渠道渗漏少。其缺点是：①人、机进田需穿越斗级沟渠，需在斗级沟渠上修建较多、较大的桥涵；②今后道路拓宽比较困难。

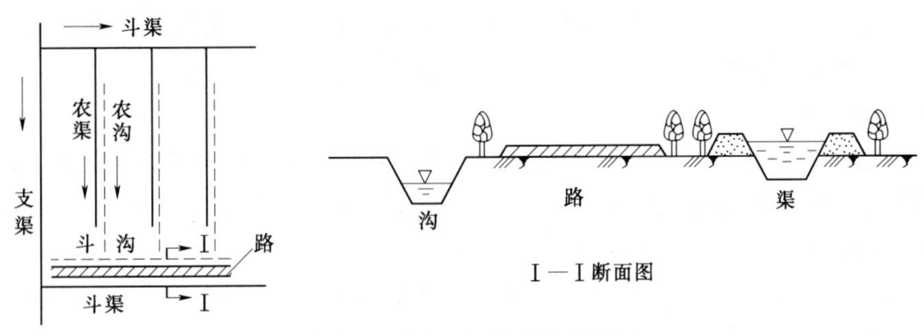

图5-13　沟-路-渠布置示意图

(3) 路-沟-渠（图5-14)。道路位于条田的下端，在斗沟的一侧。这种布置的优点是：①道路邻沟离渠，路面干燥，人、机下田方便；②渠靠田，灌水方便；③挖沟修路，以挖作填，节省土方和劳力。其缺点是：①道路要穿越所有农沟，需修建较多的桥涵；②道路位置较低，多雨季节容易积水受淹；③渠靠沟，渠道渗漏损失大。

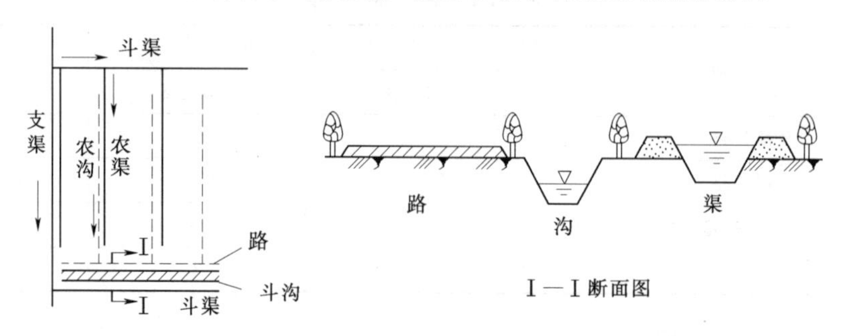

图5-14　路-沟-渠布置示意图

七、农田防护林网规划布置

农田防护林网是指为防止风沙、干旱等自然灾害，改善农田小气候，建立有利于农作物生长的环境条件，提供一定农副产品而营造的人工林带。农田防护林网由主林带和副林带按照一定的距离纵横交错排列而成。农田防护林可以调节气候、涵养水源、保持水土、防风固沙、美化环境、净化空气、提供农副产品、增加作物产量，是建设高产稳产农田的重要措施之一，对于改变自然条件、发展农业生产具有重要意义。各地营造农田防护林必须本着“因地制宜、因害设防”的原则设置。另外，林带与铁路路基、高压电线和通信线的距离应符合国家现行标准的规定。

1. 林带的方向

林带的方向主要取决于主害风向。主林带用于防止主要害风，其方向应尽量与主害风垂直，一般要求偏离角不超过30°；副林带与主林带垂直，用以防止次要害风，增强林网的防护效果。

2. 林带的间距

主林带的间距取决于林带的有效防风范围；副林带的间距应根据地形条件和条田布设情况而定，并以适应机耕为原则。在有一般风害的壤土或砂壤土耕地，以及风害不大的灌溉区或水网区，主林带间距宜为200～250m，副林带间距宜为400～500m，网格面积宜为8～12.5hm^2；风速大、风害严重的耕地，以及易遭台风袭击的水网区，主林带间距宜为150m左右，副林带间距宜为300～400m，网格面积宜为4.5～6.0hm^2。

3. 林带的结构

林带的结构是指林带内树木枝叶的密集程度和分布状况，常用透风系数表示，即在林带背风林缘1m处林带高度范围内的平均风速与空旷地区相同高度范围内的平均风速之比。林带结构有紧密型、疏透型和透风型三种：

(1) 紧密型。由主乔木、亚乔木和灌木树种组成的三层林冠，它几乎不透光、不透风，防风距离较短，因风透不过去，将迫使风向改变，风力从林带上方绕过，而在林带的

另一侧猛烈下降，危害作物生长。因此，这种林带结构不宜多采用。

(2) 疏透型。由中间较少的几行乔木，两侧各配1～2行灌木组成，透风系数为0.3～0.5，纵断面透风、透光均匀。防护距离大，平均可减少风速28%，而且不会在带内和林缘产生积雪与堆沙，是一种较好的林带结构，应尽量采用。

(3) 透风型。只由几行乔木组成，不搭配灌木，这种林带透风、透光性能好，防护距离大，但在带内和林缘处风速较大，透风系数为0.5～0.7，易引起折树与近林带处的风蚀。

4. 林带的宽度

林带宽度应根据当地条件，按照因害设防的原则来确定。通常按主林带宽3～6m栽植3～5行乔木、1～2行灌木，副林带栽植1～2行乔木、1行灌木。林带宽度因地制宜确定，对于填方渠道，树应栽在渠堤的外坡脚下；挖方渠道则应栽在渠顶的外缘，内坡不宜栽树，而且要注意避免林带遮阳，以防止对作物生长的不利影响。

第四节 灌溉渠道流量推求

渠道流量是渠道和渠系建筑物设计的基本依据，正确地推求渠道流量，关系到工程造价、灌溉效益和农业增产。实践中，渠道的流量是在一定范围内变化的，设计渠道的纵横断面时，要考虑流量变化对渠道的影响。通常用渠道设计流量、最小流量、加大流量三种特征流量涵盖渠道运用中流量变化的范围。

一、渠道流量相关术语

(1) 渠道田间净流量。该流量是指渠道应该送到田间的流量，或者说田间实际需要的渠道流量，用$Q_{田净}$表示。

(2) 渠道净流量和毛流量。对一个渠段而言，段首处的流量为毛流量，段末处的流量为净流量；对一条渠道来说，该渠道引水口处的流量为毛流量，同时自该渠道引水的所有下一级渠道分水口的流量之和为净流量。毛流量和净流量分别用Q_d和Q_{dj}表示。渠道的设计流量应该是毛流量。

(3) 渠道损失流量。该流量是指渠道在输水过程中损失掉的流量，用Q_L表示。

很显然，渠道的毛流量、净流量和损失流量之间有如下的关系：

$$Q_d = Q_{dj} + Q_L \tag{5-1}$$

二、渠道输水损失及其计算方法

1. 渠道输水损失的途径

渠道输水损失包括水面蒸发损失、漏水损失和渗水损失三部分。水面蒸发损失是指由渠道水面蒸发掉的水量。其数量很小，一般只占输水损失的1.5%左右，可以忽略不计。漏水损失是指由于地质条件不良、施工质量较差、管理维修不善以及生物作用等因素而形成的漏洞、裂隙或渠堤决口和建筑物漏水等所损失的水量，一般占输水损失的15%左右，而这些损失应该是可以避免的。漏水损失的具体数值可根据渠道的实际情况估算确定，在渠道流量计算时，一般不予计入。

渗水损失是经渠床土壤孔隙渗漏掉的水量，是渠道输水损失的主要部分，是经常存在的、不能完全避免的水量损失，一般占输水损失的80%以上。渠道的输水损失估算主要是渗水损失的估算，并把它近似地作为渠道的总输水损失。影响渗水损失的主要因素有渠床土壤物理性质、渠床断面形式和渠中水深、沿渠地下水埋深和出流情况、渠道工作制度、渠道施工质量和淤积情况以及渠道的防渗措施等。

2. 渠道输水损失的计算

渠道输水损失，在已成灌区的管理中，应通过实测确定；在拟建灌区的规划设计中，可用经验公式或经验系数估算。

（1）用经验公式估算输水损失流量。

$$Q_L=\sigma LQ_{dj} \tag{5-2}$$

式中　Q_L——渠道输水损失流量，m^3/s；

σ——渠道单位长度水量损失率，%/km，应根据渠道渗流条件和渠道衬砌防渗措施分别确定；

L——渠道长度，km；

Q_{dj}——渠道净流量，m^3/s。

1）土渠不受地下水顶托的条件下，可采用式（5-3）估算：

$$\sigma=\frac{K}{Q_{dj}^m} \tag{5-3}$$

式中　K——渠床土壤透水性系数；

m——渠床土壤透水性指数；

Q_{dj}——渠道净流量，m^3/s。

土壤透水性参数 K、m 应根据实测资料分析确定，在缺乏实测资料的情况下，可采用表5-4中的数值。

表5-4　土壤透水性参数

渠床土质	透水性	K	m
黏土	弱	0.70	0.30
重壤土	中弱	1.30	0.35
中壤土	中	1.90	0.40
轻壤土	中强	2.65	0.45
砂壤土	强	3.40	0.50

2）土渠渗水受地下水顶托的条件下，可按式（5-4）修正，即

$$\sigma'=\varepsilon'\sigma \tag{5-4}$$

式中　σ'——受地下水顶托的渠道单位长度水量损失率，%/km；

ε'——受地下水顶托的渗水损失修正系数，可从表5-5中查得。

表 5-5　　土渠渗水损失修正系数

渠道净流量 /(m^3/s)	地下水埋深/m							
	<3	3	5	7.5	10	15	20	25
1	0.63	0.79	—	—	—	—	—	—
3	0.50	0.63	0.82	0.82	—	—	—	—
10	0.41	0.50	0.65	0.65	0.91	—	—	—
20	0.36	0.45	0.57	0.57	0.82	—	—	—
30	0.35	0.42	0.54	0.54	0.77	0.94	—	—
50	0.32	0.37	0.49	0.49	0.69	0.84	0.97	—
100	0.28	0.33	0.42	0.42	0.58	0.73	0.84	0.94

3）衬砌渠道可用式（5-5）修正，即

$$\sigma_0=\varepsilon_0\sigma \tag{5-5}$$

式中　σ_0——衬砌渠道单位长度水量损失率，%/km；

ε_0——衬砌渠道渗水损失修正系数，可从表 5-6 中查得。

表 5-6　　衬砌渠道渗水损失修正系数

防渗措施	衬砌渠道渗水损失修正系数
渠槽翻松夯实（厚度大于 0.5m）	0.30～0.20
渠槽原土夯实（影响深度不小于 0.4m）	0.70～0.50
灰土夯实（或三合土夯实）	0.15～0.10
混凝土护面	0.15～0.05
黏土护面	0.40～0.20
浆砌石护面	0.20～0.10
沥青材料护面	0.10～0.05
塑料薄膜	0.10～0.05

（2）用水的有效利用系数估算输水损失。

总结已成灌区的水量量测资料，可以得到各条渠道的毛流量和净流量以及灌入农田的有效水量，经分析计算，可以得出以下几个反映水量损失情况的经验系数。

1）渠道水利用系数。某渠道的净流量与毛流量的比值称为该渠道的渠道水利用系数，用符号 η_0 表示，即

$$\eta_0=\frac{Q_{dj}}{Q_d} \tag{5-6}$$

渠道水利用系数反映一条渠道的水量损失情况。全灌区同级渠道的渠道水利用系数代表值可取用该级若干条代表性渠道的渠道水利用系数平均值，代表性渠道应根据过水流量、渠长、土质与地下水埋深等条件分类选出。

2）渠系水利用系数。灌溉渠系的净流量与毛流量的比值称为渠系水利用系数，用符号 η_s 表示。渠系水利用系数的数值等于各级渠道水利用系数的乘积，即

$$\eta_s=\eta_{干}\cdot\eta_{支}\cdot\eta_{斗}\cdot\eta_{农} \tag{5-7}$$

渠系水利用系数反映整个渠系的水量损失情况。《灌溉与排水工程设计规范》（GB 50288—99）规定，全灌区渠系水利用系数设计值不应低于表5-7中的要求，否则应采取措施予以提高。

表5-7　渠系水利用系数

灌区面积/万亩	>30	30～1	<1
渠系水利用系数	0.55	0.65	0.75

注　1亩=1/15hm²。

3）田间水利用系数。田间水利用系数是实际灌入田间的有效水量（对于旱作农田，指蓄存在计划湿润层中的灌溉水量；对于水稻田，指蓄存在格田内的灌溉水量）和末级固定渠道（农渠）放出水量的比值，用符号 η_f 表示，即

$$\eta_f=\frac{m_n A_{农}}{w_{农净}} \tag{5-8}$$

式中　$A_{农}$——农渠的灌溉面积，hm²；

m_n——净灌水定额，m³/hm²；

$w_{农净}$——农渠供给田间的水量，m³。

田间水利用系数是衡量田间工程状况和灌水技术水平的重要指标，旱作农田的其设计值不应低于0.90，水稻田的其设计值不应低于0.95。

4）灌溉水利用系数。灌溉水利用系数是实际灌入农田的有效水量和渠首引入水量的比值，用符号 η 表示。它是评价渠系工作状况、灌水技术水平和灌区管理水平的综合指标，可按下式计算：

$$\eta=\eta_s\eta_f \tag{5-9}$$

或

$$\eta=\frac{Am_j}{W} \tag{5-10}$$

式中　A——某次灌水全灌区的灌溉面积，hm²；

m_j——净灌水定额，m³/hm²；

W——某次灌水渠首引入的总水量，m³；

其他符号意义同前。

以上这些经验系数在引用别的灌区的经验数据时，应注意条件要相近。

三、渠道工作制度

渠道的工作制度就是渠道的供水秩序，又称渠道的配水方式，分为轮灌和续灌两种。

1. 轮灌

同一级渠道在一次灌水延续时间内轮流输水的工作方式称为轮灌，实行轮灌的渠道称为轮灌渠道。

轮灌的优点是：渠道流量集中，同时工作的渠道长度短，输水时间短，输水损失小，有利于与农业措施结合和提高灌水工作效率。缺点是：渠道流量大，渠道和建筑物工程量大；流量过于集中，会造成灌水和耕作时劳力紧张；在干旱季节还会影响各用水单位受益均衡。轮灌的方式有如下两种：

1）分组集中轮灌。按相邻的渠道进行编组，上级渠道自下而上按组依次轮流供水，如图5-15（a）所示。

2）分组插花轮灌。将渠道插花交叉编组，上级渠道按组轮流供水，如图5-15（b）所示。

分组集中轮灌时，上级渠道的工作长度短，输水损失小，但可能引起劳力紧张和用水单位受益不均衡，分组插花轮灌的优缺点与集中轮灌的相反。

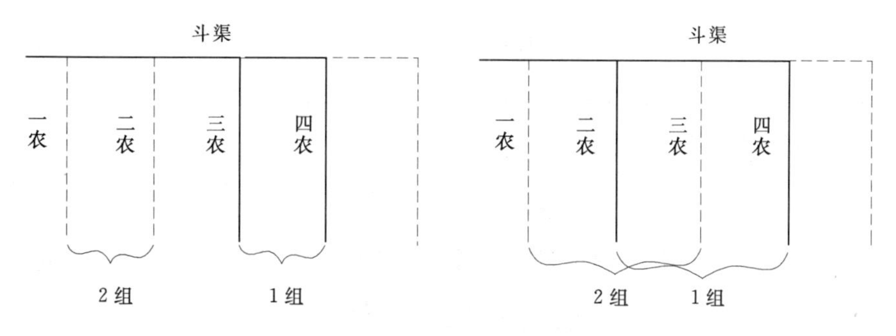

图5-15　轮灌方式示意图

划分轮灌组的原则是：①应使各组的灌溉面积基本相等，供水量宜协调一致，以利于配水；②应使组内的渠道相对集中，以缩短渠道工作长度，减少输水损失，提高水的利用系数；③尽量使各用水单位受益均衡；④不致使渠道流量过大，以减少工程量和降低工程造价；⑤尽量把一个生产单位的渠道划分在一个组内，以利于与农业措施和灌水工作配合，便于调配劳力和组织灌水；⑥对已成灌区，还应与渠道的输水能力相适应。轮灌组的数目一般以2～3组为宜。

2. 续灌

在一次灌水延续时间内，自始至终连续输水的渠道称为续灌渠道。这种输水工作方式称为续灌。一般灌溉面积较大的灌区，干、支渠多采用续灌。续灌的优缺点与轮灌相反。

3. 配水方式的选择

配水方式的选择应根据灌区实际情况，因地制宜地确定。在规划设计阶段，一般万亩以上灌区应采用干、支渠续灌，斗、农渠轮灌。在管理运用阶段，若遇天气干旱，水源供水不足，干、支渠也可实行轮灌，一般当渠首引水流量低于正常流量的40%～50%时，干、支渠即应进行轮灌。

四、渠道设计流量推算

渠道的工作制度不同，设计流量的推算方法也不同，下面分别予以介绍。

1. 轮灌渠道设计流量的推算

由于轮灌渠道不是在整个作物灌水延续时间内连续输水，而是集中过水，所以它的设计流量大小不仅取决于它本身灌溉面积的大小，而且还取决于上一级渠道供水流量的大小和轮灌组内的渠道数目多少。因此，轮灌渠道的设计流量不能用灌水率乘灌溉面积求田间净流量，再逐级加损失流量求毛流量的方法来推算，而只能采用自上而下逐级分配田间净流量，再自下而上逐级加损失流量求毛流量的方法进行推算。现以干、支渠续灌，斗、农渠轮灌，斗渠轮灌组内有 n 条斗渠，农渠轮灌组内有 k 条农渠的情况，说明轮灌渠道设计流量的推算方法。

（1）自上而下分配末级续灌渠道的田间净流量。

1）计算支渠田间净流量。计算公式为

$$Q_{支田净}=A_{支}\ q_s \tag{5-11}$$

2）计算斗渠田间净流量。斗渠轮灌组内 n 条斗渠的灌溉面积相等时，即

$$Q_{斗田净}=\frac{Q_{支田净}}{n} \tag{5-12}$$

斗渠轮灌组内各斗渠的灌溉面积不相等时，为使各斗渠的灌水时间相等，应按各斗渠的灌溉面积大小分配支渠田间净流量，即

$$Q_{斗田净}=\frac{Q_{支田净}}{A_{斗组}}A_{斗i} \tag{5-13}$$

3）计算农渠田间净流量。该流量和计算斗渠田间净流量的道理相同，分别为

$$Q_{农田净}=\frac{Q_{斗田净}}{k}=\frac{Q_{支田净}}{nk} \tag{5-14}$$

或

$$Q_{农田净}=\frac{Q_{斗田净}}{A_{农组}}A_{农i}=\frac{Q_{支田净}A_{斗}\ A_{农i}}{A_{斗组}A_{农组}} \tag{5-15}$$

以上式中　$A_{支}$、$A_{斗组}$、$A_{斗i}$、$A_{农组}$、$A_{农i}$——支渠、斗渠轮灌组、某条斗渠、农渠轮灌区、某条农渠的灌溉面积；

q_s——设计灌水率；

n、k——轮灌组内斗渠和农渠的条数。

（2）自下而上推算各级渠道的设计流量

1）计算农渠的净流量。先由农渠的田间净流量计入田间损失水量，求得田间毛流量，即农渠的净流量。按式（5-16）计算：

$$Q_{农净}=\frac{Q_{农田净}}{\eta_f} \tag{5-16}$$

2）推算各级渠道的设计流量（毛流量）。根据农渠的净流量自下而上逐级计入渠道输水损失，得到各级渠道的毛流量，即设计流量。根据渠道净流量、渠床土质和渠道长度，用式（5-17）计算：

$$Q_d=Q_{dj}+\sigma LQ_{dj}=Q_{dj}(1+\sigma L) \tag{5-17}$$

式中　L——最下游一轮灌组灌水时渠道的平均工作长度，km，计算农渠毛流量时，可取农渠长度的一半进行估算；

其他符合意义同前。

L 的确定方法为：计算农渠毛流量时，可取农渠长度的 1/2 进行估算；计算斗渠毛流量时，平均工作长度为斗渠内最下游一轮灌组前至斗口的渠长加该轮灌组所占斗渠长度的 1/2；支渠工作长度为 L_1 与 αL_2 之和，L_1 为支渠引水口至第一个斗口的长度，L_2 为第一个斗口至最末一个斗口的长度，α 为长度折算系数，可视支渠灌溉面积的平面形状而定（面积重心在上游时，$\alpha=0.60$；在中游时，$\alpha=0.80$；在下游时，$\alpha=0.85$）。

在大中型灌区，支渠数量较多，支渠以下的各级渠道实行轮灌。如果都按上述步骤逐

条推算各条渠道的设计流量，工作量很大。为了简化计算，通常选择一条有代表性的典型支渠（作物种植、土壤性质、灌溉面积等影响渠道流量的主要因素具有代表性）按上述方法推算支、斗、农渠的设计流量，计算支渠范围内的灌溉水利用系数 η_s，以此作为扩大指标，用式（5－18）计算其余支渠的设计流量：

$$Q_s=\frac{q_s A_{支}}{\eta_s} \tag{5-18}$$

式中　Q_s——支渠的设计流量，m^3/s；

q_s——设计灌水率，$m^3/(s\cdot 100hm^2)$；

$A_{支}$——该支渠灌溉面积，$100hm^2$；

η_s——支渠至田间的灌溉水利用系数。

2. 续灌渠道设计流量计算

一般干渠流量较大，上下游流量相差悬殊，这就要求分段推算设计流量，以便各渠段设计不同的断面尺寸，以节省工程量。

由于渠道水利用系数的经验值是根据渠道全部长度的输水损失情况统计出来的，它反映出不同流量在不同渠段上运行时输水损失的综合情况，而不能代表某个具体渠段的水量损失情况。所以，在分段推算干渠设计流量时，一般不用经验系数估算输水损失水量，而用经验公式估算，计算公式如下：

$$Q_{段设}=Q_{段净}(1+\sigma L_{段}) \tag{5-19}$$

【例 5－1】 某灌区灌溉面积 $A=2110hm^2$，灌区有一条干渠，长 5.7km，下设 3 条支渠，各支渠的长度及灌溉面积见表 5－8。全灌区土壤、水文地质等自然条件和作物种植情况相近，第三支渠灌溉面积适中，可作为典型支渠，该支渠有 6 条斗渠，斗渠间距 800m，长 1800m。每条斗渠有 10 条农渠，农渠间距 200m，长 800m。干、支渠实行续灌，斗、农渠进行轮灌。渠系布置及轮灌组划分情况如图 5－16 所示。该灌区位于我国南方，实行稻麦轮作，因降雨较多，小麦一般不需要灌溉，主要灌溉作物是水稻，设计灌水率 $q_{设}=0.12m^3/(s\cdot 100hm^2)$，灌区土壤为中壤土。试推求干、支渠道的设计流量。

表 5－8　　**支渠长度及灌溉面积**

渠　别	一　支	二　支	三　支	合　计
长度/km	4.2	4.6	4.0	
灌溉面积/hm^2	563	827	720	2110

【解】　1. 推求典型支渠（三支渠）及其所属斗、农渠的设计流量

（1）计算农渠的设计流量。

三支渠的田间净流量为

$$Q_{3支田净}=A_{3支}q_s=7.2\times 0.12=0.864(m^3/s)$$

因为斗、农渠分两组轮灌，同时工作的斗渠有 3 条，同时工作的农渠有 5 条，且同级渠道控制面积相同，所以，农渠的田间净流量为

$$Q_{农田净}=\frac{Q_{支田净}}{nk}=\frac{0.864}{3\times 5}=0.0576(m^3/s)$$

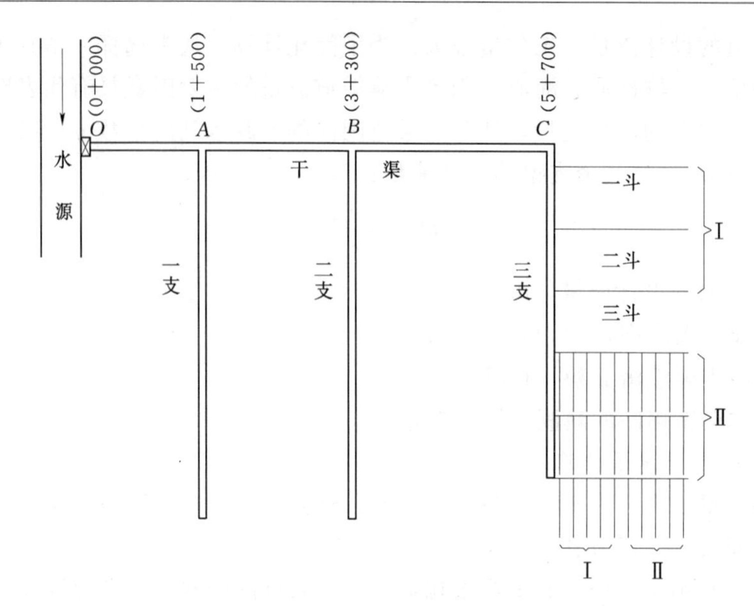

图 5-16 灌溉渠系布置图

取田间水利用系数 $\eta_f=0.95$，则农渠的净流量为

$$Q_{农净}=\frac{Q_{农田净}}{\eta_f}=\frac{0.0576}{0.95}=0.061(\mathrm{m^3/s})$$

灌区土壤属中壤土，从表 5-4 中可查出相应的土壤透水性参数：$K=1.9$，$m=0.4$。据此可计算农渠每千米输水损失系数：

$$\sigma_{农}=\frac{K}{Q_{农净}^m}=\frac{1.9}{0.061^{0.4}}=5.82(\%/\mathrm{km})$$

农渠的毛流量或设计流量为

$$Q_{农毛}=Q_{农净}(1+\sigma_{农}\ L_{农})$$

$$=0.061(1+0.0582\times0.4)=0.062(\mathrm{m^3/s})$$

(2) 计算斗渠的设计流量。

因为一条斗渠内同时工作的农渠有 5 条，所以斗渠的净流量等于 5 条农渠的毛流量之和：

$$Q_{斗净}=5\times0.062=0.31(\mathrm{m^3/s})$$

农渠分两组轮灌，各组要求斗渠供给的净流量相等。但是，第Ⅱ轮灌组距斗灌进水口较远，输水损失水量较多，据此求得的斗渠毛流量较大，因此，以第Ⅱ轮灌组灌水时需要的斗渠毛流量作为斗渠的设计流量。斗渠的平均工作长度 $L_{斗}=1.4\mathrm{km}$。

斗渠每千米输水损失系数为

$$\sigma_{斗}=\frac{K}{Q_{斗净}^m}=\frac{1.9}{0.31^{0.4}}=3.04(\%/\mathrm{km})$$

斗渠的毛流量或设计流量为

$$Q_{斗毛}=Q_{斗净}(1+\sigma_{斗}\ L_{斗})=0.31(1+0.0304\times1.4)=0.323(\mathrm{m^3/s})$$

(3) 计算三支渠的设计流量。

斗渠也是分两组轮灌，以第Ⅱ轮灌组要求的支渠毛流量作为支渠的设计流量。支渠的工作长度因其控制面积重心在中部，则长度折算系数 α 取 0.8。$L_{支}=4\times0.8=3.2(\text{km})$。

支渠的净流量为

$$Q_{3支净}=3\times Q_{斗毛}=3\times0.323=0.969(\text{m}^3/\text{s})$$

支渠每千米输水损失系数为

$$\sigma_{3支}=\frac{K}{Q_{3支净}^{m}}=\frac{1.9}{0.969^{0.4}}=1.92(\%/\text{km})$$

支渠的毛流量为

$$Q_{3支毛}=Q_{3支净}(1+\sigma_{3支}L_{3支})=0.969(1+0.0192\times3.2)=1.03(\text{m}^3/\text{s})$$

2. 计算三支渠的灌溉水利用系数

$$\eta_{3支水}=\frac{Q_{3支田净}}{Q_{3支毛}}=\frac{0.864}{1.03}=0.84$$

3. 计算一、二支渠的设计流量

（1）计算一、二支渠的田间净流量。

$$Q_{1支田净}=5.63\times0.12=0.68(\text{m}^3/\text{s})$$

$$Q_{2支田净}=8.27\times0.12=0.99(\text{m}^3/\text{s})$$

（2）计算一、二支渠的设计流量。

以典型支渠（三支渠）的灌溉水利用系数作为扩大指标，用来计算其他支渠的设计流量。

$$Q_{1支毛}=\frac{Q_{1支田净}}{\eta_{3支水}}=\frac{0.68}{0.84}=0.81(\text{m}^3/\text{s})$$

$$Q_{2支毛}=\frac{Q_{2支田净}}{\eta_{3支水}}=\frac{0.99}{0.84}=1.18(\text{m}^3/\text{s})$$

4. 推求干渠各段的设计流量

（1）BC 段的设计流量：

$$Q_{BC净}=Q_{3支毛}=1.03(\text{m}^3/\text{s})$$

$$\sigma_{BC}=\frac{1.9}{1.03^{0.4}}\approx1.9(\%/\text{km})$$

$$Q_{BC毛}=Q_{BC净}(1+\sigma_{BC}L_{BC})$$
$$=1.03(1+0.019\times2.4)=1.08(\text{m}^3/\text{s})$$

（2）AB 段的设计流量：

$$Q_{AB净}=Q_{BC毛}+Q_{2支毛}=1.08+1.18=2.26(\text{m}^3/\text{s})$$

$$\sigma_{AB}=\frac{1.9}{2.26^{0.4}}=1.37(\%/\text{km})$$

$$Q_{AB毛}=Q_{AB净}(1+\sigma_{AB}L_{AB})=2.26(1+0.0137\times1.8)=2.32(\text{m}^3/\text{s})$$

（3）OA 段的设计流量：

$$Q_{OA净}=Q_{AB毛}+Q_{1支毛}=2.32+0.81=3.13(\text{m}^3/\text{s})$$

$$\sigma_{OA}=\frac{1.9}{3.13^{0.4}}=1.2(\%/\text{km})$$

$$Q_{OA}=Q_{OA净}(1+\sigma_{OA}L_{OA})=3.13(1+0.012\times1.5)=3.19(m^3/s)$$

五、渠道最小流量的计算

渠道最小流量是指在设计标准条件下，渠道在正常工作中输送的最小灌溉流量。用修正灌水率图上的最小灌水率值和设计灌溉面积为依据进行计算。应用渠道最小流量可以校核对下一级渠道的水位控制条件和不淤流速，并确定节制闸的位置。

为了保证对下级渠道正常供水，根据《灌溉与排水工程设计规范》（GB 50288—99），有些灌区规定渠道最小流量以不低于渠道设计流量的40%为宜，相应的渠道最小水深不低于设计水深的70%。在实际灌水中，若某次灌水定额过小，可适当缩短供水时间，集中供水，使流量大于最小流量。

六、渠道加大流量计算

考虑到在灌溉工程运行过程中，可能会出现规划设计时未能预料到的情况，如作物种植比例变更、灌溉面积扩大等，都要求渠道通过比设计流量更大的流量。通常把在短时增加输水的情况下，渠道需要通过的最大灌溉流量称为渠道的加大流量，它是设计渠道堤顶高程的依据，并依此校核渠道输水能力和不冲流速。轮灌渠道不考虑加大流量。

渠道加大流量的计算是以设计流量为基础，给设计流量乘以加大系数即得，按式（5-20）计算：

$$Q_{max}=JQ_d \tag{5-20}$$

式中 Q_{max}——渠道加大流量，m^3/s；

J——渠道流量加大系数，见表5-9；

Q_d——渠道设计流量，m^3/s。

表5-9 渠道流量加大系数

设计流量/(m^3/s)	<1	1～5	5～20	20～50	50～100	100～300	>30
加大系数 J	1.35～1.30	1.30～1.25	1.25～1.20	1.20～1.15	1.15～1.10	1.10～1.05	<1.05

注 1. 表中加大系数在湿润地区可取小值，干旱地区可取大值。
2. 泵站供水的续灌渠道加大流量应为包括备用机组在内的全部装机流量。

第五节 渠道纵、横断面设计

渠道断面设计的主要任务是确定满足灌溉要求的渠道断面形状、尺寸、结构和空间位置。对渠道断面设计的要求是：有足够的输水能力，以满足作物的需水要求；有足够的水位，各级渠道之间和渠道各分段之间以及重要建筑物上下游水面衔接要平顺，以满足自流灌溉对水位的要求；流速适宜，不冲不淤或周期性冲淤平衡；边坡稳定，不坍塌、不滑坡、不发生冻胀破坏；渗漏损失小，灌溉水利用系数高；适当满足综合利用要求；占地少，工程量小，总投资少；施工容易，管理方便。

渠道的纵断面和横断面设计是相互联系、互为条件的。在设计实践中，要通盘考虑、

交替进行、反复调整，最后确定合理的设计方案。但为了叙述方便，现将纵、横断面设计方法分别予以介绍。

一、渠道横断面设计

为了水流平顺和施工方便，在一个渠段内要采用同一个过水断面和同一个比降，渠床表面要具有相同的糙率。因此，灌溉渠道可以按明渠均匀流公式设计。

明渠均匀流的基本公式为

$$Q=AC\sqrt{Ri} \tag{5-21}$$

其中

$$C=\frac{1}{n}R^{1/6}$$

式中 Q——渠道设计流量，m^3/s；

A——渠道过水断面面积，m^2；

C——谢才系数，$m^{\frac{1}{2}}/s$；

R——水力半径，m；

i——渠底比降；

n——渠床糙率系数。

（一）梯形渠道横断面设计

1. 渠道设计参数的确定

（1）渠底比降 i。

渠底比降是指单位渠长的渠底降落值。渠底比降不仅决定着渠道输水能力的大小、控制灌溉面积的多少和工程量的大小，而且还关系着渠道的冲淤、稳定和安全。因此，必须慎重选择确定。选择比降的一般原则如下：

1）渠底比降应尽量接近地面比降，以避免深挖高填。

2）流量大的渠道，为控制较多的自流灌溉面积和防止冲刷，比降应小些；流量小的渠道，为加大流速，减少渗漏和防止淤积，比降可大些。

3）渠床土质松散易冲时，比降应小些；反之可大些。

4）渠水含沙量大时，为防止淤积，比降应大些；反之应小些。

5）水库灌区和扬水灌区，水头宝贵，比降应尽量小些；自流灌区，水头富裕时，可大些。

在设计工作中，渠底比降应根据渠道沿线地面坡度、下级渠道分水口要求水位、渠床土质、渠道流量、渠水含沙量等情况，参照相似灌区的经验数值（表 5-10）初选一个渠底比降，进行水力计算和流速校核，若满足水位和不冲不淤要求，便可采用，否则应重新选择比降，再行计算校核，直至满足要求。

干渠及较大支渠、上下游渠段流量变化较大时，可分段选择比降，而且下游段的比降应大些。支渠以下的渠道一般一条渠道只采用一个比降。在满足渠道不冲不淤的条件下，宜采用较缓的渠底比降。

表 5-10　　渠底比降一般数值

渠道级别	干渠	支渠	斗渠	农渠
平原灌区	$\frac{1}{5000}\sim\frac{1}{10000}$	$\frac{1}{3000}\sim\frac{1}{7000}$	$\frac{1}{2000}\sim\frac{1}{5000}$	$\frac{1}{1000}\sim\frac{1}{3000}$
丘陵灌区	$\frac{1}{2000}\sim\frac{1}{5000}$	$\frac{1}{1000}\sim\frac{1}{3000}$	$\frac{1}{500}\sim\frac{1}{2000}$	$\frac{1}{300}\sim\frac{1}{1000}$
滨湖灌区	$\frac{1}{8000}\sim\frac{1}{15000}$	$\frac{1}{6000}\sim\frac{1}{8000}$	$\frac{1}{4000}\sim\frac{1}{5000}$	$\frac{1}{2000}\sim\frac{1}{3000}$

（2）渠床糙率 n。

渠床糙率是反映渠床粗糙程度的指标。由 $C=\frac{1}{n}R^{1/6}$ 可知，n 值小，C 值大，渠道过水能力大；反之，则过水能力小。必须合理选定 n 值，尽量使选用的 n 值和实际的 n 值大致相近。

影响 n 值的主要因素有渠床状况、渠道流量、渠水含沙量、渠道弯曲情况、施工质量、养护情况。一般情况下，渠床糙率可根据渠道特性、渠道流量等参考表 5-11～表5-13 选用。设计时，大型渠道的糙率最好通过试验确定。

表 5-11　　土渠渠床糙率

渠道流量/(m^3/s)	渠槽特征	灌溉渠道	泄（退）水渠道
>20	平整顺直，养护良好	0.0200	0.0225
	平整顺直，养护一般	0.0225	0.0250
	渠床多石，杂草丛生，养护较差	0.0250	0.0275
20～1	平整顺直，养护良好	0.0225	0.0250
	平整顺直，养护一般	0.0250	0.0275
	渠床多石，杂草丛生，养护较差	0.0275	0.0300
<1	渠床弯曲，养护一般	0.0250	0.0275
	支渠以下的固定渠道	0.0275	0.0300
	渠床多石，杂草丛生，养护较差	0.0300	0.0350

表 5-12　　石渠渠床糙率

渠槽表面特征	糙率	渠槽表面特征	糙率
经过良好修整	0.0250	经过中等修整有凸出部分	0.0330
经过中等修整无凸出部分	0.0300	未经修整有凸出部分	0.0350～0.0450

表 5-13　　防渗衬砌渠槽糙率

防渗衬砌结构类别	渠槽特征	糙率
黏土、黏砂混合土、膨润混合土	平整顺直，养护良好	0.0225
	平整顺直，养护一般	0.0250
	平整顺直，养护较差	0.0275
灰土、三合土、四合土	平整，表面光滑	0.0150～0.0170
	平整，表面较粗糙	0.0180～0.0200

续表

防渗衬砌结构类别	渠槽特征	糙 率
水泥土	平整，表面光滑	0.0140～0.0160
	平整，表面较粗糙	0.0160～0.0180
砌石	浆砌料石、石板	0.0150～0.0230
	浆砌块石	0.0200～0.0250
	干砌块石	0.0250～0.0330
	浆砌卵石	0.0230～0.0275
	干砌卵石，砌工良好	0.0250～0.0325
	干砌卵石，砌工一般	0.0275～0.0375
	干砌卵石，砌工粗糙	0.0325～0.0425
沥青混凝土	机械现场浇筑，表面光滑	0.0120～0.0140
	机械现场浇筑，表面粗糙	0.0150～0.0170
	预制板砌筑	0.0160～0.0180
混凝土	抹光的水泥砂浆面	0.0120～0.0130
	金属模板浇筑，平整顺直，表面光滑	0.0120～0.0140
	刨光木模板浇筑，表面一般	0.0150
	表面粗糙，缝口不齐	0.0170
	修整及养护较差	0.0180
	预制板砌筑	0.0160～0.0180
	预制渠槽	0.0120～0.0160
	平整的喷浆面	0.0150～0.0160
	不平整的喷浆面	0.0170～0.0180
	波状断面的喷浆面	0.0180～0.0250

(3) 渠道的边坡系数 m。

渠道的边坡系数是表示渠道边坡倾斜程度的指标。m 太大，渠道工程量大，占地多，输水损失大；m 太小，边坡不稳定，容易坍塌，管理维修困难，影响渠道正常输水。一般梯形断面水深不大于 3m 的挖方渠道，或填方渠道的渠堤填方高度不大于 3m 时，可按表 5-14 和表 5-15 选定。对水深大于 3m 或地下水位较高的挖方渠道，或填方高度大于 3m 的填方渠道的内外边坡系数都应通过土工试验和稳定分析确定。

表 5-14　　挖方渠道的最小边坡系数

土 质	渠 道 水 深/m		
	<1	1～2	>2
稍胶结的卵石	1.00	1.00	1.00
夹砂的卵石或砾石	1.25	1.50	1.50
黏土、重壤土	1.00	1.00	1.25
中壤土	1.25	1.25	1.50
轻壤土、砂壤土	1.50	1.50	1.75
砂土	1.75	2.00	2.25

表 5-15　　填方渠道的最小边坡系数

土　　质	渠道水深/m					
	<1		1～2		>2	
	内坡	外坡	内坡	外坡	内坡	外坡
黏土、重壤土	1.00	1.00	1.00	1.00	1.25	1.00
中壤土	1.25	1.00	1.25	1.00	1.50	1.25
轻壤土、砂壤土	1.50	1.25	1.50	1.25	1.75	1.50
砂土	1.75	1.50	2.00	1.75	2.25	2.00

(4) 渠道断面的宽深比 β。

渠道断面的宽深比是指底宽 b 和水深 h 的比值，即 $\beta=b/h$，宽深比对渠道工程量和渠床稳定等有较大影响，在设计时应慎重选择。

渠道宽深比的选择要考虑以下要求：

1) 工程量最小。在渠道比降和渠床糙率一定的条件下，通过设计流量所需要的最小过水断面称为水力最优断面，采用水力最优断面的宽深比可使渠道工程量最小。梯形渠道水力最优断面的宽深比按式 (5-22) 计算：

$$\beta=2(\sqrt{1+m^2}-m) \tag{5-22}$$

式中　β——梯形渠道水力最优断面的宽深比；

m——梯形渠道的边坡系数。

水力最优断面具有工程量最小的优点，小型渠道和石方渠道可以采用。但对大型渠道来说水力最优断面比较窄深存在开挖深度大，施工困难等问题。水力最优断面仅仅指输水能力最大的断面，不一定是最经济的断面，渠道设计断面的最佳形式还要根据渠床稳定要求、施工难易等因素确定。《灌溉与排水工程设计规范》(GB 50288—99) 推荐采用实用经济断面。

2) 断面稳定。稳定断面的宽深比应满足渠道不冲不淤要求，它与渠道流量、水流含沙情况、渠道比降等因素有关，应在总结当地已成渠道运行经验的基础上研究确定。比降小的渠道应选较小的宽深比，以增大水力半径，加快水流速度；比降大的渠道应选较大的宽深比，以减小流速，防止渠床冲刷。

对于中小型渠道，为使渠道断面稳定，表 5-16 数值可供选用。

表 5-16　　渠道稳定断面宽深比

设计流量/(m^3/s)	<1	1～3	3～5	5～10
宽深比 β	1～2	1～3	2～4	3～5

3) 有利通航。有通航要求的渠道应根据船舶吃水深度、错船所需的水面宽度以及通航的流速要求等确定渠道的断面尺寸。渠道水面宽度应大于船舶宽度的 2.6 倍，船底以下水深应不小于 30cm。

在实际工作中，要按照具体情况初选一个 β 值，作为计算断面尺寸的参数，再结合有关要求进行校核而确定。

(5) 渠道的不冲、不淤流速。

在稳定渠道中，允许的最大平均流速称为临界不冲流速，简称不冲流速，用 v_{cs} 表示；允许的最小平均流速称为临界不淤流速，简称不淤流速，用 v_{cd} 表示。为了维持渠床稳定，渠道通过设计流量时的平均流速（设计流速）v_d 应满足以下条件：

$$v_{cd}<v_d<v_{cs} \tag{5-23}$$

1) 渠道不冲流速。水在渠道中流动时，当流速增加到一定程度，渠床上的土粒将要移动而尚未移动时的水流速度就是不冲流速。

重要的干、支渠允许不冲流速应通过试验研究或总结已成渠道的运用经验而定。一般渠道可按表 5-17 中的数值选用。

表 5-17　土质渠道允许不冲流速

土　质	允许不冲流速/(m/s)	土　质	允许不冲流速/(m/s)
轻壤土	0.60～0.80	重壤土	0.70～0.95
中壤土	0.65～0.85	黏土	0.75～1.00

注　表中所列允许不冲流速值为水力半径 $R=1.0$m 时的情况；当 $R\neq1.0$m 时，表中所列数值应乘以 R^a。指数 a 值可按下列情况采用：①疏松的壤土、黏土，$a=1/4$～$1/3$；②中等密实和密实的壤土、黏土，$a=1/5$～$1/4$。

2) 渠道不淤流速。渠道水流的挟沙能力随流速减小而减小，当流速小到泥沙将要沉积而尚未沉积时的流速就是不淤流速。渠道不淤流速应通过试验研究或总结实践经验而定。在缺乏实际研究成果时，可选用有关经验公式进行计算。这里仅介绍黄河水利委员会水利科学研究院的不淤流速计算公式：

$$v_{cd}=C_0Q^{0.5} \tag{5-24}$$

式中　v_{cd}——渠道不淤流速，m/s；

C_0——不淤流速系数，随渠道流量和宽深比而变，见表 5-18；

Q——渠道的设计流量，m^3/s。

式 (5-24) 适用于黄河流域含沙量为 1.32～83.8kg/m^3、加权平均泥沙沉降速度为 0.0085～0.32m/s 的渠道。

含沙量很小的清水渠道虽无泥沙淤积威胁，但为了防止渠道长草，影响输水能力，对渠道的最小流速仍有一定限制，通常要求大型渠道的平均流速不小于 0.5m/s，小型渠道的平均流速不小于 0.3～0.4m/s。寒冷地区冬春季灌溉用的渠道，为了防止水面结冰，设计平均流速不小于 1.5m/s。

表 5-18　不淤流速系数 C_0 值

渠道流量和宽深比		C_0
$Q>10m^3/s$		0.2
$Q=5\sim10m^3/s$	$b/h>2.0$	0.2
	$b/h<2.0$	0.4
$Q<5m^3/s$		0.4

2. 渠道水力计算

渠道水力计算的任务是根据上述设计依据，通过计算确定渠道过水断面的水深 h 和底

宽 b。下面主要介绍梯形渠道实用经济断面的水力计算方法。

（1）水力最优梯形断面的水力计算。

计算渠道的设计水深。由梯形渠道水力最优断面的宽深比公式［式（5－22）］和明渠均匀流流量计算公式［式（5－21）］推得水力最优断面的渠道水力要素计算公式：

$$h_0=1.189\left\{\frac{nQ}{[2(1+m^2)^{1/2}-m]\sqrt{i}}\right\}^{3/8} \tag{5-25}$$

$$b_0=2[(1+m^2)^{1/2}-m]h_0 \tag{5-26}$$

$$A_0=b_0h_0+mh_0^2 \tag{5-27}$$

$$x_0=b_0+2(1+m^2)^{1/2}h_0 \tag{5-28}$$

$$R_0=A_0/x_0 \tag{5-29}$$

$$v_0=Q/A_0 \tag{5-30}$$

式中　h_0——水力最优断面水深，m；

n——渠床糙率；

Q——渠道设计流量，m^3/s；

m——渠道内边坡系数；

i——渠底比降；

b_0——最优断面底宽，m；

A_0——水力最优断面的过水断面面积，m^2；

x_0——水力最优断面湿周，m；

R_0——水力最优断面的水力半径，m；

v_0——水力最优断面流速，m/s。

在渠道流速校核中，如设计流速不满足校核条件，说明在已确定的渠床糙率和边坡系数条件下，不宜采用水力最优断面形式。

【例 5－2】　已知某渠道 $Q_d=3.2m^3/s$，$m=1.5$，$i=0.0005$，$n=0.025$，$v_{cd}=0.4m/s$，$v_{cs}=0.8m/s$，试按水力最优断面计算过水断面尺寸。

【解】　1）将 $m=1.5$ 代入式（5－22）得

$$\beta_0=2(\sqrt{1+m^2}-m)=2(\sqrt{1+1.5^2}-1.5)=0.61$$

2）按式（5－25）计算水深：

$$h_0=1.189\left[\frac{0.025\times3.2}{(2\sqrt{1+1.5^2}-1.5)\sqrt{0.0005}}\right]^{3/8}=1.45(m)$$

3）按式（5－26）计算底宽：

$$b_0=2\times[(1+1.5^2)^{1/2}-1.5]\times1.45=0.88(m)$$

为了便于施工，取 $b_0=0.9m$。

4）校核流速：

$$A_0=(0.9+1.5\times1.45)\times1.45=4.46(m^2)$$

$$v_0=\frac{Q_d}{A_0}=\frac{3.2}{4.46}=0.72(m/s)$$

满足校核条件 $0.40<0.72<0.80$。

所以，水力最优断面的尺寸是：$b_0=0.9$m，$h_0=1.45$m。

(2) 梯形实用经济断面的水力计算。

水力最优断面工程量最小是其优点，小型渠道和石方渠道可以采用。但是对于大型渠道来说，水力最优断面并不一定是最经济的断面。因此，提出了一种比较宽浅的断面，一方面使过水断面面积不会增加太多，仍保持水力最优断面工程量最小的优点，另一方面使水深和底宽具有较大的选择范围，使渠道宽浅些，以克服水力最优断面的缺点，满足各种不同的要求，这种断面称为实用经济断面。

梯形渠道实用经济断面与水力最优断面的水力要素关系式为

$$\alpha=v_0/v=A/A_0=(R_0/R)^{2/3}=(A_0x/Ax_0)^{2/3} \tag{5-31}$$

$$(h/h_0)^2-2a^{2.5}(h/h_0)+a=0 \tag{5-32}$$

$$\beta=b/h=[a/(h/h_0)^2][2(1+m^2)^{1/2}-m]-m \tag{5-33}$$

式中　α——水力最佳断面（或过水断面面积）流速与实用经济断面（或过水断面面积）流速的比值；

h——实用经济断面水深，m；

v——实用经济断面流速，m/s；

A——实用经济断面的过水断面面积，m^2；

x——实用经济断面湿周，m；

R——实用经济断面的水力半径，m；

b——实用经济断面底宽，m；

β——实用经济断面底宽与水深的比值。

α、β和m、h/h_0关系见表5-19。

表5-19　　不同α、h/h_0、m值对应的β值

m \ α	1.00	1.01	1.02	1.03	1.04
h/h_0	1.000	0.823	0.761	0.717	0.683
0.00	2.000	2.985	3.525	4.005	4.453
0.25	1.562	2.453	2.942	3.378	3.792
0.50	1.236	2.091	2.559	2.997	3.374
0.75	1.000	1.862	2.334	2.755	3.155
1.00	0.829	1.729	2.222	2.662	3.080
1.25	0.702	1.662	2.189	2.658	3.104
1.50	0.606	1.642	2.211	2.717	3.198
1.75	0.532	1.954	2.270	2.818	3.340
2.00	0.472	1.689	2.357	2.951	3.516
2.25	0.425	1.741	2.463	3.106	3.717
2.50	0.386	1.806	2.584	3.278	3.938
2.75	0.353	1.880	2.717	3.463	4.172
3.00	0.325	1.961	2.859	3.658	4.418

续表

m \ α / h/h_0	1.00	1.01	1.02	1.03	1.04
	1.000	0.823	0.761	0.717	0.683
3.25	0.301	2.049	3.007	3.861	4.673
3.50	0.281	2.141	3.162	4.070	4.934
3.75	0.263	2.232	3.320	4.285	5.202
4.00	0.247	2.337	3.483	4.504	5.474

计算步骤：

1）已知 Q、n、m、i，按式（5-25）计算 h_0 值。

2）按式（5-26）计算 b_0 值。

3）按式（5-27）～式（5-29）计算 A_0、x_0、R_0 值。

4）按式（5-30）计算 v_0 值。

5）由表5-17查出与 α=1.00、1.01、1.02、1.03、1.04相应的 h/h_0 值，以及与 α，m 相应的 β 值，并分别计算相应的 h 和 b 的值。

6）按式（5-31）分别计算与 α=1.00、1.01、1.02、1.03、1.04相应的 v、A 和 R 值。

7）将以上5组 α、h/h_0、β、h、b、v、A、R 值填入表5-20。

表5-20　实用经济断面水力要素计算表

α	h/h_0	β	h	b	v	A	R
(1)	(2)	(3)	(4)	(5)	(6)	(7)	(8)

8）根据表5-18数据绘制 $b=f(h)$ 和 $v=f(h)$ 渠道特性曲线。

9）根据渠段地形、地质等条件，由渠道特性曲线图上选定设计所需的 h、b、v 值。

10）计算与设计选定的 h、b 值相应的 A、x、R 值。

3. 渠道过水断面以上部分的有关尺寸

（1）安全超高。为了防止风浪引起渠水漫溢，保证渠道安全运行，挖方渠道的渠岸和填方渠道的堤顶应高于渠道的加大水位，要求高出的数值称为渠道的安全超高。《灌溉与排水工程设计规范》（GB 50288—99）建议按式（5-34）计算渠道的安全超高 F_b：

$$F_b=\frac{1}{4}h_b+0.2 \tag{5-34}$$

式中　F_b——渠道岸顶安全超高，m；

h_b——渠道通过加大流量时的水深，m。

（2）堤顶宽度。为了便于管理和保证渠道安全运行，挖方渠道的渠岸和填方渠道的堤顶应有一定的宽度，以满足交通和渠道稳定的需要。万亩以上灌区干、支渠顶宽不应小于2m，斗、农渠不宜小于1m；万亩以下灌区可适当减小。渠岸或堤顶的宽度亦可按式（5-35）计算：

$$D=h_b+0.3 \tag{5-35}$$

式中　D——渠岸或堤顶宽度，m；

　　h_b——渠道的加大水深，m。

如果渠堤与主要交通道路结合，渠岸或堤顶的宽度应根据交通要求确定。

（二）横断面结构形式

由于渠道过水断面和渠道沿线地面的相对位置不同，渠道断面有挖方断面、填方断面和半挖半填断面三种形式。

1. 挖方渠道断面结构

对于挖方渠道，为了防止坡面径流的侵蚀、渠坡坍塌以及便于施工和管理，除正确选择边坡系数外，当渠道挖深大于5m时，应每隔3～5m高度设置一级平台。第一级平台的高程和渠岸（顶）高程相同，平台宽度为1～2m。若平台兼作道路，则按道路标准确定平台宽度。在平台内侧应设置集水沟，汇集坡面径流，并使之经过沉沙井和陡槽集中进入渠道，如图5-17所示。挖深大于10m时，应改用隧洞等。第一级平台以上的渠坡根据干土的抗剪强度而定，可尽量陡一些。

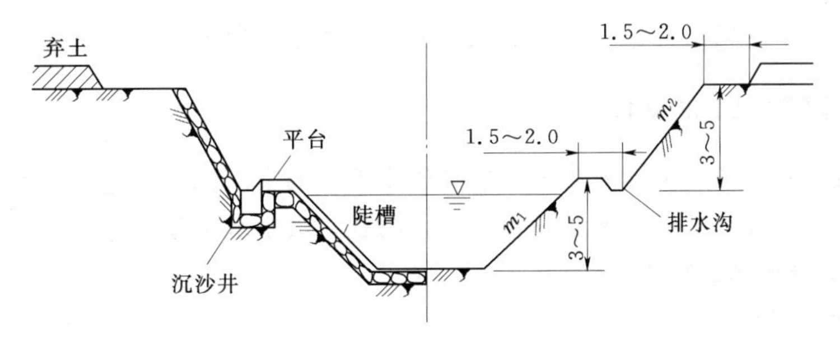

图5-17　挖方渠道横断面结构示意图（单位：m）

2. 填方渠道断面结构

填方渠道易于溃决和滑坡，要认真选择内、外边坡系数。填方高度大于3m时，应通过稳定分析确定边坡系数，有时需在外坡脚处设置排水的滤体。填方高度很大时，需在外坡设置平台。位于不透水层上的填方渠道，当填方高度大于5m或大于2倍设计水深时，一般应在渠堤内加设纵、横排水槽。填方渠道会发生沉陷，施工时应预留沉陷高度，一般增加设计填高的10%。在渠底高程处，堤宽应等于（5～10）h（h为渠道水深），根据土壤的透水性能而定。填方渠道断面结构如图5-18所示。

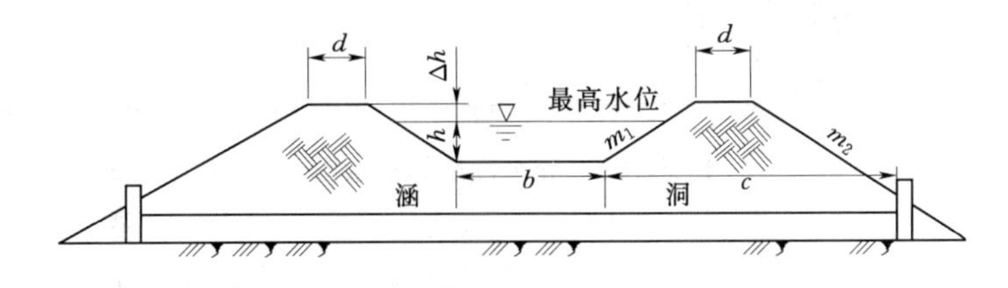

图5-18　填方渠道横断面结构示意图

3. 半挖半填渠道断面结构

半挖半填渠道的挖方部分可为筑堤提供土料，而填方部分则为挖方弃土提供场所。当

挖方量等于填方量时，工程费用最少。挖填土方相等时的挖方深度 x 可按式（5－36）计算：

$$(b+m_1x)x=(1.1\sim1.3)2a\left(d+\frac{m_1+m_2}{2}a\right) \tag{5-36}$$

式中符号的含义如图 5－19 所示。系数 1.1～1.3 是考虑土体沉陷而增加的填方量，砂质土取 1.1，壤土取 1.15，黏土取 1.2，黄土取 1.3。

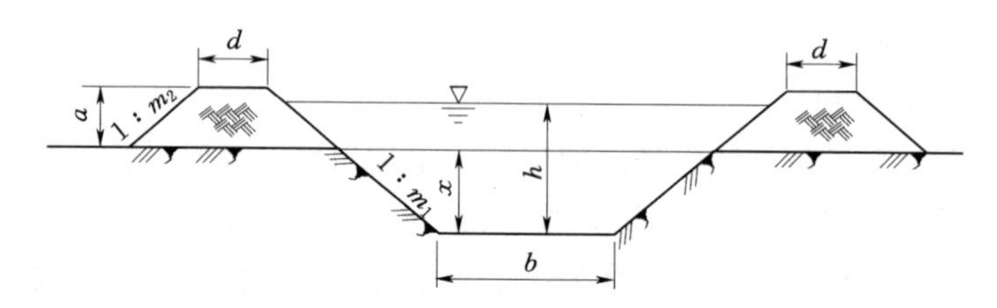

图 5－19　半挖半填渠道横断面结构示意图

为了保证渠道的安全稳定，半挖半填渠道堤底的宽度 B 应满足以下条件：

$$B\geqslant(5\sim10)(h-x) \tag{5-37}$$

农渠及其以下的田间渠道，为使灌水方便，应尽量采用半挖半填断面或填方断面。

二、渠道的纵断面设计

纵断面设计的任务是根据灌溉水位要求确定渠道的空间位置，先确定不同桩号处的设计水位，再根据设计水位确定渠底高程、堤顶高程、最小水位等。

（一）灌溉渠道水位推求

1. 渠道进水口处水位推求

为了满足自流灌溉的要求，各级渠道入口处都应具有足够的水位。该水位是根据灌溉面积上控制点的高程加上各种水头损失，自下而上逐级推算出来的（图 5－20）。

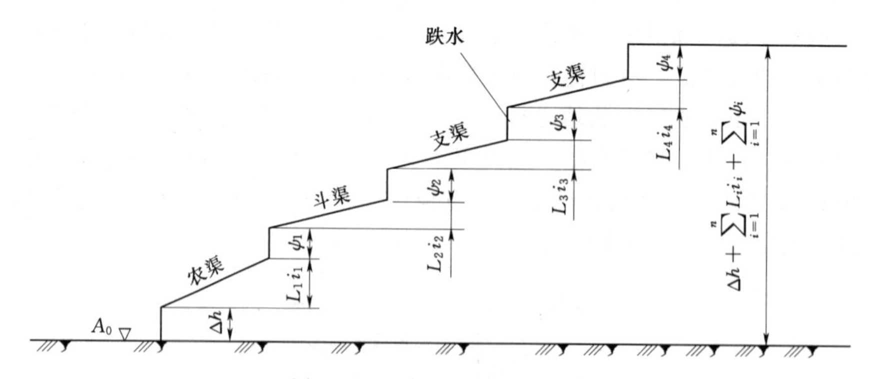

图 5－20　分水位推算示意图

$$H_{进}=A_0+\Delta h+\sum_{i=1}^{n}L_ii_i+\sum_{i=1}^{n}\psi_i \tag{5-38}$$

式中　$H_{进}$——渠道进水口处的设计水位，m；

A_0——灌溉范围内控制点的地面高程，m，控制点是指较难灌到水的地面，在地形均匀变化的地区，控制点选择的原则是：若沿渠地面坡度大于渠道比

降，渠道进水口附近的地面最难控制，反之，渠尾地面最难控制；

Δh——控制点地面与附近末级固定渠道设计水位的高差，一般取 0.1～0.2m；

L——渠道的长度，m；

i——渠道的比降；

ψ——水流通过渠系建筑物的水头损失，m，可参考表 5-21 所列数值选用。

式（5-38）可用来推算任意一条渠道进水口处的设计水位，推算不同渠道进水口设计要在各条渠道控制的灌溉面积范围内选择相应的控制点。

表 5-21　　渠道建筑物水头损失最小数值　　单位：m

渠别	控制面积/万亩	进水闸	节制闸	渡槽	倒虹吸	公路桥
干渠	10～40	0.1～0.2	0.10	0.15	0.40	0.05
支渠	1～6	0.1～0.2	0.07	0.07	0.30	0.03
斗渠	0.3～0.4	0.05～0.15	0.05	0.05	0.20	0
农渠		0.05				

注　1 亩$=1/15\text{hm}^2$。

2. 干渠水位的确定

干渠水位应满足各支渠自流引水对水位的要求，它受渠道水位、渠道比降、渠线布置、灌区地形、面积、工程量等多种因素影响，应慎重采取多方案比较确定。

（二）渠道断面设计中的水位衔接

1. 不同渠段间的水位衔接

由于渠段沿途分水，渠道流量逐段减小，渠道过水断面亦随之减少，为了使水位衔接，可以改变水深或底宽。衔接位置一般结合配水枢纽或交叉建筑物布置，并修建足够的渐变段，保证水流平顺过渡。当水源位置较低，既不能降低下游的设计水位，也不能抬高上游的设计水位时，不得不用抬高下游渠底高程的办法维持设计水位，为了减少不利影响，下游渠底升高的高度不应大于 15cm。

2. 建筑物前后的水位衔接

渠道上的交叉建筑物一般都有阻水作用，会产生水头损失，在渠道纵断面设计时，必须予以充分考虑。若建筑物较短，可将进、出口的局部水头损失和沿程水头损失累加起来（通常采用经验数值），在建筑物的中心位置集中扣除；若建筑物较长，则应按建筑的位置和长度分别扣除其进、出口的局部水头损失和沿程水头损失。

跌水上下游水位相差较大，由下落的弧形水舌光滑连接。但在纵断面图上可以简化，只画出上下游渠段的渠底和水位，在跌水所在位置处用垂线连接。

3. 上下级渠道的水位衔接

渠道分水口处的水位衔接有以下两种处理方案：

（1）按上下级渠道均通过设计流量，依上级渠道的设计水位 $H_{设}$ 减去过闸水头损失 φ 来确定下级渠道分水口处的水位 $h_{设}$ 和渠底高程。这种情况，当上级渠道通过最小流量时，其相应的水位 $H_{最小}$ 就可能满足不了下级渠道引水要求的水位 $h_{最小}$，这时需修建节制闸，抬高上级渠

道的水位 H_0，使闸前后水位差为 δ，以使下级渠道引取最小流量，如图 5－21（a）所示。

（2）按上下级渠道均通过最小流量，闸前后的水位差为 δ 来确定下级渠道的渠底高程。在这种情况下，当上下级渠道都通过设计流量时，将有较大的水位差 ΔH，需用分水闸的不同开度来控制进入下级渠道的设计流量，如图 5－21（b）所示。

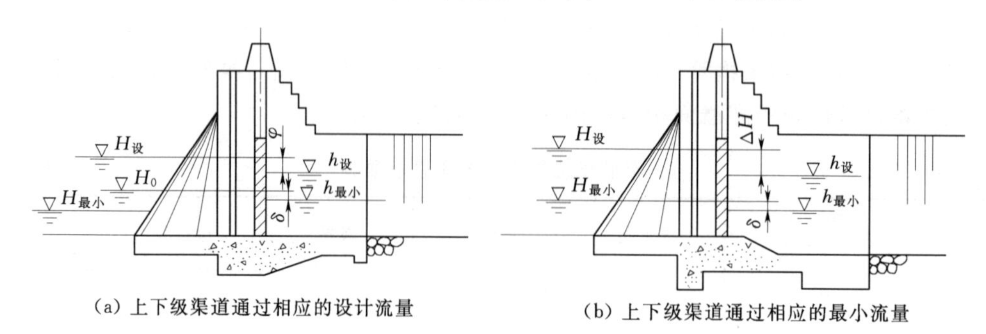

（a）上下级渠道通过相应的设计流量　　（b）上下级渠道通过相应的最小流量

图 5－21　分水闸前后水位衔接示意图

（三）渠道纵断面图的绘制

渠道纵断面图是渠道纵断面设计成果的具体体现和集中反映，主要包括沿渠地面高程线、渠道设计水位线、渠道最小水位线、渠底高程线、堤顶高程线以及分水口和渠道建筑物的位置与形式等内容，如图 5－22 所示，绘制步骤如下：

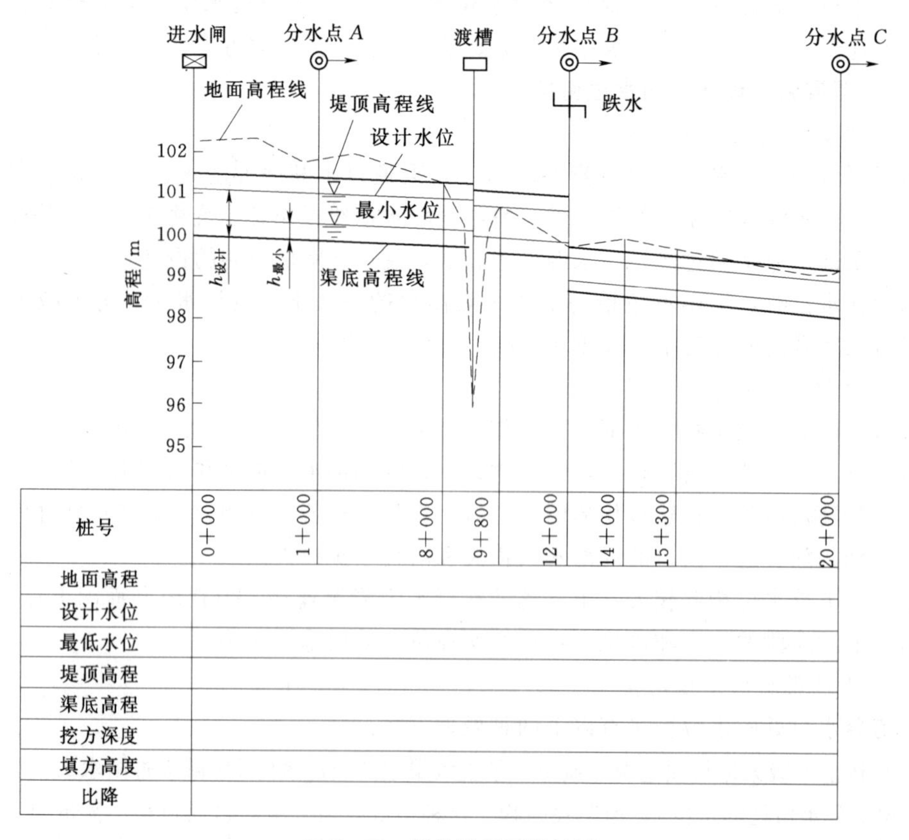

图 5－22　渠道纵断面设计图

(1) 选择比例尺，建立坐标系。建立直角坐标系，横坐标表示距离，纵坐标表示高程；高程比例尺视地形高差大小而定，一般设计中，采用 1∶100 或 1∶200；距离比例尺视渠道长度而定，一般设计中采用 1∶5000 或 1∶10000。

(2) 绘制地面高程线。根据渠道沿线各点的桩号和地面工程，点绘地面高程线。

(3) 绘制渠道设计水位线。参照水源或上一级渠道的设计水位、沿渠地面坡度、各分水点的水位要求和渠道建筑物的水头损失，确定渠道的设计比降，绘出渠道的设计水位线。绘制纵断面图时所确定的渠道设计比降应和横断面水力计算时所用的渠道比降一致，当二者相差较大，难以采用横断面水力计算所用比降时，应以纵断面图上的设计比降为准，重新设计横断面尺寸。所以，渠道的纵断面设计和横断面设计要交错进行，互为依据。

(4) 绘制渠底高程线、最小水位线和堤顶高程线。从设计水位线向下，以设计水深为间距，作设计水位线的平行线，即为渠底高程线。从渠底高程线向上，分别以最小水深和加大水深与安全超高之和为间距，作渠底线的平行线，即为最小水位线和堤顶高程线。

(5) 标出建筑物位置和形式。根据需要确定出建筑物的位置和形式，按图 5-23 所示的图例在纵断面上标出。

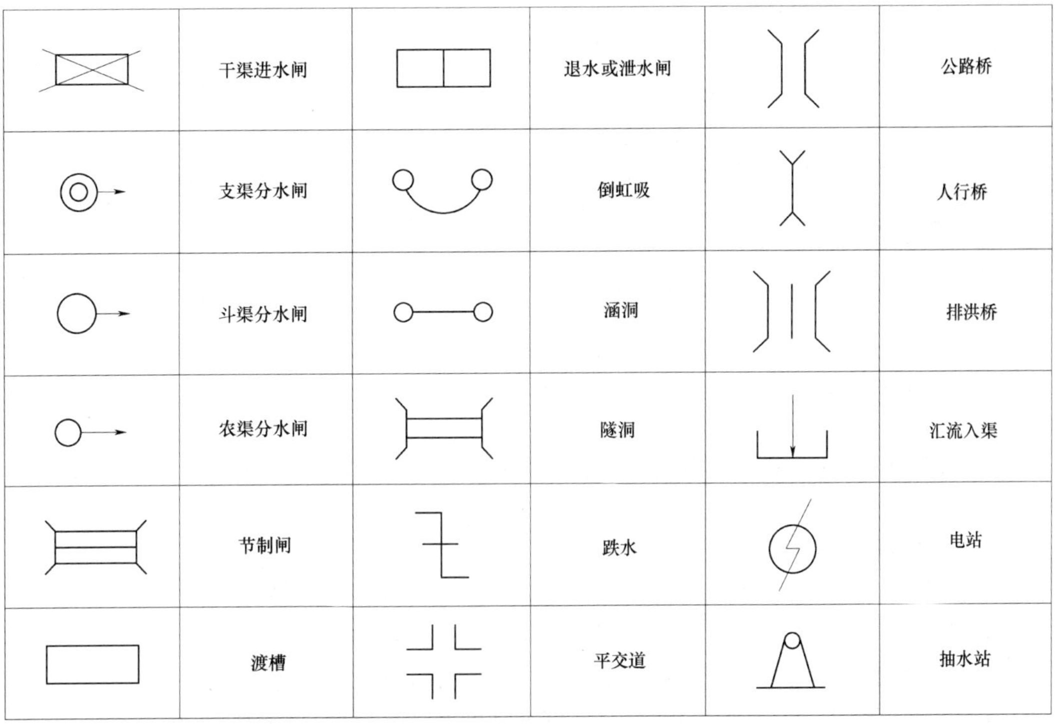

	干渠进水闸		退水或泄水闸		公路桥
	支渠分水闸		倒虹吸		人行桥
	斗渠分水闸		涵洞		排洪桥
	农渠分水闸		隧洞		汇流入渠
	节制闸		跌水		电站
	渡槽		平交道		抽水站

图 5-23　渠道建筑物图例

(6) 标注桩号和高程。在渠道纵断面的下方画一表格（图 5-22），把分水口和建筑物所在位置的桩号、地面高程线突变的桩号和高程、设计水位线和渠底高程线突变处的桩号和高程以及相应的最低水位和堤顶高程，标注在表格内相应的位置上。桩号和高程必须写在表示该点位置的竖线的左侧，并应侧向写出。在高程突变处，要在竖线左、右两侧分别写出高、低两个高程。

（7）标注挖深和填高。沿渠各桩号的挖深和填高数可由地面高程与渠底高程之差求出，即

挖方深度＝地面高程－渠底高程

填方高度＝渠底高程－地面高程

（8）标注渠道比降。在标注桩号和高程的表格底部，标出各渠段的比降。

习　　题

一、填空题

1. 灌溉渠道系统由各级__________和__________组成。

2. 中途退水设施一般布置在重要建筑物和险工渠段的__________。

3. 控制建筑物的作用在于控制渠道的__________和__________。

4. 跌水和陡坡两种衔接建筑物相比较，__________的消能效果较好，有利于保护下游渠道安全输水；__________的开挖量小，比较经济，适用范围更广一些。

5. 田间工程是指__________和__________之间的条田范围内的临时性或永久性灌排设施以及土地平整等的总称。

6. 田间渠系的布置有__________和__________两种基本形式。

7. 根据整理区平整单元范围，土地平整方案可分为__________平整和__________平整两种。

8. 各地营造农田防护林必须本着“__________、__________”的原则设置。

9. 涵盖渠道运用中流量变化范围常用的三种特征流量是__________、__________和__________。

10. 对一个渠段而言，段首处的流量为__________，段末处的流量为__________。

11. 某渠道的__________与__________的比值称为该渠道的渠道水利用系数。

12. 田间水利用系数是实际灌入田间的________________有效水量和放出水量的比值。

13. 灌溉水利用系数是实际灌入农田的________________有效水量和引入水量的比值。

二、选择题

1. 按控制面积大小和水量分配层次，灌溉渠道分为（　　）等。

A. 干渠　　B. 支渠　　C. 斗渠　　D. 农渠

2. 灌区渠系布置的形式按照地形条件，一般可分为（　　）等。

A. 山丘区灌区　B. 平原区灌区　C. 滨海区灌区　D. 圩垸区灌区

3. 干、支渠道的渠线规划大致可分为（　　）三个步骤。

A. 查勘　　B. 纸上定线　　C. 定线测量　　D. 航拍测量

4. 渠系建筑物按其作用可分为（　　）等。

A. 控制建筑物　B. 交叉建筑物　C. 泄水建筑物　D. 衔接建筑物　E. 量水建筑物

5. 常见的交叉建筑物有（　　）等。

A. 水闸　　B. 渡槽　　C. 倒虹吸　　D. 涵洞　　E. 桥梁

6. 条田规划应满足（　　）等方面的要求。

A. 排水　　B. 机耕　　C. 田间管理　　D. 灌水

7. 田间工程规划中农村道路的布置形式有（　　）三种形式。

A. 沟-渠-路　　B. 沟-路-沟　　C. 沟-路-渠　　D. 路-沟-渠

8. 渠道输水损失包括（　　）三部分。

A. 水面蒸发损失B. 漏水损失　　C. 渗水损失　　D. 排水损失

9. 渠道的工作制度就是渠道的供水秩序，又叫渠道的配水方式，分为（　　）两种。

A. 轮灌　　B. 续灌　　C. 深灌　　D. 浅灌

10. 渠道断面设计的主要任务是确定满足灌溉要求的渠道断面（　　）和空间位置。

A. 形状　　B. 尺寸　　C. 结构　　D. 时间

三、简答题

1. 简述土地平整的原则。

2. 简述轮灌渠道设计流量的推算方法。

3. 简述渠道纵断面图绘制的步骤。

第六章　渠道防渗工程技术

【学习目标】

通过学习各种渠道防渗措施的特点及防渗工程规划设计方法，能够进行防渗渠道设计。

【学习任务】

1. 了解各种渠道防渗形式的特点，能因地制宜选择渠道的防渗形式。
2. 掌握防渗渠道设计的方法，能进行砌石、混凝土衬砌、膜料防渗渠道设计。
3. 了解渠道冻害发生的原因，能根据当地情况确定防渗渠道的防冻胀措施。

第一节　渠道防渗工程的类型及特点

一、概述

渠道防渗工程技术是指为减少渠道渗漏损失而采取的各种工程技术措施。它是建设节水农业所采取的重要技术措施之一，是提高水的利用率的一项重要措施。我国北方大、中型灌区，渠系水利用系数高的为0.55左右，低的仅为0.3左右。即从渠首引入的水量有一半以上在输水过程中损失。采用防渗技术，可以大大减少渠道渗漏损失，降低成本，提高灌溉效益。

（一）渠道防渗技术的种类及其适用条件

渠道防渗技术的种类很多，从防渗材料上分为土料、水泥土、石料、膜料、混凝土、沥青混凝土等；从防渗特点上分为设置防渗层、改变渠床土壤渗漏性质等，其中前者多采用各种黏土类、灰土类、砌石，混凝土、沥青混凝土、塑膜防渗层等，后者多采用夯实土壤和利用含有黏粒土壤、淤填渠床土壤孔隙，减少渠道渗漏损失等。各种防渗衬砌结构使用的主要原材料、允许最大渗漏量、适用条件和使用年限见表6-1。

表6-1　　防渗结构的允许最大渗漏量及适用条件

<table>
<tr><th colspan="2">防渗衬砌
结构类别</th><th>主要
原材料</th><th>允许最大
渗漏量/
[m³/(m²·d)]</th><th>使用年限
/a</th><th>适用条件</th></tr>
<tr><td rowspan="2">土料</td><td>黏性土、
黏砂混合土</td><td rowspan="2">黏质土、砂、石、
石灰等</td><td rowspan="2">0.07～0.17</td><td>5～15</td><td rowspan="2">就地取材，施工简便，造价低，但抗冻性、耐久性较差，工程量大，质量不易保证。可用于气候温和地区的中、小型渠道防渗衬砌</td></tr>
<tr><td>灰土、
三合土、
四合土</td><td>10～25</td></tr>
<tr><td>水泥土</td><td>干硬性水泥土、塑性水泥土</td><td>壤土、
砂壤土、
水泥等</td><td>0.06～0.17</td><td>8～30</td><td>就地取材，施工较简便，造价较低，但抗冻性较差。可用于气候温和地区，附近有壤土或砂壤土的渠道衬砌</td></tr>
</table>

续表

防渗衬砌结构类别		主要原材料	允许最大渗漏量/[m^3/(m^2·d)]	使用年限/a	适用条件
石料	干砌卵石（挂淤）	卵石、块石、料石、石板、水泥、砂等	0.20～0.40	25～40	抗冻、抗冲、抗磨和耐久性好，施工简便，但防渗效果一般不易保证。可用于石料来源丰富、有抗冻、抗冲、耐磨要求的渠道衬砌
	浆砌块石、浆砌卵石、浆砌料石、浆砌石板		0.09～0.25		
埋铺式膜料	土料保护层、刚性保护层	膜料、土料、砂、石、水泥等	0.04～0.08	20～30	防渗效果好，重量轻，运输量小，当采用土料保护层时，造价较低，但占地多，允许流速小。可用于中、小型渠道衬砌；采用刚性保护层时，造价较高，可用于各级渠道衬砌
沥青混凝土	现场浇筑、预制铺砌	沥青、砂、石、矿粉等	0.04～0.14	20～30	防渗效果好，适应地基变形能力较强，造价与混凝土防渗衬砌结构相近。可用于有冻害地区且沥青料来源有保证的各级渠道衬砌
混凝土	现场浇筑	砂、石、水泥、速凝剂等	0.04～0.14	30～50	防渗效果、抗冲性和耐久性好。可用于各类地区和各种运用条件下的各级渠道衬砌；喷射法施工宜用于岩基、风化岩基以及深挖方或高填方渠道衬砌
	预制铺砌		0.06～0.17	20～30	
	喷射法施工		0.05～0.16	25～35	

（二）渠道防渗的作用

渠道防渗的作用主要有以下几个方面：

（1）提高了灌溉渠系水的利用系数，节约了用水，可扩大灌溉面积和增加灌溉亩次。

（2）充分发挥了现有工程设施的供水能力，节约了新建水源工程的资金。

（3）可减小渠道糙率，加大流速，从而减小了渠道断面及渠系建筑物工程量。

（4）减少了渠道占地面积。

（5）防止渠道冲刷坍塌，减少了渠道淤积及清淤工作量。

（6）渠水流速加快，缩短了灌溉输水时间，使灌溉更能适应农时的要求。

（7）防渗后避免了渠道杂草丛生，减少了维护管理费用。

（8）防止了渠道两侧农田盐渍化，防止地下水污染。

二、土料防渗

土料防渗主要包括黏土、黏砂混合土、灰土、三合土、四合土等几种材料。

（一）土料防渗的优点

（1）有较好的防渗效果。一般可减少渗漏量的60%～90%，经统计分析大量工程实践资料，渗漏量为0.07～0.17m^3/(m^2·d)。

（2）土料防渗材料来源丰富。凡有黏土、砂、石灰等材料的地方皆可采用，是一种便于就地取材的防渗形式。

（3）技术简单，造价低。施工技术较简单，易为群众掌握。灰土类防渗形式适用于中小型渠道，特别适用于较贫困地区、资金缺乏的中小型渠道防渗工程。

（二）土料防渗的缺点

（1）抗冲性较差。一般灰土类渠道的允许不冲流速要求小于1m/s，黏土类渠道允许流速更低一些。因此，仅能用于流速较低的渠道。

（2）土料防渗层的抗冻性差。在气候寒冷地区，防渗层在冻融的反复作用下，从开始疏松到逐渐剥蚀发展很快，从而丧失防渗功能。因此，灰土类防渗明渠只能适用于气候温暖无冻害地区。

（3）耐久性差。耐久性与其工作环境、施工质量关系极大。特别要抓好石灰的熟化、拌和、养护等几个关键环节，其耐久性差的弱点是可以得到改善的。

三、水泥土的防渗

水泥土是以土为主，掺少量水泥，控制适宜含水量，经均匀拌和压实硬化而成。因其主要靠水泥与土料的胶结与硬化，故水泥土硬化的强度类似混凝土。水泥土防渗因施工方法不同，分为干硬性水泥土和塑性水泥土两种。干硬性水泥土适用于现场铺筑或预制块铺筑施工的工程。塑性水泥土是一种由土、水泥、水拌匀而成的混合物，其在施工时稠度与建筑灰膏或砂浆类似。因而适用于以现场浇筑方式施工的工程。

（一）水泥土防渗优点

（1）料源丰富，可以就地取材。水泥土中土料占80%～90%，凡符合技术要求土料的地方均可采用。

（2）防渗效果较好。水泥土防渗较土料防渗效果要好，一般可以减少渗漏量80%～90%，其渗漏量为0.06～0.17$m^3/m^2/d$。

（3）投资较少，造价较低。

（4）技术较简单，容易被群众所掌握。

（5）可以利用现有的拌和机、碾压机等施工设备施工。

（二）水泥土防渗缺点

（1）水泥土早期强度低，收缩变形较大，容易开裂，需要加强管理和养护。

（2）水泥土防渗适应冻融变形的性能差，宜用于气候温和的无冻害地区。

四、砌石防渗

砌石防渗有着悠久的历史，也是古老的渠道防渗形式，具有防止渗漏、加固渠堤、稳定渠形、防塌防冲等作用。

砌石防渗按结构形式分，有护面式和挡土墙式两种；按材料和砌筑方法分，有干砌卵石、干砌块石、浆砌卵石，浆砌块石、浆砌料石、浆砌片石等多种。

（一）砌石防渗的优点

（1）防渗效果较好。砌石防渗的防渗效果与砌筑质量和勾缝质量密切相关，还与采用

砂浆标号有关。当质量保证时，浆砌石一般可减少渗漏损失80%左右。

（2）抗冲流速大，耐磨能力强。浆砌石的抗冲流速约在3.0～6.0m/s，故在一定设计流量下，可以减少过水断面，并能砌成较陡边坡，从而节约土地和降低工程投资。

（3）抗冻防冻害能力强。天然石料本身比较密实，抗温度变形能力较强。砌石防渗的衬砌厚度较厚，砌体后的冻土层相对较薄，冻害变形减小，防冻害能力增强。

（4）施工技术简单易行，能因地制宜，就地取材。砌石防渗施工技术简单易行，不需复杂机械设备，群众便于掌握。在石料丰富的地区，可以就地取材，降低造价。

（5）具有较强的固渠、护面作用。浆砌石防渗由于自身自重大，稳定性好，做成挡土墙式，具有较强的固定和稳定渠道作用。在土渠做护面，可防冲，抗磨蚀。

（二）砌石防渗的缺点

（1）砌石防渗难以机械化施工。用工多，劳动强度大，建设慢，而且施工质量较难控制。

（2）造价高。砌石防渗的厚度大，用工多，因而造价高。

五、混凝土防渗

混凝土防渗就是用混凝土预制或现浇衬砌渠道，减少或防止渗漏损失的渠道防渗技术措施。

（一）混凝土防渗优点

（1）防渗效果好。一般能减少渗漏损失90%～95%，根据全国统计资料，我国一般实测单位面积渗漏量为100L/（m^2·d），最好的达10L/（m^2·d）。

（2）经久耐用。只要设计施工和养护得好，在正常情况下，可使用50年以上。

（3）糙率小，流量大。一般糙率n值为0.012～0.018，允许流速值为3～5m/s，混凝土本身的耐冲流速可达10～40m/s。由于n值小，v值大，可加大渠道坡降，缩小断面，节省占地和渠系建筑物尺寸，并大大降低了造价。

（4）强度高，渠床稳定。混凝土衬砌的抗压、抗冻和抗冲等强度都较高，能防止土中植物穿透，对外力、冻融、冲击都有较强抵抗作用，使渠床保持稳定状态。

（5）适应范围广泛。混凝土具有良好的模塑性，可根据当地气候条件、工程的不同要求制成不同形状、不同结构形式、不同原材料、不同配合比、不同生产工艺的各种性能混凝土衬砌。

（6）管理养护方便。因渠道流速大、淤积较少、强度较高，渠床稳定、杂草少，不易损坏等，故便于管理养护和节省管理费用。

（二）混凝土防渗的缺点

混凝土衬砌板适应变形能力差，在缺乏砂、石料和交通不便地区造价较高。

六、膜料防渗

膜料防渗就是用不透水的土工膜来减少或防止渠道渗漏损失的技术措施。土工膜是一种薄型、连续、柔软的防渗材料。

（一）膜料防渗的优点

（1）防渗性能好。只要设计正确，施工精心，就能达到最佳防渗效果。实践证明，膜料防渗渠道一般可减少渗漏损失90%～95%。特别是在地面纵坡缓、土的含盐量大、冻胀严重而又缺乏砂石料源的地区，尤其应当推广。

（2）适应变形能力强，防冻胀好。土工膜具有良好的柔性、延伸性和较强的抗拉能力，适用于各种不同形状的断面渠道，特别能适应冻胀变形。

（3）质轻、用量少、材料运输量小。土工膜具有薄、单位重量轻等特点，膜料衬砌面积大，用量少，运输量小。尤其适用于交通不便、当地缺乏其他建筑材料的地区。

（4）施工工艺简便，工期短，便于推广。膜料防渗施工主要是挖填土方、铺膜和膜料接缝处理等，不需复杂技术，方法简便易行，大大缩短工期。

（5）耐腐蚀性强。土工膜具有较好的抵抗细菌侵害和化学作用的性能，不受酸碱和土壤微生物的侵蚀，耐腐蚀性强。特别适用于有侵蚀性水文地质条件及盐碱化地区的渠道或排污渠道的防渗工程。

（6）工程造价低，投资省。由于膜料防渗有上述优点，所以造价低、投资省。据经济分析，每平方米塑膜防渗的造价为混凝土防渗的1/10～1/5，为浆砌卵石防渗的1/10～1/4，一层塑膜的造价仅相当于1cm厚混凝土板造价。

（二）膜料防渗的缺点

膜料防渗的缺点是抗穿刺能力差、与土的摩擦系数小、易老化等。随着现代塑料工业的发展，将会越来越显示出膜料防渗的优越性和经济性。膜料防渗将是今后渠道防渗工程发展的方向，其推广和使用范围将会越来越广。

七、沥青混凝土防渗

沥青混凝土是以沥青为胶结剂，与矿粉、矿物骨料经加热、拌和、压实而成的具有一定强度的防渗材料。

（一）沥青混凝土防渗的优点

（1）防水性能好，防渗效果好。一般可以减少渗漏损失90%～95%。

（2）具有适当的柔性和黏附性。因而沥青混凝土防渗工程如果裂缝时，有自愈能力。

（3）适应变形能力强。特别是在低温下，它能适应渠基土的冻胀变形而不裂缝，因而防冻害能力强。对北方地区的渠道防渗工程有明显意义，且裂缝率为水泥混凝土防渗的1/17。

（4）耐久性好。老化不严重，故耐久性好，一般可使用30年。

（5）造价低。沥青混凝土防渗的造价仅为水泥混凝土防渗的70%。

（6）无毒无害，容易修补。沥青混凝土由石油沥青拌制而成，对裂缝处加热，然后用锤子击打，便可使裂缝弥合。

（二）沥青混凝土防渗缺点

（1）料源不足。我国沥青的生产规模满足不了社会需求，且我国沥青多为含蜡沥青，满足不了水工沥青的要求，要作掺配和改性处理，从而限制了沥青混凝土防渗的发展。

（2）施工工艺要求严格，且加热拌和等需在高温下施工。

（3）存在植物穿透问题，在穿透性植物丛生地区，要对基土进行灭草处理。

第二节　渠道防渗工程规划设计

一、渠道防渗工程规划设计原则

（1）渠道防渗工程规划设计，应严格执行国家规定的基本建设程序，并与渠道其他工程项目同步进行。

（2）渠道防渗工程应贯彻因地制宜、就地取材的原则。

（3）渠道防渗工程设计，应通过工程地质勘测，查清渠基床的工程地质和水文地质条件，并掌握渠道的基本情况，收集有关技术资料，通过论证，达到技术先进、经济合理、经久耐用、运用安全、管理方便的目的。

（4）渠道防渗工程建设应满足防渗设计要求，保证施工质量。

（5）渠道防渗工程宜采用先进技术进行渗漏、变形和冻胀等测验，取得工程运用成果。

（6）渠道防渗工程应加强管理，保证设计使用年限，提高效益。

二、防渗渠道断面形式的确定

防渗明渠可供选择的断面形式有梯形、弧形底梯形、弧形坡脚梯形、复合形、U形、矩形；无压防渗暗渠的断面形式可选用城门洞形、箱形、正反拱形和圆形（图6-1）。

防渗渠道断面形式的选择应结合防渗结构的选择一并进行，不同防渗结构适用的断面形式按表6-2选定。

表6-2　不同防渗结构适用的断面形式

防渗结构类别	明渠					暗渠				
	梯形	矩形	复合形	弧形底梯形	弧形坡脚梯形	U形	城门洞形	箱形	正反拱形	圆形
黏性土	√			√	√					
灰土	√	√	√	√	√		√		√	
黏砂混合土	√			√	√					
膨润混合土	√			√	√					
三合土	√	√	√	√	√		√		√	
四合土	√	√	√	√	√		√		√	
塑性水泥土	√		√	√	√					
干硬性水泥土	√	√	√	√	√		√		√	
料石	√	√	√	√	√	√	√	√	√	√
块石	√	√	√	√	√	√	√	√	√	√
卵石	√		√	√	√	√	√		√	

续表

防渗结构类别	明渠					暗渠				
	梯形	矩形	复合形	弧形底梯形	弧形坡脚梯形	U形	城门洞形	箱形	正反拱形	圆形
石板	√		√	√	√					
土保护层膜料	√			√	√					
沥青混凝土	√			√	√					
混凝土	√	√	√	√	√	√	√	√	√	√
刚性保护层膜料	√	√	√	√	√	√	√	√	√	√

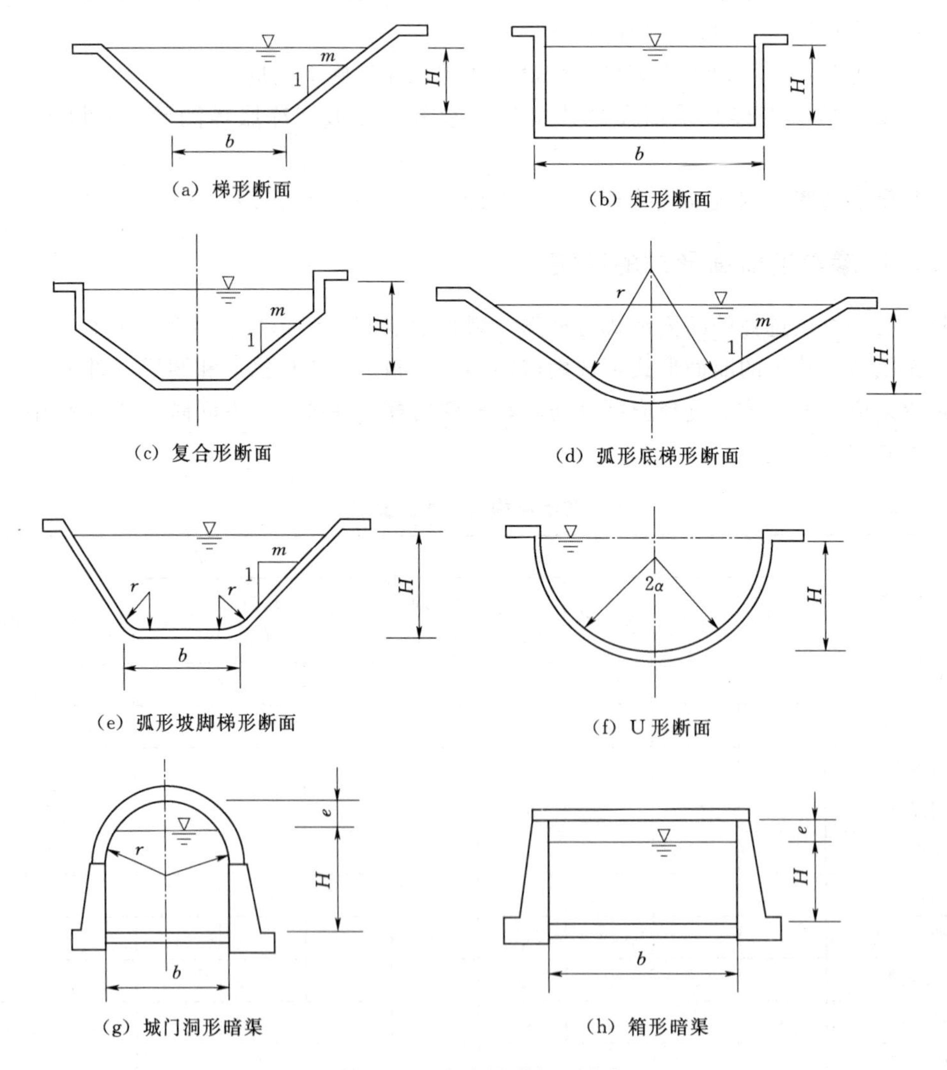

图 6-1　防渗渠道断面形式

三、设计参数的确定

（一）边坡

（1）堤高超过3m或地质条件复杂的填方渠道，堤岸为高边坡的深挖方渠道，大型的黏性土、黏砂混合土防渗渠道的最小边坡系数，应通过边坡稳定计算确定。

（2）土保护层膜料防渗渠道的最小边坡系数可按表6-3选用；大型、中型渠道的边坡系数宜通过分析计算确定。

表6-3　　土保护层膜料防渗的最小边坡系数

保护层土质类别	渠道设计流量/(m^3/s)			
	<2	2～5	5～20	>20
黏土、重壤土、中壤土	1.50	1.50～1.75	1.75～2.00	2.25
轻壤土	1.50	1.75～2.00	2.00～2.25	2.50
砂壤土	1.75	2.00～2.25	2.25～2.50	2.75

（3）混凝土、沥青混凝土、砌石、水泥土等刚性材料防渗渠道，以及用这些材料作保护层的膜料防渗渠道的最小边坡系数，可按表6-4选用。

表6-4　　刚性材料防渗渠道的最小边坡系数

防渗结构类别	渠基土质类别	渠道设计水深/m											
		<1			1～2			2～3			>3		
		挖方	填方		挖方	填方		挖方	填方		挖方	填方	
		内坡	内坡	外坡	内坡	内坡	外坡	内坡	内坡	外坡	内坡	内坡	外坡
混凝土、砌石、灰土、三合土、四合土以及上述材料作为保护层的膜料防渗	稍胶结构的卵石	0.75	—	—	1.00	—	—	1.25	—	—	1.50	—	—
	夹砂的卵石或砂土	1.00	—	—	1.25	—	—	1.50	—	—	1.75	—	—
	黏土、重壤土、中壤土	1.00	1.00	1.00	1.00	1.00	1.00	1.25	1.25	1.00	1.50	1.50	1.25
	轻壤土	1.00	1.00	1.00	1.00	1.00	1.00	1.25	1.25	1.25	1.50	1.50	1.50
	砂壤土	1.25	1.25	1.25	1.25	1.25	1.50	1.50	1.50	1.50	1.75	1.75	1.50

（二）糙率

（1）不同防渗结构渠道糙率参照第五章第五节中渠床糙率的内容。

（2）砂砾石保护层膜料防渗渠道的糙率可按式（6-1）计算确定：

$$n=0.28d_{50}^{0.1667} \tag{6-1}$$

式中　n——砂砾石保护层的糙率；

d_{50}——通过砂砾石重50%的筛孔直径，mm。

（3）渠道护面采用几种不同材料的综合糙率，当最大糙率与最小糙率的比值小于1.5时，可按湿周加权平均计算。

（4）有条件者，宜用类似条件下的实测值予以核定。

（三）允许不冲流速和不淤流速

（1）防渗渠道的允许不冲流速，可按表 6－5 选定。

表 6－5　　防渗渠道的允许不冲流速

防渗结构类别	防渗材料名称与施工情况	允许不冲流速/(m/s)
土　料	轻　壤　土	0.60～0.80
	中　壤　土	0.65～0.85
	重　壤　土	0.70～1.00
	黏土、黏砂混合土	0.75～0.95
	灰土、三合土、四合土	＜1.00
土保护层膜料	砂壤土、轻壤土	＜0.45
	中壤土	＜0.60
	重壤土	＜0.65
	黏　土	＜0.70
	砂砾料	＜0.90
水泥土	现场浇筑施工	＜2.50
	预制铺砌施工	＜2.00
沥青混凝土	现场浇筑施工	＜3.00
	预制铺砌施工	＜2.00
砌　石	浆砌料石	4.00～6.00
	浆砌块石	3.00～5.00
	浆砌卵石	3.00～5.00
	干砌卵石挂淤	2.50～4.00
	浆砌石板	＜2.50
混凝土	现场浇筑施工	3.00～5.00
	预制铺砌施工	＜2.50

注　表中土料防渗及土保护层膜料防渗的允许不冲流速为水力半径 $R=1\text{m}$ 时的情况。当 $R\neq 1\text{m}$ 时，表中的数值应乘以 R^{α}。砂砾石、卵石、疏松的砂壤土和黏土，$\alpha=1/3\sim1/4$；中等密实的砂壤土、壤土和黏土，$\alpha=1/4\sim1/5$。

（2）允许的不淤流速，参照第五章第五节中渠道不淤流速的内容。

（四）伸缩缝、砌筑缝

（1）刚性材料渠道防渗结构应设置伸缩缝。伸缩缝的间距应依据渠基情况、防渗材料和施工方式按表 6－6 选用；伸缩缝的形式如图 6－2 所示；伸缩缝的宽度应根据缝的间距、气温变幅、填料性能和施工要求等因素确定，一般采用 2～3cm。伸缩缝宜采用黏结力强、变形性能大、耐老化、在当地最高气温下不流淌、最低气温下仍具柔性的弹塑性止水材料，如用焦油塑料胶泥填筑，或缝下部填焦油塑料胶泥、上部用沥青砂浆封盖，还可用制品型焦油塑料胶泥填筑。有特殊要求的伸缩缝宜采用高分子止水带或止水管等。

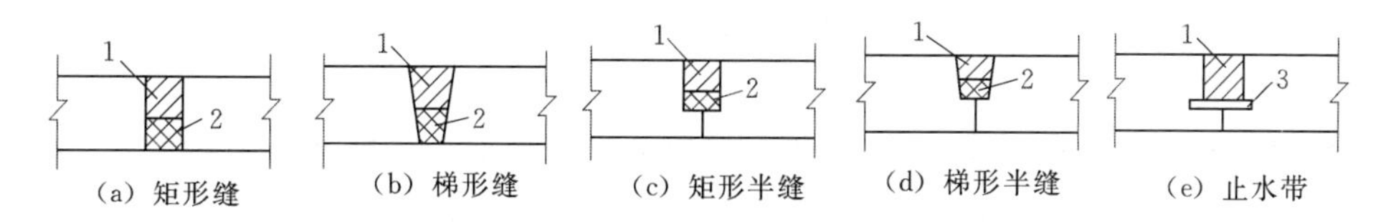

图6-2　刚性材料防渗层伸缩缝形式

1—封盖材料；2—弹塑性胶泥；3—止水带

表6-6　防渗渠道的伸缩缝间距

防渗结构	防渗材料和施工方式	纵缝间距/m	横缝间距/m
土　料	灰土，现场填筑	4～5	3～5
	三合土或四合土，现场填筑	6～8	4～6
水泥土	塑性水泥土，现场填筑	3～4	2～4
	干硬性水泥土，现场填筑	3～5	3～5
砌　石	浆　砌　石	只设置沉降缝	
沥青混凝土	沥青混凝土，现场浇筑	6～8	4～6
混凝土	钢筋混凝土，现场浇筑	4～8	4～8
	混凝土，现场浇筑	3～5	3～5
	混凝土，预制铺砌	4～8	6～8

注　1. 膜料防渗不同材料保护层的伸缩缝间距同本表。
2. 当渠道为软基或地基承载力明显变化时，浆砌石防渗结构宜设置沉降缝。

(2) 水泥土、混凝土预制板（槽）和浆砌石，应用水泥砂浆或水泥混合砂浆砌筑，水泥砂浆勾缝。混凝土U形槽也可用高分子止水管及其专用胶安砌，不需勾缝。浆砌石还可用细粒混凝土砌筑。砌筑和勾缝砂浆的强度等级可按表6-7选定；细粒混凝土强度等级不低于C15，最大粒径不大于10mm，沥青混凝土预制板宜采用沥青砂浆或沥青玛瑞脂砌筑。砌筑缝宜采有梯形或矩形缝，缝宽1.5～2.5cm。

表6-7　砂浆的强度等级　单位：MPa

防渗结构	砌筑砂浆		勾缝砂浆	
	温和地区	严寒和寒冷地区	温和地区	严寒和寒冷地区
水泥土预制板	5.0		7.5～10.0	
混凝土预制板	7.5～10.0	10.0～20.0	10.0～15.0	15.0～20.0
料　石	7.5～10.0	10.0～15.0	10.0～15.0	15.0～20.0
块　石	5.0～7.5	7.5～10.0	7.5～10.0	10.0～15.0
卵　石	5.0～7.5	7.5～10.0	7.5～10.0	10.0～15.0
石　板	7.5～10.0	10.0～15.0	10.0～15.0	15.0～20.0

(3) 防渗渠道在边坡防渗结构顶部应设置水平封顶板，其宽度为15～30cm。当防渗结构下有砂砾石置换层时，封顶板宽度应大于防渗结构与置换层的水平向厚度10cm；当

防渗结构高度小于渠深时，应将封顶板嵌入渠堤。

（五）堤顶宽度

防渗渠道堤顶宽度可按表 6-8 选用，渠堤兼做公路时，应按道路要求确定。U 形和矩形渠道，公路边缘宜距渠口边缘 0.5～1.0m。堤顶应作成向外倾斜 1/100～1/50 的斜坡。

表 6-8　　防渗渠道的堤顶宽度

渠道设计流量/(m^3/s)	<2	2～5	5～20	>20
堤顶宽度/m	0.5～1.0	1.0～2.0	2.0～2.5	2.5～4.0

四、断面尺寸水力计算

参照第五章第五节。

五、防渗结构设计

（一）土料防渗

（1）黏性土的选用和黏砂混合土、灰土、三合土、四合土等混合土料的配合比，应按下列步骤和要求确定：

1）通过试验确定黏性土、不同配合比混合土料的夯实最大干密度和最优含水率。

2）按不同黏性土和不同配合比混合土料的最优含水率、最大干密度制备试件，进行强度和渗透试验。根据最大强度、最小渗透系数选用黏性土和确定混合土料的最优配合比。

3）黏性土和黏砂混合土进行泡水试验。若试验发现试体崩解或呈浑浊液时，改换黏性土或调整黏砂混合土的配合比。

（2）无条件进行试验时，混合土的配合比按以下要求规定：

1）灰土的配合比应根据石灰的质量、土的性质和工程要求选定。可采用石灰与土之比为 1∶3～1∶9。使用时，石灰用量还应根据石灰储放期的长短适量增减，其变动范围宜控制在±10%以内。

2）三合土的配合比宜采用石灰与土砂总重之比为 1∶4～1∶9。其中，土重宜为土砂总重的 30%～60%；高液限黏质土，土重不宜超过土砂总重的 50%。

3）采用四合土时，可在三合土配合比的基础上加入 25%～35%的卵石或碎石。

4）黏砂混合土中，高液限黏质土与砂石总重之比宜为 1∶1。

（3）最优含水率的确定。无条件进行试验时，灰土、三合土等土料的最优含水率按以下要求选定：

1）灰土可采用 20%～30%。

2）三合土、四合土可采用 15%～20%。

3）黏性土、黏砂混合土宜控制在塑限±4%范围内，并可参见表 6-9 选用。

表 6-9　　黏性土、黏砂混合土的最优含水率

土　质	最优含水率/%	土　质	最优含水率/%
低液限黏质土	12～15	高液限黏质土	23～28
中液限黏质土	15～25	黄　土	15～19

注　土质轻的宜选用小值，土质重的宜选用大值。

（4）土料防渗结构的厚度。土粒防渗结构的厚度应根据防渗要求通过试验确定。中、小型渠道可参照表 6-10 选用。

表 6-10　　土料防渗结构的厚度　　单位：cm

土料种类	渠　底	渠　坡	侧　墙
高液限黏质土	20～40	20～40	—
中液限黏质土	30～40	30～60	—
灰　土	10～20	10～20	—
三合土	10～20	10～20	20～30
四合土	15～20	15～25	20～40

（二）水泥土防渗

（1）水泥土配合比应通过试验确定，并符合下列要求：

1）气候温和地区水泥土的抗冻等级不宜低于 F12；抗压强度允许最小值应满足表 6-11的要求；干密度允许最小值应满足表 6-12 的要求。水泥用量宜为 8%～12%。

2）水泥土的渗透系数应不大于 1×10^{-6}cm/s。

3）水泥土的含水率应按下列方法确定：

a）干硬性水泥土用击实法或强度试验法确定。当土料为细料土时，水泥土的含水率宜为 12%～16%。

b）塑性水泥土按施工要求经过试验确定。当土料为微含细粒土砂和页岩风化料时，水泥土的含水率宜为 20%～30%；当为细料土时，水泥土的含水率宜为 25%～35%。

表 6-11　　水泥土抗压强度允许最小值　　单位：MPa

水　泥　土　种　类	渠道运行条件	28d 抗压强度
干硬性水泥土	常年输水	2.5
	季节性输水	4.5
塑性水泥土	常年输水	2.0
	季节性输水	3.5

表 6-12　　水泥土干密度允许最小值　　单位：g/cm^3

水泥土种类	含砾土	砂土	壤土	风化页岩渣
干硬性水泥土	1.9	1.8	1.7	1.8
塑性水泥土	1.7	1.5	1.4	1.5

（2）水泥土防渗结构的厚度，宜采用 8～10cm；小型渠道应不小于 5cm。水泥土预制板的尺寸，应根据制板机、压实功能、运输条件和渠道断面尺寸等因素确定，每块预制板的重量宜不超过 50kg。

（3）耐久性要求高的明渠水泥土防渗结构，宜用塑性水泥土铺筑，表面用水泥砂浆、混凝土预制板、石板等材料作保护层。水泥土28d的抗压强度应不低于1.5MPa。

（三）砌石防渗

（1）砌石防渗结构设计，应符合下列规定：

1）浆砌料石、浆砌块石挡土墙式防渗结构的厚度，根据使用要求确定。护面式防渗结构的厚度，浆砌料石宜采用15～25cm，浆砌块石宜采用20～30cm，浆砌石板的厚度宜不小于3cm（寒冷地区浆砌石板厚度不小于4cm）。

2）浆砌卵石、干砌卵石挂淤护面式防渗结构的厚度，根据使用要求和当地料源情况确定，可采用15～30cm。

（2）防止渠基淘刷，提高防渗效果，宜采用下列措施：

1）干砌卵石挂淤渠道，在砌体下面设置砂砾石垫层，或铺设复合土工膜料层。

2）浆砌石板防渗层下，铺设厚度为2～3cm的砂料，或用低标号水泥砂浆作垫层。

3）对防渗要求高的大、中型渠道，在砌石层下加铺黏土、三合土、塑性水泥土或塑膜层。

（3）护面式浆砌石防渗结构，可不设伸缩缝；软基上挡土墙式浆砌石防渗结构，宜设沉陷缝，缝距可采用10～15m。砌石防渗层与建筑物连接处，应按伸缩缝结构要求处理。

（四）混凝土防渗

（1）混凝土性能及配合比设计，应符合下列规定：

1）大型、中型渠道防渗工程混凝土的配合比，按（SL 352—2006）《水工混凝土试验规程》进行试验确定，其选用配合比满足强度、抗渗、抗冻和和易性的设计要求。小型渠道混凝土的配合比，可参照当地类似工程的经验采用。

2）混凝土的性能指标不低于表6-13中的数值。严寒和寒冷地区的冬季过水渠道，抗冻等级比表内数值提高一级。

表6-13　混凝土性能的允许最小值

工程规模	混凝土性能	严寒地区	寒冷地区	温和地区
小　型	强度(C)	10	10	10
	抗冻(F)	50	50	—
	抗渗(W)	4	4	4
中　型	强度(C)	15	15	10
	抗冻(F)	100	50	50
	抗渗(W)	6	6	6
大　型	强度(C)	20	15	10
	抗冻(F)	200	150	50
	抗渗(W)	6	6	6

注　1. 强度等级的单位为MPa。
2. 抗冻等级的单位为冻融循环次数。
3. 抗渗等级的单位为0.1MPa。
4. 严寒地区为最冷月平均气温低于−10℃，寒冷地区为最冷月平均气温不低于−10℃但不高于−3℃，温和地区为最冷月平均气温高于−3℃。

3）渠道流速大于 3m/s，或水流中挟带推移质泥沙时，混凝土的抗压强度不低于 15MPa。

4）混凝土的水灰比，为砂石料在饱和面干状态下的单位用水量与胶凝材料的比值，其允许最大值可参照表 6－14 选用。

表 6－14　　混凝土水灰比的允许最大值

运用情况	严寒地区	寒冷地区	温和地区
一般情况	0.50	0.55	0.60
受水流冲刷部位	0.45	0.50	0.50

5）混凝土的坍落度，可参照表 6－15 选用。

表 6－15　　不同浇筑部位混凝土的坍落度　　单位：cm

<table>
<tr><th>混凝土类别</th><th colspan="2">部　位</th><th>机构捣固</th><th>人工捣固</th></tr>
<tr><td rowspan="3">混凝土</td><td colspan="2">渠　底</td><td>1～3</td><td>3～5</td></tr>
<tr><td rowspan="2">渠　坡</td><td>有外模板</td><td>1～3</td><td>3～5</td></tr>
<tr><td>无外模板</td><td>1～2</td><td>—</td></tr>
<tr><td rowspan="3">钢筋混凝土</td><td colspan="2">渠　底</td><td>2～4</td><td>3～5</td></tr>
<tr><td rowspan="2">渠　坡</td><td>有外模板</td><td>2～4</td><td>5～7</td></tr>
<tr><td>无外模板</td><td>1～3</td><td>—</td></tr>
</table>

注　1. 低温季节施工时，坍落度宜适当减小；高温季节施工时宜适当增大。
2. 采用衬砌机施工时，坍落度不大于 2cm。

6）大型、中型渠道所用的混凝土，其水泥的最小用量宜不少于 225kg/m³；严寒地区宜不少于 275kg/m³。用人工捣固时，增加 25kg/m³；当掺用外加剂时，可减少 25kg/m³。

7）混凝土的用水量及砂率可分别按表 6－16 及表 6－17 选用。

8）渠道防渗工程所用水泥品种以 1～2 种为宜，并固定厂家。当混凝土有抗冻要求时，优先选择普通硅酸盐水泥；当环境水对混凝土有硫酸盐侵蚀时，优先选择抗硫酸盐水泥。

表 6－16　　混凝土用水量　　单位：kg/m³

坍落度/cm	石料最大粒径/mm		
	20	40	80
1～3	155～165	135～145	110～120
3～5	160～170	140～150	115～125
5～7	165～175	145～155	120～130

注　1. 表中值适用于卵石、中砂和普通硅酸盐水泥拌制的混凝土。
2. 用火山灰水泥时，用水量宜增加 15～20kg/m³。
3. 用细砂时，用水量宜增加 5～10kg/m³。
4. 用碎石时，用水量宜增加 10～20kg/m³。
5. 用减水剂时，用水量宜减少 10～20kg/m³。

表 6-17　　混凝土的砂率

石料最大粒径/mm	水　灰　比	砂率/%	
		碎　石	卵　石
40	0.4	26～32	24～30
40	0.5	30～35	28～33
40	0.6	33～38	31～36

注　石料常用两级配，即粒径 5～20mm 的占 40%～45%，20～40mm 的占 55%～60%。

9）粉煤灰等掺和料的掺量，大型、中型渠道按 DL/T 5055—2007《水工混凝土掺用粉煤灰技术规范》通过试验确定；小型渠道混凝土的粉煤掺量，可按表 6-18 选定。

表 6-18　　粉煤灰掺量

水　泥　等　级	混凝土性能指标		粉煤灰掺量/%
	强度	抗冻	
32.5	C10	F50	20～40
32.5	C15	F50	30
32.5	C20	F50	25

10）混凝土根据需要掺入适量外加剂。其掺量通过试验确定。

11）设计细砂、特细砂混凝土配合比时，符合下列要求：

a）水泥用量较中砂、粗砂混凝土宜增加 20～30kg/m³，并宜掺加塑化剂，严格控制水胶比。

b）砂率较中砂混凝土减少 15%～30%。

c）砂、石的允许含泥量，应符合 SL 18-2004《渠道防渗工程技术规范》的规定。

d）采用低流态或半干硬性混凝土时，坍落度不大于 3cm，工作度不大于 30s。

12）喷射混凝土的配合比可参照下列要求，并通过试验确定：

a）水泥、砂和石料的重量比，宜为水泥：砂：石子＝1：（2～2.5）：（2～2.5）。

b）宜采用中砂、粗砂，砂率宜为 45%～55%，砂的含水率宜为 5%～7%。

c）石料最大粒径宜不大于 15mm。

d）水灰比宜为 0.4～0.5。

e）宜选用普通硅酸盐水泥，其用量为 375～400kg/m³。

f）速凝剂的掺量宜为水泥用量的 2%～4%。

（2）防渗结构设计，应符合下列规定：

1）混凝土防渗结构型式如图 6-3 所示，按下列要求选定。

a）宜采用等厚板。

b）当渠基有较大膨胀、沉陷等变形时，除采取必要的地基处理措施外，对大型渠道宜采用楔形板、肋梁板、中部加厚板或Ⅱ形板。

c）小型渠道采用整体式 U 形或矩形渠槽，槽长宜不小于 1.0m。

d）特种土基宜采用板膜复合式结构。

2）渠道流速小于 3m/s 时，梯形渠道混凝土等厚板的最小厚度应符合表 6-19 的规

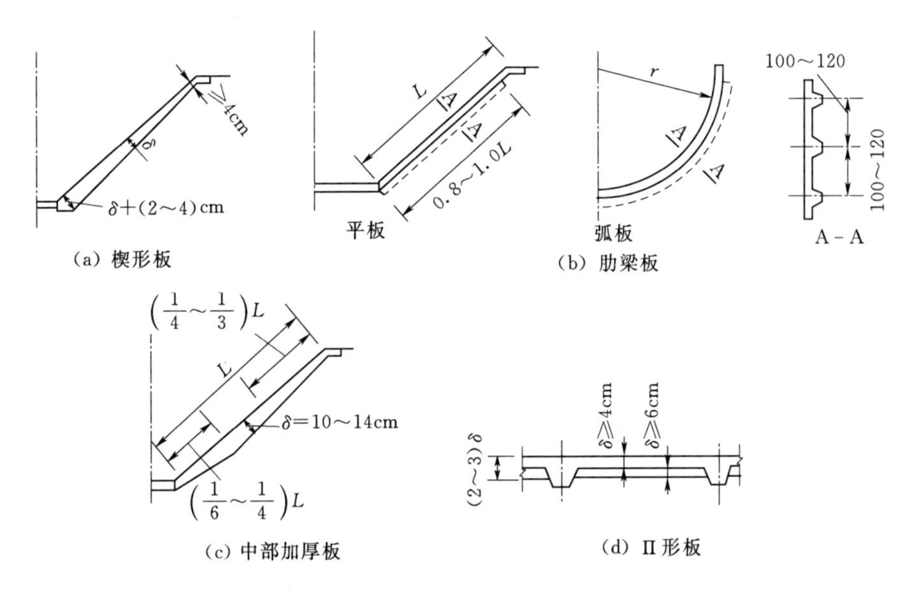

图 6-3　混凝土防渗结构型式

定；流速为 3～4m/s 时，最小厚度宜为 10 cm；流速为 4～5m/s，最小厚度宜为 12cm。渠道超高部分的厚度可适当减小，但不小于 4cm。

表 6-19　　混凝土防渗层的最小厚度　　单位：cm

工程规模	温和地区			寒冷地区		
	钢筋混凝土	混凝土	喷射混凝土	钢筋混凝土	混凝土	喷射混凝土
小型		4	4		6	5
中型	7	6	5	8	8	7
大型	7	8	7	9	10	8

3）肋梁板和Ⅱ形板的厚度，比等厚板可适当减小，但不小于 4cm。肋高宜为板厚的 2～3 倍。楔形板在坡脚处的厚度，比中部宜增加 2～4cm。中部加厚板部位的厚度，宜为 10～14cm。板膜复合式结构的混凝土板厚度可适当减小，但不小于 4cm。

4）基土稳定且无外压力时，U 形渠和矩形渠防渗层的最小厚度，按表 6-19 选用；渠基土不稳定或存在较大外压力时，U 形渠和矩形渠宜采用钢筋混凝土结构，并根据外荷载进行结构强度、稳定性及裂缝宽度验算。

5）预制混凝土板的尺寸根据安装、搬运条件确定。

6）钢筋混凝土无压暗渠的设计荷载，包括自重、内外水压力、垂直和水平土压力、地面活荷载和地基反力等。

（五）膜料防渗

（1）膜料防渗层应采用埋铺式，其结构如图 6-4 所示。无过渡层的防渗结构如图 6-4（a）所示，宜用于土渠基和用黏性土、水泥土作保护层的防渗工程；有过渡层的防渗结构如图 6-4（b）所示，宜用于岩石、砂砾石、土渠基和用石料、砂砾石、现浇碎石混凝土或预制混凝土作保护层的防渗工程。

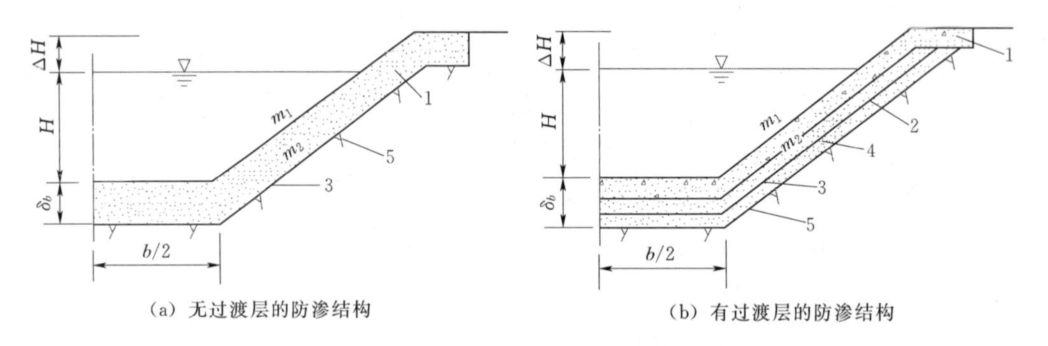

(a) 无过渡层的防渗结构　　(b) 有过渡层的防渗结构

图 6-4　埋铺式膜料防渗结构

1—黏性土、水泥土、灰土或混凝土、石料、砂砾石保护层；2—膜上过渡层；3—膜料防渗层；4—膜下过渡层；5—土渠基或岩石

(2) 膜料防渗层的铺设范围，有全铺式、半铺式和底铺式三种。半铺式和底铺式可用于宽浅渠道，或渠坡有树木的改建渠道。

(3) 土渠基膜料防渗层铺膜基槽断面形式，应根据土基稳定性、防渗、防冻要求与施工条件合理选定，可采用梯形、弧底梯形、弧形坡脚梯形等断面形式。

(4) 膜层顶部，宜按图 6-5 铺设。

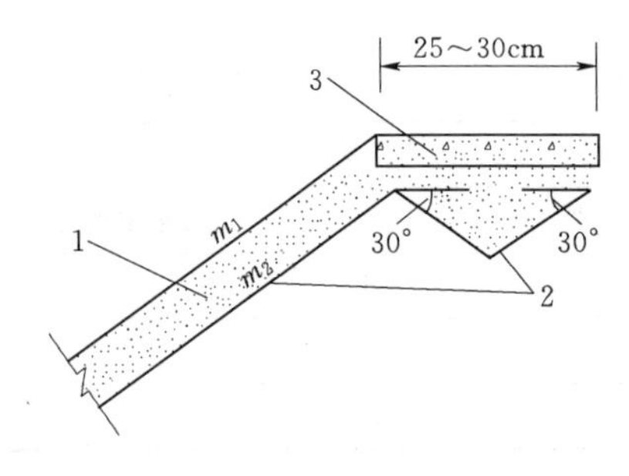

图 6-5　膜层顶部铺设形式

1—保护层；2—膜料；3—混凝土盖板

(5) 膜料包括土工膜、复合土工膜等，按下列原则选用：

1) 在寒冷和严寒地区，可优先采用聚乙烯膜；在芦苇等穿透性植物丛生地区，可优先采用聚氯乙烯膜。

2) 中、小型渠道宜用厚度为 0.18～0.22mm 的深色塑膜，或厚度为 0.60～0.65mm 的用无碱或中碱玻璃纤维布机制的油毡。大型渠道宜用厚度为 0.3～0.6mm 的深色塑膜。

3) 特种土基，应结合基土处理情况采用厚度 0.2～0.6mm 的深色塑膜。

4) 有特殊要求的渠基，宜采用复合土工膜。

(6) 过渡层按下列要求确定：

1) 过渡层材料，在温和地区可采用灰土或水泥土；在严寒和寒冷地区宜采用水泥砂浆。采用土及砂料作过渡层时，应采取防止淘刷的措施。

2) 过渡层的厚度宜按表 6-20 选用。

表 6-20　　**过渡层的厚度**　　单位：cm

过渡层材料	厚度
灰土、塑性水泥土、砂浆	2～3
土、砂	3～5

（7）土保护层的厚度，根据渠道流量大小和保护层土质情况，可按表6-21采用。

表6-21　土保护层的厚度　单位：cm

保护层土质	渠道设计流量/(m^3/s)			
	<2	2～5	5～20	>20
砂壤土、轻壤土	45～50	50～60	60～70	70～75
中壤土	40～45	45～55	55～60	60～65
重壤土、黏土	35～40	40～50	50～55	55～60

（8）土保护层的设计干密度，应经过试验确定。无试验条件时，采用压实法施工，砂壤土和壤土的干密度不小于1.50g/cm³；砂壤土、轻壤土、中壤土采用浸水泡湿法施工时，其干密度宜为1.40～1.45g/cm³。

（9）水泥土、石料、砂砾料和混凝土保护层的厚度，可按表6-22选用。在渠底、渠坡或不同渠段，可采用具有不同抗冲能力、不同材料的组合式保护层。

表6-22　不同材料保护层的厚度　单位：cm

保护层材料	水泥土	块石、卵石	砂砾石	石板	混凝土	
					现浇	预制
保护层厚度	4～6	20～30	25～40	≥3	4～10	4～8

（10）水泥土、石料、混凝土等刚性材料保护层，应分别符合规范的规定。

（11）防渗结构与建筑物的连接，应符合下列要求：

1）膜料防渗层按图6-6用黏结剂与建筑物黏结牢固。

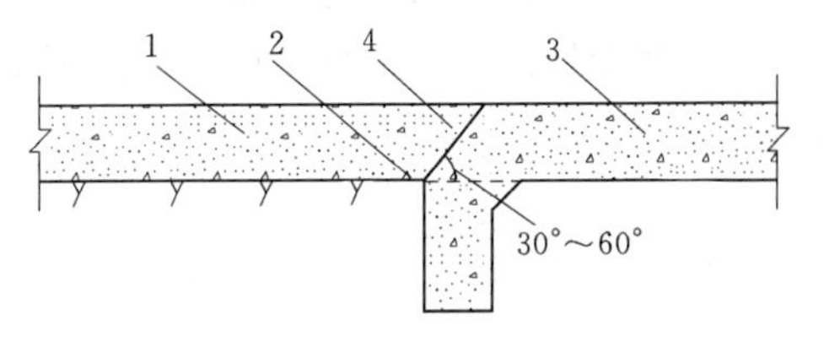

图6-6　膜料防渗与建筑物的连接
1—保护层；2—膜料防渗层；3—建筑物；4—膜料与建筑物黏结面

2）土保护层与跌水、闸、桥连接时，在建筑物上、下游改用石料、水泥土、混凝土保护层。

3）水泥土、石料和混凝土保护层与建筑物连接，按要求设置伸缩缝。

（六）沥青混凝土防渗

（1）沥青混凝土应满足下列技术要求：

1）防渗层沥青混凝土：①孔隙率不大于4%；②渗透系数不大于1×10^{-7}cm/s；③斜坡流淌值小于0.80cm；④水稳定系数大于0.90；⑤低温下不得开裂。

2）整平胶结层沥青混凝土：①渗透系数不小于1×10^{-3}cm/s；②热稳定系数小于4.5。

（2）沥青混凝土配合比应根据技术要求，经过室内试验和现场试铺筑确定。亦可参照SL 501—2010《土石坝沥青混凝土面板和心墙设计规范》选用。防渗层沥青含量应为6%～9%；整平胶结沥青含量应为4%～6%。石料最大粒径，防渗层不得超过一次压实厚度的1/3～1/2，整平胶结层不得超过一次压实厚度的1/2。

(3) 防渗结构设计，应符合下列规定：

1) 沥青混凝土防渗结构的构造如图 6-7 所示。无整平胶结层断面宜用于土质地基；有整平胶结层断面宜用于岩石地基。

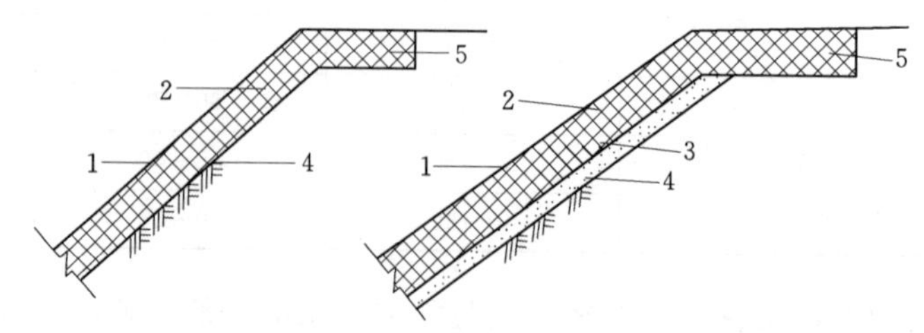

(a) 无整平胶结层的防渗结构　(b) 有整平胶结层的防渗结构

图 6-7　沥青混凝土渠道防渗结构形式

1—封闭层；2—防渗层；3—整平胶结层；4—土（石）渠基；5—封顶板

2) 封闭层用沥青玛琋脂涂刷，厚度为 2～3mm。沥青玛琋脂配合比满足高温下不流淌、低温下不脆裂的要求。

3) 沥青混凝土防渗层宜为等厚断面，其厚度宜采用 5～10cm。有抗冻要求的地区，渠坡防渗层可采用上薄下厚的断面，坡顶厚度可采用 5～6cm，坡底厚度可采用 8～10cm。

4) 整平胶结层采用等厚断面，其厚度按能填平岩石基面为原则确定。

5) 寒冷地区沥青混凝土防渗层的低温抗裂性能，可按式（6-2）及式（6-3）进行验算。

$$F>\sigma_t \tag{6-2}$$

$$\sigma_t=\frac{E_t}{1-\mu}\Delta TR'\alpha_t \tag{6-3}$$

式中　F——沥青混凝土的极限抗拉强度，MPa；

σ_t——温度应力，MPa；

E_t——沥青混凝土平均变形模量，MPa；

μ——轴向拉伸波桑比；

ΔT——沥青混凝土板面任意点的温差，℃；

R'——层间约束系数，宜为 0.8；

α_t——温度收缩系数。

6) 当防渗层沥青混凝土不能满足低温抗裂性能的要求时，可掺用高分子聚合物材料进行改性，其掺量经过试验确定。如改性沥青混凝土仍不能满足抗裂要求，可按规定设置伸缩缝。

7) 沥青混凝土预制板的边长宜不大于 1m，厚度宜采用 5～8cm，密度大于 2.30g/cm³。预制板宜用沥青砂浆或沥青玛琋脂砌筑；在地基有较大变形时，也可采用焦油塑料胶泥填筑。

第三节　渠道防渗工程的防冻胀措施

一、渠道防渗工程的冻害及原因

（一）渠道防渗工程冻害类型

由于负气温对渠道防渗衬砌工程的破坏作用而失去了防渗意义统称为渠道防渗工程的冻害。根据负气温造成各种破坏作用的性质，冻害可分以下三种类型。

1. 渠道防渗材料的冻融破坏

渠道防渗材料具有一定的吸水性，这些吸入到材料内的水分在负温下冻结成冰，体积发生膨胀。当这种膨胀作用引起的应力超过材料强度时，就会产生裂缝并增大吸水性，使第二个负温周期中结冰膨胀破坏的作用加剧。如此经过多次冻结-融化循环和应力的作用，使材料破坏、剥蚀、冻酥，使结构完全受到破坏而失去防渗作用。

2. 渠道中水体结冰造成防渗工程破坏

当渠道在负温期间通水时，渠道内的水体将发生冻结。在冰层封闭且逐渐加厚时，对两岸衬砌体产生冻压力，造成衬砌体破坏或产生破坏性变形。

3. 渠道基土冻融造成防渗工程破坏

由于渠道渗漏、地下水和其他水源补给、渠道基土含水量较高，在冬季负温作用下，土壤中的水分发生冻结而造成土体膨胀，使混凝土衬砌开裂、隆起而折断。在春季消融时又造成渠床表土层过温、疏松而使基土失去强度和稳定性，导致衬砌体的滑塌。

（二）冻害的原因

1. 土

冻结过程中的水分积聚和冻胀与土质密切相关，通常认为与土的粉黏粒含量成正相关。当渠床为细粒土，特别是粉质土时，在渠床土含水量较大且有地下水补给时，就会产生很大的冻胀量。粗颗粒土壤则冻胀量较小。

2. 水分

土体冻结前其本身的含水量决定着土体的冻胀与否，只有当土中水分超过一定界限值时，才能产生冻胀。在无外界水源补给时，土体的冻胀性强弱主要取决于土中含水量；在有外界水源补给时，尽管土体初始含水量不大，但在冻结时外界水源的补给却可以使土体的冻胀性剧烈增加。

3. 温度

温度条件包括外界负气温、土温、土中的温度梯度和冻结速度等。土的冻胀过程的温度特征值有冻胀起始温度和冻胀停止温度，土的冻胀停止温度值表征当温度达到该值后，土中水的相变已基本停止，土层不再继续冻胀。在封闭系统中，黏土的冻胀停止温度是－8～－10℃，亚黏土是－5～－7℃，亚砂土是－3～－5℃，砂土是－2℃。

4. 压力

增加土体外部荷载可抑制一部分水分迁移和冻胀。如果继续增加荷载，使其等于土粒中冰水界面产生的界面能量时，冻结锋面将不能吸附未冻土体中的水分，土体冻胀停止。

为防止地基土的冻胀所需的外荷载是很大的，因而单纯依靠外荷载抑制冻胀是不现实的。

5. 人为因素

渠道防渗衬砌工程会由于施工和管理不善而加重冻害破坏，如抗冻胀换基材料不符合质量要求或铺设过程中掺混了冻胀性土料；填方质量不善引起沉陷裂缝或施工不当，引起收缩裂缝，加大了渗漏，从而加重了冻胀破坏；防渗层施工未严格按施工工艺要求，防渗效果差，使冻胀加剧；排水设施堵塞失效，造成土层中壅水或长期滞水等。另外，渠道停水过迟，土壤中水分不及时排除就开始冻结；开始放水的时间过早，甚至还在冻结状态下，极易引起水面线附近部位的强烈冻胀；或在冻结期放水后又停水，常引起滑塌破坏；对冻胀裂缝不及时修补，造成裂缝年复一年的扩大，变形积累，造成破坏。

二、防冻害措施

根据冻害成因分析，防渗工程是否产生冻胀破坏，其破坏程度如何，取决于土冻结时水分迁移和冻胀作用，而这些作用又和当时当地的土质，土的含水量、负温度及工程结构等因素有关，因而，防治衬砌工程的冻害，要针对产生冻胀的因素，根据工程具体条件从渠系规划布置、渠床处理、排水、保温、衬砌的结构型式、材料、施工质量、管理维修等方面着手，全面考虑。

1. 回避冻胀法

回避冻胀是在渠道衬砌工程的规划设计中，注意避开出现较大冻胀量的自然条件，或者在冻胀性土存在地区，注意避开冻胀对渠道衬砌工程的作用。

1）避开较大冻胀存在的自然条件规划设计时，应尽可能避开黏土，粉质土壤、松软土层，淤泥土地带，有沼泽和高地下水位的地段，选择透水性较强不易产生冻胀的地段或地下水位埋藏较深的地段，将渠底冻结层控制在地下水毛管补给高度以上。

2）埋入措施。将渠道做成管或涵埋入冻结深度以下，可以免受冻胀力、热作用力等影响，是一种可靠的防冻胀措施，它基本上不占地，易于适应地形条件。

3）置槽措施。置槽可避免侧壁与土接触以回避冻胀，常被用于中小型填方渠道上，是一种价廉的防治措施。

4）架空渠槽，用桩、墩等构筑物支承渠槽，使其与基土脱离，避免冻胀性基土对渠槽的直接破坏作用，但必须保证桩、墩等不被冻拔，此法形似渡槽，占地少，易于适应各种地形条件，不受水头和流量大小限制，管理养护方便，但造价高。

2. 削减冻胀法

当估算渠道冻胀变形值较大，且渠床在冻融的反复作用下，可能产生冻胀累积或后遗性变形情况时，可采用削减冻胀的措施，将渠床基土的最大冻胀量削减到衬砌结构允许变位范围内。

1）置换法。置换法是在冻结深度内将衬砌板下的冻胀性土换成非冻胀性材料的一种方法，通常采用铺设砂砾石垫层。砂砾石垫层不仅本身无冻胀，而且能排除渗水和阻止下卧层水向表层冻结区迁移，所以砂砾石垫层能有效地减少冻胀，防止冻害现象发生。

2）隔垫保温。将隔热保温材料（如炉渣、石蜡渣、泡沫水泥、蛭石粉、玻璃纤维、聚苯乙烯泡沫板等）布设在衬砌体背后，以减轻或消除寒冷因素，并可减少置换深度，隔

断下层土的水分补给，从而减轻或消除渠床的冻深和冻胀。

目前采用较多的是聚苯乙烯泡沫塑料，它具有自重轻、强度高、吸水性低、隔热性好、运输和施工方便等优点，主要适用于强冻胀大中型渠道，尤其适用于地下水位高于渠底冻深范围且排水困难的渠道。

3）压实。压实法可使土的干密度增加，孔隙率降低，透水性减弱。密度较高的压实土冻结时，具有阻碍水分迁移、聚集，从而削减甚至消除冻胀的能力。压实措施尤其对地下水影响较大的渠道有效。

4）防渗排水。当土中的含水量大于起始冻胀含水量时，才明显地出现冻胀现象。因此，防止渠水和渠堤上的地表水入渗，隔断水分对冻层的补给，以及排除地下水，是防止地基土冻胀的根本措施。

3. 优化结构法

所谓优化结构法，就是在设计渠道断面衬砌结构时采用合理的形式和尺寸，使其具有削减、适应、回避冻胀的能力。

弧形渠底梯形断面和U形渠道已在许多工程中应用，证明其对防止冻胀有效。弧形渠底梯形断面适用于大中型渠道，虽然冻胀量与梯形断面相差不大，但变形分布要均匀得多，消融后的残余变形小，稳定性强。U形断面适用于小型支斗渠，冻胀变形为整体变位，且变位较均匀。

4. 加强运行管理

冬季不行水渠道，应在基土冻结前停水；冬季行水渠道，在负温期宜连续行水，并保持在最低设计水位以上运行。

每年应进行一次衬砌体裂缝修补，使砌块缝间填料保持原设计状态，衬砌体的封顶应保持完好，不允许有外水流入衬砌体背后。

应及时维修各种排水设施，保证排水畅通，冬季不行水渠道，应在停水后及时排除渠内和两侧排水沟内积水。

习　题

一、填空题

1. 渠道防渗工程技术是指为减少渠道________损失而采取的各种工程技术措施。

2. 水泥土是以____为主，掺少量________，控制适宜含水量，经均匀拌和压实硬化而成。

3. 混凝土防渗就是用混凝土________或________衬砌渠道，减少或防止渗漏损失的渠道防渗技术措施。

4. 膜料防渗就是用不透水的________来减少或防止渠道渗漏损失的技术措施。

5. 沥青混凝土是以________为胶结剂，与矿粉、矿物骨料经加热、拌和、压实而成的具有一定强度的防渗材料。

6. 置换法是在冻结深度内将衬砌板下的冻胀性土换成________材料的一种方法，通常采用铺设砂砾石垫层。

7. 优化结构法就是在设计渠道断面衬砌结构时采用合理的________和________，使其具有消减、适应、回避冻胀的能力。

二、选择题

1. 渠道防渗技术的种类很多，从防渗材料上分为（　　）等形式。

A. 土料　B. 水泥土　C. 石料　D. 膜料　E. 混凝土　F. 沥青混凝土

2. 土料防渗的缺点是（　　）。

A. 抗冲性较差　B. 抗冻性差　C. 耐久性差　D. 不美观

3. 水泥土防渗因施工方法不同分为（　　）。

A. 干硬性水泥土　B. 湿性水泥土　C. 塑性水泥土　D. 流性水泥土

4. 砌石防渗按材料和砌筑方法分，有（　　）等形式。

A. 干砌卵石　B. 干砌块石　C. 浆砌卵石　D. 浆砌块石

E. 浆砌料石　F. 浆砌片石

5. 防渗明渠可供选择的断面形式有（　　）等。

A. 梯形　B. 弧形底梯形　C. 弧形坡角梯形　D. 复合形

E. U 形　F. 矩形

6. 伸缩缝的宽度应根据（　　）等因素确定。

A. 缝的间距　B. 气温变幅　C. 填料性能　D. 施工要求

7. 根据负气温造成各种破坏作用的性质，渠道冻害的类型分为（　　）。

A. 渠道漂浮物造成的破坏　B. 渠道防渗材料的冻融破坏

C. 渠道中水体结冰造成防渗工程破坏　D. 渠道基土冻融造成防渗工程破坏

8. 引起渠道冻害的原因有（　　）。

A. 土　B. 水分　C. 温度　D. 压力　E. 人为因素

三、简答题

1. 渠道防渗的作用主要有哪些？
2. 砌石防渗渠道的优点有哪些？
3. 混凝土防渗渠道的特点有哪些？
4. 防渗膜选用的原则有哪些？

第七章 地面灌水技术

【学习目标】

通过学习地面灌水质量评价方法，能够合理确定地面灌水的技术要素。

【学习任务】

1. 了解各种地面灌水技术的特点，能够根据不同地区的具体条件合理选取灌水方法。
2. 理解地面灌水质量评价指标体系，会进行地面灌水技术的评价。
3. 掌握畦、沟灌的技术要素及相互关系，并能够合理确定地面灌水的技术要素。
4. 掌握节水型地面灌溉技术。

第一节 灌水技术综述

灌水方法是指灌溉水进入田间并湿润植物根区土壤的方式与方法。灌水技术是指相应于某种灌水方法所采取的一系列科学措施，也就是从田间渠道或管道向需灌溉的田块配水的办法。在选择灌水方法时，要考虑灌溉的作物、土壤、地形、水源条件等。

一、灌水技术分类、优缺点及适用条件

按照灌溉水是否湿润整个农田、水输送到田间的方式和湿润土壤的方式的不同，灌水方法通常分为全面灌溉与局部灌溉两大类，如图 7-1 所示。

灌溉方法
- 全面灌溉
  - 地面灌溉［畦灌、沟灌、淹灌、波涌灌、长畦（沟）分段灌、水平畦灌等］
  - 喷灌
- 局部灌溉（滴灌、微喷灌、渗灌、涌泉灌溉、膜上灌溉等）

图 7-1 灌溉方法的分类

（一）全面灌溉

全面灌溉是指灌溉水湿润整个农田植物根系活动层内土壤的灌溉方法。包括地面灌溉和喷灌两种。

1. 地面灌溉

地面灌溉是指灌溉水在田面流动的过程中，形成连续的薄水层或细小的水流，借重力和毛细管作用湿润土壤，或在田面建立一定深度的水层，借重力作用逐渐渗入土壤的一种灌水方法，也称重力灌水方法。

地面灌溉是最古老的，也是目前应用最广、最主要的一种灌水技术。其主要类型有畦灌、沟灌、淹灌、波涌灌、长畦（沟）分段灌、水平畦灌等。

（1）畦灌。畦灌是用田埂将灌溉土地分隔成一系列小畦。灌水时，将水引入畦田后，在畦田上形成很薄的水层，沿畦长方向流动，在流动过程中主要借重力作用逐渐湿润土

壤。适用于小麦等窄行密播植物以及牧草等的灌溉。

（2）沟灌。沟灌是在植物行间开挖灌水沟，水从输水沟进入灌水沟后，在流动的过程中主要借毛细管作用湿润土壤。和畦灌比较，其明显的优点是不会破坏植物根部附近的土壤结构，不导致田面板结，能减少土壤蒸发损失，多雨季节还可以起排水作用。适用于宽行距的中耕植物。

（3）淹灌。淹灌又称格田灌溉，是用田埂将灌溉土地划分成许多格田，灌水时，使格田内保持一定深度的水层，借重力作用湿润土壤，主要适用于水稻。

（4）波涌灌。波涌灌又称间歇灌溉，是利用间歇阀向沟（畦）间歇地供水，适用于畦（沟）长度大、地面坡度平坦、透水性较好且含有一定黏粒的土质的灌溉。具有灌水均匀，灌水质量高，田面水流推进速度快，省水、节能和保肥，可实现自动控制等优点。

（5）长畦（沟）分段灌。长畦（沟）分段灌将一条长畦分成若干个没有横向畦埂的短畦，采用地面纵向输入沟或塑料薄壁软管，将灌溉水输入畦田，然后自下而上或自上而下依次逐段向短畦内灌水，直至全部短畦灌完为止的灌水方法。适用于畦（沟）长度大、地面坡度平坦的灌溉。其优点是节约水量，容易实现小定额灌水，灌水均匀、田间水有效利用率高，灌溉设施占地少，土地利用率高。

（6）水平畦灌。水平畦灌是纵、横向地面坡度均为零时的畦田灌水技术，适用于所有种类植物和各种土壤条件。特点是田面非常平整，入畦流量大且能迅速布满整个田块，深层渗漏水量少，灌水均匀度及水的利用率高。

2. 喷灌

喷灌是利用专门设备将有压水送到需灌溉的地段并使水流喷射到空中散成细小的水滴，像天然降雨一样进行灌溉。其优点是对地形的适应性强，机械化程度高，灌水均匀，灌溉水利用系数高，尤其适合于透水性强的土壤，并可调节空气湿度和温度。但一次性基建投资较大，且受风的影响大。比较适用于经济植物、蔬菜、果树、园林花卉植物等的灌溉。

（二）局部灌溉

灌溉水只湿润植物附近周围的土壤，其余远离植物根系的行间或棵间处的土壤仍保持干燥。一般是将作物需要的水和养分直接准确地通过专门的管道系统输送到作物根部附近，使作物根区的土壤经常保持在适宜于作物生长的状态。这类灌水技术灌水流量一般都比全面灌溉小得多，因此又称为微量灌溉，简称微灌。其主要优点是节水节能，灌水均匀，灌水流量小；对土壤和地形的适应性强；能提高植物产量，增强耐盐能力；便于自动控制，明显节省劳力。主要适合于灌溉果树、瓜类等宽行作物。其主要类型有滴灌、微喷灌、渗灌、涌泉灌溉、膜上灌溉等。

1. 滴灌

滴灌是将具有一定压力的灌溉水，通过管道和滴头，把灌溉水滴入植物根部，然后渗入土壤并浸润作物根系最发达区域的一种灌水方法。其优点是省水，自动化程度高，可以使土壤湿度始终保持在最优状态，它与地面灌溉相比，水果增产20%～40%，蔬菜增产100%～200%。

其缺点主要是对水质要求高，滴头容易堵塞，需要有较多的设备和投资。把滴灌毛管

布置在地膜下面，可基本上避免地面无效蒸发，称之为膜下滴灌，目前这种方法主要与地膜栽培技术结合起来采用。

2. 微喷灌（又称微型喷灌）

微喷灌是用很小的喷头（微喷头）将水喷洒在土壤表面，微喷头的工作压力与滴头差不多，但它是在空中消散水流的能量。流量较大，出流流速比滴头大得多，所以堵塞减少。喷头射程较小（一般为2～3m），喷头组合密度大，灌水均匀。主要适用于果树、蔬菜和园林花卉等灌溉。

3. 渗灌

渗灌是利用修筑在地下的专门设施（地下管道系统）将灌溉水引入田间耕作层，借毛细管作用自下而上湿润土壤，所以又称地下灌溉。其优点主要是灌水质量好，不破坏土壤结构，蒸发损失少，少占耕地，便于机耕；但地表湿润差，不利于种子发芽及幼苗和浅根植物生长，地下管道造价高，容易堵塞，检修困难。

4. 涌泉灌溉

涌泉灌溉在我国也称小管出流灌溉，是通过安装在毛管上的涌水器而形成的小股水流，以涌流方式进入土壤的灌水方式。它的流量比滴灌和微喷灌大，一般都超过土壤入渗速度。为防止产生地面径流，需在涌水器附近挖掘小的灌水坑以暂时储水。涌泉灌溉对地形的适应性较强，出流孔口较大，灌水器不宜堵塞，适用于水源较丰富的地区或林、果灌溉。

5. 膜上灌溉（也称覆膜地面灌溉）

膜上灌溉是让灌溉水在地膜表面的凹形沟内借助重力流动，并通过出苗孔、专门灌水孔或膜侧缝隙渗入土壤进行灌溉。灌入膜下的灌溉水受到地膜的保护作用，大大减小了地面的无效蒸发。这种灌溉技术特别适用于高寒、干旱、早春、缺水蒸发量大、土壤保水差的地方。但其缺点是容易造成白色污染，因此应尽可能采用可降解塑料薄膜。

上述灌水方法各有其优缺点，都有其一定的适用范围，在选择时主要应考虑到作物、地形、土壤和水源等条件。对于水源缺乏地区应优先采用滴灌、渗灌、微喷灌和喷灌；在地形坡度较陡、地形复杂的地区及土壤透水性大的地区，应考虑采用喷灌；对于宽行作物可用沟灌；密植作物则宜采用畦灌；果树和瓜类等可用滴灌；水稻主要用淹灌；在地形平坦、土壤透水性不大的地方，为了节约投资，可考虑用畦灌、沟灌或淹灌。各种灌水方法的适用条件见表7-1，各种灌水方法优缺点的比较见表7-2。

表7-1　各种灌水方法适用条件

灌水方法		作物	地形	水源	土壤
地面灌溉	畦灌	密植作物（小麦、谷子等）、牧草、某些蔬菜	坡度均匀，坡度不超过0.2%	水量充足	中等透水性
	沟灌	宽行作物（棉花、玉米等）及某些蔬菜	坡度均匀，坡度不超过2%	水量充足	中等透水性
	淹灌	水稻	平坦或局部平坦	水量丰富	透水性小，盐碱土
	漫灌	牧草	较平坦	水量充足	中等透水性

续表

灌水方法		作物	地形	水源	土壤
喷灌		经济作物、蔬菜、果树	各种坡度均可，尤其适用于复杂地形	水量较少	适用于各种透水性，尤其是透水性大的土壤
局部灌溉	渗灌	根系较深的作物	平坦	水量缺乏	透水性较小
	滴灌	果树、瓜类、宽行作物	较平坦	水量极其缺乏	适用于各种透水性
	微喷灌	果树、花卉、蔬菜	较平坦	水量缺乏	适用于各种透水性

表 7-2　各种灌水方法优缺点比较

灌水方法		水的利用率	灌水均匀性	不破坏土壤的团粒结构	对土壤透水性的适应性	对地形的适应性	改变空气湿度	结合施肥	结合冲洗盐碱土	基建与设备投资	平整土地的土方工程量	田间工程占地	能源消耗量	管理用劳力
地面灌溉	畦灌	○	○	—	○	—	○	○	○	○	—	—	+	—
	沟灌	○	○	○	○	—	○	○	○	○	—	—	+	—
	淹灌	○	○	—	—	—	○	○	+	○	—	—	+	—
	漫灌	—	—	—	—	—	○	—	○	+	+	○	+	—
喷灌		+	+	+	+	+	+	○	—	—	+	+	—	○
局部灌溉	渗灌	+	+	+	—	○	—	○	—	—	○	+	○	+
	滴灌	+	+	+	+	○	—	+	—	—	○	+	○	+
	微喷灌	+	+	+	+	○	+	+	—	—	○	+	○	+

注　符号“+”表示优，“—”表示差，“○”表示一般。

二、灌水方法应满足的要求

在生产实践中，对灌水方法的要求是多方面的，先进而合理的灌水方法应满足以下几个方面的基本要求：

（1）灌水均匀。能保证将水按拟定的灌水定额灌到田间，而且使得每棵植物都可以得到相同的水量，常以均匀度来表示。

（2）灌溉水的利用率高。应使灌溉水尽可能地保持在植物可以吸收到的土壤里内，尽量减少地面径流、深层渗漏或蒸发损失，并提高田间水利用系数（即灌水效率）。

（3）少破坏或不破坏土壤团粒结构。灌水后能使土壤保持疏松状态，表土不形成结壳，以减少地表蒸发。

（4）便于和其他农业措施相结合。现代灌溉已发展到不仅应满足植物对水分的要求，而且还应满足植物对肥料及环境的要求。因此，现代灌水方法应当便于与施肥、施农药、冲洗盐碱、调节田间小气候等相结合。此外，要有利于种耕、收获等农业操作，对田间交通的影响小。

（5）应有较高的劳动生产率。采用的灌水方法应便于实现机械化和自动化，从而节省劳力。

（6）对地形的适应性强。应能适应各种地形坡度以及田间不很平坦的田块的灌溉。从

而减少对土地平整的要求。

(7) 田间占地少。有利于提高土地利用率使得有更多的土地用于作物的栽培。

(8) 基本建设投资与管理费用低。灌溉工程效益费用比大，经济效益好，便于大面积推广。

三、地面灌水技术质量评价指标

目前，对于灌溉水技术质量评价指标较多，下面主要介绍常见的三个指标。

1. 田间灌溉水有效利用率

田间灌溉水有效利用率是指灌水后，储存于计划湿润层内的水量与实际灌入田间的水量的比值（图 7-2），即

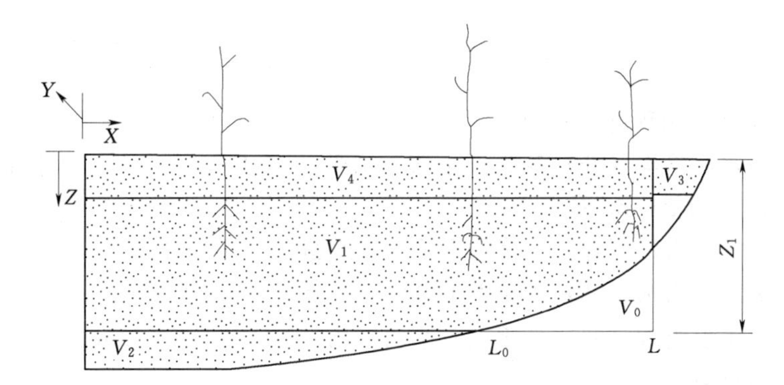

图 7-2 土壤入渗剖面湿润土层图

$$E_a=\frac{V_s}{V}=\frac{V_1+V_4}{V_1+V_2+V_3+V_4}\times 100\% \tag{7-1}$$

式中 E_a——田间灌溉水有效利用率，%；

V_s——灌溉后储存于计划湿润作物根系土壤区内的水量，m^3 或 mm；

V_1——作物有效利用的水量，即作物蒸腾量，m^3 或 mm；

V_2——深层渗漏损失水量，m^3 或 mm；

V_3——田间灌水径流流失水量，m^3 或 mm；

V_4——对于地面灌水方法，主要指作物植株之间的土壤蒸发量，m^3 或 mm；

V——输入田间实施灌水的总水量，m^3 或 mm。

灌溉水有效利用率表征灌溉水有效利用的程度，是评价灌水质量优劣的一个重要指标，根据《灌溉与排水工程设计规范》（GB 50288—99）的要求，田间灌溉水有效利用率 $E_a\geqslant 90\%$。

2. 田间灌溉水储存率

田间灌溉水储存率是指灌水后，储存于计划湿润层内的水量与灌溉前计划湿润层内所需要的总水量的比值，即

$$E_s=\frac{V_s}{V_n}=\frac{V_1+V_4}{V_1+V_4+V_0}\times 100\% \tag{7-2}$$

式中 E_s——田间灌溉水储存率，%；

V_n——灌水前计划湿润作物根系土壤区内所需要的总水量，m^3 或 mm；

V_0——灌水量不足区域所欠缺的水量，m^3 或 mm；

其余符号意义同前。

田间灌溉水储存率表征应用某种地面灌水方法、某项灌水技术实施灌水后，能满足计划湿润作物根系土壤区所需要水量的程度。

3. 田间灌水均匀度

田间灌水均匀度是指应用地面灌水方法实施灌水后，田间灌溉水湿润作物根系土壤区的均匀程度，或者田间灌溉水下渗湿润作物计划湿润土层深度的均匀程度，或者表征为田间灌溉水在田面上各点分布的均匀程度，通常用式（7-3）表示：

$$E_d=\left(1-\frac{\Delta Z}{Z_d}\right)\times 100\%=\left(1-\frac{\sum_{i=0}^{N}|Z_i-\overline{Z}|}{N\overline{Z}}\right)\times 100\% \tag{7-3}$$

式中　E_d——灌水均匀程度，%；

ΔZ——灌水后沿沟（畦）各测点土壤的实际入渗水量与平均入渗水量离差绝对值的平均值，m^3 或 mm；

Z_d——灌水后沿沟（畦）土壤的平均入渗水量，m^3 或 mm；

Z_i——灌水后沿沟（畦）各测点土壤的入渗水量，m^3 或 mm；

$\overline{Z}$——灌水后沿沟（畦）各测点土壤的平均入渗水量，m^3 或 mm；

N——测点数目。

灌水均匀度表征灌水后田面各点受水的均匀程度，以及计划湿润层内入渗水量的均匀程度。对地面灌溉，规范要求灌水均匀度 $E_d \geqslant 85\%$。

上述三项评价灌水质量的指标，必须同时使用才能较全面地分析和评价某种灌水技术的灌水效果。目前，农田灌水技术都选用 E_a 和 E_d 两个指标作为设计标准，而实施田间灌水则必须采用 E_a、E_s 和 E_d 三个指标共同评价其灌水质量的好坏，单独使用其中的任一项都不能较全面和正确地判断田间灌水质量的优劣。

第二节　传统地面灌水技术

一、畦灌设计

（一）畦田的布置

畦田的布置在考虑地形条件的同时还应该结合耕作方向，通常沿坡度方向布置。适宜的畦田坡度一般为 0.002～0.005，坡度太小，水层流动困难，灌水时间长，土壤湿润不均匀；坡度太大，水流速度快，表土易受冲刷。当坡度较缓时，畦田长度应垂直等高线方向布置，如图 7-3（a）所示；当坡度较陡时，畦田也可以与地面等高线斜交或基本上与地面等高线方向平行，如图 7-3（b）所示。

（二）畦田的规格

（1）畦长。畦长由畦田纵向坡度、土壤透水性、土地平整情况和农业技术措施等因素确

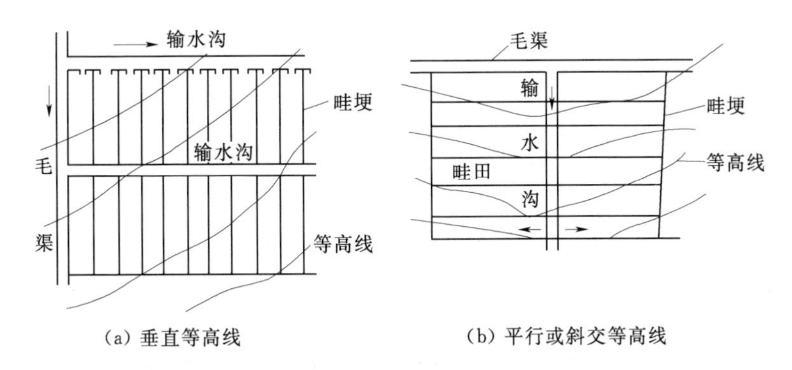

(a) 垂直等高线　　(b) 平行或斜交等高线

图 7-3 畦田布置示意图

定。为了减小灌水的不均匀性，畦田的坡度大或土壤透水性弱时，畦长可长些；反之宜短。一般自流灌区的畦长以 50～100m 为宜，提水区和井灌区应短一些，一般以 30～50m 为宜。在筑田时，要保证省工，便于机械操作和田间管理。

(2) 畦宽。畦宽主要取决于畦田的土壤性质和农业技术要求，以及农业机具的宽度。通常畦宽多按当地农业机具宽度整数倍确定，一般为 2～4m。

(3) 畦埂。畦埂应与整地、播种相结合，现多用筑埂器修筑。其断面形式一般为三角形，高 0.2～0.25m，底宽 0.3～0.4m。

(三) 畦灌的技术要素

1. 灌水持续时间

灌水时间取决于灌水定额、土壤入渗能力等因素。在假定的灌水均匀度为 1 的前提下，各处的土壤入渗历时等于灌水持续时间，t 时间内的土壤渗吸总水量应与计划灌水定额 m 相等，即

$$m=I_t=K_0t^{1-\alpha} \tag{7-4}$$

式中 t——灌水持续时间，min；

m——计划灌水定额，mm；

K_0——第一个单位时间内平均入渗速度，mm/h；

I_t——t 时间入渗到土壤中的水量，mm；

α——土壤入渗递减指数。

根据上式可以求得畦田的灌水延续时间 t 应为

$$t=\left(\frac{m}{k_0}\right)^{\frac{1}{1-\alpha}} \tag{7-5}$$

2. 单宽流量

入畦流量以保证灌水均匀且不产生冲刷为原则，一般单宽流量控制在 3～8L/(s·m)。地面坡度大、土壤透水性差时，入畦流量取较小值；反之，取较大值。

根据水量平衡原理，进入畦田的总灌水量应与计划灌水量相等，即

$$q=\frac{mL}{3600t} \tag{7-6}$$

式中 q——入畦单宽流量，L/(s·m)；

L——畦长，m；

m——计划灌水定额，mm；

t——灌水持续时间，h。

3. 改水成数

为使畦田内的土壤湿润均匀且节省水量，应掌握好畦口的放水时间。生产实践中常采用及时封口的方法，即当水流到离畦尾还有一定的距离时，就封闭入水口，使畦内的水流继续向前移动，至畦尾时恰好全部渗入土壤，通常把封住畦口，停止向畦田放水时，畦内水流长度与畦长的比值叫改水成数。改水成数应根据畦长、畦田坡度、土壤透水性以及入畦流量和灌水定额等因素确定，一般有七成、八成、九成或满畦改水等方法。地面坡度大，入畦田流量大或土壤透水性能力小的地块，改水成数应取低值；入沟流量小，或土壤透水性强的地块，改水成数应取较高值。

畦灌技术要素可按表7-3选择。

表7-3　畦灌技术要素

土壤透水性/(m/h)	畦长/m	畦田比降	单宽流量/(L/s)
强（>0.15）	60～100	>1/200	3～6
	50～70	1/200～1/500	5～6
	40～60	<1/500	5～8
中（0.10～0.15）	80～120	>1/200	3～5
	70～100	1/200～1/500	3～6
	50～70	<1/500	5～7
弱（<0.10）	100～150	>1/200	3～4
	80～100	1/200～1/500	3～4
	70～90	<1/500	4～5

【例7-1】 某灌区冬小麦采用畦灌，畦长70m，畦宽2.4m。灌水定额为750m^3/hm^2，土壤为中壤土，透水性中等。第一个单位时间内的土壤平均渗吸速度为2.5mm/min，土壤入渗递减指数$\alpha=0.5$。地面平整，灌水方向与等高线垂直，畦田纵坡为0.002。试计算畦灌的灌水时间和入畦单宽流量。

【解】（1）将$K_0=2.5\text{mm/min}=150\text{mm/h}$、$\alpha=0.5$、$m=750\text{m}^3/\text{hm}^2=75\text{mm}$代入式（7-5）可得单畦灌水时间：

$$t=\left(\frac{m}{k_0}\right)^{\frac{1}{(1-\alpha)}}=\left(\frac{75}{150}\right)^{\frac{1}{1-0.5}}=0.25(\text{h})=15(\text{min})$$

（2）将$t=0.25\text{h}$、$m=75\text{mm}$、$L=70\text{m}$代入式（7-6），可得入畦单宽流量为：

$$q=\frac{75\times70}{3600\times0.25}=5.83[\text{L/(s}\cdot\text{m)}]$$

二、沟灌设计

（一）灌水沟的种类及田间布置形式

1. 灌水沟的种类

（1）根据地形坡度大小灌水沟划分为顺坡沟和横坡沟两种。顺坡沟指灌水沟基本垂直于地面等高线的灌水沟；横坡沟指灌水沟与地面坡度方向成锐角的灌水沟。

（2）根据灌水沟断面尺寸及沟深划分为深灌水沟和浅灌水沟两种。一般认为沟深大于

0.25m，沟底宽大于0.3m的灌水沟为深灌水沟；沟深小于0.25m，沟底宽小于0.3m的灌水沟为浅灌水沟。深灌水沟常适用于多年生深根行播作物；浅灌水沟一般适用于土壤下渗速度较缓慢的土质及窄行作物。

2. 灌水沟的田间布置形式

我国沟灌技术主要采用封闭沟灌水，其田间基本布置形式如图7-4所示。为了保证灌水的均匀性，一般灌水沟是沿地面坡度方向布置的，但当地面坡度较大时，可以与地形等高线呈锐角布置，使灌水沟获得适宜的比降。

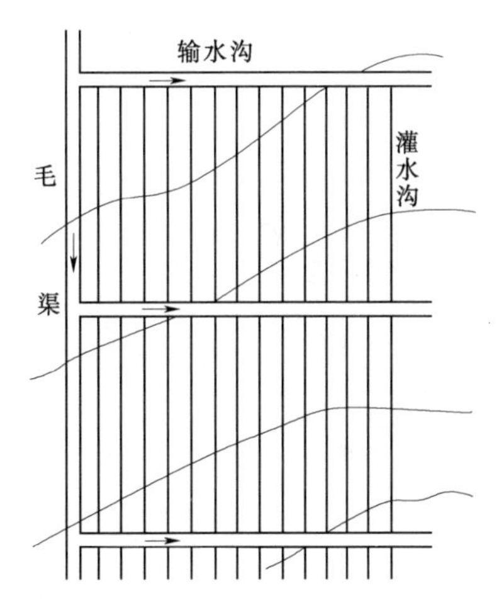

图7-4 封闭灌水沟布置图

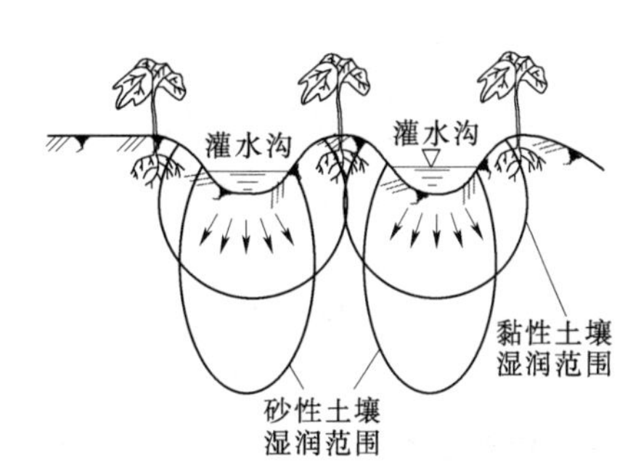

图7-5 灌水沟土壤湿润范围示意图

（二）灌水沟的规格

1. 灌水沟间距

灌水沟的间距视土壤性质而定，其值与土壤两侧的湿润范围有关，如图7-5所示，一般情况下，轻质土壤垂直入渗速率大于侧渗，土壤湿润范围为椭圆形，重质土壤侧渗与垂直入渗接近平衡，故为扁椭圆形。因此，对于透水性较强的轻质土壤，应缩窄灌水沟间距；反之，应加大灌水沟间距。具体在确定时，还应结合植物的行距一起考虑。不同土质条件下的灌水沟间距见表7-4。陕西省总结各灌区不同土质条件下灌水沟间距见表7-5。

表7-4 不同土质条件下的灌水沟间距

土质	砂壤土	黏壤土	黏土
间距/cm	45～60	60～75	75～90

表7-5 陕西省各地不同土壤的灌水沟间距

土质	轻质土壤	中质土壤	重质土壤
间距/cm	50～65	65～75	75～80

2. 灌水沟坡度

沟灌适宜的地面坡度一般为0.005～0.002。

3. 灌水沟长度

灌水沟的长度与土壤透水性、土地平整状况、入沟流量和地面坡度有直接关系。根据灌溉试验和生产经验，地面坡度较大、土壤的透水性较弱时，可适当加长灌水沟沟长；反之，可适当缩短灌水沟沟长。砂壤土的灌水沟长度可短一些，而黏性土壤的沟长可长些。蔬菜植物的灌水沟长度一般较短，农植物的灌水沟较长。

4. 灌水沟的断面形式

灌水沟的断面形状一般为三角形和梯形两种（图7-6）。灌水沟中的水深一般为沟深的1/3～2/3。对于行距较窄的作物（如棉花平均沟距为0.55m左右），要求小水浅灌，故多用三角形断面。对于行距较宽的作物（如玉米一般沟距为0.7～0.8m），灌水量较大，故多用梯形断面。盐碱化地区，由于垄顶容易积盐，也可把作物种植在灌水沟的侧坡部位，以免对作物生长产生影响。

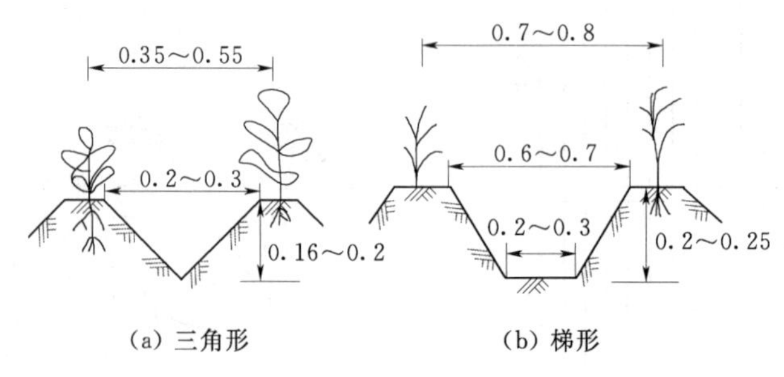

图7-6 灌水沟的断面形状

（三）沟灌技术要素

1. 灌水持续时间

沟灌的灌水持续时间取决于灌水定额、土壤入渗能力等因素。假设灌水停止时沟中尚存一定的水量，按照水量平衡原理有

$$maL=(b_0h+p_0\overline{K}t)L \tag{7-7}$$

则沟灌的灌水持续时间为

$$t=\frac{ma-b_0h}{\overline{K}p_0} \tag{7-8}$$

式中 t——灌水沟放水时间，h；

h——灌水沟平均蓄水深度，m，一般取沟深的1/3～2/3，土壤入渗能力较低、灌水沟坡度较大的选小值，反之取大值；

a——灌水沟的间距，m；

m——计划灌水定额，以水层深度计，m；

L——灌水沟的长度，m；

b_0——灌水沟中的平均水面宽度，m；

p_0——在时间 t 内灌水沟的平均有效湿润周长，m；

$\overline{K}$——t 时间内的土壤平均入渗速度，m/h。

2. 灌水流量

入沟流量一般以进入单沟的流量来表示。其大小与沟的土壤性质和沟的坡度等因素有关。土壤入渗能力强、沟较长、纵坡较小时取大值，反之取小值。

对于沟灌，按照水量平衡原理有

$$3.6qt=maL \tag{7-9}$$

则可得

$$q=\frac{mal}{3.6t}$$

式中 q——单沟流量，L/s；

其余符号意义同前。

一般沟灌技术要素可按表7-6选择。陕西省洛惠区沟灌试验结果显示，在轻质土壤上，灌水沟坡度为1/800～1/1000时，较为适宜的灌水定额与入沟流量、灌水沟长度之间关系见表7-7。

表7-6　沟灌技术要素

土壤透水性/(m/h)	沟长/m	沟底比降	入沟流量/(L/s)
强（>0.15）	50～100	>1/200	0.7～1.0
	40～60	1/200～1/500	0.7～1.0
	30～40	<1/500	1.0～1.5
中（0.1～0.15）	70～100	>1/200	0.4～0.6
	60～90	1/200～1/500	0.6～0.8
	40～80	<1/500	0.6～1.0
弱（<0.1）	90～150	>1/200	0.2～0.4
	80～100	1/200～1/500	0.3～0.5
	60～80	<1/500	0.4～0.6

表7-7　不同灌水定额、入沟流量下的沟长　　单位：m

灌水定额/(m^3/亩)	入沟流量/(L/s)								
	0.2	0.3	0.4	0.5	0.6	0.7	0.8	0.9	1.0
40	31.7	28.7	26.4	24.5	23.1	21.8	21	20.4	20
50	40	34.5	28.7	28.7	26.8	25.3	23.9	22.7	21.7
70	42	35.8	30	30	28.3	27	26	25.3	24.8
100	44	37.5	30.8	30.8	29.1	28.5	28.5	28.4	29

注　1亩=1/15hm^2。

三、淹灌设计

1. 格田的形状

格田的形状一种为长方形或方形，水稻区格田规格依地形、土壤、耕作条件而异。

2. 格田的规格

在平原地区，农渠和农沟之间的距离通常是格田的长度，沟渠相间布置时，格田长度一般为100～150m；沟渠相邻布置时，格田长度一般为200～300m。格田宽度则按田间管理要求而定，不要影响通风、透光，一般为15～20m。在山丘地区的坡地上，格田长边沿等高线方向布置，以减少土地平整工作量，其长度应根据机耕要求而定；格田的宽度随地面坡度而定，坡度越大，格田越窄。

3. 格田的坡度

格田地面坡度一般小于 0.0002，而且田面平整。

4. 格田的田埂

田埂可兼作道路的作用，田埂的高度一般为 20～40cm，顶宽 30～40cm，边坡比约为 1∶1。

5. 格田的灌水与排水

格田应有独立的进水口，避免串灌串排，防止灌水或排水时彼此互相依赖互相干扰，达到能按植物生长要求控制灌水和排水。格田灌水和排水，均需修建专门的进水口和排水口。

第三节　节水型地面灌水技术

一、小畦“三改”灌水技术

小畦“三改”灌水技术，即“长畦改短畦、宽畦改窄畦、大畦改小畦”的灌水方法，其优点是灌水均匀，省时，减少灌溉水流失，从而使作物生长健壮，增产节水。

小畦灌灌水技术主要是确定合理的畦长、畦宽和入畦单宽流量。一般自流灌区畦宽为 2～3m，畦长为 30～50m，最长不超过 80m；机井提水灌区畦宽为 1～2m，畦长为 30m 左右。畦埂高度一般为 0.2～0.3m，底宽 0.4m 左右，田头埂和路边埂可适当加宽培厚。地面坡度为 1/400～1/1000 时，单宽流量为 2～4.4L/s，灌水定额为 300～675m^3/hm^2。

二、长畦分段灌技术要素

1. 畦田的规格

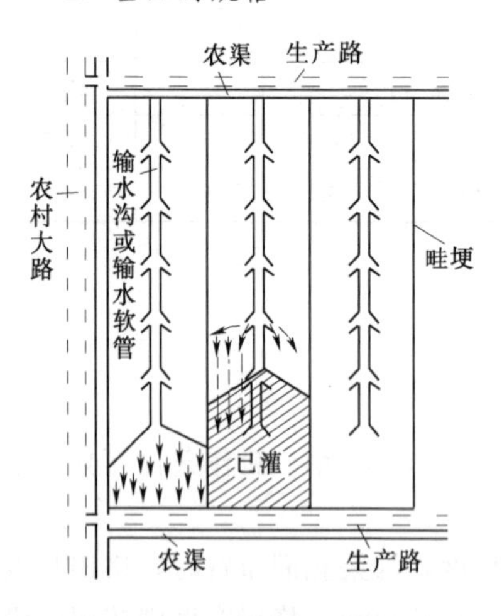

图 7-7　长畦分段灌示意图

长畦分段灌的畦宽可以宽至 5～10m，畦长可达 200m 以上，一般畦长为 100～400m。具体规格如图7-7 所示。

2. 畦田的流量

灌溉与传统畦灌比较，单宽流量一般不增大，只是需要合理确定入畦灌水流量、侧向分段开口的间距（即短畦长度与间距）和分段改水时间或改水成数。单宽流量和改水成数的确定参考畦灌有关方法确定。

侧向分段开口的间距可根据水量平衡原理及畦灌水流运动基本规律，在满足计划灌水定额和十成改水的条件下，采用如下公式计算。

对于有坡畦灌：

$$L_0=\frac{40q}{1+\beta_0}\left(\frac{1.5m}{k_0}\right)^{\frac{1}{1-\alpha}} \qquad (7-10)$$

对于水平畦灌：

$$L_0=\frac{40q}{m}\left(\frac{1.5m}{k_0}\right)^{\frac{1}{1-\alpha}} \tag{7-11}$$

式中　L_0——分段进水口间距，m；

q——入畦单宽流量，L/(s·m)；

m——灌水定额，m^3/hm^2；

k_0——第一个单位时间内的土壤平均入渗速度，mm/min；

α——入渗速度递减系数；

β_0——地面水流消退历时与水流推进历时的比值，一般 β_0 为 0.8～1.2。

三、节水型沟灌技术

（一）细流沟灌技术

1. 概念

细流沟灌技术是用短管或虹吸管从输水沟上开一个小口引水，水流在灌水沟内边流动边下渗，直到全部灌溉水量均渗入土壤计划湿润层内为止，放水停止后沟中不形成积水。在地面坡度较大、土壤透水性较小的地区，实践中多采用细流沟灌。

2. 细流沟灌技术的优点

沟内水浅，水流流动缓慢，主要借毛细管作用浸润土壤，灌水均匀，不破坏土壤的团粒结构，节水保肥，可大大减少地面蒸发，保墒效果好。

3. 细流沟灌技术灌水要素设计

（1）细流沟灌的灌水沟规格与一般沟灌相同，只是在每个灌水沟口放一个控制水流的小管，引入小流量。控制水流的小管，可用竹管、瓦管或塑料管等，管孔直径约为 2.5cm。对于黏质土壤，可用开三角口代替灌水管。灌水沟内的水深为 1/5～2/5 沟深，入沟流量控制在 0.2～0.4L/s 为宜。

（2）中、轻壤土，地面坡度为 1/100～2/100 时，沟长一般控制在 60～120m。灌水沟在灌水前开挖，以免损伤作物，沟断面宜小，一般沟底宽为 12～13cm，深度为 8～10cm，间距 60cm。

（3）对于中、轻壤土，一般采用十成改水，土壤透水性差的土壤，可以允许在沟尾稍有泄水。

4. 细流沟灌的形式

细流沟灌根据灌溉和种植方式不同分如下三种形式，如图 7－8 所示。

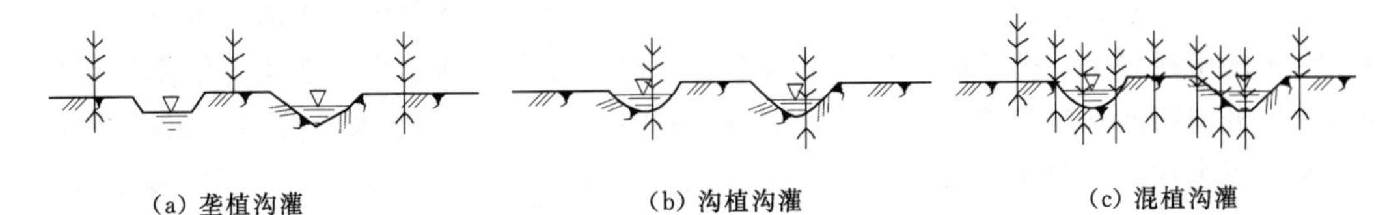

(a) 垄植沟灌　　(b) 沟植沟灌　　(c) 混植沟灌

图 7－8　细流沟灌形式

（1）垄植沟灌作物沿地面最大坡度方向播种，第一次灌水前在行间开沟，作物种植在

垄背上。

(2) 沟植沟灌灌水前先开沟并只在沟底播种作物（播种中耕作物一行或密植作物三行），其沟底宽度应根据作物行数确定。

(3) 混植沟灌在垄背及灌水沟内均种植作物。

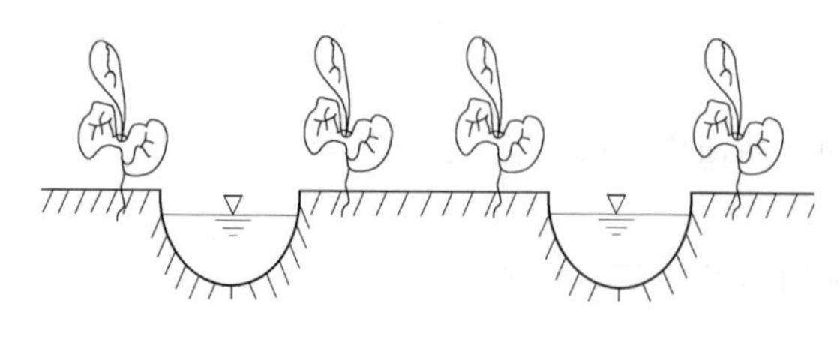

图 7-9 沟垄灌灌水

（二）沟垄灌技术

1. 概念

沟垄灌技术如图 7-9 所示，根据作物行距要求，在播种前先在地面上按两行作物形成一个沟垄，在垄上种植两行作物，垄间形成灌水沟留作灌水使用，并且靠内旁侧土壤毛细管作用渗透湿润土壤。

沟垄灌多适用于棉花、马铃薯等作物或宽窄行相间种植作物，是一种既可以抗旱又能防渍涝的节水沟灌方法。

2. 沟垄灌技术的优缺点

优点：垄部的土壤疏松，通气性好；土壤保水性好，有利于抗御干旱；灌水沟垄部排水性好，不会致使土壤和作物发生渍涝危害。

缺点：修筑沟垄比较费工，沟垄部位蒸发面大，容易跑墒。

（三）宽浅式畦沟灌技术

宽浅式畦沟结合灌水技术，是一种适应间作套种或立体栽培作物，“二密一稀”种植的灌水畦与灌水沟相结合的灌水技术。近年来，通过试验和推广应用，已证实这是一项高产、节水、低成本的优良的节水灌溉技术。

1. 宽浅式畦沟结合灌水技术的特点

(1) 畦田和灌水沟相间交替更换，畦田面宽为 0.4m，可以种植两行小麦（二密），行距 0.1～0.2m。

(2) 小麦播种于畦田后，可采用常规畦灌或长畦分段灌水技术进行灌溉，如图 7-10 (a) 所示。

(3) 小麦乳熟期，每隔两行小麦开挖浅沟，套种一行玉米（一稀）。套种玉米的行距为 0.9m。在此期间，土壤水分不足，可利用浅沟灌水，为玉米播种和发芽出苗提供良好的土壤水分条件，如图 7-10 (b) 所示。

(4) 小麦收获后，玉米已近拔节期，可在小麦收割后的空白畦田田面处开挖灌水沟，并结合玉米中耕培土，把挖出的畦田田面上的土覆在玉米根部，形成垄梁及灌水沟沟埂，而原来的畦田田面则成为灌水沟沟底，如图 7-10 (c) 所示。灌水沟的间距正好是玉米的行距，灌水沟的上口宽则为 0.5m。这样既能牢固玉米根部、防止倒伏，又能多蓄水分、增强耐旱能力。

宽浅式畦沟结合灌水方法，最适宜在遭遇天气干旱时，采用“未割先浇”技术，以一水促两料作物。

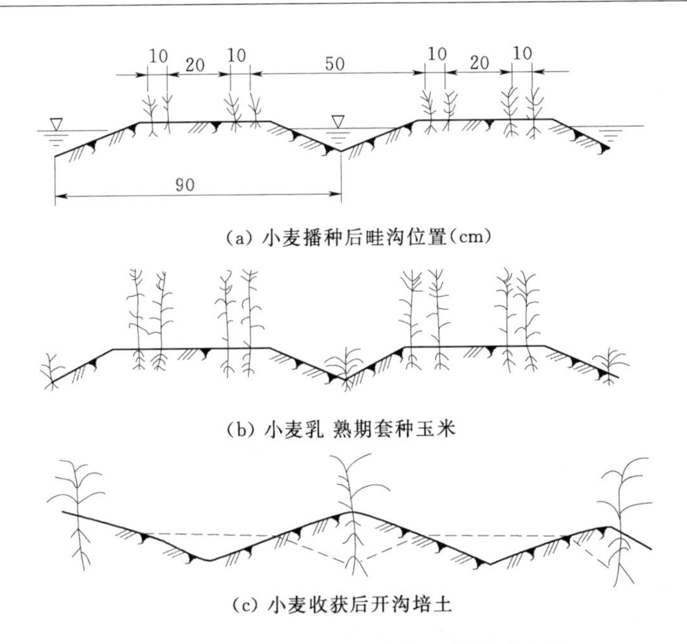

(a) 小麦播种后畦沟位置(cm)

(b) 小麦乳熟期套种玉米

(c) 小麦收获后开沟培土

图 7-10 宽浅式畦沟结合条田轮作示意图

2. 宽浅式畦沟结合灌水技术的优点

(1) 节水，灌水均匀度高。一般灌水定额为 525m^3/hm^2 左右，而且玉米全生育期灌水次数比一般玉米地减少 1～2 次，耐旱时间较长。

(2) 有利于保持土壤结构。灌溉水流入浅沟后，就由浅沟沟壁向畦田土壤侧渗湿润土壤，对土壤结构破坏少，蓄水保墒效果好。

(3) 能促使玉米早播，解决小麦和玉米两茬作物“争水、争时、争劳”的尖锐矛盾和随后秋夏两茬作物“迟种迟收”的恶性循环问题。

(4) 施肥集中，养分利用充分，有利于两茬作物获得稳产、高产。

(5) 通风透光好，培土厚，作物抗倒伏能力强。

这是我国北方广大旱作物灌区值得推广的节水灌溉技术。但该技术也存在一定缺点，即田间沟、畦多，沟和畦要轮番交替更换，劳动强度较大，比较费工。

(四) 播种沟灌技术

播种沟灌技术主要适用于沟播作物播种缺墒时。当在作物播种期遭遇干旱时，为了抢时播种促使种子发芽，保证苗齐、苗壮，可采用播种沟灌水技术。

1. 播种沟灌水技术具体方法

依据作物行距要求，犁第一犁开沟时随即播下种子；犁第二沟时作为灌水沟，并使第二犁翻起的土正好覆盖住第一犁沟内播下的种子，同时立即向该沟内灌水；之后依此类推，直至全部地块播种结束为止。

2. 播种沟灌水技术优点

播种沟土壤疏松、通气性好，不会产生板结，非常有利于作物种子发芽和出苗。播种沟可以采取先播种再灌水，或随播种随灌水等方式，不仅不延误播种期，也为争取适时早播提供方便条件。

（五）隔沟灌技术

为了减少作物棵间蒸发和控制作物根系生长，对宽行作物采用控制沟灌灌水技术即隔沟灌根技术。隔沟灌根据灌水次序不同又分为固定隔沟灌溉和交替隔沟灌溉两种形式，如图 7-11 所示。

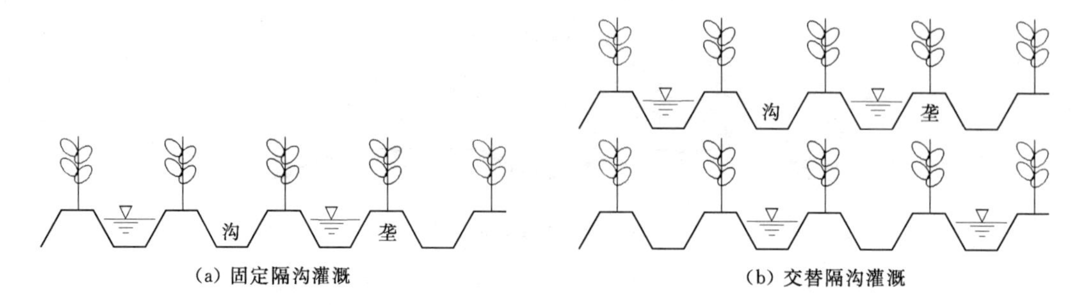

图 7-11　隔沟灌溉形式

1. 固定隔沟灌溉

固定隔沟灌（FFI）即为顺序间隔一条灌水沟灌水的节水型沟灌。

2. 交替隔沟灌溉

交替隔沟灌（AFI）是指每条灌水沟在两次灌水之间实行干湿交替，且顺序间隔一条灌水沟的节水型沟灌。

（六）覆膜沟灌技术

覆膜沟灌是将地膜平铺于沟中，沟全部被地膜覆盖，灌溉水从膜上（膜上沟灌）或膜下（膜下沟灌）输送到田间的灌溉方法。膜上沟灌技术适宜灌溉水下渗较快的偏沙质土壤，可大幅度减少灌溉水在输送过程中的下渗浪费。膜下沟灌技术适宜灌溉水下渗较慢的偏黏质土壤，地膜可减少土壤水分蒸发。

四、波涌灌

（一）波涌灌机理

波涌灌溉是以一定或变化的周期，循环、间断地向沟畦输水，即向两个或多个沟畦交替供水。当灌水由一个沟畦转向另一个灌水沟畦时，先灌的沟畦处于停水落干的过程中，由于灌溉水的下渗，水在土壤中的再分配，使土壤导水性减少，土壤中黏粒膨胀，孔隙变小，田面被溶解土块的颗粒运移和重新排列所封堵、密实，形成一个光滑封闭的致密层，从而使田面糙率变小，土壤入渗减慢，因此水流推进速度相应变快，深层渗漏明显减少。

（二）波涌灌系统组成和类型

1. 波涌灌系统组成

波涌灌系统主要由水源、管道、多向阀或自动间歇阀、控制器等组成。

（1）水源。能按时按量向植物供水，且水质符合要求的河流、塘库、井泉等均可作为波涌灌溉的水源。

（2）管道。含输水管和工作管，工作管为闸孔管，闸孔间距即灌水沟间距或畦宽，一般采用 PVC 管材。

(3) 间歇阀。是波涌灌溉系统的关键设备，常用的有两类，一是用水或空气开闭的，在压力作用下，皮囊膨胀，水流被堵死，卸压后皮囊收缩，阀门开启；另一种是用水或电自动开闭的阀门。

(4) 控制器。大部分为电子控制器，可根据程序控制供水时间，一旦确定了输水总放水时间，它能自动定出周期放水时间和周期数，并控制间歇阀的开关，为实现灌溉自动化提供了条件。

2. 波涌灌溉系统类型

根据管道布置方式的不同，将波涌灌溉系统分为“双管”系统和“单管”系统两类。

(1)“双管”系统。“双管”波涌灌田间灌水系统如图 7－12 所示，一般通过埋在地下的暗管管道把水输送到田间，再通过阀门和竖管与地面上带有阀门的管道相连。这种阀门可以自动地在两组管道间开关水流，故称“双管”。通过控制两组间的水流可以实现间歇供水。当这两组灌水沟结束灌水后，灌水工作人员可将全部水流引到另一放水竖管处，进行下一组波涌灌水沟的灌水。对已具备低压输水管网的地方，采用这种方式较为理想。

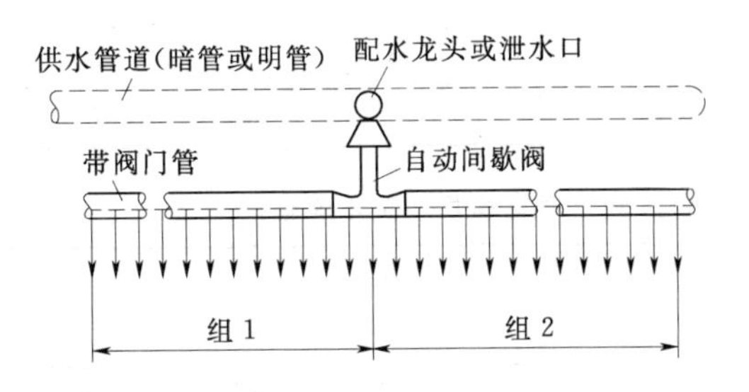

图 7－12　“双管”波涌灌田间灌水系统示意图

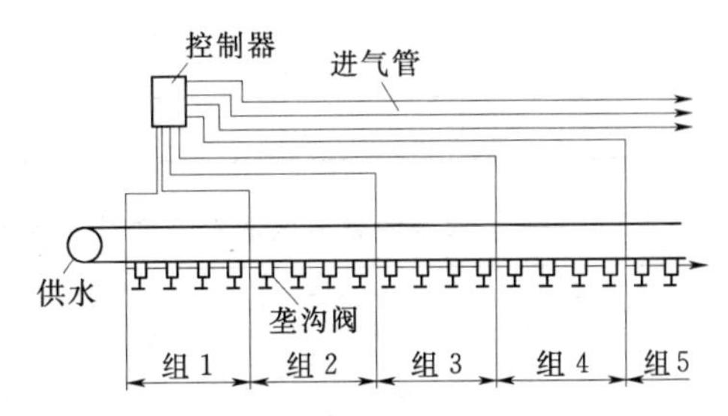

图 7－13　“单管”波涌灌田间灌水系统示意图

(2)“单管”系统。“单管”波涌灌田间灌水系统通常是由一条单独带阀门的管道与供水处相连接（故称“单管”），管道上的各出水口则通过低水压、低气压或电子阀控制，而这些阀门均以“一”字形排列，并由一个控制器控制这个系统，如图 7－13 所示。

(三) 波涌灌技术要素

波涌灌技术要素直接影响灌水质量，应根据地形、土壤情况合理选定。

1) 周期和周期数。一个放水和停水过程称为周期，周期时间即放水、停水时间之和，停放水的次数称之为周期数。当畦长大于 200m 时，周期数以 3～4 个为宜；畦长小于 200m 时，周期数以 2～3 个为宜。

2) 放水时间和停水时间。放水时间包括周期放水时间和总放水时间，周期放水时间是指一个周期向灌水沟畦供水的时间；总放水时间是指完成灌水组灌水的实际时间，为各周期放水时间之和，其值根据灌水经验估算，一般采用连续灌水时间的 65%～90%。畦田较长、入畦流量较大时取大值。停水时间是两次放水之间的间歇时间，一般等于放水时间，也可大于放水时间。

3) 循环率。循环率是周期放水时间与周期时间之比值。循环率应以在停水期间田面水流消退完毕并形成致密层，以降低土壤入渗能力和便于灌水管理为原则进行确定，循环率过小，间歇时间过长，田面可能发生龟裂而使入渗率增大；循环率过大，间歇时间过短，田面不能形成减渗层，波涌灌溉的优点难以发挥，循环率一般取 1/2 或 1/3。

4）放水流量。指入畦流量，一般由水源、灌溉季节、田面和土壤状况确定，流量越大，田面流速越大，水流推进距离越长，灌水效率越高，但流量过大会对土壤产生冲刷，因此应综合考虑。

表7－8、表7－9为陕西省泾惠灌区波涌畦灌实施方案，可供设计时参考。

表7－8　　陕西泾惠灌区清水波涌畦灌灌水实施方案（适宜植物头水灌溉）

畦长/m	坡降/‰	单宽流量/[L/(s·m)]	周期数	循环率
160	2	10～12	2	1/2
	3～4	8～10	2	1/2 或 1/3
	5	4～8	2	1/3
240	2	12～14	3	1/3
	3～4	10～13	3	1/2 或 1/3
	5	6～10	3	1/2
320	2	12～14	3 或 4	1/3
	3～4	10～12	3	1/2 或 1/3
	5	8～10	3	1/2

表7－9　　陕西泾惠灌区清水波涌畦灌灌水实施方案（适宜植物非头水灌溉）

畦长/m	坡降/‰	单宽流量/[L/(s·m)]	周期数	循环率
160	2	6～8	2	1/2
	3～4	4～6	2	1/2 或 1/3
	5	3～5	2	1/3
240	2	8～10	3	1/3
	3～4	6～8	3	1/2 或 1/3
	5	4～6	3	1/2
320	2	10～12	3 或 4	1/3
	3～4	8～10	3	1/2 或 1/3
	5	6～8	3	1/2

习　　题

一、填空题

1. 按照灌溉水是否湿润整个农田、水输送到田间的方式和湿润土壤的方式的不同，灌水方法通常分为＿＿＿＿＿和＿＿＿＿＿两大类。

2. 全面灌溉包括＿＿＿＿＿和＿＿＿＿＿两种。

3. 为了减小灌水的不均匀性，畦田的坡度小或土壤透水性弱时，畦长宜＿＿＿＿＿；反之宜＿＿＿＿＿。

4. 地面坡度大，入沟流量大或土壤透水性能力小的地块，改水成数应取较＿＿＿＿＿值；入沟流量小，或土壤透水性强的地块，改水成数应取较＿＿＿＿＿值。

5. 沟灌适宜的地面坡度一般为__________。

6. 根据地形坡度大小，灌水沟划分为__________和__________两种。

7. 小畦“三改”灌水技术分别指“__________、__________和__________”的灌水方法。

8. 细流沟灌根据灌溉和种植方式不同主要有__________、__________和__________三种类型。

9. 波涌灌溉是以一定或变化的周期，__________、__________地向沟畦输水，即向两个或多个沟畦交替供水。

10. 波涌灌系统主要由__________、__________、__________和__________等组成。

二、选择题

1. 地面灌溉的类型主要有（　　）几种。

A. 畦灌　B. 沟灌　C. 淹灌　D. 喷灌

2. 局部灌溉类型主要有（　　）几种。

A. 滴管　B. 微喷灌　C. 喷灌　D. 渗灌

3. 地面灌水技术常见的质量评价指标有（　　）三种。

A. 灌溉水有效利用率　B. 灌水时间

C. 灌溉水储存率　D. 田间灌水均匀度

4. 当坡度较缓时，畦田长度应（　　）等高线方向布置。

A. 垂直　B. 斜交　C. 平行　D. 均可

5. 畦田在畦长布置时，一般自流灌区的畦长以（　　）为宜，提水区和井灌区应短一些。

A. 30～50m　B. 50～100m　C. 30～100m　D. 50～150m

6. 为使畦田内的土壤湿润均匀和节省水量，一般改水成数有（　　）或满沟封沟改水等方法。

A. 六成　B. 七成　C. 八成　D. 九成

7. 沟灌，当土壤为轻质土壤时，由于土壤垂直入渗速率大于侧渗，土壤湿润范围为（　　）。

A. 圆形　B. 扁椭圆形　C. 椭圆形　D. 抛物线形

8. 沟灌灌水沟的断面形状一般有（　　）两种。

A. 圆形　B. U形　C. 三角形　D. 梯形

9. 根据管道布置方式的不同，将波涌灌溉系统分为（　　）两类。

A. 单灌系统　B. 单管系统　C. 双管系统　D. 双灌系统

10. 波涌灌技术要素有（　　）。

A. 周期和周期数　B. 放水时间和停水时间

C. 循环率　D. 放水流量

第八章　低压管道输水灌溉工程技术

【学习目标】

通过学习低压管道灌溉工程的组成及类型、主要设备、低压管道灌溉工程的规划设计方法，能够初步完成低压管道灌溉系统的规划设计。

【学习任务】

1. 了解低压管道输水灌溉系统的组成与类型。

2. 了解低压管道灌溉工程常用的管道及附件的种类、规格，能够合理选择设计需要的设备。

3. 掌握低压管道灌溉工程的规划设计方法，能够进行低压管道工程设计。

第一节　低压管道输水灌溉工程的组成及类型

低压管道输水灌溉工程是以管道代替明渠输水灌溉的一种工程形式，通过一定的压力，将灌溉水由分水设施输送到田间，再由管道分水口分水或外接软管输水进入田间沟、畦。由于管道系统工作压力一般不超过 0.4MPa，故称为低压管道输水灌溉工程。

一、低压管道输水系统的组成

低压管道输水灌溉系统由水源与取水工程、输水配水管网系统和田间灌水系统三部分组成，如图 8-1 所示。

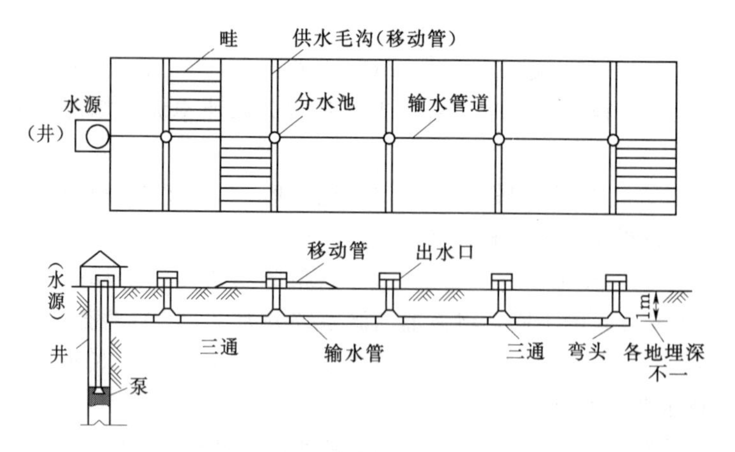

图 8-1　灌溉管道系统组成图

(一) 水源与取水工程

管道输水灌溉系统的水源有井、泉、沟、渠道、塘坝、河湖和水库等，水质应符合《农田灌溉水质标准》(GB 5084—2005) 的要求。

取水工程应根据用水量和扬程大小，选择适宜的水泵和配套动力机、压力表及水表，并建有管理房。自压灌区或大中型提水灌区的取水工程还应设置进水闸、分水闸、拦污栅、沉淀池、水质净化处理设施及量水建筑物等配套工程。

（二）输水配水管网系统

输水配水管网系统是指管道输水灌溉系统中的各级管道、分水设施、保护装置和其他附属设施。在面积较大的灌区，管网可由干管、分干、支管和分支管等多级管道组成。

（三）田间灌水系统

田间灌水系统指出水口以下的田间部分。作为整个低压管道输水系统，田间灌水系统是节水灌溉的重要组成部分。灌溉田块应进行平整，使田块坡度符合地面灌水要求，畦田长短应适宜。

二、低压管道输水工程的特点

1. 节水节能

低压管道输水减少了输水过程中的渗漏损失和蒸发损失，与明渠输水相比可节水30%～50%。对于机井灌区，节水就意味着降低能耗。

2. 省地、省工

采用管道输水后，管道埋入地下代替渠道，减少了渠道占地，可增加1%～2%的耕地面积，提高了土地利用率。同时，管道输水速度快，避免了跑水、漏水现象，缩短了灌水周期，节省了巡渠和清淤维修用工。

3. 成本低、效益高

低压管道灌溉投资较低，一般每亩为100～300元，远小于喷灌或微灌的投资。同等水源条件下，由于能适时适量灌溉，满足作物生长期需水要求，因而起到增产增收作用。一般年份可增产15%，干旱年份增产20%。

4. 适应性强、管理方便

低压管道输水属有压供水，可以越沟、爬坡和跨路，不受地形限制，配上田间地面移动软管，可解决零散地块浇水问题，可使原来渠道难以达到灌溉的耕地实现灌溉，扩大灌溉面积，且施工安装方便，便于群众掌握，便于推广。

三、低压管道输水灌溉工程的分类

（一）按压力获取方式分类

1. 机压（水泵提水）输水系统

机压（水泵提水）输水系统又分为水泵直送式和蓄水池式：一种形式是水泵直接将水送入管道系统，然后通过分水口进入田间，称为水泵直送式；另一种形式是水泵通过管道将水输送到某一高位蓄水池，然后由蓄水池自压向田间供水。目前，平原区井灌区大部分采用水泵直送式。

2. 自压输水系统

当水源较高时，可利用地形自然落差所提供的水头作为管道输水所需要的工作压力。

在丘陵地区的自流灌区多采用这种形式。

（二）按管网形式分类

1. 树状网

管网呈树枝状，水流通过"树干"流向"树枝"，即从干管流向支管、分支管，只有分流而无汇流，如图 8－2（a）所示。

2. 环状网

管网通过节点将各管道连接成闭合环状网。根据给水栓位置和控制阀启闭情况，水流可做正逆方向流动，如图 8－2（b）所示。

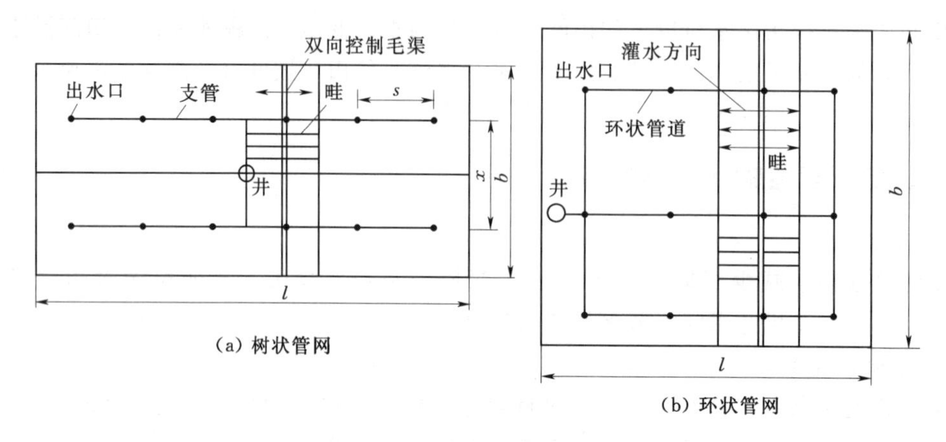

图 8－2　管网系统示意图

目前，国内低压管道输水灌溉系统多采用树状网。

（三）按可移动程度分类

1. 移动式

除水源外，管道及分水设备都可移动，机泵有的固定，有的也可移动，管道多采用软管，简便易行，一次性投资低，多在井灌区临时抗旱时应用。但是劳动强度大，管道易破损。

2. 半固定式

一般是水源固定，干管或支管为固定地埋管，由分水口连接移动软管输水进入田间。这种形式工程投资和劳动强度介于移动式和固定式之间，经济条件一般的地区宜采用这种系统。

3. 固定式

管道灌溉系统中的水源和各级管道及分水设施均埋入地下，固定不动。给水栓或分水口直接分水进入田间沟、畦，没有软管连接。田间毛渠较短，固定管道密度大，标准高。一次性投资大，但运行管理方便，灌水均匀。有条件的地方应逐渐推广这种形式。

第二节　低压管道输水系统的主要设备

一、管材与管件

管材及管道附件用量大，占总投资的 2/3 以上，其对工程质量和造价以及效益的发挥

影响很大，规划设计时要慎重选用。

（一）管材

1. 塑料管材

塑料管材有硬管和软管两类。硬管如聚氯乙烯管、聚乙烯管、聚丙烯管和双壁波纹管等，一般常作为固定管道使用。

2. 金属管材

如各种钢管、铸铁管等，均为硬管材，钢管、铸铁管用作固定管道。

3. 水泥类管材

如钢筋混凝土管、素混凝土管、水泥土管以及石棉水泥管等，用作地埋暗管。

4. 薄膜管

与给水栓连接，向田间毛渠、畦、沟供水的塑料软管，如改性聚乙烯薄塑料管、涂塑软管等。

（二）管材选择

1. 管材应达到的技术要求

1）能承受设计要求的工作压力。管材允许工作压力应为管道最大工作压力的1.4倍，且大于管道可能产生水锤时的最大压力。

2）管壁薄厚均匀，壁厚误差应不大于5%。

3）地埋管材在农机具和外荷载的作用下，管材的径向变形率不得大于5%。

4）便于运输和施工，能承受一定的沉降应力。

5）管材内壁光滑、糙率小，耐老化，使用寿命满足设计年限要求。

6）管材与管材、管材与管件连接方便，连接处同样满足相应的工作压力，满足抗弯折、抗渗漏、强度、刚度及安全等方面的要求。

7）移动管道要轻便，易快速拆卸，耐碰撞，耐摩擦，具有较好的抗穿透及抗老化能力等。

8）当输送的水流有特殊要求时，还应考虑对管材的特殊要求。

2. 管材选择的方法

在满足设计要求的前提下，综合考虑管材价格、施工费用、工程的使用年限、工程维修费用等经济因素进行管材选择。

通常在经济条件较好的地区，固定管道可选择价格相对较高，但施工、安装方便及运行可靠、管理简单的硬PVC管；移动管可选择塑料软管。在经济条件较差的地区，可选择价格低廉的管材，如固定管可选素混凝土管、水泥砂管等管材，移动软管可选择塑料软管。在将来可能发展喷灌的地区，应选择承压能力较高的管材，以便今后发展喷灌时使用。

二、管道附件

（一）连接附件

连接附件即管件，主要有同径和异径三通、四通、弯头、堵头及异径渐变管、快速接头等。快速接头主要用于地面移动管道，以迅速连接管道，节省操作时间和减轻劳动强度。

（二）控制附件

控制附件是用来控制管道系统中的流量和水压的各种装置或构件。在管道系统中，最常用的控制附件有给水装置、阀门、进排气阀、逆止阀、安全阀、调压装置、带阀门的配水井和放水井等。

1. 给水装置

给水装置即给水栓，是向地面管道或田间毛渠、畦、沟供水的控制装置。给水栓各地有定型产品，可根据需要选用，也有自行制造的。给水栓要坚固耐用、密封性能好、不漏水、软管安装拆卸方便等。

给水装置有多种分类方法，按阀体结构分为移动式、半固定式、固定式三类。常用给水装置的主要性能参数及特点见表8-1。

表8-1　　常用给水装置的主要性能参数及特点

型号名称	公称直径/mm	公称压力/MPa	局部阻力系数	主要特点	图号
G1Y2-H/LⅡ型、G1Y3-H/LⅢ型平板阀移动式给水栓	75，90，110，125，160	0.25，0.4	1.52～2.2	移动式，旋紧锁口连接，平板阀内外力结合止水，地上保护，适用于多种管材	图8-3
G2B3-H型平板阀半固定式给水栓	100/75，100/100，125/100		0.2	半固定式，丝堵外力止水，地上保护，适用于压力、流量较小的塑料管道系统	图8-4
C2G7-S/N型丝盖固定式出水口	75，90，110，125	0.2		固定式，丝盖外力止水，地上保护，适用于压力、流量较小的塑料管道	图8-5

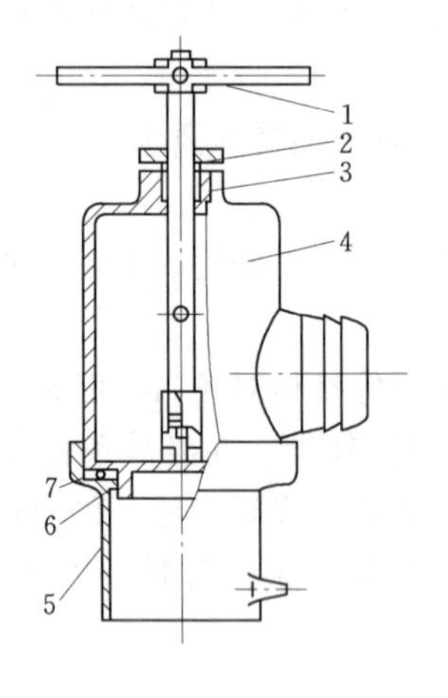

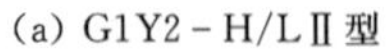
(a) G1Y2-H/LⅡ型

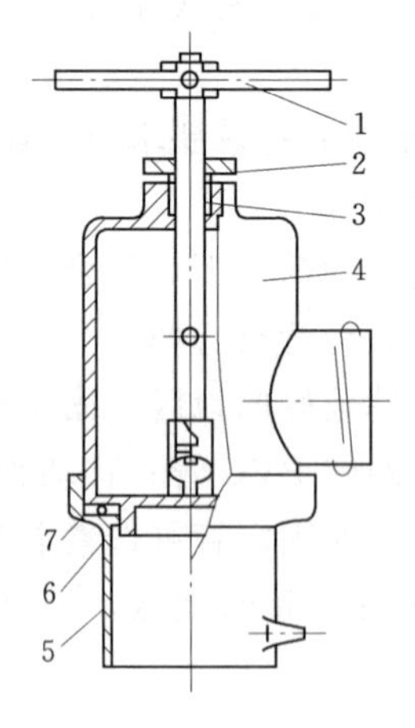

(b) G1Y3-H/LⅢ型

图8-3　G1Y2-H/L、G1Y3-H/L型平板阀移动式给水栓

1—闸阀；2—填料压盖；3—填料；4—上栓壳；5—下栓壳；6—闸瓣；7—密封胶垫

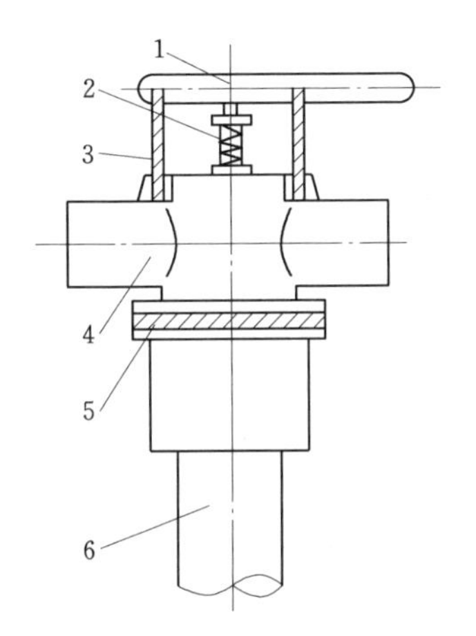

图 8-4　G2B3-H 平板阀半固定式给水栓

1—操作杆；2—弹簧；3—固定挂钩；4—栓壳；5—密封胶垫；6—法兰立管

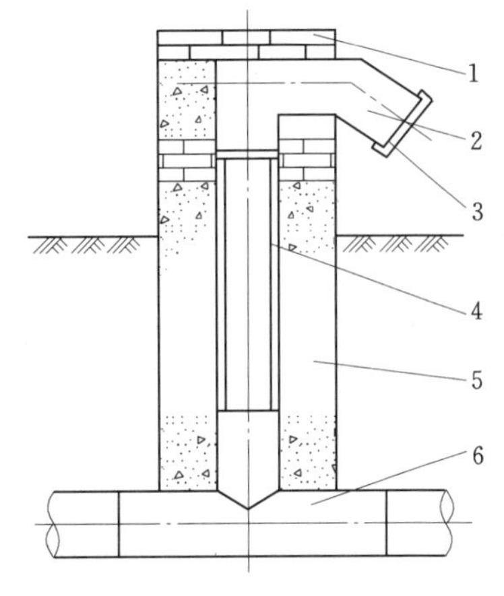

图 8-5　C2G7-S/N 丝盖固定式出水口

1—砌砖；2—放水管；3—丝盖；4—立管；5—混凝土固定墩；6—硬 PVC 三通

2. 安全保护装置

低压管道输水灌溉系统的安全保护装置主要作用是破坏管道真空，排除管内空气，减少输水阻力，超压保护，调节压力，防止管道内的水回流入水源而引起水泵高速反转。

(1) 进（排）气阀。

进（排）气阀按阀瓣结构分为球阀式、平板式进（排）气阀两大类，如图 8-6、图 8-7 所示。其工作原理是管道充水时，管内气体从进（排）气口排出，球（平板）阀靠水的浮力上升，在内水压力作用下封闭进（排）气口，使进（排）气阀密封而不渗漏，排气过程完毕。管道停止供水时，球（平板）阀因虹吸作用和自重而下落，离开球（平板）口，空气进入管道，破坏了管道真空或使管道水的回流中断，避免了管道真空破坏或因管内水的回流引起的机泵高速反转。

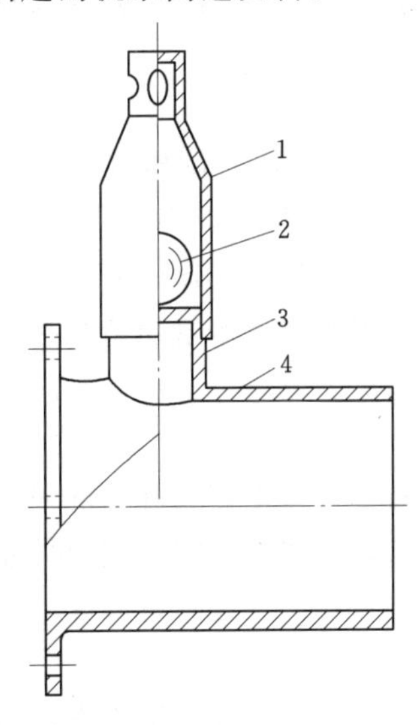

图 8-6　JP3Q-H/G 型球阀式进（排）气阀

1—阀室；2—球阀；3—球箅管；4—法兰

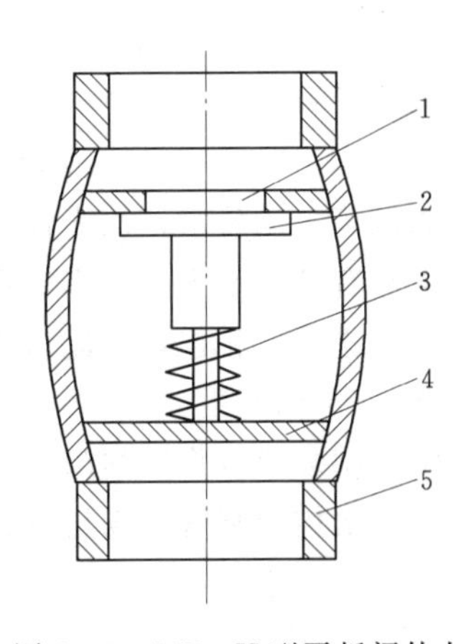

图 8-7　J4P-H 型平板阀外力止水进（排）气阀

1—进（排）气口；2—阀瓣；3—弹簧；4—弹簧支座；5—阀壳

进（排）气阀的通气孔直径可按式（8－1）计算选择，一般安装在顺坡布置的管道系统首部、逆坡布置的管道系统尾部、管道系统的凸起处、管道朝水流方向下折及超过10°的变坡处。

$$d_0=1.05D_0\left(\frac{v}{v_0}\right)^{1/2} \tag{8-1}$$

式中　d_0——进（排）气阀通气孔直径，mm；

D_0——管道内径，mm；

v——管道内水流速度；

v_0——进（排）气阀排出空气速度，m/s，计算时可取45m/s。

（2）安全阀。

安全阀是一种压力释放装置，安装在管路较低处，起超压保护作用。低压管道灌溉系统中常用的安全阀按其结构型式可分为弹簧式（图8－8）、杠杆重锤式。

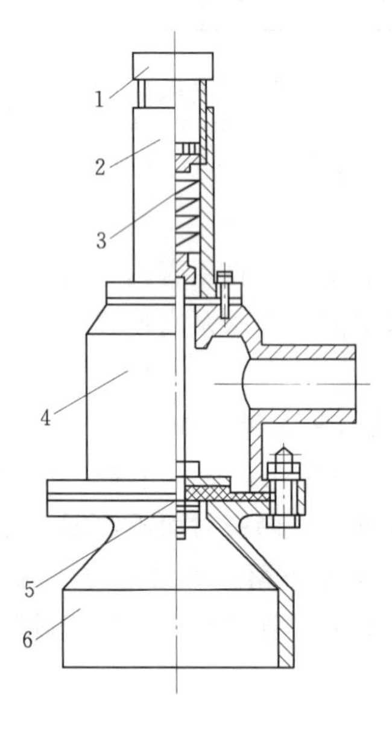

图8－8　T－G型弹簧式安全阀
1—调压螺栓；2—弹簧室；3—弹簧；4—阀瓣室；5—阀瓣；6—阀座管

安全阀的工作原理是将弹簧力或重锤的重量加载于阀瓣上来控制、调节开启压力（即整定压力）。在管道系统压力小于整定压力时，安全阀密封可靠，无渗漏现象；当管道系统压力升高并超过整定压力时，阀门则立即自动开启排水，使压力下降；当管道系统压力降低到整定压力以下时，阀门及时关闭并密封如初。

安全阀在选用时，应根据所保护管路的设计工作压力确定安全阀的公称压力。由计算出的定压值决定其调压范围，根据管道最大流量计算出安全阀的排水口直径，并在安装前校订好阀门的开启压力。弹簧式、杠杆重锤式安全阀均适用于低压管道输水灌溉系统。

（3）调压管。

调压管又称调压塔、水泵塔、调压进（排）气井，其结构型式如图8－9所示。其作用是当管内压力超过管道的强度时，调压管自动放水，从而保护管道安全，可代替进（排）气阀、安全阀和止回阀。调压管（塔）有2个水平进、出口和1个溢流口，进口与水泵上水管出口相接，出口与地下管道系统的进水口相连，溢流口与大气相通。

3．配水控制装置

配水控制装置可采用闸门、闸阀等定型工业产品，亦可根据实际情况采用分水、配水建筑物。配水控制装置应满足设计的压力和流量要求，且密封性好，安全可靠，操作维修方便，水流阻力小。

4．测量计费装置

压力测量装置是用来量测管道系统的水流压力，了解、检查管道工作压力状况的；流量测量装置主要是用来测量管道水流量的。

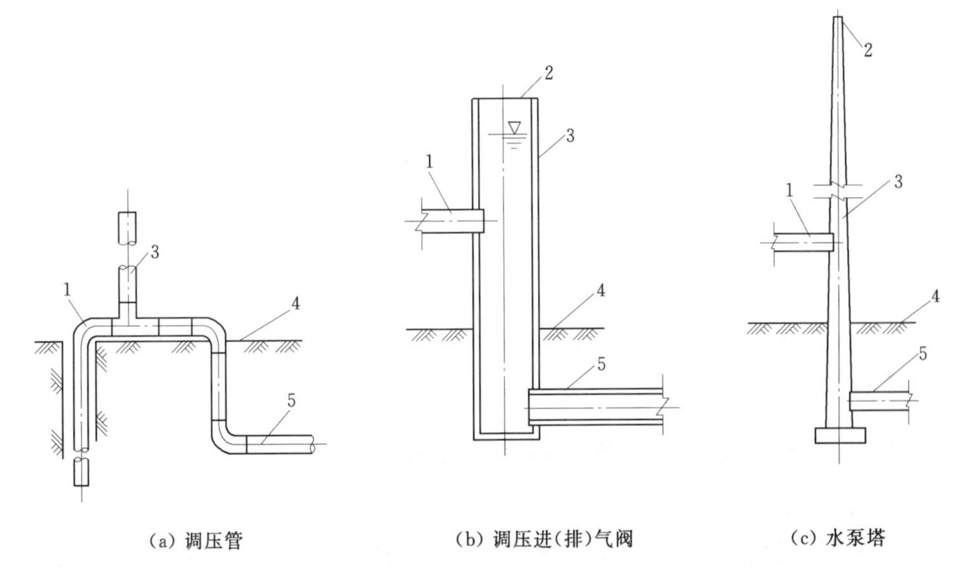

图 8-9　调压管（塔）的结构示意图

1—水泵；2—溢流口；3—调压管；4—地面；5—地下管道

第三节　低压管道输水灌溉工程规划设计

一、低压管道输水灌溉工程规划原则与设计参数

规划布置的基本任务是在勘测和收集基本资料以及掌握低压管道输水灌溉区基本情况和特点的基础上，研究规划发展低压管道输水灌溉技术的必要性和可行性，确定规划原则和主要内容。通过技术论证和水力计算，确定工程规模和系统控制范围；选定最佳工程规划布置方案；进行投资预算与效益分析，以彻底改变当地农业生产条件，建设高产稳产、优质高效农田及适应农业现代化的要求为目的。

(一) 规划原则

(1) 应收集掌握规划区地理位置、水文气象、水文地质、土壤、农业生产、社会经济以及地形地貌、工程现状等资料，了解当地水利工程运行管理水平，听取用户对管线布置、运行管理等方面的意愿。

(2) 规划应在当地农业区划和水资源评价的基础上进行；应与农田水利基本建设总体规划相适应，做到因地制宜，统筹兼顾，全面规划，分期实施。

(3) 工程建设应将水源、泵站、输水管道系统及田间灌排工程作为一个整体统一规划，做到技术先进，经济合理，效益显著。

(4) 规划中应进行多方案的技术经济比较，选择投资省、效益高、节水、节能、省地及便于管理的方案，并保证水资源可持续利用，山区、丘陵地区宜利用地形落差自压输水。

(5) 对特别重要的管道输水灌溉工程，在可能给环境造成不利影响时，应进行环境评价。

(6) 规划应与道路、林带、供电、通信、生活供水等系统线路，以及居民点的规划相协调，充分利用已有水利工程，并根据需要设置排水系统。

(7) 对灌溉面积较小，地形、水源及环境条件比较简单的灌区，可将规划、设计合并成一个阶段进行。

(二) 主要技术参数的确定

(1) 灌溉设计保证率。根据当地自然条件和经济条件确定，不宜低于75%。

(2) 管网水利用系数。应不低于0.95。

(3) 田间水利用系数。旱作灌区应不低于0.9，水稻灌区应不低于0.95。

(4) 灌溉水利用系数。一般取0.85～0.9。

二、低压管道输水灌溉工程规划设计方法

(一) 基本资料的收集与整理

(1) 近期与中长期发展规划。包括农田基本建设规划、农业发展规划、水利区划和水利中长期发展供求规划等，以及规划区今后人口增长、工业与农业发展目标、耕地面积与灌溉面积变化趋势和可供水资源量与需水量。

(2) 地形地貌。灌区规划阶段用1∶5000～1∶10000的地形图，管网布置用1∶1000～1∶2000的局部地形图。

(3) 水文气象。包括气温、降雨量、蒸发量、日照小时数、无霜期、土壤冻结及解冻时间、冻土层深度、主风向及风速等。

(4) 土壤及其特性。包括土壤类型及分布，土壤质地和层次，耕作层厚度及养分状况，土壤主要物理化学性质等。

(5) 灌溉水源。

1) 地下水：包括含水层厚度及埋藏深度、地下水水力坡度、流速及井的涌水量等资料。

2) 河水：包括不同水平年水位及流量的年内分配过程等资料。

3) 水库塘坝：包括水位库容曲线、水库调节性能及可供灌溉用水量等资料。

(6) 水利工程现状。掌握现有水利设施状况，井灌区井的数量、分布、出水量、机泵性能等。水库灌区还要收集水库和引水建筑物类别、有关尺寸、引水流量、灌溉面积、供水保证程度和灌溉水利用系数等。

(7) 灌溉试验资料。包括灌溉回归系数、潜水蒸发系数、主要作物需水量以及各生育阶段适宜土壤含水率、需水规律、灌溉制度等。

(8) 管材管件资料。包括管材管件的规格、性能、造价和质量。

(9) 社会经济。包括规划区内人口、劳力以及耕地面积、林果面积、作物种类、种植比例等。

(二) 水量供需平衡分析

灌溉水源来水量根据规划区水资源评价成果，结合配套设备能力确定可供水量，已成井灌区还应根据多年采补资料，对地下水可供水量加以复核；需水量应包括生活、农业、工业及生态等用水量。灌溉用水量根据作物组成、复种指数、作物需水、降水可利用量，

并考虑未来可能的作物种植结构调整等计算确定。根据水源来水和用水用典型年法进行水量供需平衡计算，确定灌溉面积。

（三）管网规划布置

1. 管网系统布置的原则

（1）一般情况下宜采用单水源管道系统布置，采用多水源汇流管道系统应经技术经济论证。

（2）管道布置宜平行于沟、渠、路，应避开填方区和可能产生滑坡或受山洪威胁的地带。

（3）管网布置形式应根据水源位置、地形、田间工程配套和用户用水情况，通过方案比较确定。

（4）管道级数应根据系统灌溉面积（或流量）和经济条件等因素确定。旱作物区，当系统流量小于 $30m^3/h$ 时，可采用一级固定管道；当系统流量为 $30\sim60m^3/h$ 时，可采用干、支管两级固定管道；当系统流量大于 $60m^3/h$，可采用两级或多级固定管道，同时宜增设地面移动管道。水田区，可采用两级或多级固定管道。

（5）应力求管道总长度短，管线平直，应减少折点和起伏。

（6）田间固定管道长度宜为 $90\sim150m/hm^2$。

（7）支管走向宜平行于作物种植方向，支管间距平原区宜采用 50～150m，单向灌水时取较小值，双向灌水时取较大值。

（8）给水栓应按灌溉面积均衡布设，并根据作物种类确定布置密度，单口灌溉面积宜为 $0.25\sim0.6hm^2$，单向灌水取较小值，双向灌水取较大值。田间配套地面移动管道时，单口灌溉面积可扩大至 $1.0hm^2$。

2. 管网布置形式

在管网布置之前，首先根据适宜的畦田长度和给水栓供水方式确定给水栓间距，然后根据经济分析结果将给水栓连接而形成管网。下面主要介绍井灌区管网典型布置形式。

（1）机井位于地块一侧，控制面积较大且地块近似成方形，可布置成如图 8-10、图 8-11 所示的形式。这些布置形式适用于井出水量为 $60\sim100m^3/h$、控制面积为 $10\sim20hm^2$、地块长宽比约等于 1 的情况。

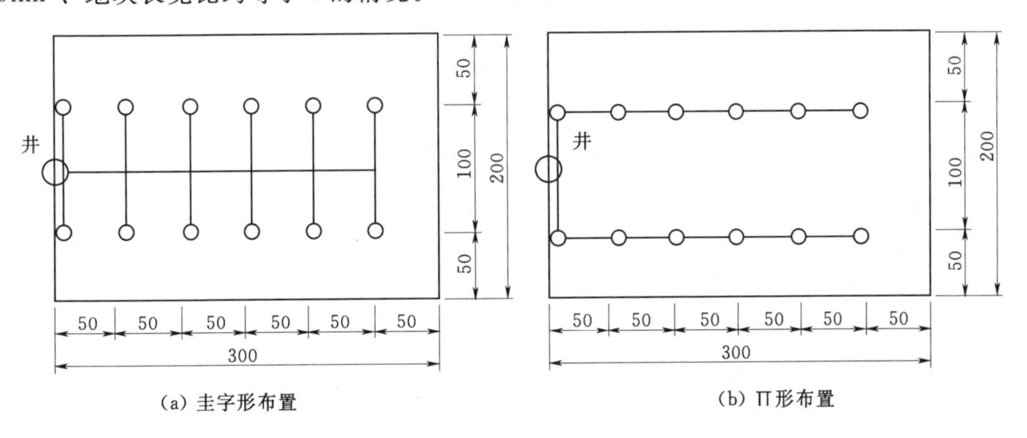

图 8-10 给水栓向一侧分水示意图（单位：m）

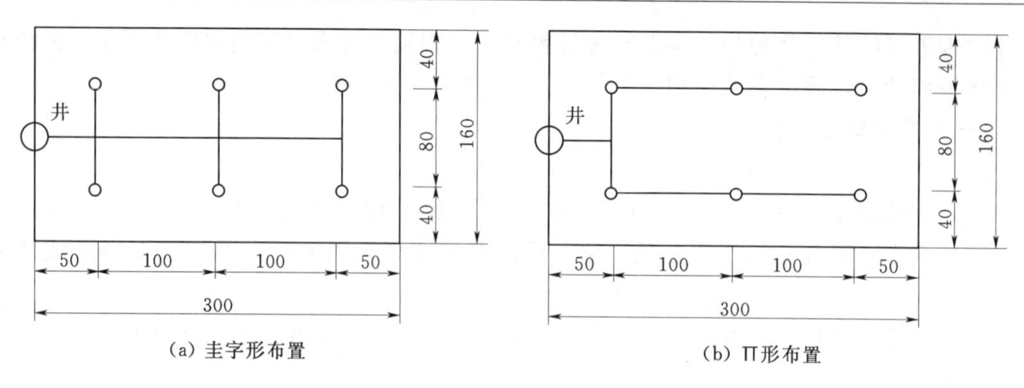

图 8-11　给水栓向两侧分水示意图（单位：m）

（2）机井位于地块一侧，地块呈长条形，可布置成一字形、L形、T形，如图 8-12～图 8-14 所示。这些布置形式适用于井出水量为 20～40m^3/h、控制面积为 3～7hm^2、地块长宽比不大于 3 的情况。

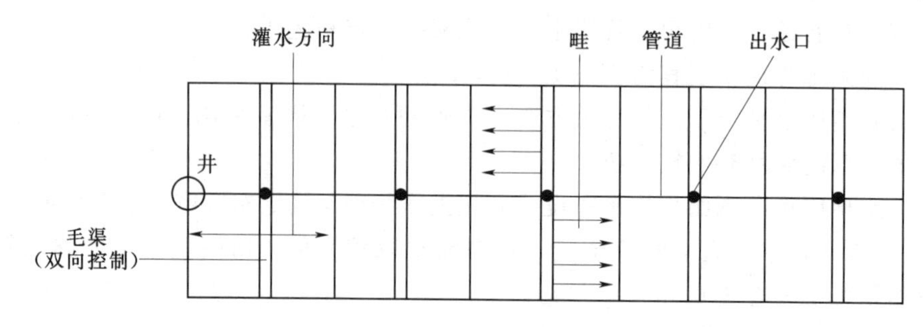

图 8-12　一字形布置

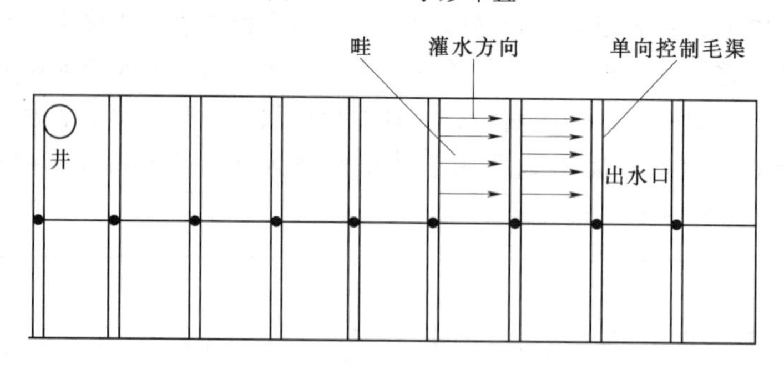

图 8-13　L形布置

（3）机井位于地块中心时，常采用如图 8-15 所示的 H 形布置形式。这种布置形式适用于井出水量为 40～60m^3/h、控制面积为 7～10hm^2、地块长宽比不大于 2 的情况。当地块长宽比大于 2 时，宜采用如图 8-16 所示的长一字形布置形式。

3. 管网规划布置的步骤

（1）根据地形条件分析确定管网形式。

（2）确定给水栓的适宜位置。

（3）按管道总长度最短布置原则，确定管网中各级管道的走向与长度。

（4）在纵断面图上标注各级管道桩号、高程、给水装置、保护设施、连接管件及附属

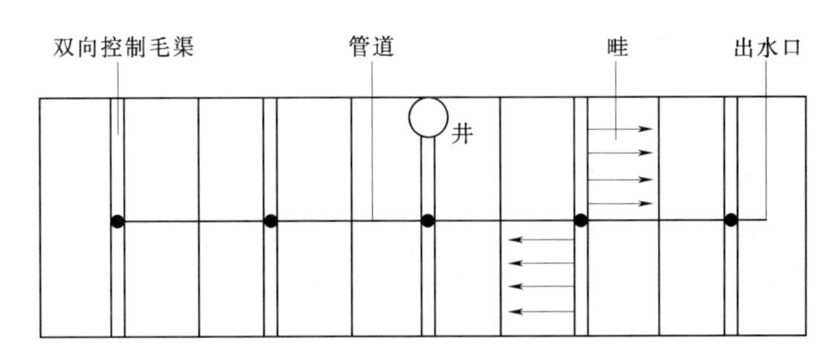

图 8-14　T 形布置

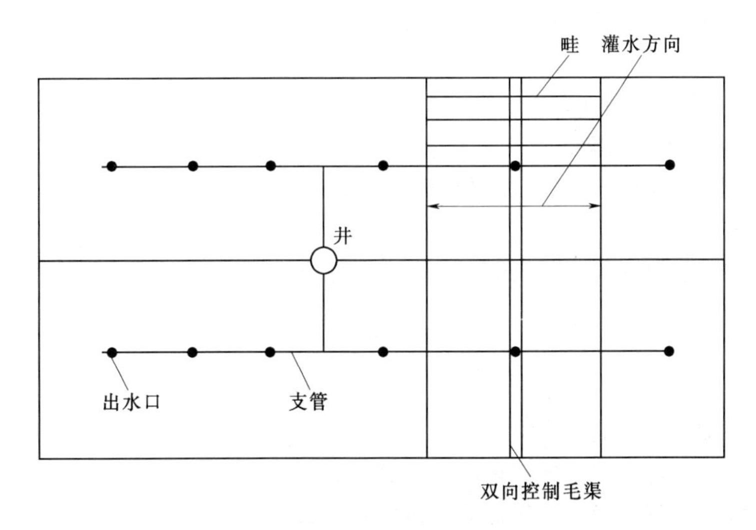

图 8-15　H 形布置

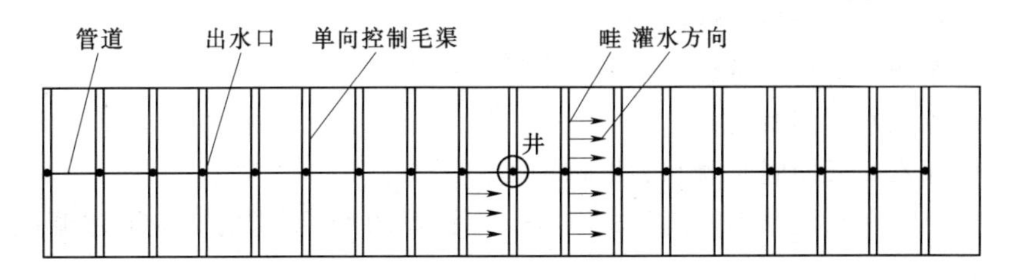

图 8-16　长一字形布置形式

建筑物的位置。

(5) 对各级管道、管件、给水装置等列表分类统计。

(四) 管网水力计算

1. 管网设计流量

(1) 灌溉制度。

1) 设计灌水定额。在管网设计中，采用作物生育期内各次灌水量中最大的一次作为设计灌水定额，对于种植不同作物的灌区，通常采用设计时段内主要作物的最大灌水定额作为设计灌水定额。

$$m=1000\gamma_s h(\beta_1-\beta_2) \tag{8-2}$$

式中 m——设计净灌水定额，m^3/hm^2；

h——计划湿润层深度，m，一般大田作物取0.4～0.6m，蔬菜取0.2～0.3m，果树取0.8～1.0m；

γ_s——计划湿润层土壤的干容重，kN/m^3；

β_1——土壤适宜含水率（重量百分比）上限，取田间持水率的0.85～1.0；

β_2——土壤适宜含水率（重量百分比）下限，取田间持水率的0.6～0.65。

2）设计灌水周期。

$$T_{理}=\frac{m}{10E_d} \tag{8-3}$$

因为实际灌水中可能出现停水，故设计灌水周期应小于理论灌水周期，即

$$T<T_{理}$$

式中 $T_{理}$——理论灌水周期，d；

T——设计灌水周期；

E_d——控制区内作物最大日需水量，mm/d。

（2）设计流量。

1）灌溉系统设计流量。灌溉系统的设计流量应由灌水率图确定。在井灌区，灌溉设计流量应小于单井的稳定出水量。

$$Q_0=\sum_{i=1}^{e}\left(\frac{\alpha_i m_i}{T_i}\right)\frac{A}{t\eta} \tag{8-4}$$

式中 Q_0——灌溉系统设计流量，m^3/h；

a_i——灌水高峰期第 i 种作物的种植比例；

m_i——灌水高峰期第 i 种作物的灌水定额，m^3/hm^2；

T_i——灌水高峰期第 i 种作物的一次灌水延续时间，d；

A——设计灌溉面积，hm^2；

t——系统日工作小时数，h/d；

η——灌溉水利用系数；

e——灌水高峰期同时灌水的作物种类。

当水源或已有水泵流量不能满足式（8-4）计算的 Q_0 要求时，应取水源或水泵流量作为系统设计流量。

2）灌溉工作制度。

a）续灌方式：在地形平坦且引水流量和系统容量足够大时，可采用续灌方式。

b）轮灌方式：系统轮灌组数目是根据管网系统灌溉设计流量、每个出水口的设计出水量及整个出水口的个数按式（8-5）计算的，当整个系统各出水口流量接近时，式（8-5）化为式（8-6）。

$$N=\mathrm{int}\left(\sum_{i=1}^{n}\frac{q_i}{Q_0}\right) \tag{8-5}$$

$$N=\mathrm{int}\left(\frac{nq}{Q_0}\right) \tag{8-6}$$

式中 N——轮灌组数；

q——第 i 个出水口设计流量，m^3/h；

int——取整符号；

n——系统出水口总数。

（3）树状管网各级管道的设计流量。

$$Q=\frac{n_{栓}}{N_{栓}}Q_0 \tag{8-7}$$

式中　Q——管道设计流量，m^3/h；

$n_{栓}$——管道控制范围内同时开启的给水栓个数；

$N_{栓}$——全系统同时开启的给水栓个数。

2. 水头损失计算

（1）沿程水头损失。在管道输水灌溉管网设计计算中，根据不同材料管材使用流态，通常采用式（8-8）计算有压管道的沿程水头损失。

$$h_f=f\frac{Q^m}{d^b}L \tag{8-8}$$

式中　f——沿程水头损失摩阻系数；

m——流量指数；

b——管径指数。

各种管材的 f、m、b 值见表 8-2。

表 8-2　　不同管材的摩阻系数、流量指数、管径指数

管材类别	摩阻系数 f	流量指数 m	管径指数 b
塑料管	0.948×10^5	1.77	4.77
石棉水泥管	1.455×10^5	1.85	4.89
混凝土管	1.516×10^6	2.00	5.33
旧钢管、旧铸铁管	6.250×10^5	1.9	5.10

注　地埋薄壁塑料管的 f 值，宜用表内塑料管 f 值的 1.05 倍。

（2）局部水头损失计算。一般的低压管道工程常取局部水头损失为沿程水头损失的5%～10%。

3. 管径确定

管径确定的方法一般采用计算简便的经济流速法，在井灌区和其他一些非重点的管道工程设计中，多采用该法。该方法根据不同的管材确定适宜流速，然后由式（8-9）计算管径，最后根据商品管径进行标准化修正。

在确定管径时要考虑以下几点：①管网任意处工作压力的最大值应不大于该处材料的公称压力；②管道流速应不小于不淤流速（一般取 0.5m/s），不大于最大允许流速（通常限制在 2.5～3.0m/s）；③设计管径必须是已有生产的管径规格；④在设计运行工况下，不同运行方式时的水泵工作点应尽可能在高效区内。

$$d=1000\sqrt{\frac{4Q}{3600\pi v}}=18.8\sqrt{\frac{Q}{v}} \tag{8-9}$$

式中　d——计算理论管径，mm；

Q——计算管段的设计流量，m^3/s；

v——管道内水的经济流速，m^3/h。

经济流速受当地管材价格、使用年限、施工费用及动力价格等因素的影响较大。若当地管材价格较低，而动力价格较高，经济流速应选取较小值；反之则选取较大值。因此，在选取经济流速时应充分考虑当地的实际情况。表 8-3 列出了不同管材经济流速的参考值。

表 8-3　　不同管材经济流速的参考值表

管　材	混凝土管	石棉水泥管	塑料管	薄膜管
流速/(m/s)	0.5～1.0	0.7～1.3	1.0～1.5	0.5～1.2

4. 水泵扬程计算与水泵选择

（1）管道系统设计工作水头。管道系统设计工作水头按式（8-10）计算：

$$H_0=\frac{H_{max}+H_{min}}{2} \tag{8-10}$$

其中

$$H_{max}=Z_2-Z_0+\Delta Z_2+\sum h_{f2}+\sum h_{j2}+h_0 \tag{8-11}$$

$$H_{min}=Z_1-Z_0+\Delta Z_1+\sum h_{f1}+\sum h_{j1}+h_0 \tag{8-12}$$

式中　H_0——管道系统设计工作水头，m；

H_{max}——管道系统最大工作水头，m；

H_{min}——管道系统最小工作水头，m；

Z_0——管道系统进口高程，m；

Z_1——参考点 1 地面高程，在平原井区，参考点 1 一般为距水源最近的出水口，m；

Z_2——参考点 2 地面高程，在平原井区，参考点 2 一般为距水源最远的出水口，m；

ΔZ_1、ΔZ_2——参考点 1 与参考点 2 处出水口中心线与地面的高差，m，出水口中心线高程，应为所控制的田间最高地面高程加 0.15m；

$\sum h_{f1}$、$\sum h_{j1}$——管道系统进口至参考点 1 的管路沿程水头损失与局部水头损失，m；

$\sum h_{f2}$、$\sum h_{j2}$——管道系统进口至参考点 2 的管路沿程水头损失与局部水头损失，m；

h_0——给水栓工作水头，m，应根据生产厂家提供的资料选取，无资料时可按 0.3～0.5m 选取。

（2）水泵扬程计算。灌溉系统设计扬程按式（8-13）计算：

$$H_p=H_0+Z_0-Z_d+\sum h_{f0}+\sum f_{j0} \tag{8-13}$$

式中　H_p——管道系统设计扬程，m；

Z_d——机井动水位，m；

$\sum h_{f0}$、$\sum h_{j0}$——水泵吸水管进口至管道进口之间的管道沿程水头损失与局部水头损失，m。

（3）水泵选型。根据以上计算的水泵扬程和系统设计流量选取水泵，然后根据水泵的流量-扬程曲线和管道系统的流量水头损失曲线校核水泵工作点。

为保证所选水泵在高效区运行，对于按轮灌组运行的管网系统，可根据不同轮灌组的流量和扬程进行比较，选择水泵。当控制面积大且各轮灌组流量与扬程差别很大时，可选择两台或多台水泵分别对应各轮灌组提水灌溉。

低压管道输水灌溉工程的新配水泵宜选用国家公布的节能产品，水泵的型号除要满足系统设计流量和扬程外，还要考虑水源的形式，通常对水位埋深较浅且变幅不大的水源可选择离心泵，流量较大的可选双吸离心泵或混流泵；对于水位埋深较大，不能选用离心泵的浅井水源，如果扬程不大，可选单机级潜水电泵，流量较小的可考虑单相电机泵；对于水位埋深较大、扬程较大的水源（如深井），可选用多级潜水电泵。

5. 水锤压力计算与水锤防护

在有压管道中，由于管内流速突然变化而引起管道中水流压力急剧上升或下降的现象，称为水锤。在水锤发生时，管道可能因内水压力超过管材公称压力或管内出现负压而损坏管道。在低压管道系统中，由于压力较小，管内流速不大，一般情况下水锤压力不会过高。因此，在低压管道计算中，只要按照操作规程，并配齐安全保护装置，可不进行水锤压力计算。但对于规模较大的低压管道输水灌溉工程，应该进行水锤压力验算。

第四节　低压管道输水灌溉工程规划设计示例

一、基本情况

某井灌区主要以粮食生产为主，地下水丰富，多年来建成了以离心泵为主要提水设备、土渠输水的灌溉工程体系，为灌区粮食生产提供了可靠保证。由于近几年来的连续干旱，灌区地下水普遍下降，为发展节水灌溉，提高灌溉水利用系数，改离心泵为潜水泵提水，改土渠输水为低压管道输水。

井灌区内地势平坦，田、林、路布置规整（图 8－17），单井控制面积 12.7hm^2，地面以下 1.0m 土层内为中壤土，平均干容重为 14.0kN/m^3，田间持水率为 24%。

工程范围内有水源井一眼，位于灌区的中部。根据水质检验结果分析，该井水质符合《农田灌溉水质标准》（GB 5084—2005），可以作为该工程的灌溉水源，水源处有 380V 三相电源。据多年抽水测试，该井出水量为 55m^3/h，井径为 220mm，采用钢板卷管护筒，井深 20m，静水位埋深 7m，动水位埋深 9m，井口高程与地面齐平。

二、井灌区管道灌溉系统的设计参数

（1）灌溉设计保证率为 75%。

（2）管道系统水的利用率为 95%。

（3）灌溉水利用系数为 0.85。

（4）设计作物耗水强度为 5mm/d。

（5）设计湿润层深为 0.55m。

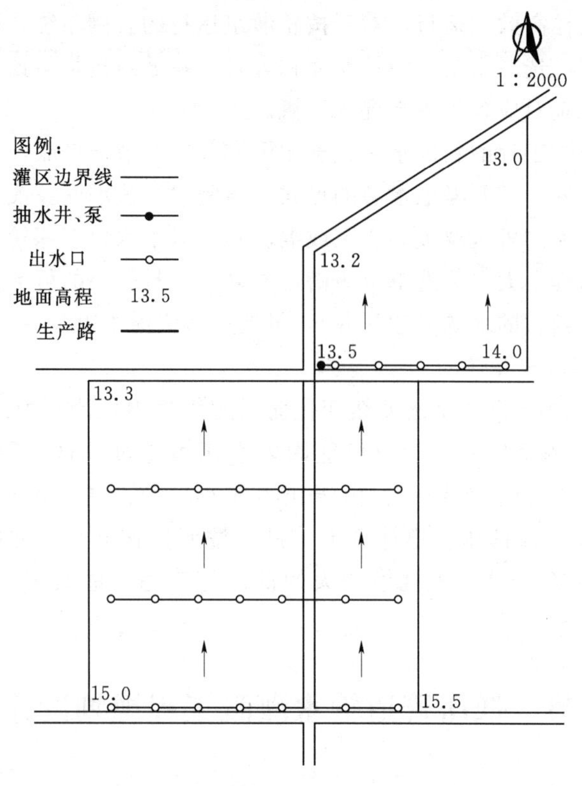

图 8-17　管网平面布置图

三、灌溉工作制度

1. 净灌水定额计算

采用公式

$$m=1000\gamma_s h(\beta_1-\beta_2)$$

式中，$h=0.55\text{m}$，$\gamma_s=14.0\text{kN/m}^3$，$\beta_1=0.24\times0.95=0.228$，$\beta_2=0.24\times0.65=0.156$，代入得 $m=554.4\text{m}^3/\text{hm}^2$。

2. 设计灌水周期

采用公式

$$T=\frac{m}{10E_d}$$

式中，$m=554.4\text{m}^3/\text{hm}$，$E_d=5\text{mm/d}$，代入得 $T=11.09\text{d}$，取 $T=10\text{d}$。

四、设计流量及管径确定

1. 系统设计流量

采用公式

$$Q_0=\frac{amA}{\eta Tt}$$

$$Q_0=\frac{1\times554.4\times12.7}{0.85\times11\times18}=41.8(\text{m}^3/\text{h})$$

因系统流量小于水井设计出水量，故取水泵设计出水量为 $Q=50\text{m}^3/\text{h}$，灌区水源能满足设计要求。

2. 管径确定

采用公式
$$D=18.8\sqrt{\frac{Q}{v}}$$

$$D=18.8\sqrt{\frac{50}{1.5}}=108.54(\mathrm{mm})$$

选取 $\phi110\times3$PE 管材。

3. 工作制度

（1）灌水方式。考虑运行管理情况，采用各出口轮灌。

（2）各出口灌水时间。

采用公式
$$t=\frac{mA}{\eta Q}$$

式中，$m=554.4\mathrm{m^3/hm^2}$，$A=0.5\mathrm{hm^2}$，$\eta=0.85$，$Q=50\mathrm{m^3/h}$，则

$$t=\frac{mA}{\eta Q}=\frac{554.4\times0.5}{0.85\times50}=6.5(\mathrm{h})$$

4. 支管流量

因各出水口采用轮灌工作方式，单个出水口轮流灌水，故各支管流量及管径与干管相同。

五、管网系统布置

（一）布置原则

（1）管理设施、井、路、管道统一规划，合理布局，全面配套，统一管理，尽快发挥工程效益。

（2）依据地形、地块、道路等情况布置管道系统，要求线路最短，控制面积最大，便于机耕，管理方便。

（3）管道尽可能双向分水，节省管材，沿路边及地块等高线布置。

（4）为方便浇地、节水，长畦要改短。

（5）按照村队地片，分区管理，并能独立使用。

（二）管网布置

（1）支管与作物种植方向相垂直。

（2）干管尽量布置在生产路、排水沟渠旁成平行布置。

（3）保证畦灌长度不大于 120m，满足灌溉水利用系数要求。

（4）出水口间距满足《农田低压管道输水灌溉工程技术规范》（GB/T 20203—2006）的要求。

管网布置详见图 8－17。

六、设计扬程计算

（1）水力计算简图如图 8－18 所示。

（2）水头损失计算。

采用公式
$$h=1.1h_f$$

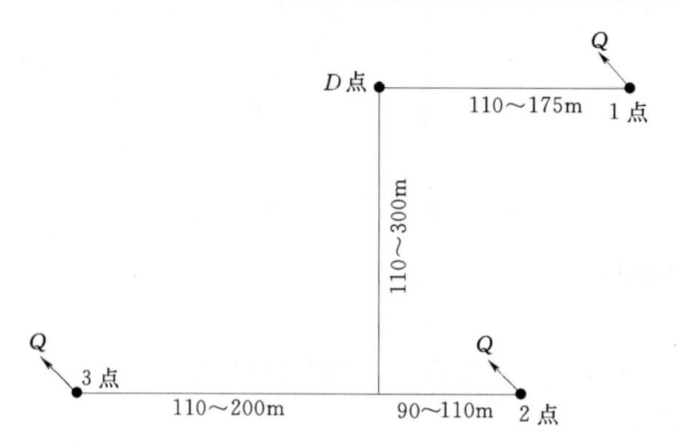

图8-18　管道水力计算简图

$$h_f=f\frac{Q^m}{d^b}L$$

式中，$f=0.948\times10^5$（聚乙烯管材的摩阻系数），$Q=50m^3/h$，m 取1.77；d 为管道内径，取塑料管材为 $\phi110\times3$PE 管材，$d=110-3\times2=104$(mm)；b 为管径指数，取4.77。

水头损失分三种情况，见表8-4。

(3) 设计水头计算，见表8-4。

表8-4　　水头损失及设计水头计算结果　　单位：m

序号	出水点	$h=1.1h_f$	$H=Z-Z_0+\Delta Z+\sum h_f+\sum h_j$
1	D点—1点	4.44	9+(14−13.5)+4.44=13.94
2	D点—2点	9.89	9+(15.5−13.5)+9.89=20.89
3	D点—3点	12.68	9+(15−13.5)+12.68=23.18

由此看出，出水点3为最不利工作处，因此，选取23.18m作为设计扬程。

七、首部设计

根据设计流量 $Q=50m^3/h$，设计扬程 $H=23.18m$，选取水泵型号为200QJ50-26/2的潜水泵。

首部工程配有止回阀、蝶阀、水表及进气装置。

八、工程预算

工程预算见表8-5。

表8-5　　机压管道灌溉典型工程投资概预算

内容	工程或费用名称	单位	数量	单价/元			合计/元		
				小计	人工费	材料费	小计	人工费	材料费
第一部分	建筑工程						3511.3	2238.35	1272.95
一	输水管道						3099.0	2176.5	922.5
1	土方开挖	m^3	350	4.78	4.78		1673.0	1673.0	

续表

内容	工程或费用名称	单位	数量	单价/元			合计/元		
				小计	人工费	材料费	小计	人工费	材料费
2	土方回填	m^3	350	0.86	0.86		301.0	301.0	
3	出水口砌筑	m^2	4.5	250.0	45	205.0	1125.0	202.0	922.5
二	井房						412.3	61.85	350.45
三	其他工程						412.3	61.85	350.45
1	零星工程	元							
第二部分	机电设备及安装工程						33307.95	1589.95	31718.0
一	水源工程						5660.55	269.55	5391.0
1	潜水泵	套	1	4978.0	237.05	4741.0	4978.05	237.05	4741.0
2	DN80 逆止阀	台	1	131.25	6.25	125.0	131.25	6.25	
3	DN80 蝶阀	台	1	131.25	6.25	125.0	131.25	6.25	125.0
4	启动保护装置	套		420.0	20.0	400.0	420.0	20.0	400.0
二	输供水工程						27647.4	1320.4	26327.0
1	泵房连接管件	套	1	507.15	24.15	483.0	27647.4	1320.4	26327.0
2	输水管	m	1350	18.21	0.87	17.34	24583.5	1174.5	23409.0
3	出水口	个	26	89.25	4.25	85.0	2320.5	110.5	2210.0
4	管件	个	5		2.25	45	236.25	11.25	225.0
第三部分	其他费用	元					2618.77	272.27	2346.5
1	管理费（费率为2%）	元	36819.25				736.39	76.57	659.82
2	勘测设计费（费率为2.5%）	元	38476.12				920.48	95.70	824.78
3	工程监理质量监督检测费（费率为2.5%）	元	38476.12				961.90	100.0	861.90
	第一至第三部分之和						39438.2		
第四部分	预备费						1917.90		
	基本预备费（费率为5%）	元	39438.02				1917.90		
	总投资						41409.92		

习　题

一、填空题

1. 低压管道输水灌溉简称管道输水灌溉，它是以__________代替渠道输水的一种工程形式。

2. 管道输水灌溉系统由__________、__________、__________和__________组成。

3. 管网系统按可移动程度分为__________、__________和__________三种类型。

4. 常用的地埋管道按材质分主要有__________、__________和__________三种。

5. 常用的地面移动管主要是________和________两种。

6. 给水栓应按灌溉面积均衡布设，单口灌溉面积宜为 $0.25 \sim 0.6hm^2$，单向灌溉取较________值，双向灌溉取较________值。

7. 阀门是控制管道________和调节________的附件。

8. 低压管道输水灌溉系统工程灌溉设计保证率________。

9. 低压管道输水灌溉系统工程，一般旱田作物取田间持水率的________。

10. 管网水力计算的控制点是指管网运行时所需最大扬程的出流点，一般应选取离管网首端________且地面高程________的地点。

二、选择题

1. 管道输水系统按其压力获取方式可分为（　　）两种类型。

A. 水泵提水输水系统　B. 自压输水系统　C. 树状网　D. 环状网

2. 支管走向宜平行于作物种植方向，支管间距平原区宜采用（　　）m。

A. 50～150　B. 100～150　C. 150～200　D. 50～200

3. 给水栓单口灌溉面积宜为（　　）hm^2。

A. 0.1～0.25　B. 0.25～0.6　C. 0.6～0.8　D. 0.5～1

4. 下列哪个装置具有充水时排除管内空气，负压时能自动补气的功能（　　）。

A. 进（排）气阀　B. 安全阀　C. 减压阀　D. 逆止阀

5. 下列哪个装置是一种压力释放装置，安装在管路较低处，使系统压力不超过允许值，从而保证系统不因压力过高而发生事故（　　）。

A. 进（排）气阀　B. 安全阀　C. 减压阀　D. 逆止阀

6. 下列哪个装置是控制阀后压力、改善压力管内压力不平衡的装置（　　）。

A. 进（排）气阀　B. 安全阀　C. 减压阀　D. 逆止阀

7. 低压管道灌溉系统，大田作物土壤计划湿润层厚度一般为（　　）m。

A. 0.4　B. 0.5　C. 0.6　D. 0.8

8. 机井位于地块一侧，控制面积较大且地块近似成方形，管网形式可布置成（　　）。

A. 一字形　B. L 形　C. 圭字形　D. Ⅱ形

9. 机井位于地块中心时，常采用（　　）布置形式。

A. T 形　B. H 形　C. L 形　D. 长一字形

10. 低压管道输水管道设计时，一般采用的平均经济流速为（　　）m/s。

A. 0.5～0.75　B. 0.75～1.2　C. 1.2～2.5　D. 0.75～2.5

第九章 喷灌工程技术

【学习目标】

学习喷灌系统的类型及特点、喷灌的主要设备、喷灌系统规划设计方法，能够进行喷灌工程的规划设计。

【学习任务】

1. 了解喷灌系统的类型及特点，能够根据具体条件合理选择喷灌系统。

2. 了解喷灌设备的特点，能够合理选择喷灌设备。

3. 掌握喷灌工程规划设计方法，能够进行喷灌工程规划设计。

第一节 喷灌系统的类型及特点

喷灌是一种利用喷头等专用设备把有压水喷洒到空中，形成水滴落到地面和作物表面的灌水方法。

一、喷灌的特点

（一）喷灌的优点

1. 省水

喷灌可以控制喷洒水量和均匀性，避免产生地面径流和深层渗漏，水的利用率高，一般比地面灌溉节省水量30%～50%。对于透水性强、保水能力差的砂质土地，其节水效果更为明显，用同样的水能浇灌更多的土地。

2. 省工

喷灌取消了田间的输水沟渠，提高了灌溉机械化程度，大大减轻了灌水劳动强度，便于实现机械化、自动化，同时还可以结合施入化肥和农药，大量节省劳动力。

3. 节约用地

采用喷灌可以大量减少土石方工程，无需田间的灌水沟渠和畦埂，可以腾出田间沟渠占地用于种植作物。比地面灌溉更能充分利用耕地，一般可增加耕种面积7%～10%。

4. 增产

喷灌可以采用较小的灌水定额进行浅浇勤灌，便于严格控制土壤水分，使土壤湿度维持在作物生长最适宜的范围，使土壤疏松多孔、通气性好，保持土壤肥力。还可以调节田间的小气候，有利于植物的呼吸和光合作用，达到增产效果。大田作物可增产20%，经济作物可增产30%，同时还可以改变产品的品质。

5. 适应性强

喷灌对各种地形的适应性强，不需要像地面灌溉那样进行土地平整，在坡地和起伏不平的地面均可进行喷灌。在采用地面灌水方法难以实现的场合，都可以采用喷灌的方法，特别是土层薄、透水性强的砂质土，非常适合使用喷灌。

（二）喷灌的缺点

1. 投资较高

喷灌需要一定的压力、动力设备和管道材料，单位面积投资较大，成本较高。

2. 能耗较大

喷灌所需压力通过消耗能源获得，所需压力越高，耗能越大，灌溉成本就越高。

3. 操作烦琐，受风的影响较大

对于移动或半固定式喷灌，由于必须移动管道和喷头，所以操作较为烦琐，还容易踩踏伤苗和破坏土壤；在有风的天气下，水的飘移损失较大，灌水均匀度和水的利用程度都有所降低。

二、喷灌系统的组成与分类

（一）喷灌系统的组成

喷灌系统主要由水源工程、水泵及动力设备、输配水管网系统、喷头和附属工程、附属设备等部分组成，如图 9-1 所示。

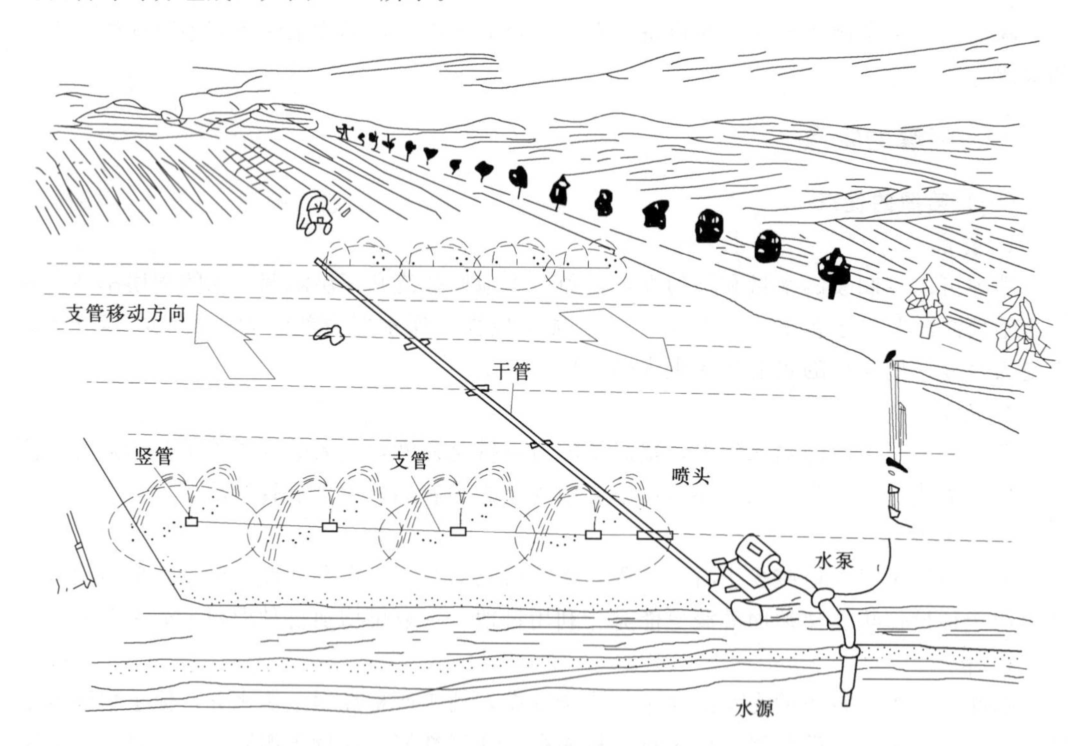

图 9-1 喷灌系统示意图

1. 水源工程

河流、湖泊、水库、井泉及城市供水系统等，都可以作为喷灌的水源，但需要修建相应的水源工程。在植物整个生长季节，水源应有可靠的供水保证，保证水量供应。同时，水源水质应满足《农田灌溉水质标准》（GB 5084—2005）的要求。

2. 水泵及动力设备

喷灌需要使用有压力的水才能进行喷洒。通常利用水泵，将水提吸、增压、输送到各级管道及各个喷头中，并通过喷头喷洒出来。喷灌用泵可以是各种农用泵。

有电力供应的地方，用电动机为水泵提供动力；用电困难的地方，用柴油机、拖拉机等为水泵提供动力，动力机功率大小根据水泵的配套要求确定。

3. 输配水管网系统

管网的作用是将压力水输送并分配到所需灌溉的种植区域。管网一般包括干管、支管两级水平管道和竖管。管网系统需要各种连接和控制的附属配件。

4. 喷头

喷头将管道系统输送来的有压水流通过喷嘴喷射到空中，分散成细小的水滴散落下来，灌溉作物，湿润土壤。喷头一般安装在竖管上，是喷灌系统中的关键设备。

5. 附属工程、附属设备

喷灌工程中还用到一些附属工程和附属设备。如从河流、湖泊、渠道取水，则应设拦污设施；为了保护喷灌系统的安全运行，必要时应设置进排气阀、调压阀、安全阀等。在灌溉季节结束后应排空管道中的水，需设泄水阀，以保证喷灌系统安全越冬。为观察喷灌系统的运行状况，在水泵进出水管路上应设置真空表、压力表和水表，在管道上还要设置必要的闸阀，以便配水和检修。考虑综合利用时，如喷洒农药和肥料，应在干管或支管上端设置调配和注入设备。

（二）喷灌系统的分类

1. 机组式喷灌系统

喷灌机是将喷灌系统中有关部件组装成一体，组成可移动的机组进行作业。

（1）轻型、小型喷灌机组。在我国主要是手推式或手台式轻型、小型喷灌机组，行喷式喷灌机一边走一边喷洒，定喷式喷灌机在一个位置上喷洒完后再移动到新的位置进行喷洒。

（2）中型喷灌机组。中型喷灌机组常见的是卷管式（自走）喷灌机、双悬臂式（自走）喷灌机、滚移式喷灌机和纵拖式喷灌机。

（3）大型喷灌机组。其控制面积可达百亩，如平移式自走喷灌机、大型摇滚式机等。

2. 管道式喷灌系统

管道式喷灌系统指的是以各级管道为主体组成的喷灌系统。

（1）固定管道式喷灌系统。固定管道式喷灌系统由水源、水泵、管道系统及喷头组成。动力、水泵固定，输（配）水干管（分干管）及工作支管均埋入地下。喷头可以常年安装在与支管连接伸出地面的竖管上，也可以按轮灌顺序轮换安装使用。其优点是操作管理方便，便于实行自动化控制，生产效率高。缺点是投资大，亩均投资约在 1000 元（不含水源），竖管对机耕和其他农业操作有一定影响，设备利用率低。固定管道式喷灌系统一般适用于经济条件较好的城市园林、花卉和草地的灌溉，以及灌水次数频繁、经济效益高的蔬菜和果园等，也可用在地面坡度较陡的山丘和利用自然水头喷灌的地区。

（2）移动管道式喷灌系统。移动管道式喷灌系统的组成与固定式喷灌系统相同，它直接从田间渠道、井、塘吸水，其动力、水泵、管道和喷头全部可以移动，可在多个田块之间轮流喷洒作业。这种系统的机械设备利用率高，应用广泛。缺点是所有设备（都要拆卸、搬运，劳动强度大，生产效率低，设备维修保养工作量大，可能损伤作物。一般适用于经济较为落后、气候严寒、冻土层较深的地区。

（3）半固定管道式喷灌系统。半固定管道式喷灌系统的组成与固定管道式喷灌系统相同。动力、水泵固定，输、配水干管、分干管埋入地下，通过连接在干管、分干管伸出地面的给水栓向支管供水，支管、竖管和喷头等可以拆卸移动，在不同的作业位置上轮流喷灌，可以人工移动，也可以机械移动。半固定管道式喷灌系统设备利用率较高，运行管理比较方便，为世界各国广泛采用，投资适中（亩均投资650～800元），是目前国内使用较为普遍的一种管道式喷灌系统。一般适用于地面较为平坦，灌溉对象为大田粮食作物。

第二节　喷灌的主要设备

一、喷头

喷头是喷灌系统的主要组成部分，其作用是把压力水流喷射到空中，散成细小的水滴并均匀地散落在地面上。因此，喷头的结构形式及其制造质量的好坏，直接影响到喷灌质量。

（一）喷头的分类

1. 按工作压力分类

喷头按工作压力分类及其适用范围见表9－1。

表9－1　　喷头按工作压力分类及其适用范围

喷头类别	工作压力/kPa	射程/m	流量/(m^3/h)	适用范围
低压喷头（低射程喷头）	<200	<15.5	<2.5	射程近、水滴打击强度低，主要用于苗圃、菜地、温室、草坪、园林、自压喷灌的低压区或行喷式喷灌机
中压喷头（中射程喷头）	200～500	15.5～42	2.5～32	喷灌强度适中，适用范围广，果园、草地、菜地、大田及各类经济作物均可使用
高压喷头（远射程喷头）	>500	>42	>32	喷洒范围大，但水滴打击强度也大。多用于对喷洒质量要求不高的大田作物和牧草等

2. 按结构形式分类

喷头按结构形式分类主要有固定式（图9－2）、孔管式、旋转式三类。固定式又分为折射式、缝隙式、离心式三种形式，孔管式又分为单（双）孔口、单列孔、多列孔三种形式，旋转式又分为摇臂式、叶轮式、反作用式三种形式。

喷头采用的材质有铜、铝合金和塑料三种类型，我国已定型生产PY1、PY2、ZY－1、ZY－2等系列摇臂式喷头。

常用摇臂式喷头如图9－3所示，其中PY型喷头性能参数见表9－2。

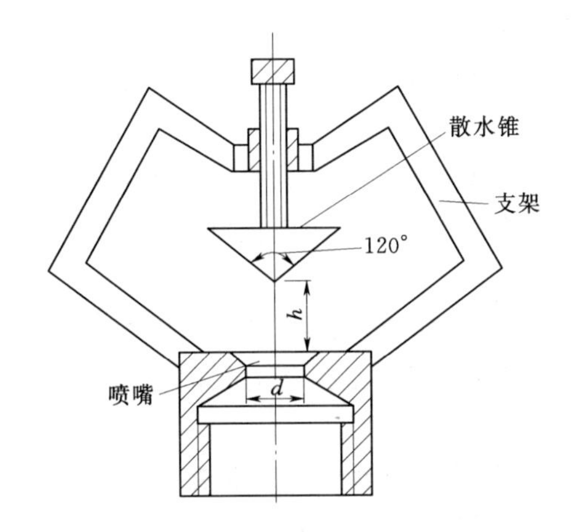

图 9-2 固定式喷头示意图

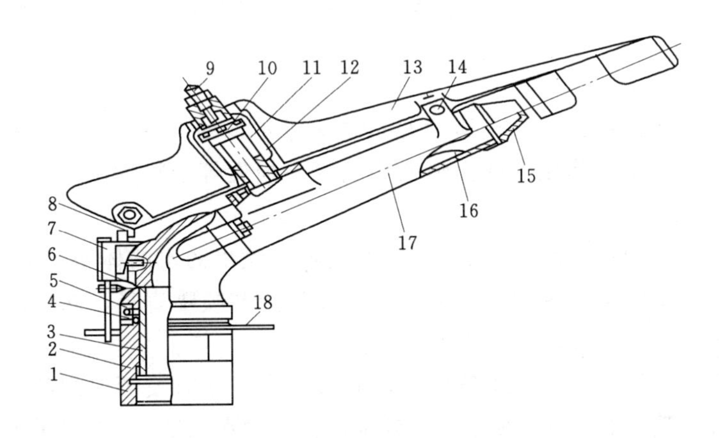

图 9-3 摇臂式喷头示意图

1—空心轴套；2—减磨密封圈；3—空心轴；4—防砂弹簧；5—弹簧罩；6—喷体；7—换向器；8—反向钩；9—摇臂调位螺钉；10—弹簧座；11—摇臂轴；12—摇臂弹簧；13—摇臂；14—打击块；15—喷嘴；16—稳流器；17—喷管；18—限位环

表 9-2　　PYS05 喷头水力性能表（外螺纹接头）

接头直径	1/2″	3/8″	1/2″	3/8″	1/2″	3/8″	1/2″	3/8
喷洒方式	全圆		全圆		全圆		全圆	
喷嘴直径/mm	2.0		2.5		3.0		3.5	
工作压力/kPa	*R* /m	*Q* /(m^3/h)	*R* /m	*Q* /(m^3/h)	*R* /m	*Q* /(m^3/h)	*R* /m	*Q* /(m^3/h)
150	7.5	0.17	7.8	0.23	8.0	0.31	8.0	0.48
200	7.8	0.19	8.0	0.27	8.3	0.36	8.3	0.56
250	8.0	0.22	8.3	0.30	8.5	0.45	8.8	0.62
300	8.3	0.24	8.5	0.33	8.8	0.48	9.0	0.68
350	8.3	0.26	8.8	0.35	8.9	0.53	9.3	0.73

注　1in=2.539999918cm，把 1in 分成 8 等份：1/8″，1/4″，3/8″，1/2″，5/8″，3/4″，7/8″。

（二）喷头的基本性能参数

喷头的基本性能参数包括喷头的几何参数、工作参数和水力性能参数。

1. 喷头的几何参数

（1）进水口直径 D。进水口直径是指喷头空心轴或进水口管道的内径 D(mm)。通常比竖管内径小，因而使流速增加，一般流速应控制在 3～4m/s 的范围内，以求水头损失小而又不致使喷头体积太大。

（2）喷嘴直径 d。喷嘴直径是指喷嘴流道等截面段的直径 d(mm)，喷嘴直径反映喷头在一定工作压力下的过水能力。如果工作压力相同，则喷嘴直径越大，喷水量就越大，射程也越远，但雾化程度要相对降低。

（3）喷射仰角 α。喷射仰角是指喷嘴出口处射流与水平面的夹角 α。在相同工作压力和流量的情况下，喷射仰角是影响射程和喷洒水量分布的主要参数。适宜的喷射仰角能获得最大的射程，从而可以降低喷灌强度和扩大喷头的控制范围，降低喷灌系统的建设投资。

2. 喷头的工作参数

（1）工作压力 P。喷头的工作压力是指喷头进水口前的内水压力，一般以 P 表示，单位为 kPa 或 m。喷头工作压力减去喷头内的水头损失等于喷嘴出口处的压力，简称喷嘴压力，以 P_z 表示。

（2）喷头流量 q。喷头流量是指单位时间内喷头喷出的水的体积（或水量），单位为 m^3/h、L/s 等。影响喷头流量的主要因素是工作压力和喷嘴直径，同样的喷嘴，工作压力越大，喷头流量也就越大，反之亦然。

（3）射程 R。射程是指在无风条件下，喷头正常工作时喷洒湿润的半径，一般以 R 表示，单位为 m。喷头的射程主要取决于喷嘴压力、喷水流量（或喷嘴直径）、喷射仰角、喷嘴形状和喷管结构等因素。

因此，在设计或选用喷头射程时应考虑以上各项因素。

二、喷灌的技术参数

（一）喷灌强度

喷灌强度是指单位时间内喷洒在单位面积上的水量，以水深表示，单位为 mm/h 或 mm/min。喷灌强度分为点喷灌强度、平均喷灌强度和组合喷灌强度等。

在喷灌系统中，喷洒面积上各点的平均喷灌强度，称作组合喷灌强度。组合喷灌强度可用式（9－1）计算：

$$\rho = K_\omega C_\rho \frac{1000q}{A} \tag{9-1}$$

式中　C_ρ——布置系数，查表 9－3；

K_ω——风系数，查表 9－4；

q——喷头流量，m^3/h；

A——单喷头喷洒控制面积，m^2。

表 9-3　　不同运行情况下 C_ρ 的值

运行情况	C_ρ
单喷头全圆喷洒	1
单喷头扇形喷洒（扇形中心角 α）	$\frac{360}{\alpha}$
单支管多喷头同时全圆喷洒	$\frac{\pi}{\pi-(\pi/90)\arccos(a/2R)+(a/R)\sqrt{1-(a/2R)^2}}$
多支管多喷头同时全圆喷洒	$\frac{\pi R^2}{ab}$

注　表内各式中 R 为喷头射程，a 为喷头在支管上的间距，b 为支管间距。

表 9-4　　不同运行情况下的 K_ω 值

运行情况		K_ω
单喷头全圆喷洒		$1.15v^{0.314}$
单支管多喷头同时全圆喷洒	支管垂直风向	$1.08v^{0.194}$
	支管平行风向	$1.12v^{0.302}$
多支管多喷头同时喷洒		1.0

注　1. 式中 v 为风速，以 m/s 计。
2. 单支管多喷头同时全圆喷洒，若支管与风向既不垂直又不平行时，可近似地用线性插值方法求取 K_ω。
3. 本表公式适用于风速 v 为 1～5.5m/s 的情况。

喷灌工程中，组合喷灌强度不应超过土壤的允许入渗率（渗吸速度），以便使喷洒到土壤表面上的水能及时渗入土壤中，而不形成积水和径流。对定喷式喷灌系统，设计喷灌强度不得大于土壤的允许喷灌强度。行喷式喷灌系统的设计喷灌强度可略大于土壤的允许喷灌强度。

不同质地土壤的允许喷灌强度可按表 9-5 确定。当地面坡度大于 5%时，允许喷灌强度应按表 9-6 进行折减。

表 9-5　　各类土壤的允许喷灌强度　　单位：mm/h

土壤类别	允许喷灌强度	土壤类别	允许喷灌强度
砂土	20	黏壤土	10
砂壤土	15	黏土	8
壤土	12		

注　有良好覆盖时，表中数值可提高 20%。

表 9-6　　坡地允许喷灌强度降低值

地面坡度/%	允许喷灌强度降低值/%	地面坡度/%	允许喷灌强度降低值/%
5～8	20	13～20	50
9～12	40	>20	75

（二）喷灌均匀系数

喷灌均匀系数是衡量喷灌面积上喷洒水量分布均匀程度的一个指标。一般规定：定喷式喷灌系统喷灌均匀系数不应低于 0.75，对于行喷式喷灌系统喷灌均匀系数不应低于 0.85。喷灌均匀系数在有实测数据时应按式（9-2）计算：

$$C_u=1-\frac{\Delta h}{h} \tag{9-2}$$

式中 C_u——喷灌均匀系数；

h——喷洒水深的平均值，mm；

Δh——喷洒水深的平均高差，mm。

在设计中，喷灌均匀性可通过控制设计风速下喷头的组合间距、喷头的喷洒水量分布、喷头工作压力来实现。

（三）喷灌的雾化指标

雾化指标是反映水滴打击强度的一个指标，反映了喷射水流的碎裂程度。一般用喷头工作压力与喷嘴直径的比值表示，可按式（9－3）计算，并应符合表9－7的要求。

$$W_h=\frac{h_p}{d} \tag{9-3}$$

式中 W_h——喷灌的物化指标；

h_p——喷头的工作压力水头，m；

d——喷头的主喷嘴直径，m。

表9－7　不同作物适宜的雾化指标

作物种类	h_p/d	作物种类	h_p/d
蔬菜及花卉	4000～5000	牧草、饲料作物、草坪及绿化林木	2000～3000
粮食作物、经济作物及果树	3000～4000		

三、管道及附件

管道是喷灌工程的重要组成部分，管材必须保证在规定的工作压力下不发生开裂、爆管现象，工作安全可靠。管材在喷灌系统中需用数量多，投资比重较大，需要在设计中按照因地制宜、经济合理的原则加以选择。此外，管道附件也是管道系统中不可缺少的配件。

（一）喷灌管材

目前，喷灌工程中可以选用的管材主要有塑料管、钢管、铸铁管、混凝土管、薄壁铝合金管、薄壁镀锌钢管以及涂塑软管等。一般来讲，地埋管道尽量选用塑料管，地面移动管道可选用薄壁铝合金管以及涂塑软管。

1. 塑料管

塑料管是由不同种类的树脂掺入稳定剂、添加剂和润滑剂等挤出成型的。按其材质可以分为聚氯乙烯管（PVC）、聚乙烯管（PE）和改性聚丙烯管（PP）等。喷灌工程中常采用承压能力为400～1000kPa的管材。

塑料管的优点是重量轻，便于搬运，施工容易，能适应一定的不均匀沉陷，内壁光滑，不生锈，耐腐蚀，水头损失小。其缺点是存在老化脆裂问题，随温度升降变形大。喷灌工程中如果将其作为地埋管道使用，可以最大限度地克服老化脆裂缺点，同时减小温度变化幅度，因此地埋管道多选用塑料管。其规格尺寸见表9－8、表9－9。

表 9-8　　硬聚氯乙烯实壁管公称压力和规格尺寸（一）

公称外径 d_n	公称压力 P_N/MPa			
	0.2	0.25	0.32	0.4
	公称壁厚 e_n/mm			
90	—	—	1.8	2.2
110	—	1.8	2.2	2.7
125	—	2.0	2.5	3.1
140	2.0	2.2	2.8	3.5
160	2.0	2.5	3.2	4.0
180	2.3	2.8	3.6	4.4
200	2.5	3.2	3.9	4.9
225	2.8	3.5	4.4	5.5
250	3.1	3.9	4.9	6.2
280	3.5	4.4	5.5	6.9
315	4.0	4.9	6.2	7.7

注　本表摘自《灌溉用塑料管材和管件基本参数及技术条件》(GB/T 23241—2009)。

1. 公称壁厚 e_n 根据设计应力 σ_n=8.0MPa 确定。
2. 本表规格尺寸适用于低压输水灌溉工程用管。

表 9-9　　硬聚氯乙烯实壁管公称压力和规格尺寸（二）

公称外径 d_n	公称压力 P_N/MPa				
	0.63	0.8	1.0	1.25	1.6
	公称壁厚 e_n/mm				
32	—	—	—	1.6	1.9
40	—	—	1.6	2.0	2.4
50	—	1.6	2.0	2.4	3.0
63	1.6	2.0	2.5	3.0	3.8
75	1.9	2.3	2.9	3.6	4.5
90	2.2	2.8	3.5	4.3	5.4
110	2.7	3.4	4.2	5.3	6.6
125	3.1	3.9	4.8	6.0	7.4
140	3.5	4.3	5.4	6.7	8.3
160	4.0	4.9	6.2	7.7	9.5
180	4.4	5.5	6.9	8.6	10.7
200	4.9	6.2	7.7	9.6	11.9
225	5.5	6.9	8.6	10.8	13.4
250	6.2	7.7	9.6	11.9	14.8
280	6.9	8.6	10.7	13.4	16.6
315	7.7	9.7	12.1	15.0	18.7

续表

公称外径 d_n	公称压力 P_N/MPa				
	0.63	0.8	1.0	1.25	1.6
	公称壁厚 e_n/mm				
355	8.7	10.9	13.6	16.9	21.1
400	9.8	12.3	15.3	19.1	23.7
450	11.0	13.8	17.2	21.5	26.7
500	12.3	15.3	19.1	23.9	29.7
560	13.7	17.2	21.4	26.7	—
630	15.4	19.3	24.1	30.0	—

注 本表摘自《灌溉用塑料管材和管件基本参数及技术条件》(GB/T 23241—2009)。

1. 公称壁厚 e_n 根据设计应力 σ_n=12.5MPa 确定。
2. 本表规格尺寸适用于中、高压输水灌溉用管。

塑料管的连接形式分为刚性连接和柔性连接，刚性连接有法兰连接、承插粘接和焊接等，柔性连接多为一端 R 形扩口或使用铸铁管件套橡胶圈止水承插连接。

2. 钢管

常用的钢管有无缝钢管（热轧和冷拔）、焊接钢管和水煤气钢管等。

钢管的优点是能够承受动荷载和较高的工作压力，与铸铁管相比较，管壁较薄，韧性强，不易断裂，节省材料，连接简单，铺设简便。其缺点是造价较高，易腐蚀，使用寿命较短。因此，钢管一般用于系统的首部连接、管路转弯、穿越道路及障碍等处。

钢管一般采用焊接、法兰连接或者螺纹连接。

3. 铸铁管

铸铁管可分为铸铁承插直管、砂型离心铸铁管和铸铁法兰直管。

铸铁管的优点是承压能力大，一般为 1MPa，工作可靠，寿命长，可使用 30～50 年，管件齐全，加工安装方便等。其缺点是质量大，搬运不方便，造价高，内部容易产生铁瘤阻水。铸铁管一般采用法兰接口或者承插接口方式进行连接。

4. 钢筋混凝土管

钢筋混凝土管分为自应力钢筋混凝土管和预应力钢筋混凝土管，均是在混凝土浇筑过程中，使钢筋受到一定拉力，从而保证其在工作压力范围内不会产生裂缝。

钢筋混凝土管的优点是不易腐蚀，经久耐用；长时间输水，内壁不结污垢，保持输水能力，安装简便，性能良好。其缺点是质脆，质量较大，搬运困难。

钢筋混凝土管的连接一般采用承插式接口，分为刚性接头和柔性接头。

5. 薄壁铝合金管

薄壁铝合金管材的优点是质量轻；能承受较大的工作压力；韧性强，不易断裂；不锈蚀，耐酸性腐蚀；内壁光滑，水力性能好；寿命长，一般可使用 15～20 年。其缺点是价格较高，抗冲击能力差，耐磨性不及钢管，不耐强碱性腐蚀等。喷灌用薄壁铝合金管材的规格见表 9-10。

表 9-10　　金属薄壁管规格尺寸及允许偏差　　单位：mm

<table>
<tr><td rowspan="3">外径 D 及允许偏差</td><td>公称尺寸</td><td>32</td><td>40</td><td>50</td><td>60</td><td>65</td><td>70</td><td>75</td><td>80</td><td>90</td><td>100</td><td>105</td><td>110</td><td>120</td><td>130</td><td>150</td><td>160</td></tr>
<tr><td>镀锌薄壁钢管</td><td colspan="16">±1%D</td></tr>
<tr><td>薄壁铝（铝合金）管</td><td>—</td><td colspan="2">−0.35</td><td colspan="5">−0.45</td><td colspan="5">−0.6</td><td colspan="3">−0.8</td></tr>
<tr><td rowspan="4">壁厚 S 及允许偏差</td><td rowspan="2">镀锌薄壁钢管</td><td colspan="5">0.65
0.8</td><td>0.8</td><td colspan="2">0.8
1.0</td><td colspan="3">1.0</td><td>1.0
1.2</td><td>1.2</td><td>1.2
1.5</td><td colspan="2">1.5</td></tr>
<tr><td colspan="16">+12%S
−15%S</td></tr>
<tr><td rowspan="2">薄壁铝（铝合金）管</td><td>—</td><td colspan="3">1.0</td><td colspan="5">1.5</td><td colspan="2">2.0</td><td colspan="2">2.5</td><td colspan="3">3.0</td></tr>
<tr><td>—</td><td colspan="3">±0.12</td><td colspan="5">±0.18</td><td colspan="2">±0.22</td><td colspan="2">±0.25</td><td colspan="3">±0.30</td></tr>
<tr><td colspan="2" rowspan="2">定尺长度 L 及允许偏差</td><td colspan="16">6000：5000</td></tr>
<tr><td colspan="16">+15</td></tr>
<tr><td colspan="2">圆度</td><td colspan="16">±0.5%D</td></tr>
<tr><td rowspan="2">直线度</td><td>定尺</td><td colspan="16">18</td></tr>
<tr><td>非定尺</td><td colspan="16">0.3%L</td></tr>
</table>

注　本表摘自《喷灌用金属薄壁管及管件》(GB/T 24672—2009)。

薄壁铝合金管材的配套管件多为铝合金铸件和冲压镀锌钢件。铝合金铸件不怕锈蚀，使用管理简便，有自泄功能；冲压镀锌钢件转角大，对地形变化适应能力强。

薄壁铝合金管材的连接多采用快速接头连接。

6. 涂塑软管

用于喷灌工程中的涂塑软管主要有锦纶塑料软管和维纶塑料软管两种。涂塑软管的优点是质量轻，便于移动，价格低。其缺点是易老化，不耐磨，怕扎、怕压，一般只能使用2～3年。

涂塑软管接头一般采用内扣式消防接头，常用规格有 $\phi50$、$\phi65$ 和 $\phi80$ 等几种。这种接头用橡胶密封圈止水，密封性能较好。

（二）管道附件

喷灌工程中的管道附件主要为控制件和连接件。控制件的作用是根据喷灌系统的要求来控制管道系统中水流的流量和压力，如阀门、逆止阀、安全阀、空气阀、减压阀、流量调节器等；连接件的作用是根据需要将管道连接成一定形状的管网，也称为管件，如弯头、三通、四通、异径管、堵头等。

1. 阀门

阀门是控制管道启闭和调节流量的附件。按其结构可分为闸阀、蝶阀、截止阀等几种，采用螺纹或法兰连接，一般手动驱动。

给水栓是半固定喷灌系统和移动式喷灌系统的专用阀门，常用于连接固定管道和移动管道，控制水流的通断。

2. 逆止阀

逆止阀也称止回阀，是一种根据阀门前后压力差而自动启闭的阀门，它使水流只能沿一个方向流动，当水流要反方向流动时则自动关闭阀门。在管道式喷灌系统中常在水泵出口处安装逆止阀，以避免水泵突然停机时回水引起的水泵高速倒转。

3. 安全阀

安全阀用于减少管道内超过规定的压力值，它可以防护关闭水锤和充水水锤。喷灌系统常用的安全阀是A49X-10型开放式安全阀。

4. 空气阀

喷灌系统中的空气阀常为KQ42X-10型快速空气阀。它安装在系统的最高部位和管道隆起的顶部，可以在系统充水时将空气排出，并在管道内充满水后自动关闭。

5. 减压阀

减压阀的作用是当管道系统中的水压力超过工作压力时，自动降低到所需压力。适用于喷灌系统的减压阀有薄膜式、弹簧薄膜式和波纹管式等。

6. 管件

不同管材配套不同的管件。塑料管件和水煤气管件规格和类型比较系列化，能够满足使用要求，在市场中一般能够购置齐全。钢制管件通常需要根据实际情况加以制造。有三通和四通、弯头、异径管、堵头等。

7. 竖管和支架

竖管是连接喷头的短管，其长度可按照作物茎高不同或同一作物不同的生长阶段来确定，为了拆卸方便，竖管下部常安装可快速拆装的自闭阀（插座）。支架是为防止竖管因喷头工作时产生晃动而设置的，硬质支管上的竖管可用两脚支架固定，软质支管上的竖管则需要用三脚支架固定。

第三节 喷灌工程规划设计

一、喷灌工程规划设计的要求

（1）喷灌工程规划设计应符合当地水资源开发利用规划，符合农业、林业、牧业、园林绿地规划的要求，并与灌排设施、道路、林带、供电等系统建设相结合，与土地整理复垦规划、农业结构调整规划相结合。

（2）喷灌工程规划应根据灌区地形、土壤、气象、水文与水文地质、作物种植以及社会经济条件，通过技术经济分析及环境评价确定。

（3）在经济作物、园林绿地及蔬菜、果树、花卉等高附加值作物的地区，灌溉水源缺乏的地区，高扬程提水灌区，受土壤或地形限制难以实施地面灌溉的地区，有自压喷灌条件的地区，集中连片作物种植区及技术水平较高的地区，可以优先发展喷灌工程。

二、喷灌系统规划设计方法

喷灌系统规划设计前应首先确定灌溉设计标准，按照《喷灌工程技术规范》（GB/T 50085—2007）的规定，喷灌工程的灌溉设计保证率不应低于85%。

下面以管道式喷灌系统为例，说明喷灌系统规划设计方法。

(一) 基本资料收集

进行喷灌工程的规划设计，需要认真收集灌区的一些基本资料。主要包括自然条件（地形、土壤、作物、水源、气象资料）、生产条件（水利工程现状、生产现状、喷灌区划、农业生产发展规划和水利规划、动力和机械设备、材料和设备生产供应情况、生产组织和用水管理）和社会经济条件（灌区的行政区划、经济条件、交通情况，以及市、县、镇发展规划）。

(二) 水源分析计算

喷灌工程设计必须进行水源水量和喷灌用水量的平衡计算。当水源的天然来水过程不能满足喷灌用水量要求时，应建蓄水工程。水质符合农田灌溉水质标准。

(三) 系统选型

系统选型应因地制宜，综合以下因素进行选择：水源类型及位置；地形地貌，地块形状、土壤质地；作物生长期降水量，灌溉期间风速、风向；灌溉对象；社会经济条件、生产管理体制、劳动力状况及劳动者素质；动力条件。具体选择如下：

(1) 地形起伏较大、灌水频繁、劳动力缺乏，灌溉对象为蔬菜、茶园、果树等经济作物及园林、花卉和绿地的地区，选用固定式喷灌系统。

(2) 地面较为平坦的地区，灌溉对象为大田粮食作物；气候严寒、冻土层较深的地区，选用半固定式喷灌系统和移动式喷灌系统。

(3) 土地开阔连片、地势平坦、田间障碍物少；使用管理者技术水平较高；灌溉对象为大田作物、牧草等；集约化经营程度相对较高时，选用大中型机组式喷灌系统。

(4) 丘陵地区零星、分散耕地的灌溉；水源较为分散、无电源或供电保证率较低的地区，选用轻小型机组式喷灌系统。

(四) 喷头的选择与布置

1. 喷头的选择

选择喷头时，需要根据作物种类、土壤性质以及当地喷头与动力的生产与供需情况，考虑喷头的工作压力、流量、射程、组合喷灌强度、喷洒扇形角度能否调节、土壤的允许喷灌强度、地块大小形状、水源条件、用户要求等因素进行选择。

2. 喷头的布置

(1) 喷头的喷洒方式。喷头的喷洒方式因喷头的形式不同可有多种，如全圆喷洒、扇形喷洒、带状喷洒等。在管道式喷灌系统中，除在田角路边或房屋附近使用扇形喷洒外，其余均采用全圆喷洒。

(2) 喷头的组合形式。喷头的组合形式是指喷头在田间的布置形式，一般用相邻的4个喷头的平面位置组成的图形表示。喷头的组合间距用 a 和 b 表示：a 表示同一支管上相邻两喷头的间距，b 表示相邻两支管的间距。喷头的组合形式可分为正方形组合、矩形组合、平行四边形组合等。喷头组合形式的选择要根据地块形状、系统类型、风向风速等因素综合考虑。

(3) 喷头组合间距的确定。喷头组合间距的合理与否直接影响喷灌质量。因此，喷头的组合间距不仅直接受喷头射程的制约，而且受到喷灌系统所要求的喷灌均匀度和喷灌区土壤允许喷灌强度的限制。一般可按以下步骤确定喷头的组合间距：

1）根据设计风速和设计风向确定间距射程比。为使喷灌的组合均匀系数 C_u 达到75%以上，在设计风速下的间距射程比可按表 9-11 确定。

表 9-11　　喷头在设计风速下的间距射程比

设计风速/(m/s)	间距射程比 K	
	垂直风向 K_a	平行风向 K_b
0.3～1.6	1.1～1	1.3
1.6～3.4	1～0.8	1.3～1.1
3.4～5.4	0.8～0.6	1.1～1

注　1. 在每一档风速中可按内插法取值。
2. 在风向多变采用等间距组合时，应选用垂直风向栏的数值。
3. 表中风速是指地面以上 10m 高处的风速值。

2）确定组合间距。根据初选喷头的射程 R 和选取的间距射程比 K_a、K_b 值，按下式计算组合间距：

喷头间距　$$a=K_aR \tag{9-4}$$

支管间距　$$b=K_bR \tag{9-5}$$

计算得到 a、b 值后，还应调整到可适应管道的规格长度。调整后的 a、b 值，如果与式（9-4）、式（9-5）计算的结果相差较大，则应校核计算间距射程比 K_a、K_b 值是否超过表 9-11 中规定的数值。若不超过，则 $C_u \geqslant 75\%$ 仍满足；若超出，则需重新调整间距。

（4）组合喷灌强度的校核。在选喷头、定间距的过程中已满足了雾化指标和均匀度的要求，但是否满足喷灌强度的要求，还需进行验证。验证的公式为：

$$K_\omega C_\rho \frac{1000q}{A} \leqslant [\rho] \tag{9-6}$$

式中　$[\rho]$——灌区土壤的允许喷灌强度，mm/h；

其他符号意义同前。

如果计算出的组合喷灌强度大于土壤的允许喷灌强度，可以通过以下方式加以调整，直至校核满足要求：

1）改变运行方式，变多行多喷头喷洒为单行多喷头喷洒，或者变扇形喷洒为全圆喷洒。

2）加大喷头间距，或支管间距。

3）重选喷头，重新布置计算。

（5）喷头布置。喷头布置要根据不同地形情况进行布置，图 9-4、图 9-5 给出了不同地形时的喷头布置形式。

（五）管道系统的布置

喷灌系统的管道一般由干管、分干管和支管三级组成，喷头通常通过竖管安装在最末一级管道上。管道系统需要根据水源位置、灌区地形、作物分布、耕作方向和主风向等条件进行布置。

1. 布置原则

（1）管道总长度最短、水头损失最小、管径小，且有利于水锤防护，各级相邻管道应

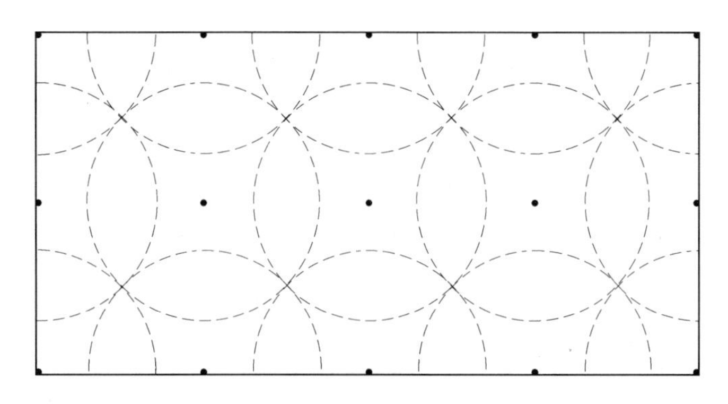

图 9-4　长方形区域喷头布置形式

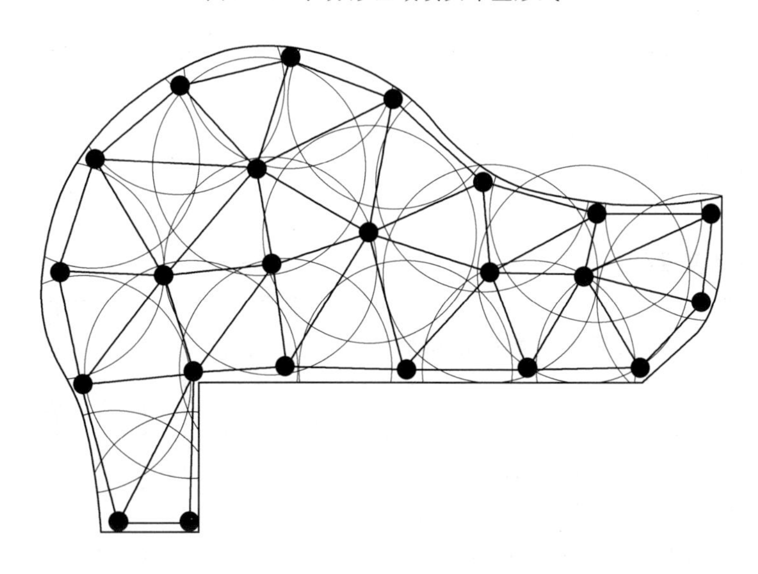

图 9-5　不规则地块的喷头布置形式

尽量垂直。

（2）干管一般沿主坡方向布置，支管与之垂直并尽量沿等高线布置，保证各喷头工作压力基本一致。

（3）平坦地区支管应尽量与作物的种植方向一致。

（4）支管必须沿主坡方向布置时，需按地面坡度控制支管长度，上坡支管根据首尾地形高差加水头损失小于 0.2 倍的喷头设计工作压力、首尾喷头工作流量差不大于 10%确定管长；下坡支管可缩小管径抵消增加的压力水头或者设置调压设备。

（5）多风向地区支管应垂直主风向布置（出现频率为 75%以上），便于加密喷头，保证喷洒均匀度。

（6）充分考虑地块形状，使支管长度一致。

（7）支管通常与温室或大棚的长度方向一致，对棚间地块应考虑地块的尺寸。

（8）水泵尽量布置在喷洒范围的中心，管道系统布置应与排水系统、道路、林带、供电系统等紧密结合，降低工程投资和运行费用。

2. 布置形式

管道系统的布置形式主要有丰字形和梳齿形两种，如图 9-6～图 9-8 所示。

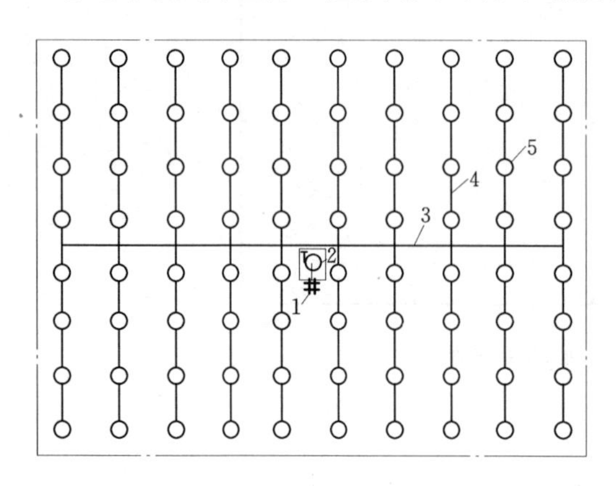

图 9-6　丰字形布置（一）
1—井；2—泵站；3—干管；4—支管；5—喷头

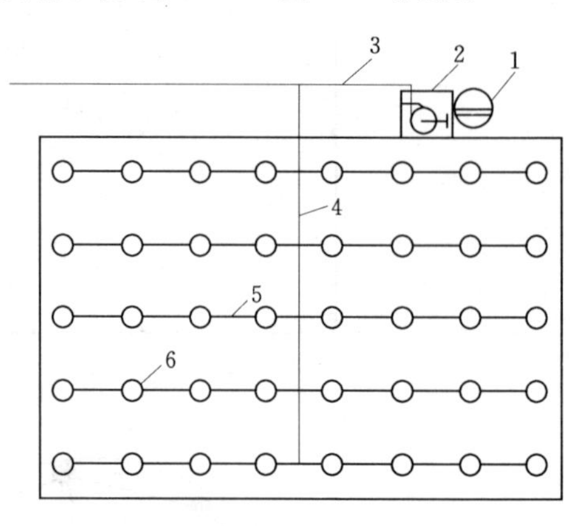

图 9-7　丰字形布置（二）
1—蓄水池；2—泵站；3—干管；4—分干管；5—支管；6—喷头

（六）喷灌制度设计

1. 喷灌制度

（1）灌水定额。最大灌水定额根据试验资料或按式（9-7）确定。

$$m_s = 0.1\gamma h(\beta_1 - \beta_2) \qquad (9-7)$$

式中　m_s——最大灌水定额，mm；

h——计划湿润层深度，cm，一般大田作物取 40～60cm，蔬菜取 20～30cm，果树取 80～100cm；

β_1——适宜土壤含水量上限（重量百分比），%，可取田间持水量的 85%～95%；

β_2——适宜土壤含水量下限（重量百分比），%，可取田间持水量的 60%～65%；

γ——土壤容重，g/cm^3。

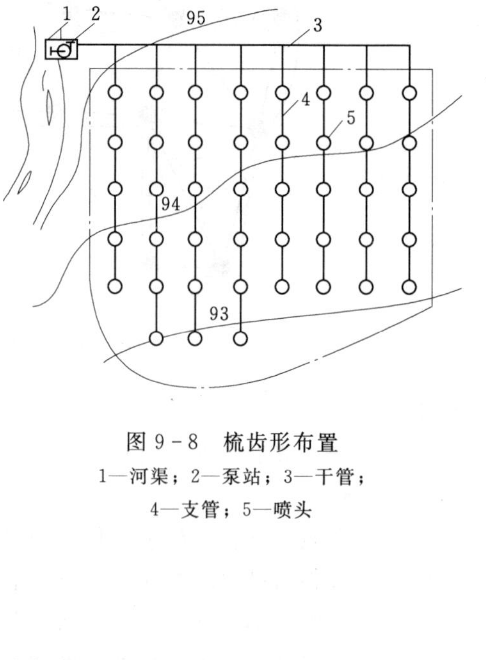

图 9-8　梳齿形布置
1—河渠；2—泵站；3—干管；4—支管；5—喷头

设计灌水定额根据作物的实际需水要求和试验资料按式（9-8）选择：

$$m \leqslant m_s \qquad (9-8)$$

式中　m——设计灌水定额，mm。

（2）灌水周期。

$$T \leqslant m/ET_d \qquad (9-9)$$

式中　T——设计灌水周期，计算值取整，d；

m——设计灌水定额，mm；

ET_d——作物日蒸发蒸腾量，取设计代表年灌水高峰期平均值，mm/d，对于缺少气象资料的小型喷灌灌区，可参见表9-12。

表9-12 作物蒸发蒸腾量 ET_d 单位：mm/d

作物	ET_d	作物	ET_d
果树	4～6	烟草	5～6
茶园	6～7	草坪	6～8
蔬菜	5～8	粮、棉、油等作物	5～8

2. 喷灌工作制度的制定

(1) 一个工作位置的灌水时间。

$$t=\frac{mab}{1000q_p\eta_p} \tag{9-10}$$

式中 t——一个工作位置的灌水时间，h；

m——设计灌水定额，mm；

a——喷头布置间距，m；

b——支管布置间距，m；

q_p——喷头的设计流量，m^3/h；

η_p——田间喷洒水利用系数，根据气候条件可在下列范围内选取：风速低于3.4m/s时取0.8～0.9，风速为3.4～5.4m/s时取0.7～0.8。

(2) 一天工作位置数。

$$n_d=\frac{t_d}{t+t_Y} \tag{9-11}$$

式中 n_d——一天工作位置数；

t_d——设计日灌水时间，h，参见表9-13；

t——喷头在一个工作位置的灌水时间，h；

t_Y——移动喷头时间，h，有备用喷头交替使用时取零，可据实际情况确定。

表9-13 适宜日灌水时间

喷灌系统类型	固定管道式			半固定管道式	移动管道式	定喷机组式	行喷机组式
	农作物	园林	运动场				
灌水时间/h	12～20	6～12	1～4	12～18	12～16	12～18	14～21

(3) 同时的工作喷头数。

$$n_p=\frac{N_p}{n_dT} \tag{9-12}$$

式中 n_p——同时工作喷头数；

N_p——灌区喷头总数；

其余符号意义同前。

(4) 同时工作的支管数。半固定式喷灌系统和移动式喷灌系统由于尽量将支管长度布置相同，所以同时工作的喷头数除以支管上的喷头数，就可以得到同时工作的支管数。

$$n_{支}=\frac{n_p}{n_{喷头}} \tag{9-13}$$

式中　$n_{支}$——每次同时工作的支管数；

$n_{喷头}$——支管上的喷头数。

当支管长度不同时，需要考虑工作压力和支管组合的喷头来具体计算轮灌组内的支管及支管数。

（5）轮灌组划分。

续灌的方式只用于单一且面积较小的情况。

绝大多数灌溉系统一般采用轮灌工作制度，即将支管划分为若干组，每组包括一个或多个阀门，灌水时通过干管向各组轮流供水。

1）轮灌组划分的原则如下：①轮灌组的数目满足需水要求，控制的灌溉面积与水源可供水量相协调；②轮灌组的总流量尽可能一致或相近，以便稳定水泵运行，提高动力机和水泵的效率，降低能耗；③轮灌组内喷头型号要一致或性能相似，种植品种要一致或灌水要求相近；④轮灌组所控制的范围最好连片集中便于运行操作和管理。自动灌溉控制系统往往将同一轮灌组中的阀门分散布置，最大限度地分散干管中流量，减小管径，降低造价。

2）支管的轮灌方式。支管的轮灌方式就是固定式喷灌系统支管的轮流喷洒顺序，半固定式喷灌系统支管的移动方式。正确选择轮灌方式可以减小干管管径，降低投资。两根、三根支管的经济轮灌方式如图9-9所示：图9-9（a）、（b）两种情况，干管全部长度上均要通过两根支管的流量，干管管径不变；图9-9（c）、（d）两种情况，只有前半段干管通过全部流量，而后半段干管只需通过一根支管的流量，这样后半段干管的管径可以减小，所以图9-9（c）、（d）两种情况较好。

（七）管道水力计算

管道水力计算的任务是确定各级管道管径和计算管道水头损失。

1. 管径的选择

（1）干管管径确定。对于规模不太大的喷灌工程，可用如下经验公式来估算这类管道的管径。

当 $Q<120\text{m}^3/\text{h}$ 时　　$$D=13\sqrt{Q} \tag{9-14}$$

当 $Q\geqslant120\text{m}^3/\text{h}$ 时　　$$D=11.5\sqrt{Q} \tag{9-15}$$

式中　Q——管道流量，m^3/h；

D——管径，mm。

（2）支管管径确定。支管管径确定时，为使喷洒均匀，要求同一条支管上任意两个喷头之间的工作压力差应在设计喷头工作压力的20%以内。显然，支管若在平坦的地面上铺设，其首末两端喷头间的工作压力差应最大。若支管铺设在地形起伏的地面上，则其最大的工作压力差并不一定发生在首末喷头之间。考虑地形高差 ΔZ 的影响时，上述规定可表示为

$$h_\omega+\Delta Z\leqslant0.2h_p \tag{9-16}$$

式中　h_ω——同一支管上任意两喷头间支管段水头损失，m；

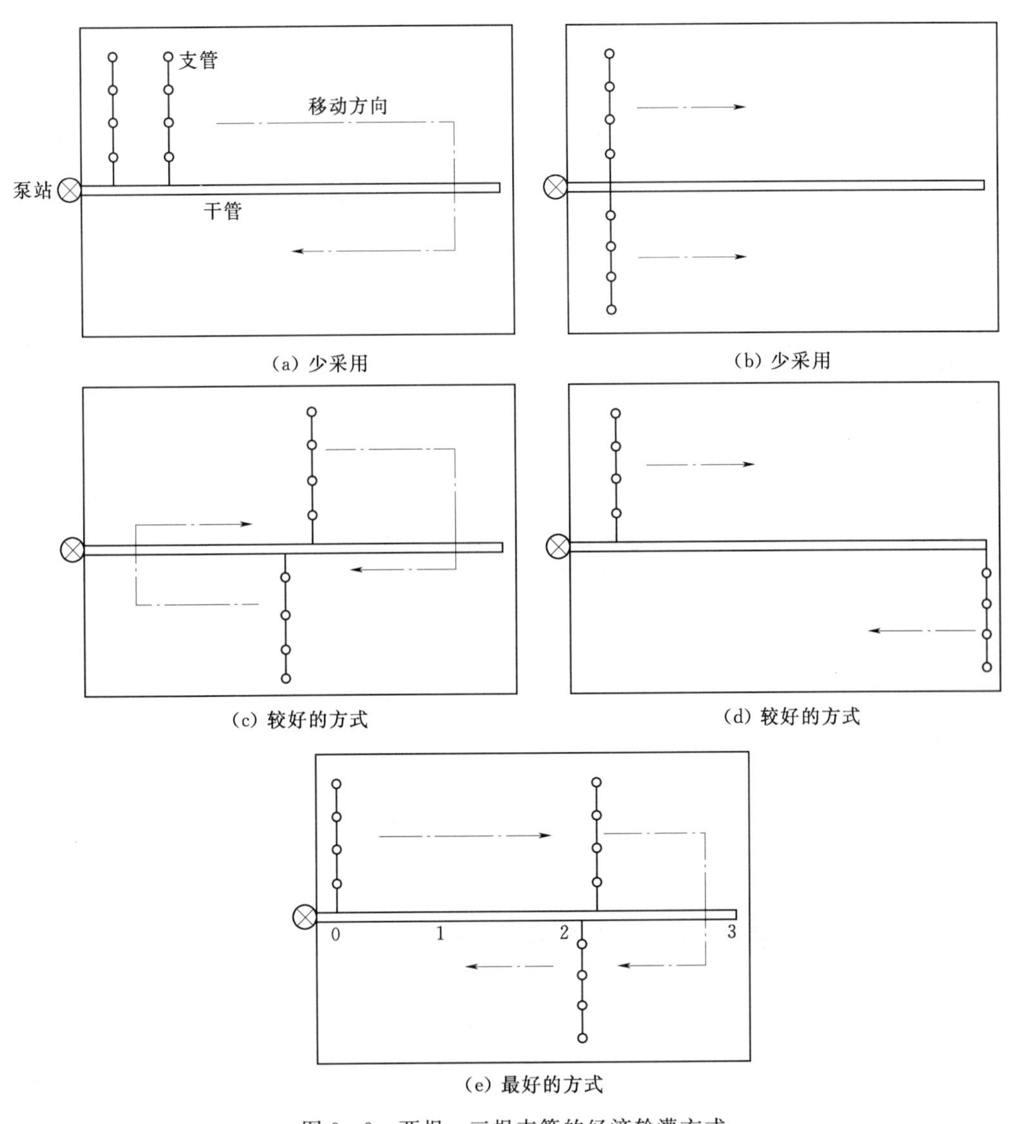

(a) 少采用

(b) 少采用

(c) 较好的方式

(d) 较好的方式

(e) 最好的方式

图 9-9 两根、三根支管的经济轮灌方式

ΔZ——两喷头的进水口高程差，m，顺坡铺设支管时 ΔZ 的值为负，逆坡铺设支管时 ΔZ 的值为正；

h_p——喷头设计工作压力水头，m。

因此，同一支管上工作压力差最大的两喷头间的水头损失为

$$h_\omega \leqslant 0.2h_p - \Delta Z \tag{9-17}$$

当一条支管选用同管径的管子时，从支管首端到末端，由于沿程出流，支管内的流速水头逐次减小，抵消了局部水头损失，所以计算支管内水头损失时，可直接用沿程水头损失来代替其总水头损失，即 $h'_f = h_\omega$，式（9-17）可改为

$$h'_f \leqslant 0.2h_p - \Delta Z \tag{9-18}$$

设计时，一般先假定管径，然后计算支管的沿程水头损失，再按上述公式校核，最后选定管径。计算出管径后，还需要根据现有管道规格确定实际管径。

2. 管道水力计算

(1) 管道沿程水头损失。管道沿程水头损失可按式(9-19)计算，各种管材的 f、m 及 b 值可按表 9-14 确定。

$$h_f = f\frac{LQ^m}{d^b} \tag{9-19}$$

式中 h_f——沿程水头损失，m；

f——摩阻系数；

L——管长，m；

Q——流量，m^3/h；

d——管内径，mm；

m——流量指数；

b——管径指数。

表 9-14 各种管材的 f、m、b 数值

管材		f	m	b
混凝土管、钢筋混凝土管	$n=0.013$	1.312×10^6	2	5.33
	$n=0.014$	1.516×10^6	2	5.33
	$n=0.015$	1.749×10^6	2	5.33
钢管、铸铁管		6.25×10^5	1.9	5.1
硬塑料管		0.948×10^5	1.77	4.77
铝管、铝合金管		0.816×10^5	1.74	4.74

注 1. 本表摘自《喷灌工程技术规范》(GB 50085—2007)。
2. n 为粗糙系数。

(2) 等距等流量多喷头(孔)支管的沿程水头损失。

$$h'_{fz} = Fh_{fz} \tag{9-20}$$

$$F = \frac{N\left(\frac{1}{m+1}+\frac{1}{2N}+\frac{\sqrt{m-1}}{6N^2}\right)-1+X}{N-1+X} \tag{9-21}$$

式中 h'_{fz}——多喷头(孔)支管沿程水头损失；

N——喷头或孔口数；

X——多孔支管首孔位置系数，即支管入口至第一个喷头(或孔口)的距离与喷头(或孔口)间距之比；

F——多口系数，不同的管材，其多口系数不同，表 9-15 列出了铝管、铝合金管的多口系数。

(3) 管道局部水头损失。应按式(9-22)计算，初步计算可按沿程水头损失的10%～15%考虑。

$$h_j = \xi\frac{v^2}{2g} \tag{9-22}$$

式中 h_j——局部水头损失，m；

ξ——局部阻力系数；

v——管道流速，m/s；

g——重力加速度，9.81m/s^2。

表 9-15　　流量指数 $m=1.74$ 的多口系数

管上出水口数目	F		管上出水口数目	F	
	$X=1$	$X=0.5$		$X=1$	$X=0.5$
1	1.000	1.000	11	0.412	0.384
2	0.651	0.534	12	0.408	0.382
3	0.548	0.457	13	0.404	0.380
4	0.499	0.427	14	0.401	0.379
5	0.471	0.412	15	0.399	0.378
6	0.452	0.402	16	0.396	0.377
7	0.439	0.396	17	0.394	0.376
8	0.430	0.392	18	0.393	0.376
9	0.422	0.388	19	0.391	0.375
10	0.417	0.386	20	0.390	0.375

注　X 为第一个喷头到支管进口的距离与喷头间距的比值。

（八）水泵及动力选择

1. 喷灌系统设计流量

$$Q=\sum_{i=1}^{n_p}\frac{q_p}{\eta_G} \tag{9-23}$$

式中　Q——喷灌系统设计流量，m^3/h；

q_p——设计工作压力下的喷头流量，m^3/h；

n_p——同时工作的喷头数目；

η_G——管道系统水利用系数，取 0.95～0.98。

2. 喷灌系统的设计水头

$$H=Z_d-Z_S+h_s+h_p+\sum h_f+\sum h_j \tag{9-24}$$

式中　H——喷灌系统设计水头，m；

Z_d——典型喷点的地面高程，m；

Z_S——水源水面高程，m；

h_s——典型喷点的竖管高度，m；

h_p——典型喷点喷头的工作压力水头，m；

$\sum h_f$——由水泵进水管至典型喷点喷头进口处之间管道的沿程水头损失，m；

$\sum h_j$——由水泵进水管至典型喷点喷头进口处之间管道的沿程水头损失，m。

（九）结构设计

结构设计应详细确定各级管道的连接方式，选定阀门、三通、四通、弯头等各种管件规格，绘制纵断面图、管道系统布置示意图及阀门井、镇墩结构等附属建筑物结构图等。

(1) 固定管道一般应埋设在地下，埋设深度应大于最大冻土层深度和最大耕作层深度，以防被破坏；在公路下埋深应为0.7～1.2m；在农村机耕道下埋深为0.5～0.9m。

(2) 固定管道的坡度应力求平顺，减少折点。一般管道纵坡应与自然地面坡度相一致。在连接地埋管和地面移动管的出地管上应设给水栓；在地埋管道阀门处应设阀门井。

(3) 管径 D 较大或有一定坡度的管道，应设置镇墩和支墩以固定管道，防止发生位移，支墩间距为 (3～5)D，镇墩设在管道转弯处或管长超过30m的管段。

(4) 随地形起伏时，管道最高处应设排气阀，在最低处安装泄水阀。

(5) 应在干管、支管首端设置闸阀和压力表，以调节流量和压力，保证各处喷头都能在额定的工作压力下运行，必要时应根据轮灌要求布设节制阀。

(6) 为避免温度和沉陷产生的固定管道损坏，固定管道上应设置一定数量的柔性接头。

(7) 竖管高度以作物的植株高度不阻碍喷头喷洒为最低限度，一般高出地面0.5～2m。

(8) 管道连接。硬塑料管的连接方式主要有扩口承插式、胶结黏合式、热熔连接式。扩口承插式是目前管道灌溉系统中应用最广泛的一种形式。附属设备的连接一般有螺纹连接、承插连接、法兰连接、管箍连接、黏合连接等。在工程设计中，应根据附属设备维修、运行等情况来选择连接方式。公称直径大于50mm的阀门、水表、安全阀、进排气阀等多选用法兰连接；对于压力测量装置以及公称直径小于50mm的阀门、水表、安全阀等多选用螺纹连接。附属设备与不同材料管道连接时，需通过一段钢法兰管或一段带丝头的钢管与之连接，并应根据管材不同采用不同的方法。与塑料管连接时，可直接将法兰管或钢管与管道承插连接后，再与附属设备连接。

(十) 技术经济分析

规划设计结束时，最后列出材料设备明细表，并编制工程投资预算，进行工程经济效益分析，为方案选择和项目决策提供科学依据。

第四节 喷灌工程规划设计示例

一、基本资料

1. 地形

某小麦喷灌地块长470m，宽180m。地势平坦，有1：2000的地形图。

2. 土壤

土质为砂壤土，土质肥沃，田间允许最大含水率23%（占干土质量的百分数），允许最小含水率18%（占干土质量的百分数），土壤干密度 $\gamma=1.36\mathrm{g/cm^3}$，土壤允许喷灌强度 $[\rho]=15\mathrm{mm/h}$，设计根区深度为40cm，设计最大日耗水强度4mm/d，管道系统水利用系数 $\eta_G=0.98$，田间喷洒水利用系数 $\eta_p=0.8$。

3. 气候

暖温带季风气候，半干旱地区。年平均气温13.5℃。无霜期一般为200～220d，农作物可一年两熟。日照时数为2400～2600h，多年平均降水量630.7mm，一般6—9月的降雨量占全年降水量的70%以上。灌溉季节风向多变，风速为2m/s。

4. 作物

一般种植小麦和玉米，一年两熟，南北方向种植。其中，小麦生长期为10月上旬至次年6月上旬，约240d，全生长期共需灌水4～6次。

5. 水源

地下水资源丰富，水质较好，适于灌溉。地块中间位置有机井一眼，机井动水位埋深24m，出水量$50m^3/h$。

6. 社会经济情况和交通运输

本地区经济较发达，交通十分便利，电力供应有保证，喷灌设备供应充足。

二、喷灌制度制定

（一）设计灌水定额

设计灌水定额利用式（9-7）计算。式中各项参数取值为：$\gamma=1.36g/cm^3$，$h=40cm$，$\beta_1=23\%$，$\beta_2=18\%$，则

$$m=0.1\gamma h(\beta_1-\beta_2)=0.1\times1.36\times40\times(23-18)=27.2(mm)$$

（二）设计喷灌周期

利用式（9-9）计算，式中$ET_d=4mm/d$，则

$$T=\frac{m}{ET_d}=\frac{27.2}{4}=6.8(d)\text{（取7d）}$$

三、喷灌系统选型

该地区种植作物为大田作物，经济价值较低，喷洒次数相对较少，确定采用半固定式喷灌系统，即干管采用地埋式固定PVC管道，支管采用移动比较方便的铝合金管道。

四、喷头选型与组合间距确定

（一）喷头选择

根据《喷灌工程技术规范》（GB/T 50085—2007），粮食作物的雾化指标不得低于3000～4000。

初选ZY-2型喷头，喷嘴直径7.5/3.1mm，工作压力0.25MPa，流量$3.92m^3/h$，射程18.6m。该类型喷头的雾化指标为

$$W_h=\frac{h_p}{d}=\frac{25}{0.0075}=3333$$

满足作物对雾化指标的要求。

（二）组合间距确定

本喷灌范围灌溉季节风向多变，喷头宜做等间距布置。风速为2m/s，取$K_a=K_b=$

0.95，则

$$a=b=K_aR=0.95\times18.6=17.67(\mathrm{m})$$

取 $a=b=18\mathrm{m}$。

（三）设计喷灌强度

土壤允许喷灌强度 $[\rho]=15\mathrm{mm/h}$，按照单支管多喷头同时全圆喷洒情况计算设计喷灌强度。

$$C_\rho=\frac{\pi}{\pi-(\pi/90)\arccos(a/2R)+(a/R)\sqrt{1-(a/2R)^2}}=1.692$$

$$K_\omega=1.12v^{0.302}=1.12\times2^{0.302}=1.381$$

$$\rho_s=\frac{1000q}{\pi R^2}=\frac{1000\times3.92}{\pi\times18.6^2}=3.61(\mathrm{mm/h})$$

$$\rho=K_\omega C_\rho\rho_s=1.381\times1.692\times3.61=8.44(\mathrm{mm/h})<[\rho]=15\mathrm{mm/h}$$

设计喷灌强度满足土壤允许喷灌强度的要求。

五、管道系统布置

喷灌区域地形平坦，地块形状十分规则，中间位置有机井一眼。基于上述情况，拟采用干、支管两级布置。干管在地块中间位置东西方向穿越灌溉区域，两边分水，支管垂直干管，平行作物种植方向南北布置。

平面布置详图如图 9-10 所示。

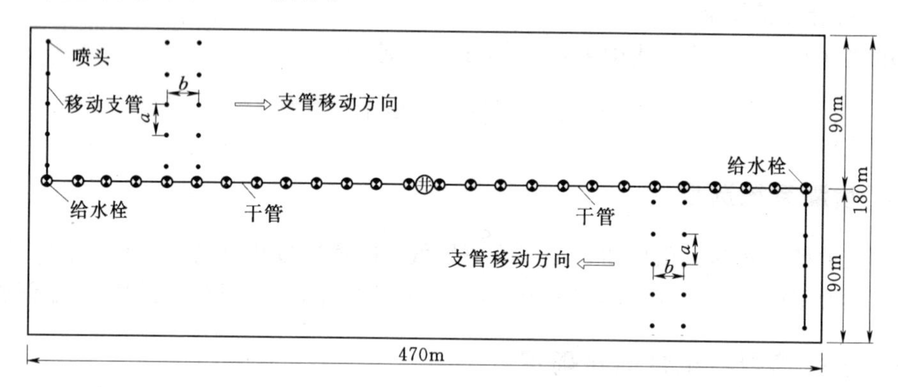

图 9-10 系统平面布置图

六、喷灌工作制度拟定

1. 一个工作位置的灌水时间

$$t=\frac{abm}{1000q_p\eta_p}=\frac{18\times18\times27.2}{1000\times3.92\times0.8}=2.81(\mathrm{h})$$

2. 一天工作位置数

$$n_d=\frac{t_d}{t+t_y}=\frac{12}{2.81}=4.27(\text{次})\ (\text{取 4 次})$$

这样每天的实际工作时间为 4×2.81=11.24(h)，即 11 小时 14 分。

3. 同时工作的喷头数

$$n_p=\frac{N_p}{n_d T}=\frac{260}{4\times7}=9.3(\text{个})\ (\text{取 }10\text{ 个})$$

4. 同时工作的支管数

$$n_{\text{支}}=\frac{n_p}{n_{\text{喷头}}}=\frac{10}{5}=2(\text{根})$$

5. 运行方案

根据同时工作的支管数以及管道布置情况，决定在干管两侧分别同时运行一条支管，每一条支管控制喷灌区域一半面积，分别自干管两端起始向另一端运行。

七、管道水力计算

（一）管径的选择

1. 支管管径的确定

$$h_\omega+\Delta Z\leqslant0.2h_p$$

$$h_f'=h_\omega=f\frac{Q_{\text{支}}^m}{d^b}L\cdot F$$

喷灌区域地形平坦，h_ω 应为支管上第一个喷头与最末一个喷头之间的水头损失。

式中，$f=0.861\times10^5$，$Q=3.92\times4=15.68(\text{m}^3/\text{h})$，$m=1.74$，$b=4.71$，$L=72\text{m}$，$F=0.499$，$\Delta Z=0$，则

$$h_f'=h_\omega=f\frac{Q_{\text{支}}^m}{d^b}L\cdot F=0.861\times10^5\times\frac{15.68^{1.74}}{d^{4.71}}\times72\times0.499\leqslant0.2\times25$$

解上式得到 $d=46.64\text{mm}$。

选择规格为 $\phi50\times1\times6000\text{mm}$ 薄壁铝合金管材。

2. 干管管径确定

根据系统运行方式，干管通过的流量为 $Q=3.92\times5=19.6(\text{m}^3/\text{h})$，主干管通过的流量为 $Q=3.92\times10=39.2\text{m}^3/\text{h}$，则

$$D_{\text{干}}=13\sqrt{Q}=13\times\sqrt{19.6}=57.55(\text{mm})$$

$$D_{\text{主干}}=13\sqrt{Q}=13\times\sqrt{39.2}=81.39(\text{mm})$$

据此，选择干管时为了减少水头损失，确定采用规格为 $\phi75\times2.3\text{mm}$ 的 PVC 管材，承压能力 0.63MPa；主干管选择 $DN80$ 焊接钢管。

（二）管道水力计算

1. 沿程水头损失

（1）支管沿程水头损失。

支管长度 $L=81\text{m}$，则

$$h_{\text{支}f}=f\frac{Q_{\text{支}}^m}{d^b}L\cdot F=0.861\times10^5\times\frac{19.6^{1.74}}{48^{4.71}}\times81\times0.412=6.14(\text{m})$$

（2）干管沿程水头损失。

干管长度 $L=225\text{m}$，则

$$h_{干f}=f\frac{Q_{干}^{m}}{d^{b}}L=0.948\times10^{5}\times\frac{19.6^{1.77}}{70.4^{4.77}}\times225=6.36(\mathrm{m})$$

(3) 主干管沿程水头损失。

$DN80$ 焊接钢管长度按 35m 计算，则

$$h_{主干f}=f\frac{Q_{主干}^{m}}{d^{b}}L=6.25\times10^{5}\times\frac{39.2^{1.9}}{80^{5.1}}\times35=4.59(\mathrm{m})$$

沿程水头总损失 $\sum h_f=6.14+6.36+4.59=17.09(\mathrm{m})$

2. 局部水头损失

局部水头总损失 $\sum h_j=0.1\sum h_f=1.71\mathrm{m}$

八、水泵及动力选择

1. 设计流量

$$Q=\frac{N\cdot q}{\eta_G}=\frac{10\times3.92}{0.98}=40(\mathrm{m}^3/\mathrm{h})$$

2. 设计扬程

$$H=h_p+\sum h_f+\sum h_j+\Delta=25+17.09+1.71+25=68.00(\mathrm{m})$$

式中 Δ——典型喷头高程与水源水位差，喷头距地面高取 1m，动水位埋深 24m。

3. 选择水泵及动力

根据当地设备供应情况及水源条件，选择 175QJ40－72/6 深井潜水电泵，其性能参数见表 9－16。

表 9－16 水泵性能参数表

型号	额定流量 /(m³/h)	设计扬程 /m	水泵效率 /%	出水口直径 /mm	最大外径 /mm	额定功率 /kW	额定电流 /A	电机效率 /%
175QJ40－72/6	40	72	70	80	168	13	30.1	80

九、管网系统结构设计

根据本喷灌工程的具体情况，$\phi75\times2.3$mm PVC 管道之间连接采用 R 扩口胶圈连接，与给水栓三通之间采用热承插胶粘接。主干管 $DN80$ 焊接钢管，一端与井泵出水口法兰连接，另一端通过变径三通与干管 $\phi75\times2.3$mm PVC 管材连接。

主干管和干管三通分水连接处需浇筑镇墩，以防管线充水时发生位移。镇墩规格为 0.5m×0.5m×0.5m。首部管道高点安装空气阀，便于气体排出，也可以在停机时补充气体，截断管道水流，防止水倒流入井引起的电机高速反转。

考虑冻土层深度和机耕作业影响，要求地埋管道埋深 0.5m。出地管道上部安装给水栓下体，并通过给水栓开关与移动铝合金管道连接。

喷头、支架、竖管成套系统通过插座与铝合金三通管连接。

十、喷灌工程材料设备用量

喷灌工程材料、设备用量详见表 9－17。

表 9-17　　喷灌工程材料、设备用量表

序号	材料、设备名称	规格型号	单位	数量
1	潜水电泵	175QJ40-72/6	套	1
2	控制器		套	1
3	首部连接系统	*DN*80	套	1
4	水压力表	1.0MPa	套	1
5	闸阀	*DN*80	只	1
6	空气阀	KQ42X-10	只	1
7	钢变径三通	ϕ75×*DN*80×ϕ75	只	1
8	PVC 管材	ϕ75×2.3	m	450
9	给水栓三通	ϕ75×50	只	24
10	给水栓弯头	ϕ75×50	只	2
11	法兰截阀体	ϕ50	只	26
12	截阀开关	ϕ50	只	4
13	快接软管	ϕ50×3000	根	4
14	铝合金直管	ϕ50×6000	根	32
15	铝合金三通管	ϕ50×33×6000	根	20
16	铝合金堵头	ϕ50	只	4
17	插座	ϕ33	只	20
18	竖管	ϕ33×1000	根	20
19	支架	ϕ33×1500	副	20
20	喷头 ZY-2	7.5/3.1	只	20

习　　题

一、填空题

1. 喷灌是利用喷头等专用设备把有压水喷洒到空中，形成细小的水滴，再均匀的喷洒在__________和__________以满足作物需水要求的一种灌溉方法。

2. 喷灌系统按其设备组成不同可分为__________和__________两大类。

3. 管道式喷灌系统是由__________、__________、__________、__________、附属建筑物以及设备组成。

4. 喷灌系统按照喷洒特征有__________和__________两种。

5. 喷灌强度是指单位时间内喷洒在单位灌溉面积上的__________。

6. 喷头的基本性能参数有一般有__________和__________两种。

7. 喷灌的雾化指标是反映__________的一个主要指标。

8. 半固定式喷灌系统中，地面移动管道一般选用__________，连接喷头和支管的竖直管道多用__________。

9. 喷头的组合形式一般有__________、__________和__________三种形式。

10. 喷头间距__________；支管间距__________。

二、选择题

1. 喷灌的管道系统一般分为（　　）。

A. 主管　B. 干管　C. 支管　D. 竖管

2. 下列哪一项不属于管道式喷灌系统（　　）。

A. 固定式　B. 移动式　C. 半固定式　D. 机组式

3. 衡量喷灌系统灌水质量的重要指标及设计依据主要有（　　）。

A. 喷灌强度　B. 喷灌均匀系数　C. 雾化指标　D. 喷洒半径

4. 按喷头结构形式和喷洒特征，喷头的类型有（　　）。

A. 旋转式喷头　B. 摇臂式　C. 孔管式　D. 固定式

5. 下列哪个参数不属于喷头的工作参数（　　）。

A. 工作压力　B. 喷嘴直径　C. 喷头流量　D. 射程

6. 雾化指标通常用喷头（　　）与（　　）的比值来表示。

A. 工作压力　B. 喷嘴直径　C. 喷头流量　D. 射程

7. 喷头按其工作压力的大小分为（　　）三种。

A. 超低压　B. 低压　C. 中压　D. 高压

8. 喷头的喷洒方式有（　　）几种形式。

A. 半圆　B. 扇形　C. 椭圆　D. 全圆

9. 喷灌管道系统的布置形式主要有（　　）两种形式。

A. 丰字　B. 圭字　C. 梳齿　D. 田字

10. 半固定管道式喷灌系统的工作时间一般为（　　）。

A. 6～12h　B. 12～16h　C. 12～18h　D. 16～18h

第十章 微灌工程技术

【学习目标】

学习微灌系统的类型组成、微灌设备、微灌工程规划设计方法，能够进行微灌工程的规划设计。

【学习任务】

1. 了解微灌系统的类型、特点及微灌系统的组成。

2. 了解微灌设备组成，能够合理地选择微灌设备。

3. 掌握微灌工程设计方法，能够进行微灌系统设计。

第一节 概 述

一、微灌系统的类型与特点

(一) 微灌系统的类型

微灌是利用专门设备将有压水流变成细小的水流或水滴，湿润作物根部附近土壤的灌水方法，它包括滴灌、微喷灌和涌泉灌等。

1. 滴灌

滴灌是利用塑料管道和安装在直径约 10mm 毛管上孔口非常小的灌水器（滴头或滴灌带等），消杀水中具有的能量，使水一滴一滴缓慢而又均匀地滴在作物根区土壤中进行局部灌溉的灌水形式，如图 10－1 所示。由于滴头流量很小，只湿润滴头所在位置的土壤，水主要借助土壤毛管张力入渗和扩散。它是目前干旱缺水地区最有效的一种节水灌溉方式，其水的利用率可达 95%，因此较喷灌具有更高的节水增产效果，同时还可以结合灌溉给作物施肥，提高肥效一倍以上。其适用于果树、蔬菜、经济植物及温室大棚灌溉，在干旱缺水的地方也可用于大田作物灌溉。

图 10－1 滴灌示意图

2. 微喷灌

微喷灌是利用塑料管道输水，通过微喷头将水喷洒在土壤或作物表面进行局部灌溉，如图 10－2 所示。与喷灌相比，微喷头的工作压力明显下降，有利于节约能源、节省设备投资，同时具有调节田间小气候的优点，又可结合灌溉为作物施肥，提高肥效，可使作物增产 30%。与滴灌相比，微喷头的工作压力与滴头相近，不同的是微喷头利用水中能量，将水喷到空中，在空气中消杀能量，且微喷头不仅比滴头湿润面积大，流量和出流孔口都较大，水流速度也明显加快，大大减小了堵塞的可能性。可以说，微喷灌是扬喷灌和滴灌之所长、避喷灌和滴灌之所短的一种理想灌水形式。微喷灌主要应用于果树、花卉、草坪、温室大棚等的灌溉。

(a)

(b)

图 10－2　微喷灌示意图

3. 涌泉灌

涌泉灌又称为涌灌、小管灌溉，是通过从开口小管涌出的小水流将水灌入土壤的灌水方式，如图 10－3 所示。由于灌水流量较大（但一般不大于 220L/h），有时需在地表筑埂来控制灌水。此灌水方式的工作压力很低，不易堵塞，但田间工程量较大，适用于种植在地形较平坦地区的果树等的灌溉。

(a)

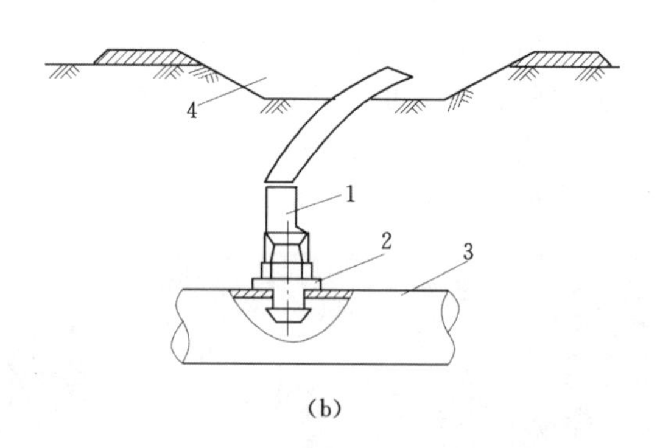

(b)

图 10－3　涌泉灌示意图

1—ϕ4 小管；2—接头；3—毛管；4—灌水沟

（二）常用微灌系统的特点

1. 微灌的优点

(1) 省水。用水量相当于地面灌溉用水量的 1/8～1/6、喷灌用水量的 1/3。

（2）省地。干、支管全部埋在地下，可节省渠道占用的土地（占耕地的2%～4%）。

（3）省肥、省工。随水滴施化肥，减少肥料流失，提高肥效；减少修渠、平地、开沟筑畦的用工量，比地面灌溉省工约50%以上。

（4）节能。与喷灌相比，要求的压力低、灌水量少，抽水量减少和抽水扬程降低，从而减少了能量消耗。

（5）灌水效果好。能适时地给作物供水供肥，不会造成土壤板结和水土流失，且能充分利用细小水源，为作物根系发育创造良好条件。

（6）对土壤和地形的适应性强。微灌可控制灌水速度，使其不产生地面径流和深层渗漏；靠压力管道输水，对地面平整程度要求不高。

2. 微灌的缺点

（1）灌水器容易堵塞。灌水器由于孔径较小，容易被水中的杂质堵塞。因此，微灌用水需进行净化处理。

（2）限制根系发展。由于微灌只湿润作物根区部分土壤，加上作物根系生长的向水性，因而微灌会引起作物根系向湿润区生长，从而限制了根系的生长范围。

（3）会引起盐分积累。在含盐量高的土壤上进行微灌或是利用咸水微灌时，盐分会积累在湿润区的边缘。

二、微灌系统的组成

微灌系统由水源工程、首部枢纽、输配水管网和灌水器组成，如图10-4所示。

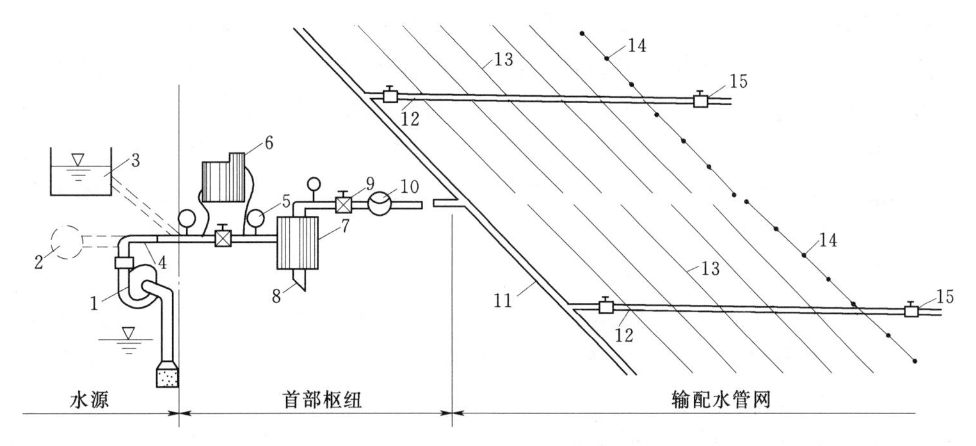

图10-4　微灌系统示意图

1—水泵；2—供水管；3—蓄水池；4—逆止阀；5—压力表；6—施肥罐；7—过滤器；8—排污管；9—阀门；10—水表；11—干管；12—支管；13—毛管；14—灌水器；15—冲洗阀门

（一）水源工程

河流、湖泊、沟渠、井泉等，只要水质符合微灌要求，均可作为微灌的水源。为了充分利用各种水源进行灌溉，往往需要修建引水、蓄水和提水工程以及相应的输配电工程，这些通称为水源工程。

（二）首部枢纽

首部通常由水泵及动力机、控制阀门、水质净化装置、施肥（药）装置、测量和保护设备等组成。首部枢纽担负着整个系统的驱动、检测和调控任务，是全系统的控制调度中心。

（三）输配水管网

输配水管网一般分干、支、毛三级管道。通常干、支管埋入地下，也有将毛管埋入地下的，以延长毛管的使用寿命。

（四）灌水器

灌水器安装在毛管上或通过连接小管与毛管连接，有滴头、微喷头、微喷带、涌水器和滴灌带等多种形式，或置于地表，或埋入地下。

第二节 微灌系统的主要设备

一、灌水器

（一）微灌工程对灌水器的基本要求

（1）出水量小。微灌工程灌水器的工作水头一般为5～15m。过水流道直径或孔径一般为0.3～2mm，出水流量为2～200L/h。

（2）出水均匀、稳定。一般情况下灌水器的出流量随工作水头大小而变化。因此，要求灌水器本身具有一定的调节能力，使得在水头变化时流量的变化较小。

（3）抗堵塞性能好。灌溉水中总会含有一定的污物和杂质，由于灌水器流道和孔口较小，在设计和制造灌水器时要尽量采取措施，提高它的抗堵塞性能。

（4）制造精度高。灌水器的流量大小除受工作水头影响外，还受设备制造精度的影响。如果制造偏差过大，则灌水器的过水断面大小差别就会很大，无论采取哪种补救措施，都很难提高灌水器的出水均匀度。

（5）结构简单，便于制造安装。

（6）坚固耐用，价格低廉。灌水器在微灌系统中用量较大，其费用往往占系统总投资的25%～30%。在移动式微灌系统中，灌水器要连同毛管一起移动，要求在降低价格的同时还要保证产品的经久耐用。

实际上，多数灌水器不能同时满足上述所有要求。因此，在选用灌水器时，应根据具体使用条件，满足某些主要要求即可。例如，使用水质不好的地面水源时，要求灌水器的抗堵塞性能较高，而在使用相对较干净的井水时，对灌水器的抗堵塞性能的要求就可以低一些。

（二）灌水器的分类

灌水器种类很多，按结构和出流形式可分为滴头、滴灌带、微喷头、涌水器等。

1. 滴头

滴头的作用是消杀经毛管输送来的有压水流中的能量，使其以稳定的速度一滴一滴地滴入土壤。滴头常用塑料压注而成，工作压力约为100kPa，流道最小孔径为0.3～

1.0mm，流量为0.6～12L/h。

按结构来分，滴头有以下几种：

(1) 流道型滴头。靠水流与流道壁之间的摩阻消能来调节出水量的大小，如微管滴头、内螺纹管式滴头等，如图10－5、图10－6所示。

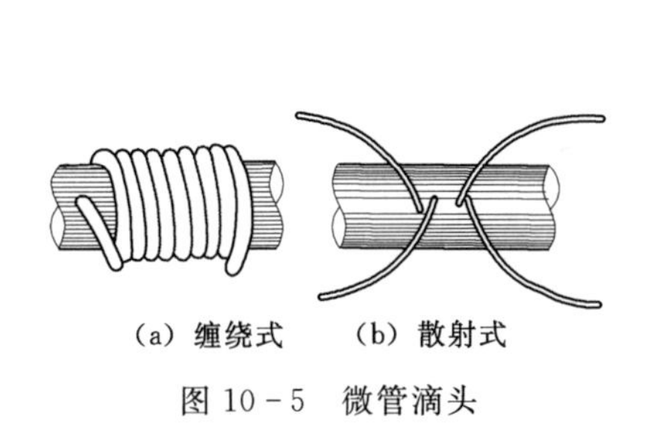

(a) 缠绕式　(b) 散射式

图10－5　微管滴头

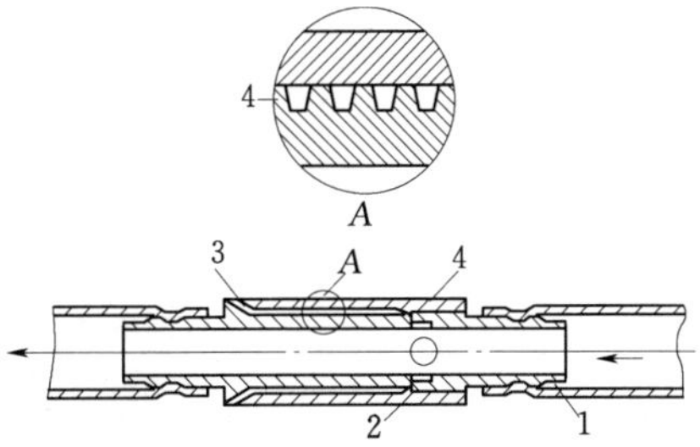

图10－6　内螺纹管式滴头

1—毛管；2—滴头；3—滴头出水；4—螺纹流

(2) 孔口型滴头。靠孔口出流造成的局部水头，如图10－7所示。

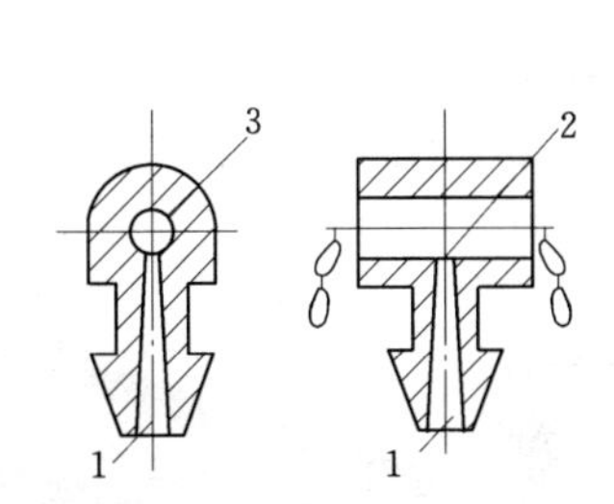

图10－7　孔口型滴头

1—进口；2—出口；3—横向出水道

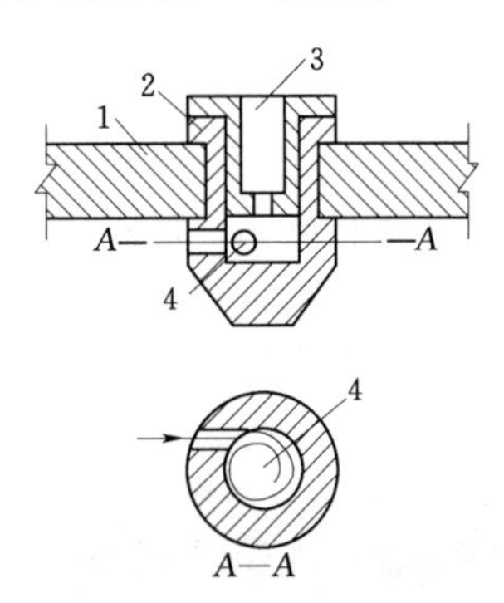

图10－8　涡流型滴头

1—毛管壁；2—滴头体；3—出水口；4—涡流室

(3) 涡流型滴头。靠水流进入灌水器的涡室内形成涡流来消能和调节出水量的大小，如图10－8所示。

(4) 压力补偿型滴头。利用水流压力压迫道槽口滴头内的弹性体（片）使流道（或孔口）形状改变或过水断面面积发生变化，从而使出流量自动保持稳定，同时还具有自清洗功能，如图10－9所示。表10－1给了部分压力补偿式滴头的性能。

表10－1　压力补偿型滴头的性能

名称	优　　点	适　应　性	流量/(L/h)	压力补偿范围/kPa
压力补偿式滴头	保持恒流，灌水均匀；自动清洗，抗堵塞性能好；灵活方便，滴头可预先安装在毛管上，也可在施工现场安装	适合于各种地形及作物；适合于滴头间距变化的情况；适合系统压力不稳定时；大面积控制	2	80～400
			4	
			8	
			4	70～350
			4	100～300

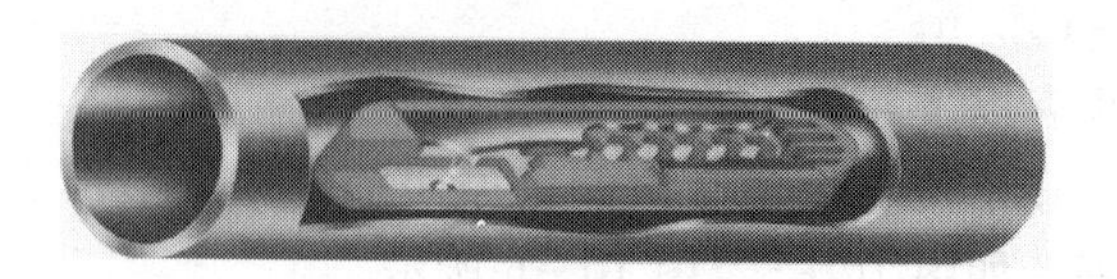

(a) 示意图

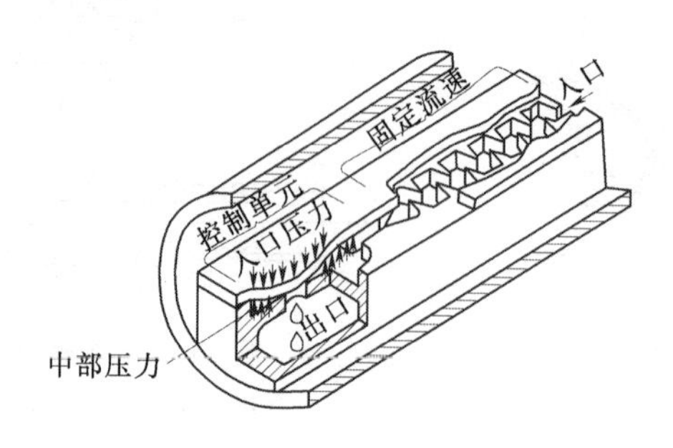

(b) 剖面图

图 10-9　压力补偿型滴头

2. 滴灌带

将滴头与毛管被制造成一整体、兼具配水和滴水功能的滴灌管称为滴灌带，如图 10-10 所示。"蓝色轨道" 16mm 滴灌带流量参数见表 10-2，不同坡度下"蓝色轨道"滴灌带最大铺设长度见表 10-3，其他滴管带参数见表 10-4。

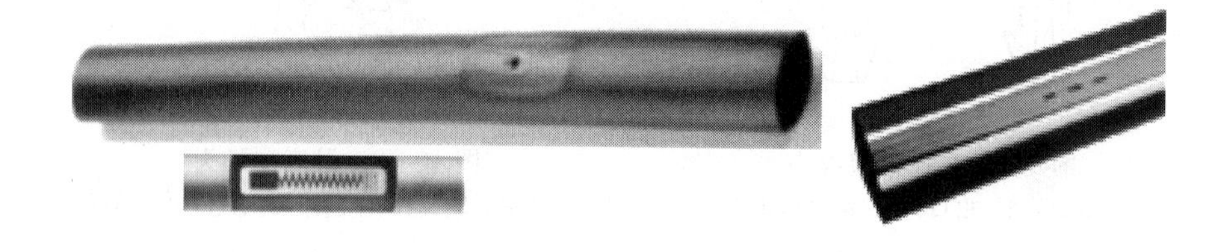

图 10-10　滴灌带示意图

表 10-2　"蓝色轨道" 16mm 滴灌带流量参数

编码	滴头间距/mm	单滴头流量（7m 水头）/(L/h)	百米带流量（7m 水头）/(L/h)
EA5××1234	300	0.84	274
EA5××2428	600	1.40	230

表 10-3　不同坡度下"蓝色轨道"滴灌带最大铺设长度　单位：m

流量情况	滴头间距/cm	均匀度/%	下坡	下坡	下坡	平坡	上坡	上坡
			+3%	+2%	+1%	0%	−1%	−2%
低	30	90	73	320	333	260	131	76
超高	40	90	213	223	245	173	109	72

表 10-4　　其他滴管带参数表

管径/mm	壁厚/mm	流量/(L/h)	工作压力/100kPa	滴头间距/mm	编号
16	0.3	2.7	0.3～1.2	300	1233
16 地埋	0.4	2.7	0.3～1.5	300	1243C

3. 微喷头

微喷头是将压力水流以细小水滴喷洒在土壤表面，湿润土壤满足作物需水要求的灌水器。单个微喷头的喷水量一般不超过250L/h，射程一般小于7m。有射流式、离心式、折射式、缝隙式等，种类繁多，可供选择的余地很大。在工程设计使用中可以兼顾各方面的需求加以选定。部分全圆均匀喷洒微喷头性能见表10-5，部分微喷头的外形如图10-11所示。

表 10-5　　全圆均匀喷洒微喷头的主要性能参数

编号	产品名称	喷嘴直径/mm	工作压力/100kPa	流量/(L/h)	喷洒半径/m
2020A	双桥折射微喷头	1.2	2.0～3.5	75～91	0.75～1.0
2240	十字雾化喷头	1.0	2.5～4.0	4～7.5	1.2～3.0
2110	单嘴旋转微喷头	1.4	1.5～3.5	102～135	3.0～3.5

(a)全圆旋转喷头
工作压力：0.1～0.25MPa
流量：50～90L/h
喷洒半径：3～5m
特点：喷洒均匀、无死角

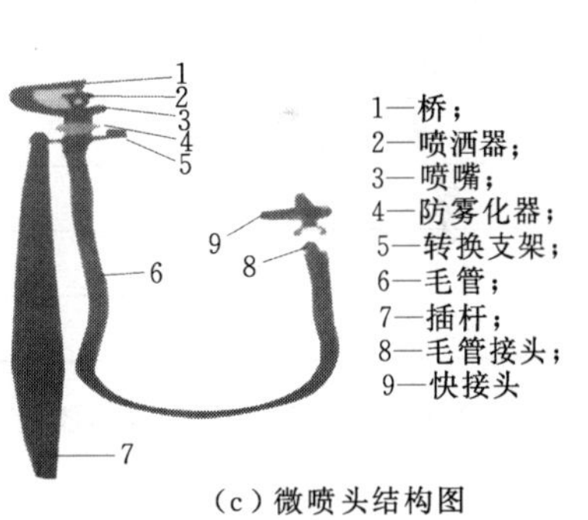

(c)微喷头结构图

(b)折射式雾化喷头
工作压力：0.1MPa
喷洒半径：1.2～1.5m
流量：30～60L/h
特点：喷洒半径小、安装方便、价格低

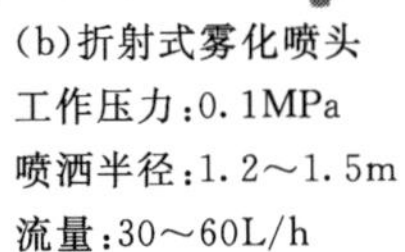

(d)旋转式微喷头
工作压力：0.1～0.3MPa
流量：50～110L/h
喷洒半径：2～4m

图10-11　部分微喷头的外形

（三）灌水器的结构参数和水力性能参数

结构参数和水力性能参数是微灌灌水器的两项主要技术参数。结构参数主要指流道或孔口尺寸，对滴灌带还包括管带的直径和壁厚。水力性能参数主要指流态指数、制造偏差系数、工作压力、流量，对微喷头还包括射程、喷灌强度、水量分布等。

1. 灌水器的流量与压力关系

$$q=kh^{x} \tag{10-1}$$

式中　q——灌水器流量；

h——工作水头；

k——流量指数；

x——流态指数，反映流量对压力变化的敏感程度，当滴头内水流为全层流时，流态指数 x 等于 1，即流量与工作水头成正比；当滴头内水流为全紊流时，流态指数 x 等于 0.5，全压力补偿器的流态指数 x 等于 0，即出水流量不受压力变化的影响，其他各种形式的灌水器的流态指数为 0～1.0。

2. 制造偏差系数

灌水器的流量与流道直径的 2.5～4 次幂成正比，制造上的微小偏差将会引起较大的流量偏差。在灌水器制造中，由于制造工艺和材料收缩变形等的影响，不可避免地会产生制造偏差，实践中，一般用制造偏差系数来衡量产品的制造精度，其分类见表10-6。

表 10-6　灌水器制造偏差系数分类

质量分类	滴头或微喷头	滴灌带
好	$C_v<0.05$	$C_v<0.1$
一般	$0.05\leqslant C_v<0.07$	$0.1\leqslant C_v<0.2$
较差	$0.07\leqslant C_v<0.11$	
差	$0.11\leqslant C_v<0.15$	$0.2\leqslant C_v<0.3$
不能接受	$0.15\leqslant C_v$	$0.3\leqslant C_v$

《微灌工程技术规范》（GB/T 50485—2009）规定，灌水器制造偏差系数不宜大于 0.07。

二、管道及附件

管道是微灌系统的主要组成部分。各种管道与连接件按设计要求组合安装成一个微灌输配水管网，按作物需水要求向田间和作物输水和配水。管道与连接件在微灌工程中用量大、规格多、所占投资比重大，其质量的好坏不仅关系到工程费用大小，而且关系到微灌能否正常运行和使用寿命的长短。

1. 微灌用管的种类

微灌工程一般采用塑料管。微灌系统常用的塑料管主要有两种：聚乙烯管（PE）（图 10-12）和聚氯乙烯管（PVC），$\phi63$ 以下的管

图 10-12　PE 管材

采用聚乙烯管，ϕ63 以上的管采用聚氯乙烯管。聚乙烯管（LDPE、LLDPE）的管材规格见表 10－7，聚氯乙烯管的管材规格见表 9－8、表9－9。

表 10－7　　低密度聚乙烯管公称压力和规格尺寸

公称外径 d_n	公称压力 P_N/MPa		
	0.25	0.40	0.63
	公称壁厚 e_n/mm		
16	0.8	1.2	1.8
20	1.0	1.5	2.2
25	1.2	1.9	2.7
32	1.6	2.4	3.5
40	1.9	3.0	4.3
50	2.4	3.7	5.4
63	3.0	4.7	6.8
75	3.6	5.6	8.1
90	4.3	6.7	9.7
110	5.3	8.1	11.8

注　1. 本表摘自《灌溉用塑料管材和管件基本参数及技术条件》（GB/T 23241—2009）。
　　2. 公称壁厚 e_n 根据设计应力 σ_n＝2.5MPa 确定。

2. 微灌管道连接件的种类

管道种类及连接方式不同，连接件也不同。鉴于微灌工程中大多用聚乙烯管，因此这里仅介绍聚乙烯管连接件。目前，国内微灌用聚乙烯塑料管的连接方式和连接件有两大类：一是外接式管件（ϕ20 以下的管也采用内接式管件），二是内接式管件。两者的规格尺寸相异，选用时一定要了解连接管道的规格尺寸，选用与其相匹配的管件。

（1）接头。接头的作用是连接管道。根据两个被连接管道的管径大小分为同径连接接头和异径连接接头。根据连接方式不同，聚乙烯接头分为螺纹式接头、内插式接头和外接式接头三种。

（2）三通。三通是用于管道分叉时的连接件，与接头一样，三通有同径和异径两种。每种型号又有内插式和螺纹式两种。

（3）弯头。在管道转弯和地形坡度变化较大之处就需要用弯头连接。其结构也有内插式和螺纹式两种。

（4）堵头。堵头是用来封闭管道末端的管件。有内插式和螺纹式两种。

（5）旁通。用于支管与毛管间的连接。

（6）插杆。用于支撑微喷头，使微喷头置于规定高度。

（7）密封紧固件。用于内接式管件与管连接时的紧固。

三、微灌的过滤设备

微灌要求灌溉水中不含有造成灌水器堵塞的污物和杂质。而任何水源（包括水质良好的井水）都不同程度地含有污物和杂质，这些污物和杂质可分为物理、化学和生物类。因此，在进行微灌工程规划设计前，一定要对水源水质进行化验分析，并根据选用的灌水器类型和抗堵塞性能，选定水质净化设备。

过滤设备主要有以下几种：

（1）旋流式水砂分离器，又称离心式或涡流式过滤器。旋流式水砂分离器的优点是水砂分离器能连续过滤高含砂量的灌溉水。缺点是：不能除去与水比重相近或比水轻的有机质等杂物，特别是水泵启动和停机时过滤效果会下降，会有较多的砂粒进入系统，另外水头损失也较大；需要使用筛网过滤器进行第二次处理。

（2）砂石过滤器，又称砂介质过滤器。它是利用砂石作为过滤介质的砂石过滤器，主要由进水口、出水口、过滤罐体、砂床和排污孔等部分组成。

（3）筛网过滤器。它是一种简单而有效的过滤设备，这种过滤器的造价较为便宜，使用最为广泛。筛网过滤器由筛网、壳体、顶盖等部分组成。

（4）叠片式过滤器。它是用数量众多的带沟槽的薄塑料圆片作为过滤介质，工作时水流通过叠片，泥沙被拦截在叠片沟槽中，清水通过叠片的沟槽进入下游。

各种过滤器如图 10-13 所示，其性能见表 10-8。

（a）离心式过滤器　（b）砂石过滤器　（c）筛网过滤器

图 10-13 各种过滤器

表 10-8 各种过滤器的性能

规格	性能	砂石过滤器	离心式过滤器	筛网过滤器
1″	流量/(m^3/h)			6.3
	压力/MPa			0.4
2″	流量/(m^3/h)	5～17	5～20	22.5
	压力/MPa	0.8	0.8	0.4
3″	流量/(m^3/h)	10～35	10～40	45
	压力/MPa	0.8	0.8	0.4
4″	流量/(m^3/h)		40～80	
	压力/MPa		0.8	

注 1″=2.54cm。

四、施肥装置

利用微灌系统施可溶性肥料或农药溶液可通过安装在首部的施肥（施农药）装置进行。施肥装置有压差式施肥罐、开敞式肥料罐、文丘里注入器、注入泵等，如图 9－14 所示。

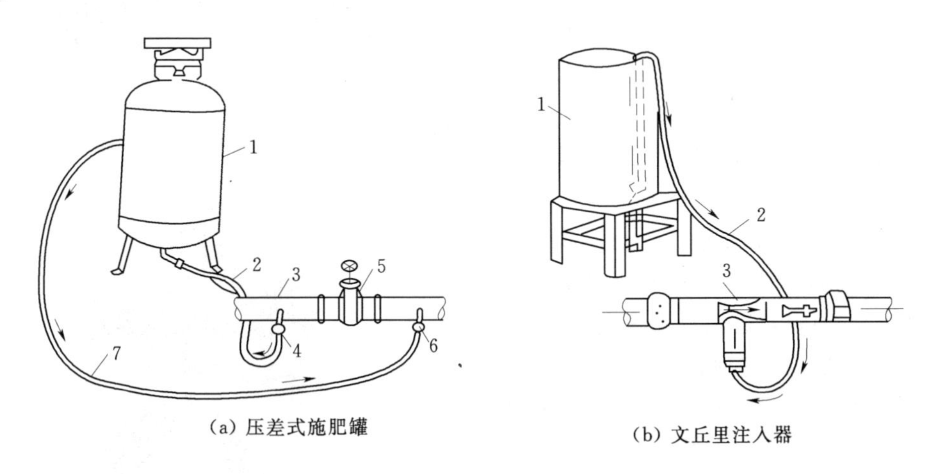

(a) 压差式施肥罐　　(b) 文丘里注入器

图 10－14　各种施肥器

(a) 1—储液罐；2—进水管；3—输水管；4—阀门；5—调压阀门；6—供肥管阀门；7—供肥管

(b) 1—开敞式化肥箱；2—输液器；3—文丘里注入器

（1）压差式施肥（药）罐。由储液罐、进水管、出水管、调压阀等几部分组成，是利用干管上的调压阀所造成的压差，使储液罐中的液肥注入干管。其优点是加工制造简单，造价较低，不需外加动力设备。缺点是溶液浓度变化大，无法控制，罐体容积有限，添加化肥次数频繁且较麻烦。输水管道因设有调压阀而造成一定的水头损失。

（2）开敞式肥料罐。用于自压滴灌系统中，在自压水源的正常水位下部适当的位置安装肥料罐，将其供水管（及阀门）与水源相连，打开肥料罐供水管阀门，打开肥料罐输液阀，肥料罐中的肥液就自动随水流输送到灌溉管网及各个灌水器对作物施肥。

（3）文丘里注入器。一般并联于管路上，它与开敞式肥料箱配套组成一套施肥装置（图 10－14），使用时先将化肥或农药溶于开敞式化肥箱中，然后接上输液管即可开始施肥。其结构简单，使用方便，主要适用于小型微灌系统向管道注入肥料或农药。

微灌系统施肥或施农药应当注意如下事项：

（1）化肥或农药的注入一定要放在水源与过滤器之间，使肥液先经过过滤器之后再进入灌溉管道，以免堵塞管道及灌水器。

（2）施肥和施农药后，必须利用清水把残留在系统内的肥液或农药全部冲洗干净，防止设备被腐蚀。

（3）在化肥或农药输液管与罐水管连接处一定要安装逆止阀，防止肥液或农药流进水源。

五、控制测量与保护装置

1. 量测仪表

流量、压力量测仪表用于测量管线中的流量或压力，包括水表、压力表等。水表如果安装在首部，须设于施肥装置之前，以防肥料腐蚀；压力表在过滤器和密封式施肥装置的前后各安设一个压力表，可观测其压力差，通过压力差的大小判定施肥量的大小和过滤器是否需要清洗。

2. 控制装置

控制器用于对系统进行自动控制，一般控制器具有定时或编程功能，根据用户给定的指令操作电磁阀或水动阀，进而对系统进行控制。

阀门是直接用来控制和调节微灌系统压力流量的操纵部件，布置在需要控制的部位上，其形式有闸阀、逆止阀、空气阀、水动阀、电磁阀等。

3. 安全装置

为保证系统安全运行，需在适当位置安装安全装置。常用的安全装置主要有压力调节器进排气阀、泄水阀等，如图 10-15 所示。其性能特点为：能自动向管道进气与排气，有效防止管道破裂；自动关闭与开启系统末端出水口，以防管道存水冻裂。

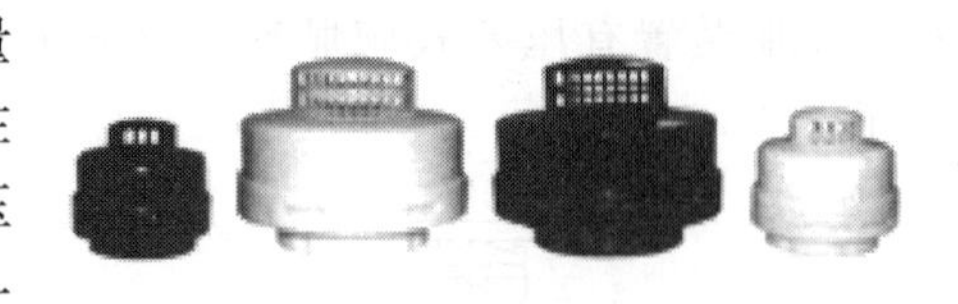

(a) 进排气阀与泄水阀

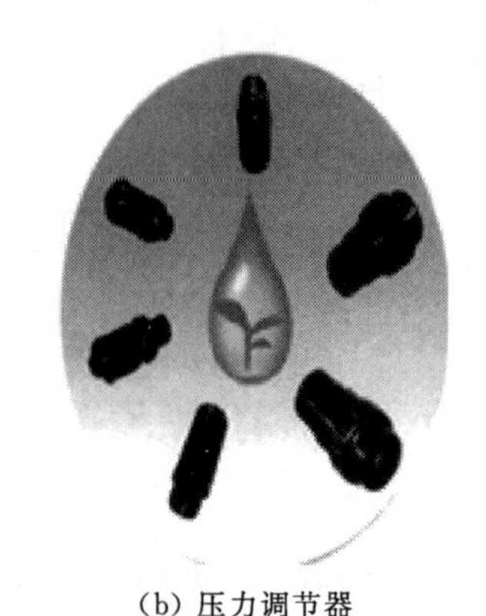

(b) 压力调节器

图 10-15 安全装置示意图

第三节 微灌工程规划设计

一、微灌工程规划设计的原则

(1) 应与其他的灌溉工程统一安排。在规划时应结合各种灌水技术的特点，因地制宜地统筹安排，使各种灌水技术都能发挥各自的优势。

(2) 应考虑多目标综合利用。目前，微灌大多用于干旱缺水的地区，规划微灌工程时应与当地人畜饮水与乡镇工业用水统一考虑，以求达到一水多用。

(3) 要重视经济效益。尽管微灌具有节水、节能、增产等优点，但一次性投资较高。为此，在进行规划时，要先考虑在经济收入高的经济作物区发展微灌，以获得较高的经济效益。

(4) 因地制宜、合理地选择微灌形式。我国地域辽阔，各地自然条件差异很大，气候、土壤、作物等都各不相同。加之微灌的形式较多，又各有其优缺点和适用条件，因此在规划时，应贯彻因地制宜的原则，切不可盲目照搬外地经验。

(5) 近期发展与远景规划相结合。规划既要着眼长远发展规划，又要根据现实情况，

讲求实效，量力而行。根据人力、物力和财力，作出分期开发计划，使微灌工程建成一处，用好一处，尽快发挥工程效益。

二、基本资料的收集

（1）地形资料。标注灌区范围的地形图（1∶200～1∶500）。

（2）土壤资料。土壤质地、田间持水率、渗透系数等。

（3）作物情况。作物的种植密度、走向、株行距等。

（4）水文资料。取水点水源来水系列及年内月分配资料、泥沙含量、水井位置、供电保证率、水井出水量、动水位等。

（5）气象资料。逐月降雨、蒸发、平均温度、湿度、风速、日照、冻土深。

（6）其他社会经济情况。行政单位人口、土地面积、耕地面积、管理体制等。

三、水源分析与用水量的计算

（一）水源来水量分析

水源来水量分析的任务是研究水源在不同设计保证率年份的供水量、水位和水质，为工程规划设计提供依据。

（二）灌溉用水量分析

微灌用水量应根据设计水文年的降雨、蒸发、作物种类及种植面积等因素计算确定。

（三）水量平衡计算

水量平衡计算的目的是根据水源情况确定微灌面积或根据面积确定需要供水的流量。

1. 微灌面积的确定

已知来水量确定灌溉面积，其计算公式为

$$A=\frac{\eta Qt}{10E_a} \tag{10-2}$$

式中　A——可灌面积，hm^2；

Q——可供流量，m^3/h；

E_a——设计耗水强度，mm/d；

t——水源日供水时数，h/d；

η——灌溉水利用系数。

2. 确定需要的供水流量

当灌溉面积已经确定时，计算需要的供水流量，可以采用式（10－2）计算。

四、微灌系统布置

微灌系统的布置通常是在地形图上做初步布置，然后将初步布置方案带到实地与实际地形做对照，进行修正。微灌系统布置所用的地形图比例尺一般为1∶200～1∶500。

微灌管网应根据水源位置、地形、地块等情况分级，一般应由干、支管和毛管三级管道组成。面积大时可增设总干管、分干管或分支管，面积小时可只设支、毛管两级管道。

（一）毛管和灌水器的布置

毛管和灌水器的布置方式取决于作物种类和所选灌水器的类型。下面分别介绍滴灌系统、微喷灌系统毛管和灌水器的一般布置形式。

1. 滴灌系统毛管和灌水器的布置

（1）单行毛管直线布置，如图10-16（a）所示。毛管顺作物行布置，一行作物布置一条毛管，滴头安装在毛管上。这种布置方式适用于幼树和窄行密植作物。

（2）单行毛管带环状管布置，如图10-16（b）所示。当滴灌成龄果树时，常常需要用一根分毛管绕树布置，其上安装4～6个单出水口滴头，环状管与输水毛管相连接。这种布置形式增加了毛管总长。

（3）双行毛管平行布置，滴灌高大作物可用双行毛管平行布置，如图10-16（c）所示，沿作物行两边各布置一条毛管，每株作物两边各安装2～3个滴头。

（4）单行毛管带微管布置，如图10-16（d）所示。当使用微灌滴灌果树时，每一行树布置一条毛管，再用一段分水管与毛管连接，在分水管上安装4～6条微管，也可将微管直接插于输水毛管上，这种安装方式毛管的用量少，因而降低了工程造价。

上述各种布置形式滴头的位置与树干的距离约为树冠半径的2/3。

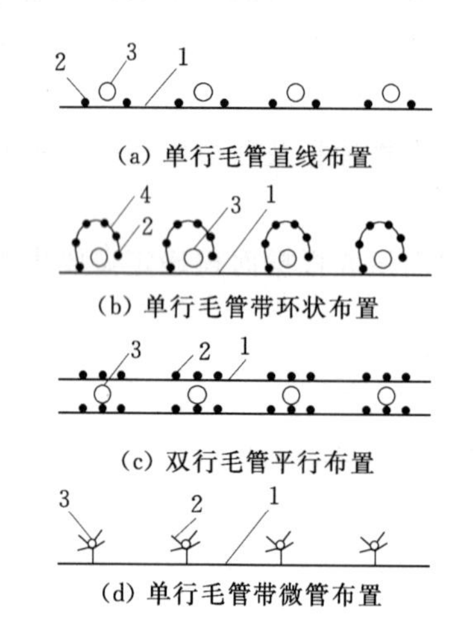

图10-16　滴灌系统毛管和灌水器布置形式

1—毛管；2—灌水器；3—果树；4—绕树环状管

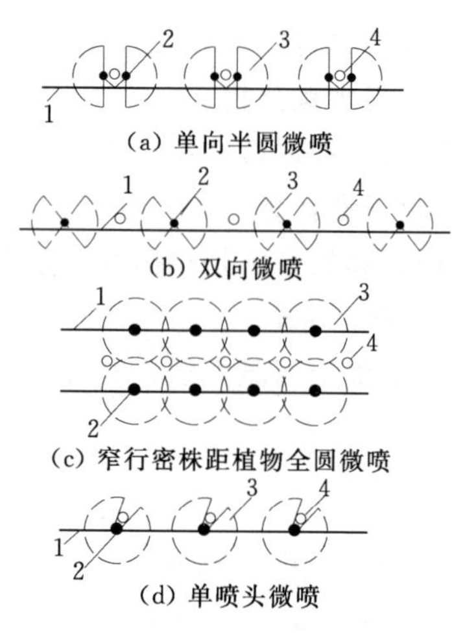

图10-17　微喷灌毛管与灌水器布置形式

1—毛管；2—微喷头；3—土壤湿润；4—果树

2. 微喷灌系统毛管和灌水器的布置

根据微喷头的喷洒直径和作物种类，一条毛管可控制一行作物，也可控制若干行作物。图10-17是常见的几种布置形式。

（二）干、支管布置

干、支管的布置取决于地形、水源、作物分布和毛管的布置。其布置应满足管理方便、工程费用少的要求。在山区，干管多沿山脊布置，或沿等高线布置，支管则垂直等高线布置，向两边的毛管配水。在平地，干、支管应尽量双向控制，两侧布置下级管道，以

节省管材。

系统布置方案不是唯一的，有很多可以选择的方案，具体实施时，应结合水力设计优化管网布置，尽量缩短各级管道的长度。

（三）首部枢纽布置

首部枢纽是整个微灌系统操作控制的中心，其位置的选择主要是以投资省、便于管理为原则。一般首部枢纽与水源工程相结合。如果水源较远，则首部枢纽可布置在灌区旁边，有条件时尽可能布置在灌区中心，以减少输水干管的长度。

五、微灌工程规划设计参数的确定

（一）设计耗水强度

设计耗水强度采用设计年灌溉季节月平均耗水强度峰值，并由当地试验资料确定，无实测资料时可通过计算或按表 10－9 选取。

表 10－9　　设计耗水强度

作　物	设计耗水强度/(mm/d)		作　物	设计耗水强度/(mm/d)	
	滴灌	微喷灌		滴灌	微喷灌
葡萄、树、瓜类	3～7	4～8	蔬菜（露地）	4～7	5～8
粮、棉、油等植物	4～7	—	冷季型草	—	5～8
蔬菜（保护地）	2～4	—	暖季型草	—	3～5

注　1. 干旱地区宜取上限值。
2. 对于在灌溉季节敞开棚膜的保护地，应按露地选取设计耗水强度值。

（二）微灌设计土壤湿润比

土壤湿润比是指在计划湿润土层内，湿润土体占总土体的比值。通常以地面以下20～30cm 处湿润面积占总灌溉面积的百分比来表示。土壤湿润比取决于作物、灌水器流量、灌水量、灌水器间距和所灌溉土壤的特性等。

规划设计时，要根据作物的需要、工程的重要性及当地自然条件等，按表 10－10 选取。

表 10－10　　微灌设计土壤湿润比

作　物	设计土壤湿润比/%	
	滴灌、涌泉灌	微喷灌
果树、乔木	25～40	40～60
葡萄、瓜类	30～50	40～70
草、灌木	—	100
蔬菜	60～90	70～100
粮、棉、油等植物	60～90	—

注　干旱地区宜取上限值。

由于设计土壤湿润比越大，工程保证程度就要求越高，投资及运行费用也越大。设计时要求其土壤湿润比稍大于设计土壤湿润比。常用灌水器典型布置形式的土壤湿润比 P

的计算公式如下。

1. 滴灌

(1) 单行毛管直线布置，土壤湿润比按式（10－3）计算：

$$P=\frac{0.785D_w^2}{S_eS_l}\times100\% \tag{10-3}$$

式中 P——土壤湿润比，%；

D_w——土壤水分水平扩散直径或湿润带宽度，其大小取决于土壤质地、滴头流量和灌水量大小，m；

S_e——灌水器或出水点间距，m；

S_l——毛管间距，m。

(2) 双行毛管直线布置，按式（10－4）计算：

$$P=\frac{P_1S_1+P_2S_2}{S_r}100\% \tag{10-4}$$

式中 S_1——一对毛管的窄间距，m；

P_1——与 S_1 相对应的土壤湿润比，%；

S_2——一对毛管的宽间距，m；

P_2——与 S_2 相对应的土壤湿润比，%；

S_γ——作物行距，m。

(3) 单行毛管带环状管布置，按式（10－5）、式（10－6）计算：

$$P=\frac{0.785D_w^2}{S_tS_r}\times100\% \tag{10-5}$$

$$P=\frac{nS_eS_w}{S_tS_r} \tag{10-6}$$

式中 D_w——地表以下30cm深处的湿润带宽度，m；

S_t——果树株距，m；

S_r——果树行距，m；

n——一株果树下布置的灌水器数，个；

S_e——灌水器或出水口间距，m；

S_w——湿润带宽度，m；

其余符号意义同前。

2. 微喷灌

(1) 微喷头沿毛管均匀布置时的土壤湿润比为

$$P=\frac{A_w}{S_eS_l}\times100\% \tag{10-7}$$

$$A_w=\frac{\theta}{360°}\pi R^2 \tag{10-8}$$

式中 A_w——微喷头的有效湿润面积，m^2；

θ——湿润范围平面分布夹角，当为全圆喷洒时，$\theta=360°$；

R——微喷头的有效喷洒半径，m；

其余符号意义同前。

（2）一株树下布置 n 个微喷头时的土壤湿润比计算公式为

$$P=\frac{nA_w}{S_tS_r}100\% \tag{10-9}$$

式中　n——一株树下布置的微喷头数，个；

其余符号意义同前。

【例 10-1】 荔枝树基本沿等高线种植，株距×行距为 4.5m×6.0m，每行树布置一条毛管，毛管沿等高线布置，毛管间距等于果树行距，即 6.0m。沿毛管上微喷头间距与荔枝树株距相等，即 4.5m。微喷头的射程为 2.0m。设计土壤湿润比为 40%，试校核微灌土壤湿润比。

【解】 计算微灌土壤湿润比：$P=\pi R^2/6\times4.5=3.14\times2^2/27=46.5\%\geqslant40\%$

设计湿润比满足要求。

（三）微灌的灌水均匀度

已建成的微灌系统采用灌水均匀系数进行灌水均匀性评价，国际上通用克里斯琴森均匀系数 C_u 来表示，由下式计算：

$$C_u=\frac{1-\overline{\Delta q}}{\overline{q}} \tag{10-10}$$

$$\overline{\Delta q}=\frac{1}{n}\sum_{i-1}^{n}|q_i-\overline{q}| \tag{10-11}$$

式中　C_u——微灌均匀系数；

$\overline{\Delta q}$——灌水器流量的平均偏差，L/h；

q_i——各灌水器流量，L/h；

$\overline{q}$——灌水器平均流量，L/h；

n——所测的灌水器数目，个。

（四）灌水器流量偏差率和工作水头偏差率

流量偏差率指同一灌水小区内灌水器的最大、最小流量之差与设计流量的比值。工作水头偏差率指同一灌水小区内灌水器的最大、最小工作水头差与设计工作水头的比值。灌水器流量偏差率和工作水头偏差率按下式计算：

$$q_v=\frac{q_{max}-q_{min}}{q_d}\times100\% \tag{10-12}$$

$$h_v=\frac{h_{max}-h_{min}}{h_d}\times100\% \tag{10-13}$$

式中　q_v——灌水器流量偏差率，%；其值取决于均匀系数 C_u，当 C_u 为 98%、95%、92%时，q_v 分别为 10%、20%、30%；

q_{max}——灌水器最大流量，L/h；

q_{min}——灌水器最小流量，L/h；

q_d——灌水器设计流量，L/h；

h_v——灌水器工作水头偏差率，%；

h_{max}——灌水器最大工作水头，m；

h_{min}——灌水器最小工作水头，m；

h_d——灌水器设计工作水头，m。

灌水器流量偏差率与工作水头偏差率之间的关系可用下式表示：

$$h_v=\frac{q_v}{x}\left(1+0.15\frac{1-x}{x}q_v\right) \tag{10-14}$$

式中　x——灌水器流态指数。

《微灌工程技术规范》（GB/T 50845—2009）规定，灌水器的流量偏差率不应大于20%，即 $[q_v]\leqslant 20\%$。

（五）灌溉水利用系数

《微灌工程技术规范》（GB/T 50845—2009）规定，微灌灌溉水利用系数滴灌不低于0.90，微喷灌不低于0.85。

（六）灌溉设计保证率

《微灌工程技术规范》（GB/T 50845—2009）规定，微灌工程灌溉设计保证率应根据自然条件和经济条件确定，不应低于85%。

六、微灌系统的设计

（一）微灌灌溉制度的确定

1. 设计灌水定额 m

可根据当地试验资料或按式（10-15）计算确定。

$$m=0.001\gamma hP(\beta_{max}-\beta_{min}) \tag{10-15}$$

式中　m——设计灌水定额，mm；

γ——土壤密度，g/cm^3；

h——计划湿润土层深度，m；

P——微灌设计土壤湿润比，%；

β_{max}——适宜土壤含水率上限（重量百分比），%；

β_{min}——适宜土壤含水率下限（重量百分比），%。

2. 设计灌水周期 T

设计灌水周期取决于作物、水源和管理情况，可根据试验资料确定。在缺乏试验资料的地区，可参照邻近地区的试验资料并结合当地实际情况按下式计算确定：

$$T=\frac{m}{I_a} \tag{10-16}$$

式中　T——设计灌水周期，d；

I_a——设计供水强度，mm/d；

其余符号意义同前。

3．一次灌水延续时间 t

$$t=\frac{mS_eS_l}{\eta q_d} \tag{10-17}$$

式中 t——一次灌水延续时间，h；

q_d——灌水器设计流量，L/h；

η——灌溉水利用系数；

其余符号意义同前。

对于成龄果树，一株树安装 n 个灌水器时，t 可按式（10－18）计算：

$$t=\frac{mS_eS_l}{\eta nq_d} \tag{10-18}$$

（二）微灌系统工作制度的确定

1．续灌

一般只有在小系统，例如几十亩的果园，才采用续灌的工作制度。

2．轮灌

在划分轮灌组时，要考虑水源条件和作物需水要求，以使土壤水分能够得到及时补充，并便于管理。有条件时最好是一个轮灌组集中连片，各组控制的灌溉面积相等。按照作物的需水要求，全系统轮灌组的数目 N 为

$$N\leqslant\frac{CT}{t} \tag{10-19}$$

日轮灌次数 n 为

$$n=\frac{C}{t} \tag{10-20}$$

式中 C——系统日工作时间，可根据当地水源和农业技术条件确定，一般不宜大于20h。

（三）微灌系统水力计算

微灌系统水力计算是在已知所选灌水器的工作压力和流量以及微灌工作制度情况下确定各级管道通过的流量，通过计算输水水头损失，来确定各级管道合理的内径。

1．管道流量的确定

（1）毛管流量计算。毛管流量是毛管上灌水器流量的总和，即

$$Q_{毛}=\sum_{i=1}^{n}q_i \tag{10-21}$$

当毛管上灌水器流量相同时：

$$Q_{毛}=nq_d \tag{10-22}$$

式中 $Q_{毛}$——毛管流量，L/h；

n——毛管上同时工作的灌水器个数；

q_i——第 i 号灌水器设计流量，L/h；

q_d——流量相同时单个灌水器的设计流量，L/h。

（2）支管流量计算。支管流量是支管上各条毛管流量的总和，即

$$Q_{支} = \sum_{i=1}^{n} Q_{毛i} \tag{10-23}$$

式中　$Q_{支}$——支管流量，L/h；

$Q_{毛i}$——不同毛管的流量，L/h。

（3）干管流量计算。由于支管通常是轮灌的，有时是两条以上支管同时运行，有时是一条支管运行，故干管流量是由干管同时供水的各条支管流量的总和，即

$$Q_{干} = \sum_{i=1}^{n} Q_{支i} \tag{10-24}$$

式中　$Q_{干}$——干管流量，L/h 或 m^3/h；

$Q_{支i}$——不同支管的流量，L/h 或 m^3/h。

若一条干管控制若干个轮灌区，在运行时各轮灌区的流量不一定相同，为此，在计算干管流量时，对每个轮灌区要分别予以计算。

2. 各级管道管径的选择

为了计算各级管道的水头损失，必须首先确定各级管道的管径。管径必须在满足微灌的均匀度和工作制度前提下确定。

（1）允许水头偏差的计算。

灌水小区进口宜设有压力（流量）控制（调节）设备。灌水小区进口未设压力（流量）控制（调节）设备时，应将一个轮灌组视为一个灌水小区，为保证整个小区内灌水的均匀性，对小区内任意两个灌水器的水力学特性有如下要求。

1）灌水小区的流量或水头偏差率应满足如下条件：

$$q_v \leqslant [q_v] \tag{10-25}$$

$$[h_v] = \frac{[q_v]}{x}\left(1 + 0.15\,\frac{1-x}{x}[q_v]\right) \tag{10-26}$$

$$h_v \leqslant [h_v] \tag{10-27}$$

式中　$[q_v]$——设计允许流量偏差率，规范规定，不应大于 20%；

x——灌水器流态指数；

$[h_v]$——设计允许水头偏差率。

2）灌水小区的允许水头偏差，应按下式计算：

$$[\Delta h] = [h_v] h_d \tag{10-28}$$

式中　$[\Delta h]$——灌水小区允许水头偏差，m；

h_d——灌水器设计工作水头，m。

采用补偿式灌水器时，灌水小区内设计允许的水头偏差应为该灌水器允许的工作水头范围。

（2）允许水头偏差的分配。

由于灌水小区的水头偏差是由支管和毛管两级管道共同产生的，应通过技术经济比较来确定其在支、毛管间的分配。

1）毛管进口不设调压装置时。

支管允许水头偏差为 $$[\Delta h_1]=\beta_1 \cdot [\Delta h] \tag{10-29}$$

毛管允许水头偏差为 $$[\Delta h_2]=\beta_2 \cdot [\Delta h] \tag{10-30}$$

式中　β_1——允许水头偏差分配给支管的比例；

β_2——允许水头偏差分配给毛管的比例。

《微灌工程技术规范》（GB/T 50845—2009）规定，初估时可各按50%分配。

2）毛管进口设置调压装置时。在毛管进口设置流量调节器（或压力调节器）使各毛管进口流量（压力）相等，此时小区设计允许的水头偏差应全部分配给毛管，即

$$[\Delta h]_{毛}=[h_v]h_d \tag{10-31}$$

式中　$[\Delta h]_{毛}$——允许的毛管水头偏差，m。

（3）毛管管径的确定。

按毛管的允许水头损失值，初步估算毛管的内径 $d_{毛}$ 为

$$d_{毛}=\sqrt[b]{\frac{KFfQ_{毛}^{m}L}{[\Delta h]_{毛}}} \tag{10-32}$$

式中　$d_{毛}$——初选的毛管内径，mm；

K——考虑到毛管上管件或灌水器产生的局部水头损失而加大的系数，其取值范围一般为1.1～1.2；

F——多口系数；

f——摩阻系数；

$Q_{毛}$——毛管流量，L/h；

L——毛管长度，m；

m——流量指数；

b——管径指数。

由于毛管的直径一般均大于8mm，式（10-32）中各种管材的 f、m、b 值，可按表10-11选用。

表10-11　各种塑料管材的摩阻系数 f、流量指数 m、管径指数 b

管材			摩阻系数 f	流量指数 m	管径指数 b
硬塑料管			0.464	1.770	4.770
微灌用聚乙烯管	$D>8$mm		0.505	1.750	4.750
	$D\leqslant 8$mm	$Re>2320$	0.595	1.690	4.690
		$Re\leqslant 2320$	1.750	1.000	4.000

注　1. 本表摘自《微灌工程技术规范》（GB/T 50485—2009）。
2. D为管道内径，Re为雷诺数。
3. 微灌用聚乙烯管的摩阻系数值相应于水温10℃，其他温度时应修正。

（4）支管管径的确定。

1）毛管进口未设调压装置时，支管管径的初选可按上述分配给支管的允许水头差，用下式初步估算支管管径 $d_{支}$。

$$d_{支}=\sqrt[b]{\frac{KFfQ_{支}^{m}L}{0.5[h_{v}]h_{d}}} \tag{10-33}$$

式中 K——考虑到支管管件产生的局部水头损失而加大的系数，通常 K 的取值范围为1.05～1.1；

L——支管长度，m；

其余符号意义同前。

需注意的是，应按支管的管材种类正确选用表 10-11 中系数。

2）毛管进口采用调压装置时，由于此时设计允许的水头差均分配给了毛管，支管应按经济流速来初选其管径 $d_{支}$。

$$d_{支}=1000\sqrt{\frac{4Q_{支}}{3600\pi v}} \tag{10-34}$$

式中 $d_{支}$——支管内径，mm；

$Q_{支}$——支管进口流量，m^3/h；

v——塑料管经济流速，m/s，一般取 v 取 1.2～1.8m/s。

（5）干管管径的确定。

干管管径可按毛管进口安装调压装置时，支管管径的确定方法计算确定。

在上述三级管道管径都计算出后，还应根据塑料管的规格，最后确定实际各级管道的管径。必要时还需根据管道的规格，进一步调整管网的布局。

3. 管网水头损失的计算

（1）沿程水头损失计算。

对于直径大于 8mm 的微灌用塑料管道，应采用勃氏公式计算沿程水头损失。即

$$h_f=\frac{fQ^m}{d^b}L \tag{10-35}$$

式中 h_f——沿程水头损失，m；

f——摩阻系数；

Q——流量，L/h；

d——管道内径，mm；

L——管长，m；

m——流量指数；

b——管径指数。

微灌系统中的支、毛管为等间距、等流量分流管，其沿程水头损失可按式(10-36)计算：

$$h_f'=\frac{fSq_d^m}{d^b}\left[\frac{(N+0.48)^{m+1}}{m+1}-N^m\left(1-\frac{S_0}{S}\right)\right] \tag{10-36}$$

或

$$h_f'=h_f\cdot F$$

式中 h_f'——等距、等量多孔管沿程水头损失，m；

S——分流孔的间距，m；

S_0——多孔管进口至首孔的间距，m；

N——分流孔总数；

q_d——毛管上单孔或灌水器的设计流量，L/h；

F——多口系数；

其余符号意义同前。

（2）局部水头损失计算。

局部水头损失的计算公式为

$$h_j=\sum\zeta\frac{v^2}{2g} \tag{10-37}$$

式中 h_j——局部水头损失，m；

ζ——局部水头损失系数；

v——管中流速，m/s；

g——重力加速度，m/s^2。

当参数缺乏时，局部水头损失也可按沿程水头损失的一定比例估算。支管为0.05～0.1，毛管为0.1～0.2。

4．毛管的极限孔数与极限铺设长度

水平毛管的极限孔数，按式（10－38）计算。设计采用的毛管分流孔数不得大于极限孔数。

$$N_m=\text{int}\left[\frac{5.446[\Delta h_2]d^{4.75}}{KS_eq_d^{1.75}}\right]^{0.364} \tag{10-38}$$

式中 N_m——毛管的极限分流孔数；

int——将括号内实数舍去小数取整数；

$[\Delta h_2]$——毛管的允许水头偏差，m；

d——毛管内径，mm；

K——水头损失扩大系数，取值范围为1.1～1.2；

S_e——毛管上分流孔的间距，m；

q_d——毛管上单孔或灌水器的设计流量，L/h。

极限铺设长度，采用式（10－39）计算：

$$L_m=N_mS_e+S_0 \tag{10-39}$$

式中 S_0——多孔管进口至首孔的间距。

【例10－2】 毛管设计及水力计算。已知毛管长度设计最大铺设长度120m，支管进口压力水头为$h_d=11$m。计算：（1）设计滴头工作压力偏差率h_v，已知设计允许流量偏差率$[q_v]=0.2$，流态指数$x=0.45$；（2）毛管极限孔数N_m，已知毛管上单孔的设计流量$q_d=1.1$L/h，毛管的内径$d=15.9$mm，毛管水头损失扩大系数$K=1.1$，毛管滴头间距$S_e=0.4$m；（3）毛管最大铺设长度L，已知多孔管进口至首孔的间距$S_0=0.4$m。

【解】（1）毛管允许工作压力偏差率：

$$h_v=\frac{1}{x}[q_v]\left(1+0.15\frac{1-x}{x}[q_v]\right)=\frac{1}{0.45}\times0.2\times\left(1+0.15\times\frac{1-0.45}{0.45}\times0.2\right)=0.46$$

（2）毛管极限孔数：

$$N_m=\left(\frac{5.446D^{4.75}h_dH_v}{KS_eq_d^{1.75}}\right)^{0.364}$$

$$=\left(\frac{5.446\times15.9^{4.75}\times11\times0.46}{1.1\times0.4\times1.1^{1.75}}\right)^{0.364}=506.9=507$$

毛管最大铺设长度：

$$L_m=N_mS_e+S_0=507\times0.4+0.4=203(\text{m})$$

毛管设计铺设长度 120m 是合理的。

5. 节点的压力均衡验算

微灌管网必须进行节点的压力均衡验算。从同一节点取水的各条管线同时工作时，节点的水头必须满足各条管线对该节点的水头要求。由于各管线对节点水头要求不一致，因此必须进行处理，处理办法有：一是调整部分管段直径，使各条管线对该节点的水头要求一致；二是按最大水头作为该节点的设计水头，其余管线进口根据节点设计水头与该管线要求的水头之差，设置调压装置或安装调压管（又称水阻管）加以解决，压力调节器价格较高，国外微灌工程中经常采用，我国则采用后一种方法，即在管线进口处安装一段比该管管径细得多的塑料管，以造成较大水阻力，消除多余压力。

从同一节点取水的各条管线分为若干轮灌组时，各组运行时的压力状况均需计算，同一组内各管线对节点水头要求不一致时，应按上述处理方法进行平衡计算。

(四) 机泵选型配套

微灌系统的机泵选型配套，主要依据系统设计扬程、流量和水源取水方式而定。

1. 微灌系统的设计流量

系统设计流量可按式（10－40）计算：

$$Q=\sum_{i=1}^{n}q_i \tag{10-40}$$

式中 Q——系统的设计流量，L/h；

q_i——第 i 号灌水器设计流量，L/h；

n——同时工作的灌水器个数。

2. 系统设计扬程

系统设计扬程按最不利轮灌条件下系统设计水头计算：

$$H=Z_p-Z_b+h_0+\sum h_f+\sum h_w \tag{10-41}$$

式中 H——系统的扬程，m；

Z_p——典型毛管进口的高程，m；

Z_b——系统水源的设计水位，m；

h_0——典型毛管进口的设计水头，m；

$\sum h_f$——水泵进水管至典型毛管进口的管道沿程水头损失，m；

$\sum h_w$——水泵进水管至典型毛管进口的管道局部水头损失，m。

3. 机泵选型

根据设计扬程和流量，就可以从水泵型谱或水泵性能表中选取适宜的水泵。一般水源设计水位或最低水位与水泵安装高度间的高差超过 8.0 时，宜选用潜水泵；反之，则可选用离心泵等。根据水泵的要求，选配适宜的动力机，防止出现“大马拉小车”或“小马拉大车”的情况。在电力有保证的条件下，动力机应首选电动机。必须说明的是，所选水泵

必须使其在高效区工作，并应为国家推荐的节能水泵。

（五）首部枢纽设计

首部枢纽设计就是正确选择和合理配置有关设备和设施。首部枢纽对微灌系统运行的可靠性和经济性起着重要作用。

（1）过滤器。选择过滤器主要考虑水质和经济两个因素。筛网过滤器是最普遍使用的过滤器，但含有机污染物较多的水源使用砂砾过滤器能得到更好的过滤效果，含砂量大的水源可采用离心式过滤器，但必须与筛网过滤器配合使用。

（2）施肥器。应根据各施肥设备的特点及灌溉面积的大小选择，小型灌溉系统可选用文丘里施肥器。

（3）水表。水表的选择要考虑水头损失值在可接受的范围内，并配置于肥料注入口的上游，防止肥料对水表的腐蚀。

（4）压力表。压力表是系统观测设备，均应设置在干管首部，一般装置 2.5 级精度以上的压力表，以控制和观测系统供水压力。

（5）阀门。在管道系统中要设计节制阀、放水阀、进排气阀等。一般节制阀设置在水泵出口处的干管上和每条支管的进口处，以控制水泵出口流量和控制支管流量，实行轮灌。每个节制阀控制一个轮灌区。放水阀一般设置在干、支管的尾部，其作用是放掉管中积水。上述两种阀门处应设置阀门井，其顶部应高于阀门 20～30cm，其余尺寸以方便操作为度。非灌溉季节，阀门井用盖板封闭，以保护阀门和冬季保温。

进排气阀一般设置在干管上。在管道布置时，因地形的起伏有时不可避免地产生凸峰，管网运行时这些地方易产生气团，影响输水效率，故应设置排气阀将空气排出。逆止阀一般设置在输水干管首部。

当水泵运行压力较高时，由于停电等原因突然停机，将造成较大的水锤压力，当水锤压力超过管道试验压力，水泵最高反转转速超过额定转速 1.25 倍，管道水压接近汽化压力时，应设置逆止阀。

（六）投资预算及经济评价

规划设计结束时，列出材料设备用量清单，并进行投资预算与效益分析，为方案选择和项目决策提供科学依据。

第四节　微灌工程规划设计示例

一、大棚黄瓜滴灌工程设计说明

（一）基本资料

项目区位于山东寿光，种植反季节蔬菜，本项目为一日光温室，长宽为 60m×9m，面积 A=0.81 亩（1 亩=1/15hm²）；土质为壤土，密度 γ=1.45g/cm³，田间持水量 $\beta_{田}$=26%；作物为黄瓜，沿南北向（沿 OY 方向）种植，如图 10-18 所示，株距×行距为 0.3m×0.6m，大棚内全额灌溉，黄瓜是喜水作物，生长时间长，需水量比较大，根据《北方保护地滴灌黄瓜节水灌溉制度及需水量的试验研究》（侯松泽等，《第六次全国微灌大会论文汇编》)，结合该工程所在地气候特点，盛果期灌溉补充强度 I_a 取为 8mm/d；水源为井水，水质好，适于饮用，井的出水量为 $40m^3/h$，井旁有容积为 $25m^3$、高 8m 的水塔。

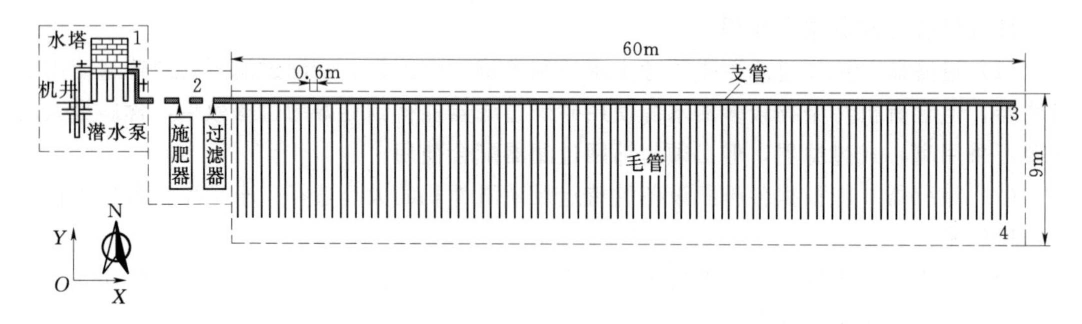

图 10-18 工程布置简图

1—水源工程；2—首部枢纽；3—支管；4—毛管（含灌水器）

（二）系统布置及设计参数

1. 系统布置

该工程由四部分组成，沿水流方向依次为水源工程、首部枢纽、输配水管网、毛管（灌水器）。

（1）水源工程。该滴灌系统的水源为已建机井，井水经水塔以重力流方式输入大棚，向作物供水。井的出水量可满足灌溉要求。

（2）首部枢纽。包括过滤设施、施肥装置等。由于项目区水质好，选用“筛网过滤器”能满足使用要求，施肥装置采用文丘里施肥器（安装于筛网过滤器之前）。

（3）输配水管网。温室南北（OY）向短，东西（OX）向长，种植方向为南北（OY）向，该系统仅设支管，沿东西向（OX）铺设，既承担输水任务，又起向毛管配水的作用；毛管与支管垂直即沿南北（OY）向铺设；支管、毛管采用 PE 管，均铺设于地面，布置如图 10-18 所示。

（4）灌水器。根据土壤、种植作物、气候条件，采用新疆天业生产的灌水器与毛管合为一体的单翼迷宫式滴灌带，一管一行铺设，其参数见表 10-12。

表 10-12　　滴管带参数

项　　目	参数	项　　目	参数
型号	WDF12/1.8-100	滴头间距 S_e/m	0.3
灌水器设计流量 q_d/(L/h)	1.2	毛管布设间距 S_L/m	0.6
灌水器设计工作水头 h_d/m	5	灌水器压力流量关系式	$q=0.479h^{0.5709}$
毛管内径 d/mm	12	滴灌带铺设长度/m	9

2. 设计参数

（1）系统流量 Q。

系统结构简单，面积较小，灌溉时所有毛管全部打开，假设同时工作的灌水器流量相等，同时工作的灌水器个数 $N=(9/0.3)\times(60/0.6)=3000$ 个，灌水器设计流量为 $q_d=$

1.2L/h，代入式 $Q=Nq_d$ 可求得系统流量 $Q=3000\times1.2=3600(L/h)=3.6(m^3/h)$。

水塔的容积为 25m³，可满足系统连续运行 25/3.6=6.94h。

(2) 灌水小区允许水头（流量）偏差率。

1) 流量偏差率 $[q_v]$。根据《微灌工程技术规范》（GB/T 50485—2009）规定，该系统取 $[q_v]=20\%$。

2) 水头偏差率 $[h_v]$。$x=0.5709$，$q_v=20\%$，代入式$[h_v]=\frac{[q_v]}{x}\left(1+0.15\frac{1-x}{x}[q_v]\right)$可得 $[h_v]=0.358$。

(3) 土壤湿润比 P。

毛管沿作物直线布置，各参数按图 10-19 计算，$n=1$，$S_e=0.3m$，$S_w=0.45m$，$S_t=0.3m$，$S_l=0.6m$，用 $P=\frac{S_wS_t}{S_eS_l}\times100\%$计算得土壤湿润比 $P=75\%$。

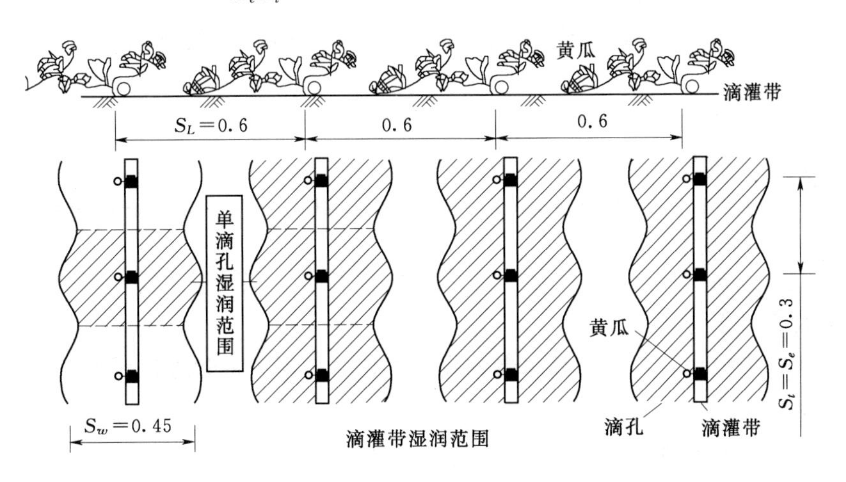

图 10-19 滴灌带与作物布置简图

(4) 设计灌水定额 m。

由于该系统结构简单，输配水管线短，管道接头及控制阀门少，水量损失小，灌溉水利用率高，依据《微灌工程技术规范》（GB/T 50485—2009），灌溉水利用系数取 $\eta=0.95$，按黄瓜需水高峰期根系深度取 $h=40cm$，$\gamma=1.45g/cm^3$，$P=75\%$，$\beta_{max}=90\%\times26\%=23.4\%$，$\beta_{min}=65\%\times26\%=16.9\%$，代入式 $m=0.001\gamma hP(\beta_{max}-\beta_{min})$，计算得灌水定额 $m=28.28mm=18.86m^3$/亩。

(5) 设计灌水周期 T。

由 $m=28.28mm$、$I_a=8mm/d$ 得 $T=\frac{28.28}{8}=3.5d$，取 3d。

(6) 一次灌水延续时间 t。

将 $m=29.76mm$、$S_e=0.3m$、$S_l=0.6m$、$q=1.2L/h$ 代入 $t=\frac{mS_eS_l}{\eta q_d}$，计算得 $t=4.5h$。

设计参数汇总见表 10-13。

表 10-13　　系统设计参数表

序号	项目		参数值	序号	项目	参数值
1	灌溉补充强度 I_a/(mm/d)		8	4	土壤湿润比 P/%	75
2	灌溉水有效利用率 η		0.95	5	设计灌水定额 m/[mm/(m^3/亩)]	28.28/18.86
3	灌水小区允许的偏差率	流量偏差率 [q_v]	0.2	6	设计灌水周期 T/d	3
		水头偏差率 [h_v]	0.358	7	一次灌水延续时间 t/(h/组)	4.5

（三）毛管和支管水力设计

大棚的管网结构简单，一个棚内支管与其供水的毛管（即所采用的单翼迷宫式滴灌带）构成一个灌水小区，毛管的铺设长度已定，其水力设计主要是计算小区允许水头偏差及毛管水头损失，以确定支管允许水头损失，从而确定支管管径和进口压力。

1. 灌水小区允许水头偏差

$[h_v]=0.358$，$h_d=5\text{m}$，代入式 $[\Delta h]=[h_v]h_d$，得灌水小区允许水头偏差 $[h]=1.79\text{m}$。

2. 毛管水力计算

（1）毛管水头损失 $h_毛$。

$f=0.505$，$m=1.75$，$b=4.75$，$N=30$，$q=1.2\text{L/h}$，$S_0=0.15\text{m}$，$K=1.1$，代入式 $h_毛=K\dfrac{fSq^m}{d^b}\left[\dfrac{(N+0.48)^{m+1}}{m+1}-N^m\left(1-\dfrac{S_0}{S}\right)\right]$，计算得 $h_毛=0.007\text{m}$。

（2）毛管进口工作压力 $h_{0毛}$。

毛管水头损失极小，可认为灌水器的设计工作水头即为毛管进口压力 $h_{0毛}=5\text{m}$。

3. 支管水力设计

（1）支管管径的初选。

毛管流量、间距已确定，支管为多孔管。$N=100$，$m=1.75$（聚乙烯管 $D>8\text{mm}$），$x=0.5$，代入式 $F=\dfrac{N\left(\dfrac{1}{m+1}+\dfrac{1}{2N}+\dfrac{\sqrt{m-1}}{6N^2}\right)-1+x}{N-1+x}$，计算得多口系数 $F=0.366$。$b=4.75$，$K=1.1$，$F=0.366$，$f=0.505$，$Q_支=3600\text{L/h}$，$L=59.7\text{m}$，$[h_v]h_d=1.79\text{m}$，代入式 $d_支=\sqrt[b]{\dfrac{KFfQ_支^m L}{0.5[h_v]h_d}}$，得 $d_支=35.37\text{mm}$。

根据管材生产情况，取 de40PE 管（0.25MPa），其内径为 36.2mm。

（2）支管水头损失计算。

$K=1.1$，$F=0.366$，$f=0.505$，$m=1.75$，$b=4.75$，$Q=3600\text{L/h}$，$d=36.2\text{mm}$，$L=59.7\text{m}$，代入式 $h_支=KF\dfrac{fQ^m}{d^b}L$，计算得 $h_支=0.801\text{m}$，小于允许水头差 $0.5[h_v]h_d=0.895\text{m}$，满足要求。

（3）支管进口压力计算。

$h_d=5\text{m}$，$h_毛=0.007\text{m}$，$h_支=0.801\text{m}$，代入式 $h_{0支}=h_d+h_毛+h_支$，得支管进口设计压力 $h_{0支}=5.808\text{m}$。

（四）首部枢纽设计

该系统田间部分实际为重力滴灌，首部枢纽的设计包括过滤装置、施肥设施、控制量测设施及保护装置的设计。由于系统面积较小，结构简单，运行压力低，控制量测设施及保护装置简单，这里不作介绍。

1. 过滤器

因水源为井水，水质好，根据系统设计流量（$3.6m^3/h$）并结合灌水器对水质的要求，选用规格型号为1″、过滤精度为120目的筛网过滤器即可。

2. 施肥设施

本系统选用1″文丘里施肥器。

（五）系统运行复核

水塔高8m，过滤器水头损失及首部枢纽水头损失按2.1m计，故支管进口压力为5.9m，设计压力5.808m，满足要求。

1. 节点压力推算

各节点压力如图10-20所示。

2. 灌水小区流量与压力偏差复核

选取灌水小区压力最大的滴头和最小的滴头进行计算。因地形平坦，计算中不考虑地形高差引起的水头变化。根据灌水器流量公式$q=0.479h^{0.5709}$，由$h_{max}=5.808m$，$h_{min}=5.0m$计算对应值$q_{max}=1.31L/h$，$q_{min}=1.2L/h$，依据式（10-12），流量偏差率$q_v=10\%<[q_v]=20\%$，满足要求。

（六）投资概算

1. 材料设备用量

本滴灌系统所需材料及设备用量详见表10-14，在表10-14中对易耗材料增加5%损耗量，滴灌带增加10%损耗量。

表10-14　大棚重力滴灌材料及设备用量表

序号	名称	规格型号	单位	数量	单价/元	复价/元	序号	名称	规格型号	单位	数量	单价/元	复价/元
1	PE管	de40	m	70	0.7	49	9	外丝	ϕ32	个	1	1.2	1.2
2	滴灌带	WDF12/1.8-100	m	990	0.2	198	10	球阀	1.5″	个	1	8	8
3	旁通	ϕ12	个	105	0.6	63	11	阳纹直通	ϕ40×1.5″	个	2	5	10
4	筛网过滤器	1″	个	1	80	80	12	变径接头	ϕ40×32	个	2	1.3	2.6
5	施肥器	1″	个	1			13	堵头	ϕ40	个	1	1	1
6	内丝	ϕ40	个	1	2.4	2.4	14	直通	ϕ12	个	4	1	4
7	内丝	ϕ32	个	1	1.2	1.2	合计						422.8
8	外丝	ϕ40	个	1	2.4	2.4							

2. 投资与效益分析

（1）滴灌大棚与地面灌溉大棚年投入对比。对比见表10-15。滴灌大棚比地面灌溉大棚年投入节约2000-1672.8=327.2(元/年)。

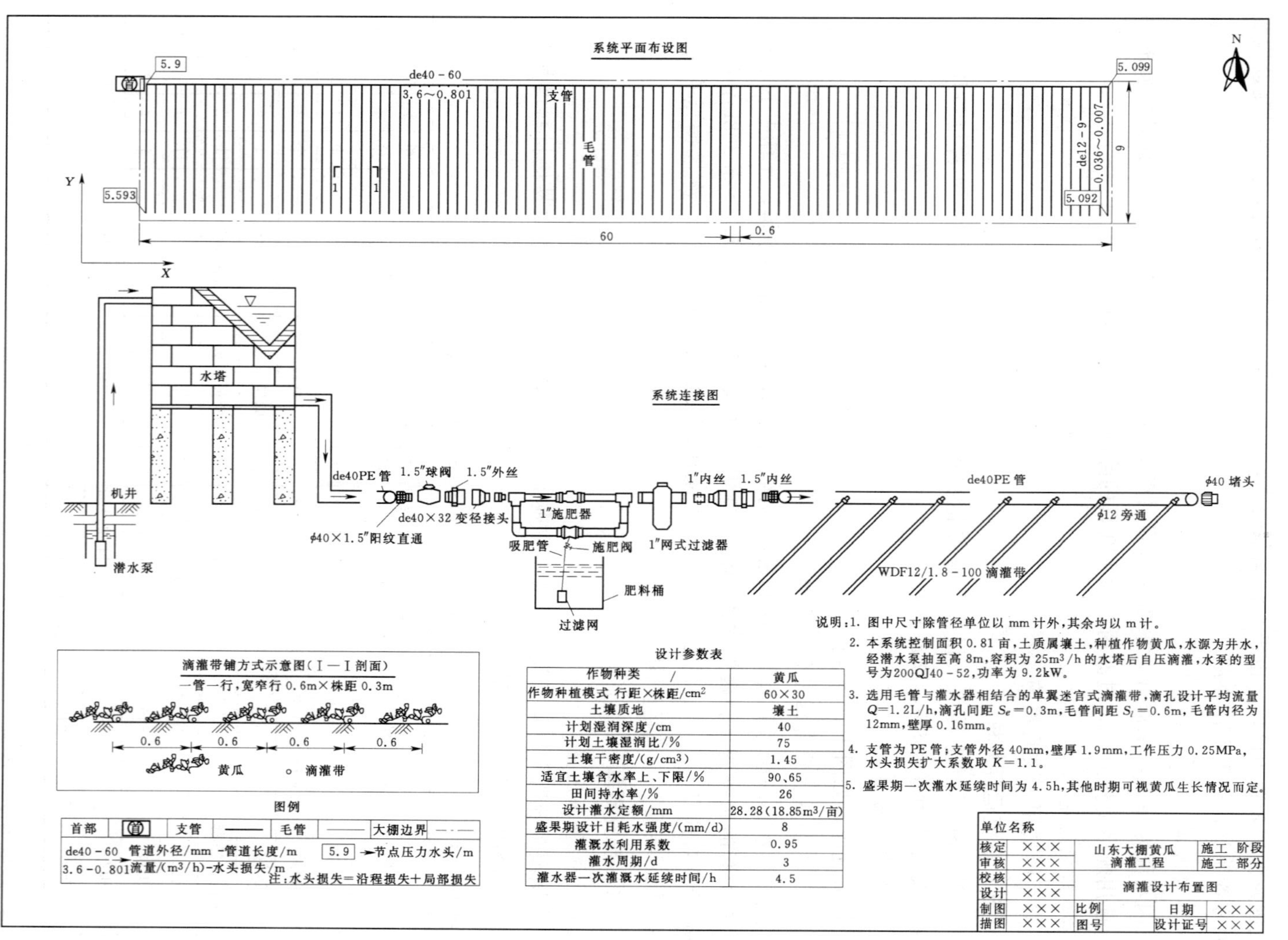

设计参数表

作物种类 /	黄瓜
作物种植模式 行距×株距/cm²	60×30
土壤质地	壤土
计划湿润深度/cm	40
计划土壤湿润比/%	75
土壤干密度/(g/cm³)	1.45
适宜土壤含水率上、下限/%	90、65
田间持水率/%	26
设计灌水定额/mm	28.28(18.85m³/亩)
盛果期设计日耗水强度/(mm/d)	8
灌溉水利用系数	0.95
灌水周期/d	3
灌水器一次灌溉水延续时间/h	4.5

图 10－20 大棚黄瓜滴管工程系统设计图

表 10-15　　大棚滴灌与地面灌溉年投入对比表

序号	生产要素	投入/(元/年)	
		滴灌	常规灌
1	化肥	400	1000
2	大棚膜	300	300
3	草帘	400	400
4	水电费	50	100
5	农药	100	200
6	滴灌设备投资	422.8	—
合计		1672.8	2000

(2) 大棚滴灌效益。滴灌大棚产量为7287kg，地面灌溉大棚产量为5887kg，增产1400kg，增收1120元。大棚滴灌与地面灌溉相比每年一个大棚增加效益1447.2元。

二、大棚黄瓜滴灌工程系统设计图

大棚黄瓜滴灌工程系统设计图如图10-20所示。

习　题

一、填空题

1. 微灌是利用专门设备将有压水流变成______的水流或水滴，湿润作物根部附近土壤的灌水方法。

2. 微灌系统由__________、__________、__________和__________组成。

3. 滴灌带是将滴头与毛管制造成一个整体兼具______和______功能。

4. 水源来水量分析的任务是研究水源在不同________年份的供水量、水位和水质，为工程规划设计提供依据。

5. 水量平衡计算的目的是根据水源情况确定__________或根据面积确定。

6. 微灌系统布置在平地，干、支管应尽量________控制，两侧布置下级管道，以节省管材。

7. 土壤湿润比是指在计划湿润土层内________占总土体的比值。

8.《微灌工程技术规范》(GB/T 50845—2009) 规定，灌水器的流量偏差率不应大于________。

9.《微灌工程技术规范》(GB/T 50845—2009) 规定，微灌工程灌溉设计保证率应根据自然条件和经济条件确定，不应低于________。

10. 进排气阀一般设置在________管上。

二、选择题

1. 微灌的优点有（　　）。

A. 省水省地　　B. 省肥省工　　C. 节能　　D. 灌水效果好

E. 对土壤和地形适应性强

2. 输配水管网一般分（　　）三级管道。

A. 干　　B. 支　　C. 斗　　D. 毛

3. 灌水器种类很多，按结构和出流形式可分为（　　）等。

A. 滴头　　B. 滴灌带　　C. 微喷头　　D. 涌水器

4. 滴头按结构分为（　　）。

A. 流道型滴头　　B. 孔口型滴头　　C. 涡流型滴头　　D. 压力补偿型滴头

5. 常用的过滤设备主要有（　　）。

A. 旋流式水砂分离器　　B. 砂石过滤器

C. 筛网过滤器　　D. 叠片式过滤器

6. 微灌工程规划设计需要收集的基本资料有（　　）。

A. 地形资料　　B. 土壤资料　　C. 作物情况　　D. 水文资料

E. 气象资料　　F. 其他社会经济情况

7. 任何水源都不同程度地含有污物和杂质，这些污物和杂质可分为（　　）类。

A. 外来　　B. 物理　　C. 化学　　D. 生物

8. 微灌系统的机泵选型配套，主要依据系统设计（　　）而定。

A. 扬程　　B. 流量　　C. 水源取水方式　　D. 面积

9. 灌水小区的水头偏差是由（　　）两级管道共同产生。

A. 干管　　B. 支管　　C. 毛管　　D. 竖管

10. 微灌设计灌水周期取决于（　　）情况。

A. 产量　　B. 作物　　C. 水源　　D. 管理

三、计算题

某地埋滴灌系统水量平衡计算。基本资料：某井灌区机井出水量为在 $200m^3/h$ 以上，地埋滴灌系统面积为1200亩，作物最大耗水强度为4.5mm/d，滴管每日工作时间为20h，灌溉水利用系数为0.95。试确定微灌面积。

第十一章　排水工程技术

【学习目标】

通过学习农田对排水的要求，田间排水沟道的深度和间距的确定方法，田间排水系统的布置方法，骨干排水系统的规划设计方法，能够进行中小型排水系统的规划设计。

【学习任务】

1. 了解农田对排水的要求，理解除涝、防渍、治碱标准。

2. 掌握田间排水沟深度和间距的确定方法，能够合理确定田间排水沟的深度和间距。

3. 掌握田间排水系统的布置原则和布置形式，能够进行田间排水系统的布置。

4. 掌握骨干排水系统的规划布置原则和方法，能够进行骨干排水系统的规划布置。

5. 掌握排水沟道设计流量的计算方法，能够合理确定各级排水沟的设计流量；掌握排水沟设计水位及断面设计方法，能够进行排水沟纵横断面设计。

6. 了解排水容泄区的整治。

第一节　农田对排水的要求

农田排水的任务是排除农田过多的地面水和地下水，控制地下水位，为作物生长创造良好环境。具体内容有除涝、防渍、防止土壤盐碱化、盐碱土冲洗改良、截渗排水、改良沼泽地及排泄灌溉渠道退水。下面仅就几个主要内容分别论述如下。

一、除涝排水的要求

由于降雨过多或地势低洼等方面的原因，造成田面积水过多，超过了农作物的耐淹能力而造成农作物减产的灾害称为涝灾。排除农田中危害作物生长的多余的地表水的措施称为除涝。农作物对受淹的时间和淹水深度有一定的限度，如果超过允许的淹水时间和淹水深度，将影响作物生长，轻者导致减产，重者甚至死亡。因此，易涝地区的田间排水工程，必须满足在规定的时间内排除一定标准的暴雨所产生的多余水量，将淹水深度和淹水时间控制在不影响作物正常生长的允许范围之内。

作物产量不受明显影响的前提下，所能忍受地面淹水的深度主时间，称为作物的耐涝能力。作物耐涝能力与作物种类、品种、生长阶段、植株素质等因素有关。一般规律是水稻耐涝能力强于旱地作物、高秆作物强于低秆作物。地面积水越深，温度越高，越不耐淹。此外，作物在清水中比在浑水中耐淹。根据山东、河北等省的调查资料，几种旱作物耐涝能力见表 11-1。水稻虽然喜温好湿，能够在一定水深的水田中生长，但若地面积水过深，也会引起减产甚至死亡。农作物的耐涝能力，应根据当地或邻近类似地区的农作物耐淹试验资料分析确定，无试验资料时可按表 11-1 选取。

表 11-1　　农作物的耐涝能力

作物种类	生育期	耐淹水深/cm	耐淹历时/d
棉花	开花结铃期	5～10	1～2
玉米	苗期—拔节期	2～5	1～1.5
	抽穗期	8～12	1～1.5
	孕穗灌浆期	8～12	1.5～2
	成熟期	10～15	2～3
大豆	苗期	3～5	2～3
	开花期	7～10	2～3
小麦	拔节—成熟期	5～10	1～2
水稻	返青期	3～5	1～2
	分蘖期	6～10	2～3
	拔节期	15～25	4～6
	孕穗期	20～25	4～6
	成熟期	30～35	4～6

二、防渍排水的要求

由于地下水位持续过高或因土壤土质黏重，土壤根系活动层含水量过大，造成作物根系活动层中的水、肥、气、热失调，而导致农作物减产的灾害称为渍灾。作物忍受过多土壤水分的能力，称为作物的耐渍能力。降低地下水位、降低根系活动层的土壤含水量的措施称为防渍。

作物的耐渍能力与土壤土质及地下水埋深有关。地下水埋深越浅，根系活动层的含水率越大；当地下水埋深超过某一界限时（防渍临界深度），将导致土壤中水气比例失调，削弱土壤和大气之间的气体交换，使根系层严重缺氧，影响作物正常的生理活动，最终导致作物减产。各种作物防渍临界深度见表 11-2。水稻虽然喜水，但为促进土壤水分交换，改善土壤通气状况，增强根系活力排除有害物质，同样需要进行田间排水。为协调稻田的水、肥、气、热状况而进行的落干晒田；为便于水稻收割后的机械耕作，更需要及时排除田面水层和土壤中过多的水分，都要求水稻区建立较为完善的田间排水系统。由于作物不同生育阶段的耐渍能力不同，对地下水位埋深化的要求也不同，见表 11-3。

表 11-2　　几种作物防渍临界深度　　单位：m

作物	小麦	玉米	高粱	棉花	水稻	蔬菜
防渍临界深度	1.0～1.5	1.2～1.5	0.8～1.0	1.5	0.4～0.6	0.6～0.9

表 11-3　　小麦、棉花各生育阶段要求的地下水埋深　　单位：m

作物	小麦				棉花		
生长阶段	播种出苗	分蘖返青	返青	拔节成熟	播种出苗	苗期蕾期	花铃吐絮
地下水埋深	0.5	0.6～0.8	0.8～1.0	1.0～1.2	0.6～0.8	1.0～1.5	1.5

由此可见，要使作物免受渍害，就必须具有适宜的地下水埋深，一般适宜的地下水埋深至少应为0.4～1.5m。

三、防止土壤次生盐碱化对农田排水的要求

土壤中含可溶性盐分过多，土壤溶液浓度过高，将使作物根系吸水困难，造成作物生理缺水。有些盐分则对作物直接有害，影响作物生长发育而造成作物减产，这种灾害称为盐害。消除作物根系活动层中有害于作物生长的盐分的措施称为除盐。

土壤中的盐分一般随土壤中的水分运动而运动。蒸发耗水时，含盐的土壤水或地下水在土壤中毛管力作用下而上升，水分从地表蒸发后，盐分则留在土壤表层；而当降雨或灌水后，表层土壤的盐分溶解后又随入渗的水流向深层移动，使表层土壤盐分逐渐降低。所以在某一时段内，土壤表层的盐分是增多还是减少，主要取决于蒸发积累和入渗淋洗的盐分数量。

表层土壤水分蒸发强度一方面决定于气象条件，另一方面又与地下水埋深密切相关，埋深越浅，土壤含水量越大，蒸发越强烈，表土越易积盐，越容易形成土壤盐碱化。而当降雨或进行灌溉时，土壤的入渗量也与地下水条件有关。地下水位越高，土壤含水量越大，入渗速度越小，地下水位以上土壤孔隙中所能蓄存的水量（即雨水或灌水入渗总量）也越小。因此，入渗期间自地表所能带走的盐分越少，因而表土越不容易脱盐。

由于土壤脱盐和积盐均与地下水的埋深有关，在生产中常根据地下水埋深判断某一地区是否会发生土壤盐碱化。在一定的自然条件和农业技术措施条件下，为了保证土壤不产生盐碱化和作物不受盐害所要求保持的地下水最小埋藏深度，称为地下水临界深度。其大小与土壤质地、地下水矿化度、气象条件、灌溉排水条件和农业技术措施（耕作、施肥等）有关。轻质土（沙壤、轻壤土）的毛管输水能力强，当其他条件相同时，在同一地下水埋深的情况下，较黏质土的蒸发量大，因而也容易积盐。北方一些地区采用的临界深度见表11－4。

表11－4　　北方地区采用的地下水临界深度　　单位：m

地下水矿化度/(g/L)	砂壤土	壤土	黏土
＜2	1.8～2.1	1.5～1.7	1.0～1.2
2～5	2.1～2.3	1.7～1.9	1.1～1.3
5～10	2.3～2.6	1.8～2.0	1.2～1.4
＞10	2.6～2.8	2.0～2.2	1.3～1.5

排水是防治和改良盐碱地的基本措施。一方面排水可以控制和降低地下水位，防止土壤表层积盐；另一方面，对已造成盐碱化的地区，在冲洗改良阶段，增加灌水和降雨入渗量，还需排除冲洗水，加速土壤脱盐。因此，通过开挖排水沟道系统，排除由于降雨和灌溉而产生的地下水，控制地下水埋深在临界深度以下，促进土壤脱盐和地下水淡化，防止盐分向表层积聚而发生盐碱化，是盐害地区治理的一项基本措施。但是，水利措施必须与农业技术措施密切配合，才能从根本上防止和改良盐碱地。

四、农业耕作条件对农田排水的要求

为了便于农业耕作，应使农田土壤含水率保持在一定范围，一般根系吸水层内土壤含水率在田间持水率的60%～100%时较为适宜，为了便于农业机械下田耕作，具有较高的耕作效率，土壤含水量应有一定的限制，具体应视土壤质地及机具类型而定。根据国外资料，一般满足履带式拖拉机下田要求的最小地下水埋深为0.4m；满足轮式拖拉机机耕要求的地下水最小埋深为0.5m。

第二节　田间排水沟的深度和间距

由于田间排水系统担负的任务不同，排水沟的沟深和间距确定也不相同，其沟深和间距必须根据排水系统所承担的任务来确定。

一、除涝田间排水沟

降雨后，在作物允许耐淹历时内及时排出多余地表径流，是除涝田间排水沟的主要任务。为使除涝田间排水系统布局合理，必须对影响排水沟布置的因素进行分析。从地表径流形成的过程分析，影响因素有大田蓄水能力、田面降雨径流过程及排水沟的深度和间距等。下面对大田蓄水能力、田面降雨径流过程和排水沟的间距等问题分别加以讲述。

（一）大田蓄水能力

降雨时，田块内部的沟、畦和格田等能拦蓄一部分降雨径流，另外，旱作田块的土壤，通过降雨入渗，也有拦蓄雨水的能力。为了防止作物受渍，地下水位的升高应有一定的限度，因此，田块内部拦蓄雨水的能力也应有一定的限度。通常把这种有限度的拦蓄雨水能力称为大田蓄水能力。大田蓄水能力一般是由存蓄在地下水面以上土层中的水量和使地下水位升高到允许高度所需要的水量两部分组成，故大田蓄水能力可以表示为

$$V=HA(\beta_{max}-\beta_0)+H_1A(1-\beta_{max})=HA(\beta_{max}-\beta_0)+\mu H_1 \qquad (11-1)$$

其中

$$\mu=A(1-\beta_{max})$$

式中　V——大田蓄水能力，m；

H——降雨前地下水埋深，m；

β_{max}——地下水位以上土壤平均最大持水率，以占土壤孔隙体积的百分数计；

β_0——降雨前地下水位以上土壤平均含水率，以占土壤孔隙体积的百分数计；

H_1——根据防渍要求，降雨后地下水位允许上升高度，m；

A——土壤孔隙率，以占土壤体积百分数计；

μ——给水度。

一般情况下，当降雨量超过大田蓄水能力时，就应修建排水系统，将过多的雨水及时排出田块，以免作物遭受涝渍灾害。

（二）田面降雨径流过程

对于旱作地区，在降雨过程中，如果降雨强度超过了土壤的入渗速度，田面将产生水层，并且该水层将沿着田面坡度方向向下游流动。田块首端汇流面积小，所以水层厚度

小，越往下游，随着集水面积的增大，水层厚度也逐渐增大。在地面坡度和地面覆盖等条件相同的情况下，田块越长，田块末端的淹水深度越大，田块内的积水量越多，排除田块积水所需要的时间越长，因而田块的淹水历时也越长，这对作物的生长是不利的。这时若在田间开挖排水沟，便可减少集流长度、集水面积和积水量，从而也减少了淹水深度和淹水时间，使田面积水能在作物允许的耐淹深度和耐淹时间内及时排除。由此可见，排水沟间距的大小，直接影响着田面淹水深度的大小和淹水时间的长短。图 11-1 为排水沟对田面水层调节作用示意图，从图中可以看出，增开中间的排水沟，不仅减小了田块末端的水层深度，同时也缩短了淹水时间，减少了地面水入渗量，有利于防止农田涝、渍灾害的产生。

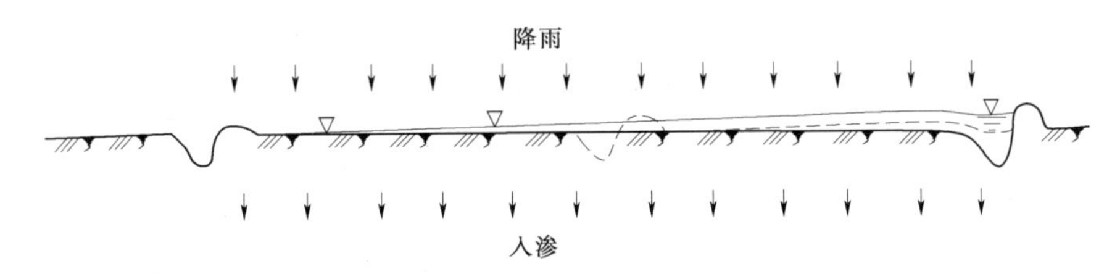

图 11-1　排水沟对田面水层的调节作用示意图

（三）田间排水沟的间距

田间排水沟的间距是指末级固定排水沟的间距。排水沟间距越小，排水效果越好，但沟道过密，田块分割过小，机耕不便，占地增多；沟距过大，淹水时间过长，对作物生长不利。因此，田间排水沟的间距必须适宜。田间排水沟的间距主要取决于作物的允许淹水时间，同时还受机耕和灌溉等条件的制约。

作物的允许淹水历时和田间排水沟的排水历时应同时满足除涝和防渍两方面的要求。为了除涝，排水沟应在作物的允许耐淹历时内将田面多余水量排走。为了防渍，可以根据大田蓄水能力和土壤的渗吸水量，计算出作物不致受渍的相应允许淹水时间，排水历时小于或等于这一历时时，作物将不致受渍。所以，排水沟的排水历时应取除涝和防渍两个允许淹水历时中的较小者。具体确定方法如下：首先根据实际条件按式（11-1）计算出大田蓄水能力 V，然后根据降雨历时 t 和降雨后允许淹水历时 T，按土壤渗吸水量计算公式算出在时间（$t+T$）内渗入土层的总水量 $H_{(t+T)}$，即

$$H_{(t+T)}=\frac{K_1}{1-\alpha}(t+T)^{1-\alpha} \tag{11-2}$$

式中　$H_{(t+T)}$——（$t+T$）时段内的土壤总渗吸水量，以水层深度计；

K_1——第一个单位时间末的土壤渗吸系数；

α——指数，其值与土壤性质及土壤初始含水量有关，可通过试验测定，一般为 0.3～0.8。

如果 $H_{(t+T)}\leqslant V$，说明田面积水能在允许耐淹历时内排除，但土壤中积水过多，作物还要受渍，这时应用 V 代替 $H_{(t+T)}$ 代入式（11-2）中，反求出 T，以 T 作为设计排水历时，即

$$T=\left[\frac{V(1-\alpha)}{K_1}\right]^{\frac{1}{1-\alpha}}-t \tag{11-3}$$

排水历时确定后，即可计算排水沟的间距。但是，由于影响田间排水沟间距的因素很多，又非常复杂，目前还没有完善的理论计算公式。生产实践中，一般根据定点试验资料结合经验数据分析确定。以排除地面水防止作物受涝为主的平原旱作地区，排水沟间距采用200～300m，一般可达到良好的排水效果。表11-5和表11-6为我国部分地区采用的田间排水沟的规格。

表11-5　天津、河北地区田间排水沟规格

沟　名	间距/m	沟深/m	底宽/m
农沟	200～400	2～3	1～2
毛沟	30～50	1～1.5	0.5

表11-6　江苏、安徽地区末级排水沟规格

地　区	间距/m	沟深/m	底宽/m
徐淮平原	100～200	2	1～2
南通、太湖地区	200	9	1
安徽固镇	150	1.5	1

二、控制地下水位的田间排水沟

地下水位高是产生渍害的主要原因，也是产生土壤盐碱化的重要原因。为了防治渍害和盐害，在地下水位较高的地区，必须修建控制地下水位的田间排水沟，使地下水位经常控制在适宜深度以下。

（一）排水沟对地下水位的调控作用

降雨时渗入地下的水量，一部分蓄存在原地下水位以上的土层中，另一部分将透过土层补给地下水，使地下水位上升。在没有田间排水沟时，雨停后地下水位的回降主要依靠地下水的蒸发，而回降速度取决于蒸发的强度，地下水蒸发强度随着地下水位的下降而减弱。在有田间排水沟时，降雨入渗水量的一部分将自排水沟排走，减少了对地下水的补给，从而使地下水位的上升高度减小，而雨停后地下水位的回降深度和速度增大。

排水沟对地下水位的调控作用还与排水沟的距离有关。离排水沟越近，调控作用越强，地下水位降得越低；离排水沟越远，调控作用越弱，地下水位降得越少。因而两沟中间一点地下水位最高，如图11-2所示。图中水平线表示没有排水沟时，地下水位在降雨时和雨停后的升降情况，而曲线则表示有排水沟时，两沟之间的地下水位升降过程，由此可见，田间排水沟在降雨时可以减少地下水位的上升高度，雨停后又可以加速地下水的排除和地下水位的回降，对调控地下水位起着重要作用。

（二）田间排水沟的深度和间距

田间排水沟的深度和间距之间有着密切的关系，在一定的条件下，为达到排水要求，可以通过不同的沟深和沟距的组合来实现。在沟深一定时，沟距越小，地下水位下降速度和下降值越快；反之，则地下水位下降速度越慢。而沟距一定时，沟深越大，地下水位下降速度越快，下降值越大；反之，则地下水位下降速度越慢，下降值也越小。在允许时间

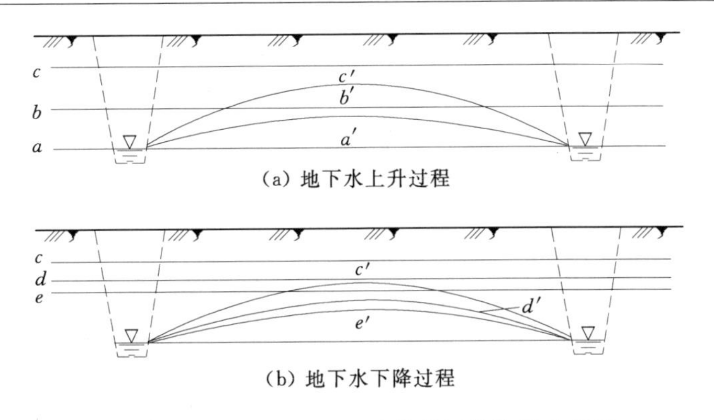

图 11－2　排水沟对地下水位的调控作用示意图

内要求达到的地下水埋深 ΔH 定时，沟距越大，需要的沟深也越大；反之，沟距越小，要求的沟深也越小，如图 11－3 所示。

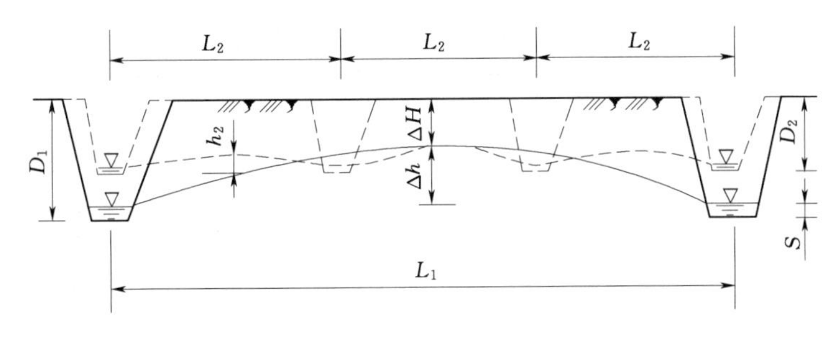

图 11－3　田间排水沟的深度河间距关系图

沟深和沟距确定应根据排水地区的土质、水文地质和排水要求等，按照排水效果、工程量、工程占地、施工条件、管理养护和机耕效率等方面进行综合分析确定。

在进行田间排水系统规划设计时，一般是先根据作物要求的地下水埋深、沟坡稳定和施工管理方便等条件，首先确定末级固定沟道（一般为农沟）的深度，然后再确定相应的沟距。

如图 11－4 所示，末级固定排水沟的深度可用式（11－4）计算：

$$D=\Delta H+\Delta h+S \tag{11-4}$$

式中　D——末级固定排水沟的深度，m；

ΔH——作物要求的地下水埋深，m；

Δh——两条排水沟中间处的稳定地下水位与沟中水位的差值，一般取 0.2～0.4m；

S——排地下水时沟中的日常水深或暗管的半径，一般取 0.1～0.3m。

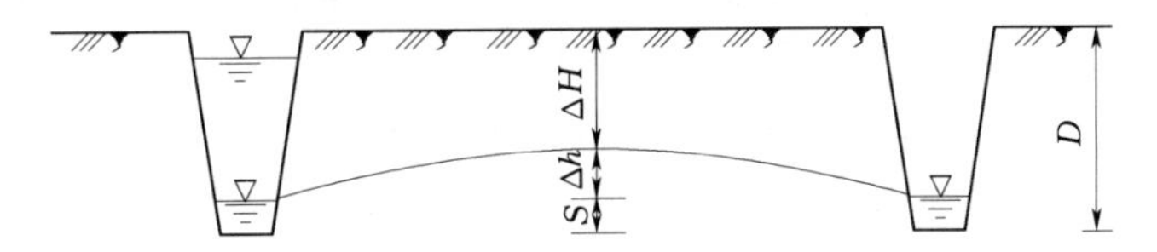

图 11－4　末级固定排水沟的深度示意图

田间排水沟的间距，除与沟深密切相关、互相影响外，还受到土质、地下水补给与蒸发、地下水含水层厚度、排水时水在土层中的流态等因素的影响。一般规律是：当排水沟深度一定时，若土壤渗透系数和含水层厚度较大，而土壤给水度较小时，间距可大些；反之，当土质黏重，透水性差，含水层厚度较小，土壤给水度较大时，间距应小些。由于影响田间排水沟间距的因素错综复杂，目前我国大多数地区主要是根据试验资料和实践经验，因地制宜地加以确定。

1. 结合除涝的田间排水沟

一般采用明沟形式。沟距的大小既要满足除涝排渍要求，又要考虑沟道占地和机械耕作的要求，综合分析确定。一般农沟沟深 1.5～2.0m，间距可采用 100～200m；沟深 2～3m，间距可采用 200～400m。

2. 控制地下水位的田间排水沟

根据一些地区的试验资料和经验数据分析，不同土质、沟深时，控制地下水位的排水沟深度和间距见表 11－7。

表 11－7　调控地下水位的末级固定沟道间距经验参考值　单位：m

沟　深	末级固定沟道间距经验参考值		
	黏土、重壤土	中壤土	轻壤土、砂壤土
0.6～1.0	10～20	10～20	20～40
1.0～1.5	20～30	20～40	40～70
1.5～2.0	30～60	40～70	70～110
2.0～2.5	60～100	70～110	110～160

注　轻砂壤土地区较深的明沟极易发生边坡坍塌，而末级固定沟面广量大，不宜采用放缓边坡而过多增大断面，可选用暗管排水等。

3. 田间排水暗管

田间排水暗管间距与暗管埋深密切相关，埋深大时其间距亦可大些。暗管埋深应根据当地的自然条件和作物对地下水埋深的要求确定。在防渍地区一般为 0.8～1.5m，在改良盐碱地地区为 1.5～2.5m。

排水暗管间距，可采用田间试验法、经验数据法和理论计算法确定。无试验资料时可按表 11－8 确定。

表 11－8　排水暗管间距经验参考值　单位：m

暗管埋深	排水暗管间距经验参考值		
	黏土、重壤土	中壤土	轻壤土、砂壤土
0.6～1.0	10～20	20～30	30～60
1.0～1.5	10～20	30～60	60～100
1.5～2.0	20～40	60～100	100～150
2.0～2.5	*	100～150	*

*　临界深度达 2.0m 以上的轻、砂壤土地区，则需要较大的排水暗管埋深和间距值。

第三节　田间排水系统的布置

田间排水系统按空间位置可分为水平排水和竖井排水两大类。水平排水是在地面开挖沟道或在地下埋设暗管进行排水；竖井排水即用抽水打井的方式进行排水，以降低地下水位。根据田间排水方式的不同，田间排水系统有田间明沟排水系统、田间暗管排水系统和竖井排水系统三种方式。

一、明沟排水系统

明沟排水系统是与田间灌溉工程一起构成田间工程的一个重要组成部分，布置时应与田间灌溉工程结合考虑。其具体布置形式还应根据各地的地形和土壤条件、排水要求等因素，因地制宜地拟定合理的布置方案，从而达到有效地调节农田水分状况的目的。

在地下水埋深较大、无控制地下水位要求的易旱易涝地区，或虽有控制地下水位要求，但由于土质较轻，要求末级固定排水沟间距较大（300m 以上）的易旱、易涝、易渍地区，排水农沟可兼排地面水和控制地下水位，农田内部的排水沟只起排多余地面水的作用，这时，田间渠系应尽量灌排两用。若农田的地面坡度均匀一致，则毛渠和输水垄沟可全部结合使用，农沟以下可不布置排水沟道，如图 11－5 所示。若农田地面有微地形起伏，则只需在农田的较低处布置临时毛沟，其输水垄沟可以结合使用，如图 11－6 所示。

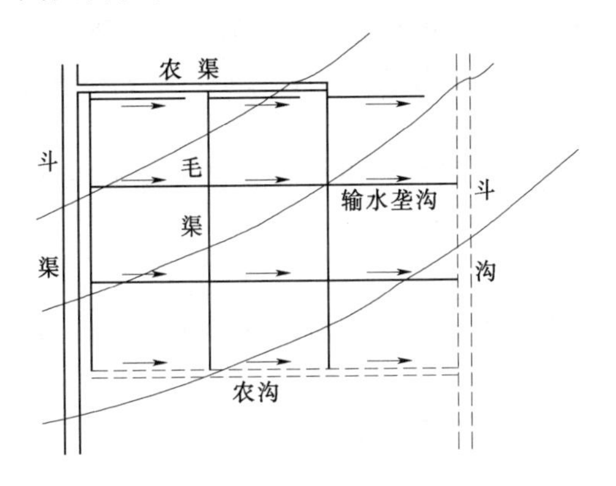

图 11－5　毛渠、输水垄沟灌排两用的田间渠系

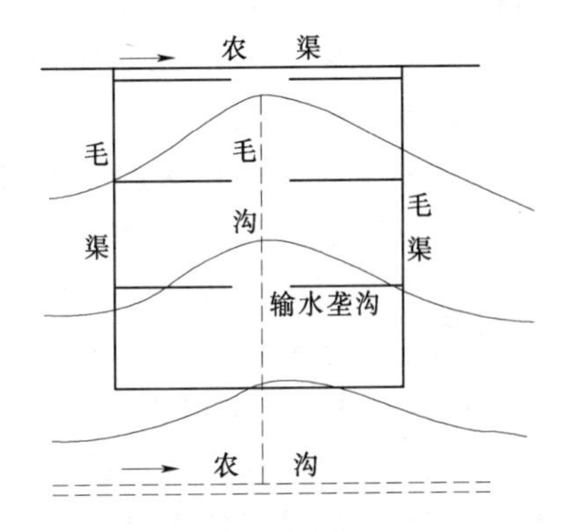

图 11－6　输水垄沟灌排两用的田间渠系

在土质较黏重的易旱、易涝、易渍地区，控制地下水位要求的排水沟间距较小，除排水农沟外，尚需在农田内部布置 1～2 级田间排水沟道。若控制地下水位要求的末级排水沟间距为 100～150m，则可只设毛沟，此时农沟和毛沟均起控制地下水位的作用，毛沟深度一般至少为 1.0m，农沟深度则应在 1.2m 以上。机耕方向应平行于毛沟。若要求末级排水沟间距仅为 30～50m，则在农田内部可增设毛沟和小沟两级排水沟，小沟的方向应大致平行等高线，以利地表径流的排除。末级排水沟的深度较大，为便于机耕及少占耕地，则以做成暗管形式为宜。

二、暗管排水系统

（一）暗管排水系统的组成

暗管排水系统一般由吸水管、集水管（或明沟）、检查井和出口控制建筑物等几部分组成，有的还在吸水管的上游端设置通气孔。吸水管是利用管壁上的孔眼或接缝，把土壤中过多的水分，通过滤料渗入管内。集水管则是汇集吸水管中的水流，并输送至排水明沟排走；检查井的作用是观测暗管的水流情况和在井内进行检查及清淤操作；出口控制建筑物用以调节和控制暗管水流。

（二）暗管排水系统的布置原则

根据《灌溉与排水工程设计规范》（GB 50288—99），暗管排水系统布置应遵循以下原则：

1）吸水管（田间末级排水暗管）应有足够的吸聚地下水能力，其管线平面布置宜相互平行，与地下水流动方向的夹角不宜小于40°。

2）集水管（或明沟）宜顺地面坡向布置，与吸水管管线夹角不应小于30°，且集排通畅。

3）各级排水暗管的首端与相应上一级灌溉渠道的距离不宜小于3m。

4）吸水管长度超过200m或集水管长度超过300m时宜设检查井。集水管穿越道路或渠、沟的两侧应设置检查井。集水管纵坡变化处或集水管与吸水管连接处也应设置检查井。检查井间距不宜小于50m，井径不宜小于80cm，井的上一级管底应高于下一级管顶10cm，井内应预留30～50cm的沉沙深度。明式检查井顶部应加盖保护，暗式检查井顶部覆土厚度不宜小于50cm。

5）水稻区和水旱轮作区的吸水管或集水管（或明沟）出口处宜设置排水控制阀门。吸水管出口可逐条设置，也可按田块多条集中设置。

6）暗管排水进入明沟处应采取防冲措施。

7）暗管排水系统的出口宜采用自排方式。排水出口受容泄区或排水沟水位顶托时，应设置涵闸抢排或设泵站提排。

8）暗管可与浅密明沟或鼠道结合布置，构成复合式排水网络。

（三）暗管排水系统的布置形式

暗管排水系统的基本布置形式有以下两种。

1. 一级暗管排水系统

在田间只布置吸水管。吸水管与集水明沟垂直，且等距离、等埋深平行布置。每条暗管都有出水口，分别向两边的集水明沟排水。暗管一端与排水明沟相连，另一端封闭且距自灌溉渠道5～6m，以防止泥沙入管和防止渠水通过暗管流失。一级暗管排水系统布置如图11－7、图11－8所示。它具有布局简单，投资较少，便于检修等优点，我国大部分地区多采用这种布置形式。

2. 二级暗管排水网

暗管由吸水管和集水管两级组成，吸水管垂直于集水管，集水管垂直于明沟，其布置如图11－9、图11－10所示。地下水先渗入吸水管，再汇入集水管，最后排入明沟。为减

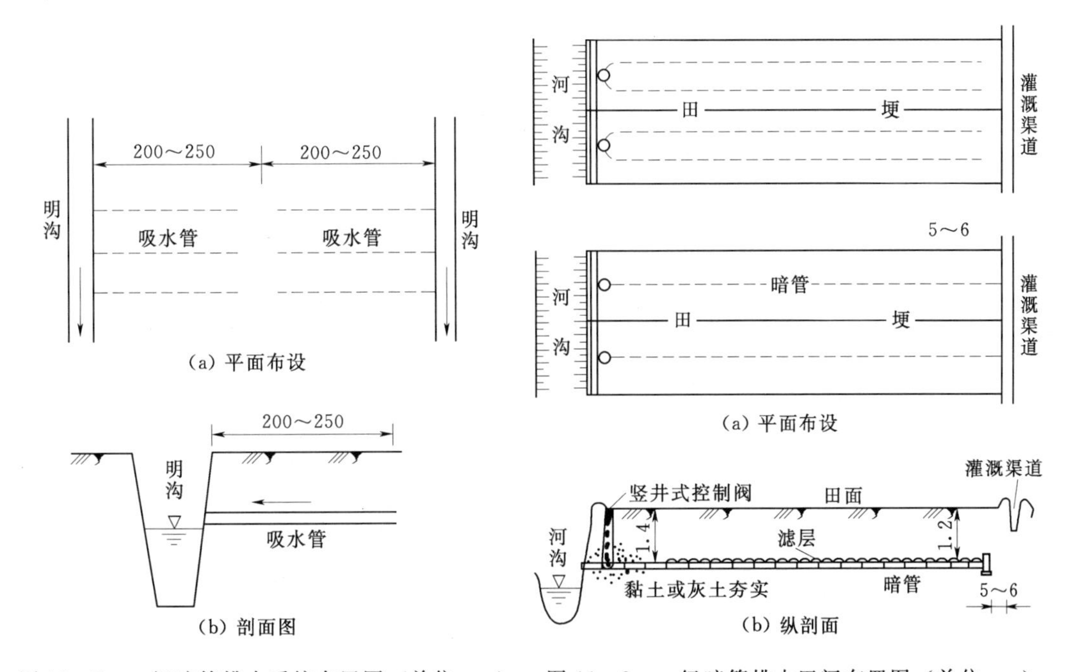

图 11－7　一级暗管排水系统布置图（单位：m）　　图 11－8　一级暗管排水田间布置图（单位：m）

少管内泥沙淤积和便于管理，管道比降可采用 1/1000～1/500，以使管内流速大于不淤流速，地形条件许可时可适当加大管道比降，以提高管内的冲淤能力，且每隔 100m 左右设置一个检查井。这种类型土地利用率较高，有利于机械耕作，但布置较复杂，增加了检查井等建筑物，水头损失较大，用材和投资较多，适用于坡地地区。

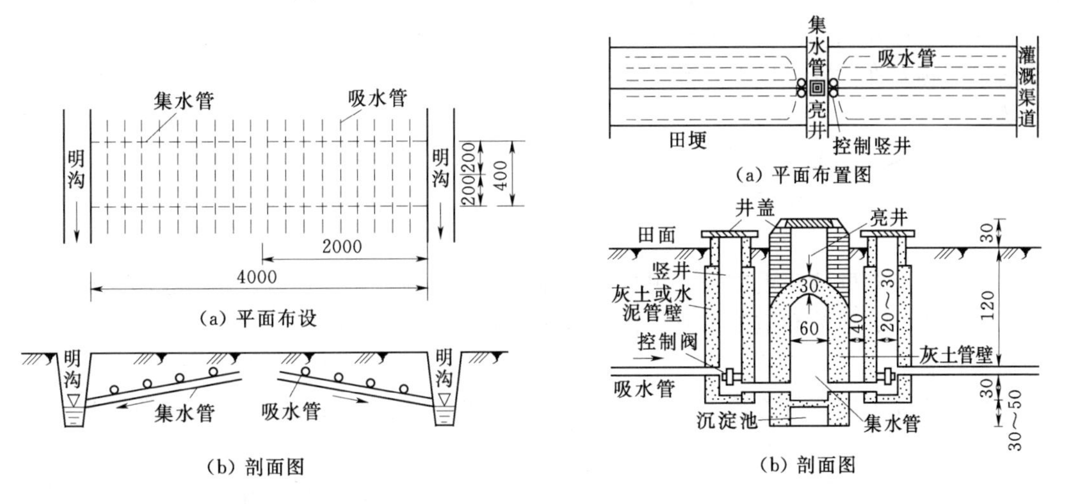

图 11－9　二级排水暗管排水网布置图（单位：cm）　　图 11－10　二级排水暗管田间布置图（单位：cm）

如图 11－9 和图 11－10 所示，每个田块的吸水管通过控制建筑物与集水暗管相连。

（四）地下排水管道的种类和结构形式

目前世界各国采用的暗管材料主要有瓦管、混凝土管、塑料管道。我国采用的还有水泥土管、石屑水泥管、陶土管、无砂混凝土管、水泥粉煤灰管、灰土管、砖石砌管，以及充填

式砂石沟、稻壳沟、梢捆沟等。但应用较广泛、有发展前途的是瓦管、水泥土管和塑料管。

1. 瓦管

瓦管是一种特制的空心砖管，由制砖机将黏土制成管坯，入窑烧制而成。

瓦管形状有外方内圆和薄壁圆形管两种。一般每节长25～40cm，内径7～10cm。瓦管接头有平口与套口两种。也有做成两个半圆管，埋设时合成一个瓦管的；也有采用瓦脊式的瓦管的，如图11-11和图11-12所示。一般多利用接头缝隙排水，缝隙宽度在黏性土中小于6mm，在非黏性土中小于3mm。也有沿管长每隔10cm左右打5cm左右的渗水孔进行排水的。根据经验瓦管埋深为1.2～1.5m，间距15m左右，比降1/1000左右。

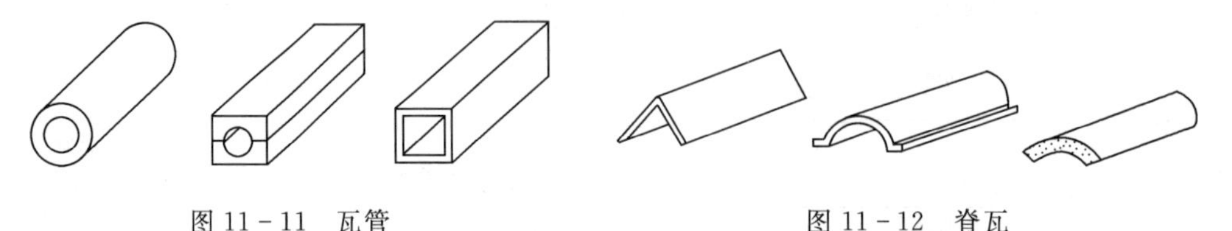

图11-11 瓦管　　　　图11-12 脊瓦

瓦管具有耐腐蚀、强度大、寿命长、就地取材、制作容易、成本低廉等优点，缺点是重量大，运输和施工任务比较繁重。普通瓦管的抗压强度为640～800N/cm^2。使用寿命可达50年以上。

2. 水泥土管

水泥土管由水泥和砂子或水泥、砂子和黏土掺水拌和均匀，经机械或人工挤压成型而成。广东省和北京市水科所选用的配合比为：水泥：砂：土=5：50：45，拌和物的含水量控制在13%左右。江苏省采用的水泥土吸水管，每节长20～33cm，内径5～7.5cm，外径8～10cm，水泥与砂土的配合比为1：6～1：8，干密度为1.65～1.73g/cm^3。

水泥土管的强度取决于水泥标号、水泥用量、土料性质、挤实密度和干湿状态等。一般要求水泥标号在325号以上，砂子最好用粗砂，土料要选用具有黏性而砂粒含量又较多的土壤。

水泥土管的优点是水泥用量少，就地取材，成本低廉，适用于低压排水管道。缺点是受冻融影响较大，一般要求埋设在地面以下1m左右，以减轻冻融损坏。

3. 塑料管

塑料管具有管壁薄、重量轻、用料省、强度高、耐腐蚀、抗盐碱、整体性号、经久耐用、工厂化生产、运输和施工方便、在土质松软地段不易沉陷变形等优点。近年来在国外多采用塑料管。

塑料管主要采用聚氯乙烯（PVC）或聚乙烯（PE）制成。1980年上海市研制出乙丙共聚体光滑塑料管和高密度聚乙烯波纹塑料管。光滑塑料管外径40～160mm，壁厚0.8～3.2mm，每根长5～6m，管壁上开有纵向进水缝，缝宽1～1.4mm，缝长4～5mm。波纹管有内径70mm和55mm两种，壁厚分别为0.5mm和0.4mm，波纹深分别为3mm和2.6mm，波距6.35mm，波谷开有进水孔，每米管长进水孔面积33cm^2，每根管长70～100m。波纹管比光滑管具有管壁薄、用料省、抗压强度高、挠性好、适应性强、便于运输和铺设等优点，缺点是水流阻力大，通过相同的流量，其管径比光滑管大25%。

暗管施工过去以人力为主，现在普遍采用开沟铺管机进行施工，加快了施工进度，提

高了埋管质量。我国已研制生产了挖深1.0～2.5m的开沟铺管机，均以农用拖拉机为动力，速度为50～200m/h。

4. 其他管材

除以上几种管材外，还有由粉煤灰与石灰及石膏灰与水泥、砂子配合而制成的粉煤灰管，用做大口径集水管的混凝土管，管壁透水的多孔水泥滤水管、竹管及柳枝管等；在石料资源丰富的山丘冲垄田改造中也采用石料砌成的暗沟排水；在平原湖区作为临时性的排水措施也有采用特别的土锹开挖窄深的沟槽，上面盖留有稻草茬的硬土，夯实后形成地下土暗沟；一些地区还采用特别的犁刃划破犁底层形成缝隙的土线沟。

（五）排水管道附件

1. 管道连接件

用于管道连接的附件有套管、弯头、三通、四通等。

2. 检查井与沉沙井

为了预防管道堵塞，便于管道的运行检查和维修清理，常需在管道的适当地点布置检查井，并最好用定型装配式混凝土构件修筑。

检查井多设在吸水管与集水管的连接处和管长超过清淤机的清淤长度处，检查井的井径一般为75～100cm，以便清淤操作；井底低于集水管底30cm以上，以便于沉淀泥沙；井口应高出地面30～60cm，并加盖保护，以防地表水入井。

当用地下排水管道排除地表水时，为了防止泥沙淤积管道，还应设置专门的沉沙井，井口设置格栅拦污。但应尽量避免用地下排水管道直接排地表水。

3. 外包滤料

外包滤料是指包扎和充填在田间排水管道周围的材料，作用是阻止土壤颗粒随水流进入吸水管，避免管道堵塞；改善排水管周围的水流条件，增大排水管进水量，稳定排水管周围的土壤，并为管道提供合适的坐垫，以保证良好的排水效果。外包滤料的种类很多，主要有有机材料、无机材料和合成材料三类。应以效果好、成本低、寿命长、就地取材和使用方便的原则，因地制宜地加以选用。

（1）有机材料。多用农业的副产品，如稻草、稻糠、麦秸、棕皮等，锯末在我国也常被采用。江苏省在黏土类和壤土类地区用稻草作暗管的外包滤料，取得了良好的效果。辽宁省水利勘测设计院用稻草拧成直径约3cm的草绳，捆扎在暗管接头处，周围铺设10cm厚的熟化表土，防淤效果好，就地取材，投资少，是可取的。有机材料多用于土壤淤积倾向较轻的地段。

（2）无机材料。最常用的是粗砂和小砾石，按照一定的级配包裹在暗管的周围，既能防止泥沙入管，又能改善排水条件，但它的重量大，运输和施工不大方便，投资也比较高。

（3）合成材料。有玻璃纤维、聚丙烯纤维、尼龙和聚丙烯黏合纤维、塑料球、聚苯乙烯和聚氯乙烯碎屑等。但玻璃纤维在铁锰含量高的土壤里不宜使用。

外包滤料应具有较大的渗透系数，一般要求比周围土壤大10倍以上，外包滤料的厚度可根据当地实践经验选取。一般散装外包滤料的压实厚度在土壤淤积倾向严重的地区不宜小于8cm；在土壤淤积倾向较轻的地区，宜为4～6cm；在土壤无淤积倾向地区，可小

于4cm。

散装外包滤料的粒径级配可根据土壤有效粒径 d_{60} 按表11-9确定。

表11-9　　土壤有效粒径与外包滤料粒径级配关系

土壤有效粒径 d_{60}/mm	外包滤料粒径级配 d'_n/mm					
	d'_0	d'_5	d'_{10}	d'_{30}	d'_{60}	d'_{100}
0.02～0.05	0.074～0.590	0.30	0.33～2.50	0.81～8.70	2.00～10.00	9.52～38.10
0.05～0.10	0.074～0.590	0.30	0.38～3.00	1.07～10.40	3.00～12.00	9.52～38.10
0.10～0.25	0.074～0.590	0.30	0.40～3.80	1.30～13.10	4.00～15.00	9.52～38.10
0.25～1.00	0.074～0.590	0.30	0.42～5.00	1.45～17.30	5.00～20.00	9.52～38.10

注　土壤有效粒径 d_{60} 为土壤粒径级配曲线上相应于过筛累计百分数为60%的土壤粒径，外包滤料粒径级配 d'_n 为外包滤料级配曲线上相应于过筛累计百分数为 n% 的滤料粒径。

（六）排水道出口和控制建筑物

田间地下排水道的出口有单排水道出口、双排水道出口和多排水道出口等多种形式，具体布置如图11-13所示。采用何种形式，应根据管道排水能力、经济比较和管理方便等条件选定。

在排水道出口处应设置控制建筑物，以便按作物生长的要求调节和控制地下水位及土壤水分状况。需要排水时，打开控制门，需要保水时，关闭控制门。在稻麦轮作区，由于稻麦对排水的要求不同，更需要修建控制建筑物。麦作期以排水为主，控制门常开，但也要注意墒情变化，干旱时适时保墒；稻作期以控为主，但在晒田期、收割前或需加大渗漏量时，也要开门放水。因此，应重视控制建筑物的配套。

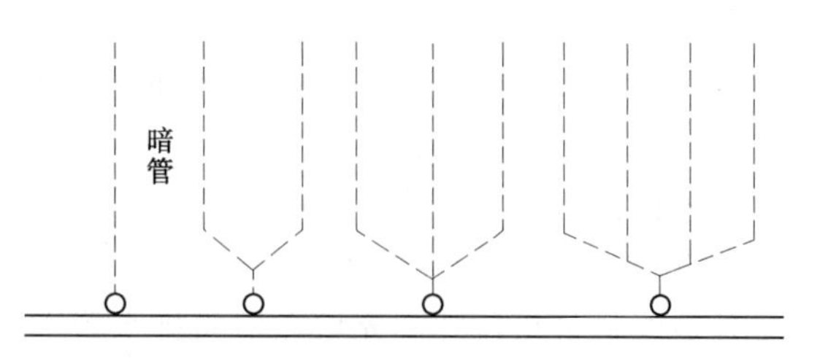

图11-13　暗管出口布置形式

出口建筑物面广量大，必须根据因地制宜、布局合理、就地取材、使用方便和提高效果的原则进行选型和布置。现将几种常用的控制建筑物介绍如下。

1. 插板式

插板式控制如图11-14所示，该建筑物由预制的混凝土或水泥土插槽和插板组成。插槽内应预留一直径略大于暗管外径的圆孔，以便和暗管接通。插槽的附近应用黏土或灰土夯实，以免漏水。插板式控制门适于在暗管出口处的明沟岸坡上修建。

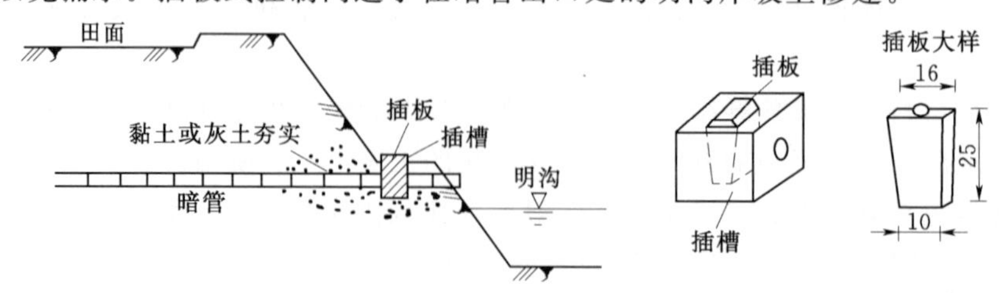

图11-14　插板式控制建筑物（单位：cm）

2. 管塞式

管塞式控制如图 11 - 15 所示，当暗管出口处的明沟岸坡较缓时，可用管塞控制排水。管塞可就地取材。例如，先在管口处塞进一把柴泥，再在管口上竖立一块砖，然后插上一根木棍卡住即可。

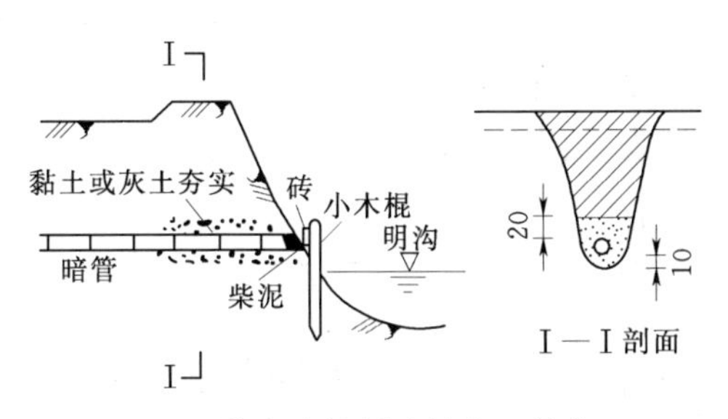

图 11 - 15　管塞式控制建筑物（单位：cm）

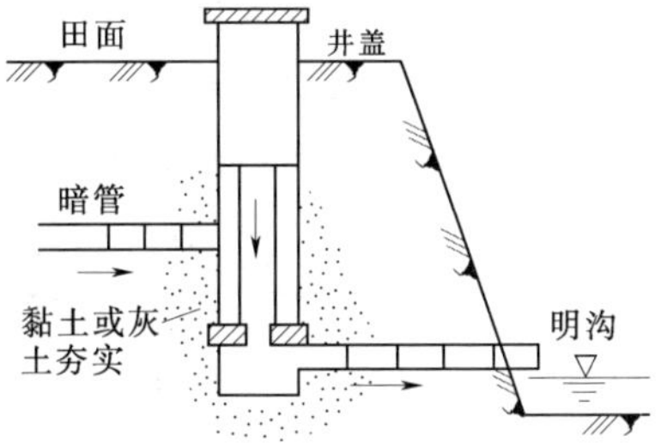

图 11 - 16　竖井式控制建筑物

3. 竖井式

竖井式控制如图 11 - 16 所示，适用于暗管出口处明沟岸坡较陡，或者是上下两级暗管的连接处。在沟岸上用混凝土管、水泥土管或塑料管做一竖井，井底用混凝土塞控制排水。竖井式使用方便，止水效果较好。

4. 塑料球阀

塑料球阀控制如图 11 - 17 所示，该阀是上海市水务局研制成功的沪暗Ⅰ型塑料球阀。它采用低压聚乙烯塑料模压制而成，由阀壳、浮球、顶盖和底栅等几部分组成。底栅是控制阀的下底，同时起拦污栅作用，浮球可用乒乓球代替。进水口与暗管相连，出水口有上下两个，都可用来排水。当明沟水位上升，外水压力大于内水压力时，浮球自动上升，顶住浮球座，可有效地制止外水倒灌。当阀内水压力大于外水压力时，浮球受压下降，下水口自动开启，即可自流排水。亦可将底栅拧紧，使下水口关闭，打开顶盖，在上出水口接软管排水。底栅的位置可以上下调节，从而调整浮球座之间的孔隙，用以控制出水量以满足稻田对不同渗漏量的要求。塑料球阀具有调节地下水位、控制渗漏量、拦污、止逆、启闭等功能，还具有安装简单，使用方便的特点。

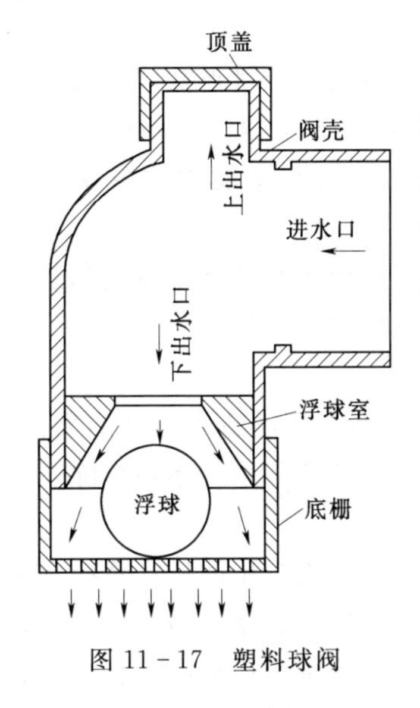

图 11 - 17　塑料球阀

三、竖井排水

我国北方在地下水埋深较浅，水质符合灌溉要求，可结合井灌进行排水，不仅提供了大量的灌溉水源，同时对降低地下水位和除涝治碱也起到了重要的作用。通过井排除地下水，降低地下水位的措施，叫竖井排水。

（一）竖井排水的作用

1. 降低地下水位，防止土壤返盐

在井灌井排或竖井排水过程中，由于水井自地下水含水层中吸取了一定的水量，在水

井附近和井灌井排地区内地下水位将随水量的排出而不断降低。地下水位降低值一般包括两部分：一部分是由于水井（或井群）长期抽水，地下水补给不及，消耗一部分地下水储量，在抽水区内外产生一个地下水位下降漏斗，如图11-18实线所示，称为静水位降深；另一部分是由于地下水向水井汇集过程中发生水头损失而产生的，距抽水井越近，其数值越大，在水井附近达到最大值，此值一般在3m以上。在水井抽水过程中形成的总水位降深称为动水位降深。由于水井的排水作用，增加了地下水人工排泄。地下水位显著降低，有效地增加了地下水埋深，减少了地下水的蒸发，因而可以防止土壤返盐。

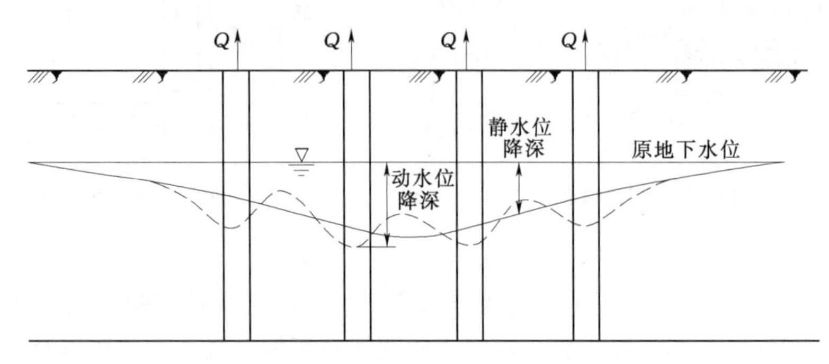

图11-18 井群抽水过程中的净水位降深和动水位降深

2. 腾空地下库容用以除涝防渍

干旱季节，结合井灌抽取地下水，降低地下水位，不仅可以防止土壤返盐，同时由于开发利用地下水，使汛前地下水位达到年内最低值，这样就可以腾空含水层中的土壤容积，供汛期存蓄入渗雨水之用。地下水位的降低，可以增加土壤蓄水能力和降雨入渗速度。

由于降雨时大量雨水渗入地下，因而可以防止田面积水形成淹涝和地下水位过高造成土壤过湿，达到除涝防渍的目的。同时还可以增加地下水提供的灌溉水量。

3. 促进土壤脱盐和地下水淡化

地下水位的下降，可以增加田面水的入渗速度，因而为土壤脱盐创造了有利的条件。在地下咸水地区，如有地面淡水补给或沟渠侧渗补给，则随着含盐地下水的不断排除，地下水将逐步淡化。

竖井排水除可形成较大降深、有效地控制地下水位外，还具有减少田间排水系统和土地平整的土方量，不需要开挖大量明沟，占地少和便于机耕，同时在有条件地区可以与人工补给相结合，改善地下水水质。但竖井排水需消耗能源，运行管理费用较高，且需要有适宜的水文地质条件，在地表水透水系数过小或下部承压水压力过高时，均难以达到预期的排水效果。

（二）竖井排水的分类及其适用条件

1. 抽水井

在因降水和灌溉入渗补给引起潜水位过高和土壤过湿的情况下，应在潜水含水层中打井抽水以降低潜水位。其适宜的水文地质条件是：①浅层地质条件为透水性较好的单一构造；②浅层地质条件为成层构造。要求：表层土透水性较好，或为厚度较小的弱透水层；含水层富水性较好，若为承压含水层，承压水位不宜过高于潜水位；隔水层的越流补给系

数较大，抽水时能形成向下越流补给。此外，在受邻近地区的地下水侧向补给而引起局部地带沼泽化和盐碱化时，可在地区来水方向的边界上打井抽水，以断绝其补给来源。

2. 减压井（自流井）

当承压水头较高并越层补给潜水，使地下水位过高时，可凿井入承压含水层内，自流排水以减少承压水对表层的越流补给，降低潜水位。

3. 吸水井（倒灌井）

当排水地区离容泄区较远，而在潜水底部的隔水层下又有透水性良好、厚度较大的砂砾层或溶洞存在，且水位低于潜水位时，可打井穿透隔水层，使潜水通过水井向下排泄，这类井称为吸水井。

（三）抽水井的规划

1. 合理的井型结构和井深

为了使水井起到灌溉、除涝、防渍、治碱、防止土壤次生碱化和淡化地下水的作用，每一个水井必须有较大的出水量。为了增加降雨和渗水的入渗量，提高压盐的效率，在保证水井能抽出较多水量的同时，还应使潜水位有较大的降深，为此，在水井设计中必须根据各地不同的水文地质条件，选取合理的井深和井型结构。

在浅层有较好的砂层或虽无良好的砂层，但土壤透水性较好（如裂隙土等）的情况下可打浅机井或真空井，井管自上而下全部采用滤水管，在这种情况下，一般可以保证有一定的出水量和潜水位降深。

砂层埋藏在地表以下一定深度，但砂层以上无明显的隔水层时，为了使单井保持一定的出水量，水井可打至含水砂层，以保证形成一定的潜水降深和浅层地下库容，促使土壤脱盐和地下水的淡化。

当上部土层透水性较差，且在相当深度内又无良好的砂层时，必须选用适当的井形结构。

2. 抽水井的规划布置

担负排水任务的水井，其规划布局应视地区自然特点、水利条件和水井的任务而定。在有地面水灌溉水源并实行井渠结合的地区，井灌井排的任务是保证灌溉用水，控制地下水位，除涝防渗，并防止土壤次生盐碱化。在这种情况下，井距一方面决定于单井出水量所能控制的灌溉面积，另一方面也决定于单井控制地下水位的要求。在利用竖井单纯排水地区，井的间距则主要决定于控制地下水位的要求。

竖井在平面上一般多按等边三角形或正方形布置，由单井的有效控制面积可求得单井灌溉半径和井距。井渠结合地区水井应结合灌溉渠系进行布置。

第四节　骨干排水系统的规划布置

进行排水系统的规划布置，首先要收集排水地区的地形、土壤、水文气象、水文地质、作物、灾情、现有排水设施以及社会经济等各种基本资料。在充分研究分析各项资料基础上，全面掌握排水地区特点，从而确定排水地区排水沟道系统应承担的任务，确定排水设计标准，拟定规划布置的主要原则，在地区农业发展规划和水利规划的基础上，进行排水系统的规划布置。

一、规划布置原则

排水沟道系统分布广、数量多、影响大。因此，在规划布置时，应在满足排水要求的基础上，力求做到经济合理、施工简单、管理方便、安全可靠、综合利用。规划布置时应遵循以下主要原则。

（1）低处布置。各级排水沟道应尽量布置在各自控制排水范围内的低洼地带，以便获得自流排水的良好的控制条件，及时排除排水区内的多余水量。

（2）经济合理。骨干排水沟道尽量利用原有的排水工程以及天然河道，既节省工程投资，减少占地面积，又不打乱天然的排水出路，有利于工程安全。干沟出口应选在容泄区水位低、河床稳定的地段，以便排水畅通、安全可靠。

（3）高低分排。各级排水沟道应根据治理区的灾害类型、地形地貌、土地利用、排水措施和管理运用要求等情况，进行排水分区。做到高水高排、低水低排、就近排泄、力争自流、减少抽排。

（4）统筹规划。排水沟道规划应与田、林、路、渠和行政区划等相协调，全面考虑，保证重点，照顾一般，优化设计方案，减少占地面积和交叉建筑物数量，便于管理维护，节省投资。

（5）综合利用。为充分利用淡水资源，在有条件的地区，可充分利用排水区的湖泊、洼地、河沟网等滞蓄涝水，既可用于补充灌溉水源，减轻排水压力，又可满足航运和水产养殖等要求。但在沿海平原区和有盐碱化威胁的地区，因需要控制地下水位，故应实行灌排分开两套系统。

在排水沟道的实际规划布置中，上述规划布置原则往往难以全面得到满足，应根据具体情况分清主次，满足主要方面，尽量照顾次要方面，经多方案比较，选择占地面积小、建设投资省、运行费用低、经济效益高、工程实用、管理方便、有利于改善治理区内外生态环境和农业可持续发展的最优规划布置方案。

二、排水系统设计标准

排水设计标准是指一定重现期的暴雨或一定量的灌溉渗水、渠道退水、在一定的是非时间内排除涝水或将地下水位降低到适宜的深度，经保证农作物的正常生长。排水设计标准分为排涝标准、排渍标准、改良和预防盐碱化的标准以及容泄区水位标准等。

1. 除涝设计标准

以治理区发生一定重现期的暴雨，作物不受涝为标准。这是我国目前常用的除涝设计标准表达方式。如安徽省，淮北地区采用 5 年一遇，沿江圩区采用 10 年一遇，其他地区采用 5～7 年一遇。

2. 防渍设计标准

防渍标准是在降雨成渍地区，将地下水位在一定时间内下降到耐淹深度以致排渍设计深度。旱作物排渍设计深度为作物生长旺盛阶段的适宜地下水适宜，一般为 1.0～1.5m，水稻田的排渍设计深度为 0.4～0.6m。

3. 容泄区的设计水位标准

容泄区的设计水位标准，应根据各地具体情况，通过技术经济分析确定。

(1) 当排水区暴雨与承泄渠道洪水相遇的可能性较大时，可以采用与排水区设计暴雨同频率的处河水位作为容泄区的设计水位。

(2) 当排水区暴雨与承泄渠道洪水相遇的可能性较小时，一般采用涝期排涝天数(3～5d)平均高水位的多年平均值，作为容泄区的设计水位。

此外，也可采用实际年洪水位。

三、排水沟道布置

排水沟道的布置方式与地形地貌、水文地质、容泄区、治理区自然条件以及行政区划和现有工程状况等多种因素有关。一般可根据地形地势和容泄区的位置等条件先规划布置干沟线路，然后再规划布置其他各级沟道。根据地形条件常把排水区分为山区丘陵区、平原区和圩垸区等三种基本类型。

1. 山区丘陵区

山区丘陵区的特点是地形起伏较大，地面坡度较陡，耕地零星分散，暴雨容易产生山洪，对灌溉渠道和农田威胁很大，冲沟与河谷是天然的排水出路，排水条件较好。规划布置时应根据山势地形、水土温度、坡面径流和地下径流等情况，采取冲顶建塘、环山撇洪、山脚截流、田间排水和田内泉水导排等措施，同时应与水土保持、山丘区综合治理和开发规划紧密结合。梯田区应视里坎部位的渍害情况，采取适宜的截流排水措施。骨干排水沟道布置一般总是利用天然河谷与冲沟，既顺应原有的排水条件，节省投资，安全可靠，又不打乱天然的排水出路，排水效果良好。

2. 平原区

平原区的特点是地形平缓，河沟较多，地下水位较高，旱、涝、渍和盐碱等威胁并存，排水出路大多不畅，控制地下水位是主要任务。排水系统规划时应充分考虑地形坡向、土壤和水文地质等特点，在涝碱共存地区，可采用沟、井、闸、泵站等工程措施，有条件的地区还可采用种稻洗盐和滞涝等措施；在涝渍共存地区，可采用沟网、河网和排涝泵站等措施。骨干排水沟道规划布置应尽量利用原有河沟，新开辟的骨干排水沟道应根据灌区边界、行政区划和容泄区的位置，本着经济合理、效益显著、综合利用、管理方便的原则，通过多方案比较选择最佳的布置方案。

3. 圩垸区

圩垸区是指周围有河道并建有堤防保护的区域，主要分布在我国南方沿江、沿湖和滨海三角洲地带。这类地区地形平坦低洼，河湖港汊较多，水网密集，汛期外河水位常高于两岸农田，存在着外洪内涝的威胁，平时地下水位经常较高，作物常受渍灾，因而防涝排渍是主要任务。排水系统规划应按地形条件采取高低分开、分片排水、高水自排、坡水抢排、低水抽排的排水措施。为增大沟道滞蓄能力，加速田间排水，减少排涝强度和抽排站装机容量，规划时应考虑留有一定的河沟和内湖面积，一般以占排水总面积的5%～15%为宜，以滞蓄部分水量。干、支沟应尽量利用原有河道。对于无法自流排水的地区，应建立排水闸站进行抽排。

排水地区应根据地形、天然河网分布、容泄区水位和排水面积大小等条件，经过分析比较，进行分区分片。可以把整个排水区规划成一个独立的排水系统，只设一条干沟及一个出水口，集中排入容泄区；也可把整个排水区规划成几个排水片，各片分别建立各自的排水系统单独排入容泄区，如图 11-19 所示。

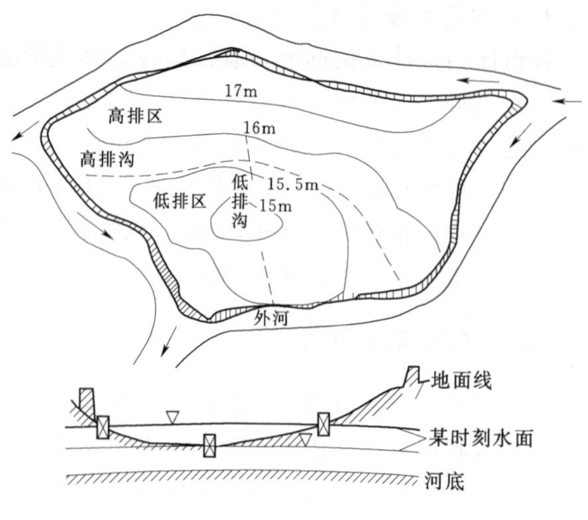

图 11-19 分片排水示意图

斗、农沟的布置，应密切结合地形、灌溉、机耕、行政区划和田间交通等方面的要求，统筹考虑，紧密结合，全面规划。地形坡向均匀一致时，可采用灌排相邻的布置形式；地形平坦或有微地形起伏时，可采用灌排相间的布置形式。有控制地下水位要求的地区，农沟的间距必须满足控制地下水位的要求。

第五节 骨干排水沟设计

一、排水沟的设计流量

排水沟的设计流量是确定各级排水沟道断面、沟道上建筑物规模以及分析现有排水设施排水能力的主要依据。设计排水流量分设计排涝流量和设计排渍流量两种。前者用以确定排水沟道的断面尺寸；后者作为满足控制地下水位要求的地下水排水流量，又称日常排水流量，以此确定排水沟的沟底高程和排渍水位。

（一）排涝设计流量

排涝设计流量可用实测的流量资料或暴雨资料推求。生产实践中，因水文站较少，流量资料较少，长系列流量资料更少，同时流量资料受人类活动的影响较大，同样的暴雨，在某些工程修建的前后所形成的流量可能相差很大。因此，采用流量资料推求排涝设计流量比较困难。而一般雨量站数量较多，分布较广，雨量资料容易取得，且不受人类活动的影响，所以排涝设计流量一般多采用暴雨资料进行推求。常用的计算方法有经验公式法和平均排除法。

1. 地区排涝模数经验公式法

单位排涝面积上的最大排涝流量称为排涝模数 q。在计算排涝设计流量时，一般是先求得除涝设计标准下的排涝模数，然后再乘以排水沟控制断面以上的排涝面积 F，就可以求得该排水沟控制的排涝设计流量 Q，即 $Q=qF$。

影响排涝模数的因素很多，主要有设计暴雨、流域形状、排涝面积、地形坡度、地面覆盖、作物组成、土壤性质、地下水埋深、排水沟网密度与比降以及湖塘调蓄能力等，应

通过当地或邻近类似地区的实测资料分析确定。生产实践中，多采用分析暴雨径流资料，建立设计净雨深、流域面积和排涝模数之间的经验关系，总结出排涝模数的经验公式。平原区排涝模数经验公式为

$$q_l = KR^m F^n \tag{11-5}$$

式中　q_l——设计排涝模数，$m^3/(s \cdot km^2)$；

K——反映沟网配套程度、排水沟坡度、降雨历时及流域形状等因素的综合系数，经实地测验确定；

R——设计暴雨的径流深度，mm；

F——设计控制的排涝面积，km^2；

m——反映暴雨径流洪峰与洪量关系的峰量指数，经实地测验确定；

n——排涝面积递减指数，经实地测验确定。

采用经验公式法计算排涝模数的关键是合理确定有关参数。部分地区排涝模数经验公式中的参数见表 11－10。

表 11－10　　　　部分地区排涝模数经验公式中的参数的参考值

<table>
<tr><th colspan="3">地　　区</th><th>适用排水面积/km²</th><th>K</th><th>m</th><th>n</th><th>设计暴雨历时/d</th></tr>
<tr><td colspan="3">安徽省淮北平原地区</td><td>500～5000</td><td>0.026</td><td>1.00</td><td>－0.25</td><td>3</td></tr>
<tr><td colspan="3">河南豫东及颍河平原区</td><td></td><td>0.030</td><td>1.00</td><td>－0.25</td><td>1</td></tr>
<tr><td rowspan="3">山东省</td><td colspan="2">徒骇河地区</td><td></td><td>0.034</td><td>1.00</td><td>－0.25</td><td></td></tr>
<tr><td rowspan="2">沂沭泗地区</td><td>湖西地区</td><td>2000～7000</td><td>0.031</td><td>1.00</td><td>－0.25</td><td>3</td></tr>
<tr><td>邳苍地区</td><td>100～500</td><td>0.031</td><td>1.00</td><td>－0.25</td><td>1</td></tr>
<tr><td rowspan="3">河北省</td><td colspan="2" rowspan="2">黑龙港地区</td><td>>1500</td><td>0.058</td><td>0.92</td><td>－0.33</td><td>3</td></tr>
<tr><td>200～1500</td><td>0.032</td><td>0.92</td><td>－0.25</td><td>3</td></tr>
<tr><td colspan="2">平原区</td><td>30～1000</td><td>0.040</td><td>0.92</td><td>－0.33</td><td>3</td></tr>
<tr><td colspan="3">辽宁省中部平原区</td><td>50</td><td>0.0127</td><td>0.93</td><td>－0.176</td><td>3</td></tr>
<tr><td colspan="3">山西省太原平原区</td><td></td><td>0.031</td><td>0.82</td><td>－0.25</td><td></td></tr>
<tr><td colspan="3" rowspan="3">江苏省苏北平原</td><td>10～100</td><td>0.0256</td><td>1.00</td><td>－0.18</td><td>3</td></tr>
<tr><td>100～600</td><td>0.0335</td><td>1.00</td><td>－0.24</td><td>3</td></tr>
<tr><td>600～6000</td><td>0.0490</td><td>1.00</td><td>－0.35</td><td>3</td></tr>
<tr><td colspan="3" rowspan="2">湖北省平原湖区</td><td>≤500</td><td>0.0135</td><td>1.00</td><td>－0.201</td><td>3</td></tr>
<tr><td>>500</td><td>0.0170</td><td>1.00</td><td>－0.238</td><td>3</td></tr>
</table>

2. 平均排除法

平均排除法也是计算排涝流量的一种常用方法，适用于平原地区排水面积在 $10km^2$ 以下的排水沟道。平均排除法要求排水沟道将所控制排水面积内的设计径流深在规定的排水时间内排出，从而推求出排涝模数，并以此作为排水沟设计排涝流量的计算依据。

1）旱地排涝模数平均排除法。计算公式如下：

$$q_d = \frac{R}{86.4t} \tag{11-6}$$

$$Q=\frac{RF}{86.4t} \tag{11-7}$$

式中 q_d——旱地排涝模数；

t——排水时间，d，可采用旱作物的耐淹历时；

其余符号意义同前。

2）水田排涝模数平均排除法。计算公式如下：

$$q_w=\frac{P-h_w-E_w-S}{86.4t} \tag{11-8}$$

式中 q_w——水田排涝模数，$m^3/(s \cdot km^2)$；

P——设计暴雨量，mm；

h_w——水田滞蓄水深，mm；

E_w——排涝时间内的水田腾发总量，mm；

S——排涝时间内的水田渗漏总量，mm；

t——排水时间，d，可采用水稻的耐淹历时。

3）旱地和水田的综合排涝模数。计算公式如下：

$$q_l=\frac{q_dF_d+q_wF_w}{F_d+F_w} \tag{11-9}$$

式中 F_d——设计排涝面积中的旱地面积，km^2；

F_w——设计排涝面积中的水田面积，km^2。

（二）排渍设计流量

排渍流量是指非降雨期间为控制地下水位而经常排泄的地下水流量，又称日常流量，它不是降雨期间或降雨后某一时期的地下水高峰排水流量，而是一个经常性的比较稳定的较小数值。单位面积上的排渍流量称为地下水排水模数或排渍模数，单位是 $m^3/(s \cdot km^2)$。地下水排水模数与当地气象条件（降雨、蒸发）、土质条件、水文地质条件和排水沟的密度等因素有关。由于各因素之间的关系复杂，其值目前还难以用公式进行精确计算，而是根据资料分析确定，表 11-11 是根据某些地区的资料分析确定的由降雨产生的排渍模数。在降雨持续时间长、土壤透水性强、排水沟网较密的地区，排渍模数可选表中的较大值。

表 11-11　各种土质的设计排渍模数

土　质	轻砂壤土	中壤土	重壤、黏土
设计排渍模数/[$m^3/(s \cdot km^2)$]	0.03～0.04	0.02～0.05	0.01～0.02

盐碱土改良地区，由于冲洗而产生的地下水排水模数，其值一般较大。预防土壤次生盐碱化地区的强烈返盐季节，当地下水位控制在临界深度以下时，地下水排水模数一般较小。河南省人民胜利渠引黄灌区在这种情况下测得的排水模数有时在 $0.005m^3/(s \cdot km^2)$ 以下，远比冲洗改良区的排渍模数小。

将确定的排渍模数乘以排水沟控制面积，即可得排水沟的排渍流量。

二、排水沟的设计水位

排水沟道的设计水位包括排渍设计水位和排涝设计水位，分别与排渍设计流量和排涝

设计流量相对应，是排水沟道设计的重要内容和基本依据。

（一）排渍水位（日常水位）

排水沟通过排渍流量时沟道中需要经常维持的水位称为排渍水位，又称日常水位。排渍水位通常根据作物防渍、防止土壤盐碱化或通航等各方面的要求综合确定。

为使作物生长阶段地下水位控制在要求的最小埋深，末级固定沟道（一般为农沟）的排渍水位距地面的深度 $D_{农}$ 应大于允许的地下水位埋藏深度 0.3m，排渍水位以下的沟道断面要保证通过排渍流量，如图 11－20 所示。

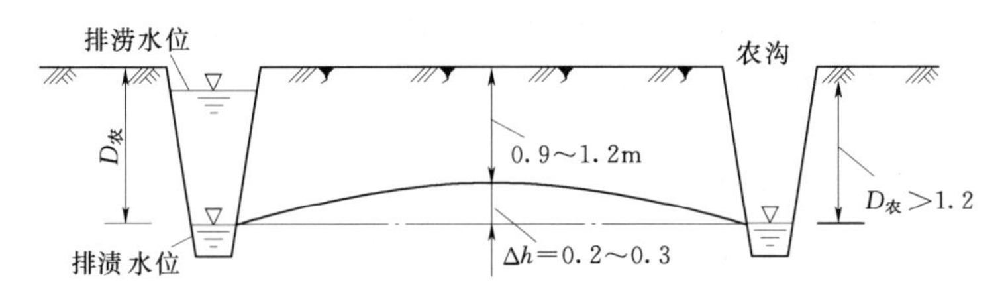

图 11－20　农沟的排渍水位与排涝水位

为了保证水流畅通，不产生壅水现象，各级排水沟道需要保持一定的比降，并且预留通过建筑物的局部水头损失，故斗、支、干沟的水位将逐级降低。根据控制点地面高程、农沟排渍水位、各级沟道的水面比降和各种局部水头损失，逐级进行推算，可得到各级排水沟道的排渍水位，如图 11－21 所示，计算公式为

$$Z_{排渍}=A_0-D_{农}-\sum Li-\sum\Delta Z \tag{11-10}$$

式中　$Z_{排渍}$——某级排水沟沟口处的日常水位，m；

A_0——排水沟控制范围内最低洼处的地面高程，m；

$D_{农}$——农沟排渍水位至地面的高度，m；

L——各级排水沟道的计算长度，m；

i——各级排水沟道的水面比降；

ΔZ——各级排水沟道中的局部水头损失，m，一般过闸取 0.05～0.10m，上、下级排水沟道衔接处的水位落差取 0.1～0.2m。

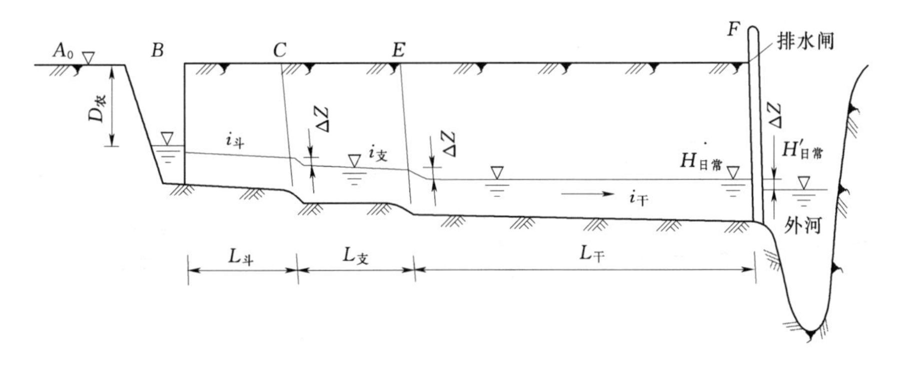

图 11－21　各级排水沟道排渍水位衔接示意图

推算排水沟水位时，根据排水区的地形特点，选择几个具有代表性的地面高程点，如距排水沟口较远的点、地势低洼的点等，分别计算出要求的水位，取其中最低者作为设计

排渍水位。在设计干沟时，可先求出支沟的要求水位，再绘制干沟纵横断面图定出干沟的设计水位线。

在自流排水区，按上式推算的干沟沟口排渍水位应高于外河的平均枯水位，至少应与之持平。否则，要适当减少各级沟道的比降，重新进行计算。对经常受外河水位顶托，无自排条件的地区，应采用抽排，使各级排水沟道经常维持在排渍水位，以满足控制地下水位和保留滞蓄容积的要求。为了减少抽水扬程，各级沟道应采用较小的比降。

（二）排涝水位（最高水位）

排涝水位是指排水沟通过设计排涝流量时的沟中水位。当排水沟有滞涝任务时，也可将满足滞蓄要求的沟中水位作为排涝水位。

排涝水位应根据沟道比降及水位衔接处的水头损失等，综合考虑沟道沿线地面高程和容泄区水位，从田间到容泄区逐级进行推算。一方面为了节省工程投资，在满足排涝要求的条件下，尽可能降低工程造价；另一方面，为了降低运行成本，减少管理费用，推求排涝水位时应尽量争取自流排水。

汛期的外河（容泄区）水位的高低，是确定排涝水位的重要依据，外河设计水位可选用排涝期间的平均高水位或根据排水区防洪规划的要求确定。排涝水位可根据外河洪水位的高低和排涝区内部排水规划的要求确定，具体方法有以下几种：

（1）当外河汛期水位较低，排水条件较好时，各级排水沟道排涝水位的推求比较简单，可按式（11－10）从末级固定沟道逐级推算至干沟出口，只要推求的干沟出口排涝水位高出外河水位一定高度，涝水就可以自流排出。但是，为了确保排水畅通，$D_{农}$ 一般为0.2～0.3m，自流条件较差的地区，最多与地面齐平。也可以根据外河设计洪水位先确定出能够自流外排的干沟出口处的最高水位，然后从这个水位开始逐级推求出符合自排要求的干、支、斗及农沟的排涝水位。

（2）当外河汛期水位较高，经反复推算干沟出口水位仍稍低于外河水位时，排水干沟部分沟段乃至部分支沟将产生壅水现象，使排水沟道中的水流成为非均匀流。此时，壅水段的排涝水位应按壅水水位线设计。壅水水位线可按水力学中的分段求和法求得，壅水后的水位高程可能高于两岸农田，为使两岸耕地不受淹，沟道两岸常需筑堤束水，其断面形式如图11－22所示。

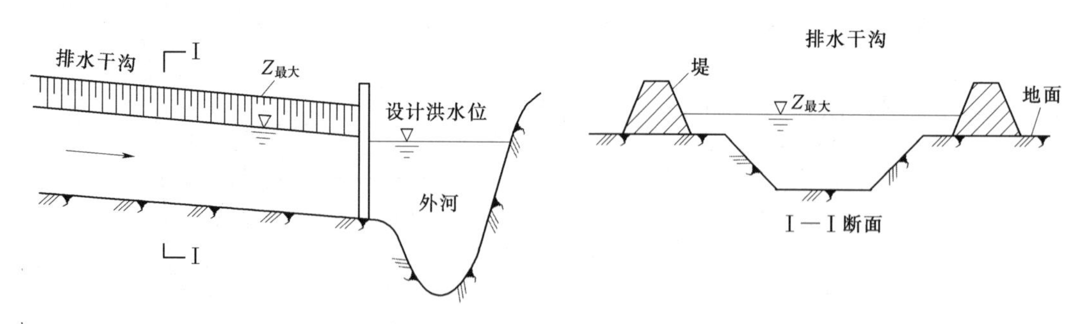

图11－22　排水出口壅水时干沟的半填半挖断面示意图

（3）当汛期外河水位很高，且持续时间很长，根本无法进行自流排水的地区，干沟出口处必须建闸防止外水倒灌。在没有抽排设施的情况下，涝水只能靠排水沟网的容积滞

蓄，此时，排涝水位应满足滞涝要求，一般以低于0.3m为宜，部分地段最高只能与地面齐平，以免发生涝渍灾害；在有抽排条件时，排涝水位可以超出地面一定高度，沟道两岸一般也需要修筑堤防，要求涝水在规定时间内排至安全深度，当外河水位下降至可以自排的水位时，再开闸排水。

三、排水沟断面设计

排水沟道的断面设计，要求既能满足安全顺畅地通过排涝设计流量，又能满足除涝、排渍、防治盐碱、通航、养殖等方面提出的水位要求，达到兴利除害的目的。排水沟道的设计流量和设计水位确定以后，就可以进行排水沟道的断面设计。排水沟断面设计的主要任务是确定排水沟纵横断面尺寸和水位衔接条件，并按不冲不淤和综合利用的要求进行校核。一般情况下，干、支沟需要进行设计和校核，绘制纵横断面图；斗、农沟因数量较多且流量较小，不需要逐一设计，只需要选择典型斗、农沟进行断面设计或拟定，并加以推广。设计的断面位置一般选择在沟道汇流处、沟道出口处和沟底比降变化处。对于较短的沟道，若沟底比降和土质基本一致，只需对沟道出口断面进行计算。断面设计尽量做到工程量小、占地面积少、断面稳定、便于施工和管理。

不同地区排水系统的任务不同，断面设计的要求不同。干旱和半干旱地区多采用一般排水系统，排水沟断面主要是按照排除地表径流的要求进行设计；平原湿润区或低洼圩垸区的河网化排水系统，排水沟断面应先按除涝防渍的要求进行设计，在以滞涝、通航、养殖和灌溉等的要求进行校核，最后选用能同时满足各种不同要求的水深和底宽；平原区和圩垸区的灌排两用渠道，属于非均匀流，应按非均匀流进行设计和校核。

排水沟纵横断面设计是相互联系的，需要相互配合着进行，以期消除设计中可能出现的矛盾。下面分别介绍横断面和纵断面设计的基本方法和步骤。

（一）横断面设计

排水沟断面通常按照明渠均匀流公式进行计算。但当外河水位顶托或利用沟道反向引水灌溉发生壅水时，则呈非均匀流动，需按非均匀流公式推算沟道水面线，确定沟道断面和堤顶高程，并检验是否满足灌溉引水要求。

横断面水力计算的方法与灌溉渠道基本相同，这里不再赘述，仅将有关设计参数的选用和断面校核等问题进行介绍。

1. 设计参数的选用

（1）沟底比降 i。排水沟道的沟底比降主要取决于沿线的地形、土质、上下级排水沟水位衔接条件和容泄区水位高低等。规划布置时应注意以下几点：

1）为了避免开挖过深，减少工程量，沟底比降应尽量与实际地面坡度相近。

2）为了避免沟道在排水过程中发生冲刷和淤积，应根据沿线土质选择适宜的比降，轻质土比降宜缓些，防止冲刷，黏质土比降宜陡些，防止淤积。

3）为了排水沟能够自流排水，在外河水位较高的地区，应选择较缓的比降。

4）要考虑上下级沟道的水位衔接。连接内湖与排水闸的排水沟道，比降应根据内湖与外河的水位选定；连接抽水站排水沟道的比降，应注意抽水机安装高程的限制；对于灌排两用有反向输水灌溉任务的沟道，比降宜平缓；对于结合灌溉、通航、滞涝和养殖的综合利用沟道，可采用平底。

5）为了便于施工，同一沟道最好采用同一比降，尽可能减少变化。

6）平原地区，一般排水沟的取值范围是干沟 1/10000～1/20000；支沟 1/4000～1/10000；斗沟 1/2000～1/5000；农沟 1/800～1/2000。

（2）沟道糙率 n。排水沟道的糙率与渠道一样，应根据沟道沿线的土壤地质条件、施工质量、维修养护、过水流量、挟沙能力和运行状况等具体情况而定。由于排水沟经常有水，沟坡湿润，容易滋生杂草，沟坡易坍塌，造成沟道淤积，管理维护又不及渠道，所以排水沟的糙率值比渠道的糙率值大些。对于大型排水沟道的糙率，应通过试验或专门研究确定。对于一般清水及冲淤平衡沟道的糙率，无测验资料时，一般采用 0.025～0.030，可参考表 11-12。

表 11-12　　土　沟　糙　率

流量/(m^3/s)	土沟糙率			
	$Q>25$	$Q=5\sim25$	$Q=1\sim5$	$Q<1.0$
排水沟道	0.0225	0.025	0.0275	0.030
排洪沟道	0.025	0.0275	0.030	0.035

（3）边坡系数 m。排水沟的边坡系数与沟深和土质有关。沟深大、土质疏松，边坡系数应大些。由于降雨时坡面径流的冲刷，沟内蓄水时波浪的侵蚀以及地下水渗透动水压力的影响，沟坡容易坍塌变形，故排水沟的边坡系数比渠道的边坡系数大些。

排水沟的边坡系数可参考表 11-13 选用。

表 11-13　　土质沟道的最小边坡系数

沟道土质	开挖深度/m			
	<1.5	1.5～3.0	3.0～4.0	>4.0
黏土、重壤土	1.0	1.2～1.5	1.5～2.0	>2.0
中壤土	1.5	2.0～2.5	2.5～3.0	>3.0
轻壤土、砂壤土	2.0	2.5～3.0	3.0～4.0	>4.0
砂土	2.5	3.0～4.0	4.0～5.0	>5.0

注　流砂沟段的边坡系数应通过试验确定。

（4）不冲不淤流速。为了抑制杂草滋生和防止泥沙淤积，排水沟的允许不淤流速一般采用 0.2～0.3m/s。允许不冲流速的大小主要取决于沟道沿线的土质情况，可参考表 11-14 选用。

表 11-14　　排水沟允许不冲流速表

土质	淤土	重黏壤土	中黏壤土	轻黏壤土	粗砂土	中砂土	细砂土
不冲流速/(m/s)	0.2	0.75～1.25	0.65～1.0	0.6～0.9	0.6～0.75	0.4～0.6	0.25

2. 排水沟水利计算步骤

在排水沟道的设计参数选定以后，一般按下列步骤进行计算：

1）按通过排渍设计流量计算底宽 $b_{渍}$ 和水深，并按式（11-11）确定沟底高程 $H_{底}$。

$$H_{底}=H_{渍}-h_{渍} \tag{11-11}$$

式中　$H_{底}$——设计断面的沟底高程，m；

$H_{渍}$——设计断面的日常水位，m，按式（11-10）推算；

$h_{渍}$——设计断面的日常水深，m，通过水力计算确定。

2）按通过排涝设计流量校核底宽和水深。具体方法是以排涝设计水位和沟底高程之差作为排涝水深，以 $b_{渍}$ 作为底宽，计算所能通过的流量 Q 和流速 v。若 $Q \geqslant Q_{涝}$，$v \leqslant v_{不冲}$，则说明按日常流量确定的断面满足通过排涝设计流量的要求。此时，设计断面的底宽 $b_{渍}$、日常水深 $h_{渍}$，排涝水深 $h_{涝}$ 和沟底高程 $H_{底}$ 便全部确定。若 $Q < Q_{涝}$，$v > v_{不冲}$，则说明按日常流量确定的断面不能满足通过排涝设计流量的要求。此时，先以排涝设计水位和沟底高程之差作为排涝水深 $h_{涝}$，再根据 $Q_{涝}$ 和 $h_{涝}$ 计算并校核流速 v，如果 $v < v_{不冲}$，则满足要求；如果 $v > v_{不冲}$，则要减小底坡，重新计算，直到满足要求为止。如果按排渍和排涝要求计算出的断面相差悬殊时，应设计成复式断面，利用下部的小断面控制地下水位，通过排渍流量；利用全部断面通过排涝设计流量。

3）滞涝校核。平原水网圩区，汛期外河水位一般较高，圩内涝水无法自流排出，为了防止外水倒灌，必须关闸挡水。在关闸期间，可利用抽水设施提水抢排，但为了减少装机容量，可利用坑塘、洼地、湖泊和排水沟网滞蓄涝水，以便在外河下降后开闸自排。排水沟滞蓄水量可用式（11-12）计算：

$$h_{沟蓄} = P - h_{田蓄} - h_{湖蓄} - h_{机排} \tag{11-12}$$

式中　$h_{沟蓄}$——排水沟道滞蓄的水量，mm；

$h_{田蓄}$——田间蓄水量，mm，水田区可用水稻耐淹深度与田面水层下限之差值，一般可取 30～50mm，对于旱田可用大田蓄水能力确定；

$h_{湖蓄}$——湖泊、洼地、坑塘蓄水量，mm，可根据圩垸区内部现有的或规划的湖泊蓄水面积及蓄水深度确定；

$h_{机排}$——抽水机抢排水量，mm；

P——按除涝标准确定的设计降雨量，mm。

求得 $h_{沟蓄}$ 后再乘以排水面积，就可以得到沟网滞蓄的总水量。按排涝设计流量确定的沟道断面的实际滞蓄总容积 $V_{蓄}$ 为

$$V_{蓄} = \sum blh \tag{11-13}$$

式中　b——沟道平均蓄水宽度，m；

h——沟道的滞涝水深，m，为最高滞蓄水位（最高与地面齐平）与排渍水位（或汛期预降水位）之间的水深，可取 0.8～1.0m；

l——各级滞涝沟道的长度，m。

校核计算时，可采用试算法。若排水沟的蓄水容积不能满足要求时，需经过比较后可加大沟道断面或增大机排水量。

4）引水灌溉校核。排水沟用于灌溉，常有两方面作用：一方面是利用排水沟拦蓄的部分降雨径流作为灌溉用水；另一方面是利用排水沟在灌溉季节引取一定灌溉流量，以满足灌溉需要。

对于需要拦蓄径流用于灌溉的排水沟，应当按该排水沟所应分担的蓄水容积进行校核，使排水沟设计的断面在日常设计水位到通航或养殖所需的最低水位之间的容积满足灌溉蓄水容积要求。

因为排水沟沟底坡降是按排水方向设计的，利用它引水灌溉，沟道中的水流将是倒坡或平坡的非均匀流。所以，对于有引水灌溉任务的排水沟，还必须依据灌溉引水季节的外河（即承泄区，也就是灌溉水源）水位，按明渠非均匀流公式推算排水沟引水时的水面曲线，借以校核排水沟的输水距离和引水流量能够符合灌溉引水的要求。具体计算详见水力学方面的书籍。

（二）纵断面设计

纵断面设计的主要任务确定沟道的最高水位线、日常水位线和沟底高程线，并为沟道配套建筑物提供设计水位、沟底高程和断面要素等设计资料。

为了有效地控制地下水位，一般要求排除日常流量时，不发生壅水现象，所以，上下级沟道的日常水位之间、干沟出口水位与容泄区水位之间要有 0.1～0.2m 的水面落差。在通过排涝设计流量时，沟道之间可能会出现短暂的壅水现象，是允许的。但在设计时，应尽量使沟道中的最高水位低于两岸地面 0.2～0.3m。此外还应注意，下级沟道的沟底不能低于上级沟道的沟底，例如，支沟沟底不能低于干沟的沟底。

下面结合图 11-23 说明排水沟纵断面图的绘制方法与步骤：

1）根据排水系统平面布置图，按沟道沿线各桩号地面高程，绘制出地面高程线。

2）根据控制地下水位的要求及选定的沟底比降，逐段绘制出日常水位线。

3）自日常水位线向下，以日常水深为间距作平行线，绘出沟底高程线。

4）自沟底高程线向上，以最大水深为间距作平行线，绘出最高水位线。

5）当沟段有壅水现象需要筑堤束水时，还应从排涝设计水位线（或壅水线）往上加一定的超高，定出堤顶线。

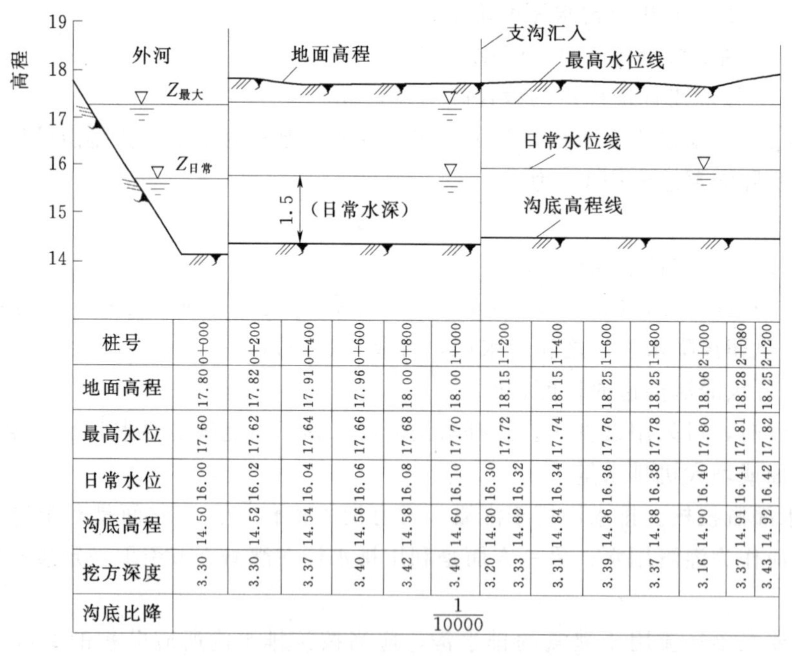

桩号	0+000	0+200	0+400	0+600	0+800	1+000	1+200	1+400	1+600	1+800	2+000	2+080	2+200
地面高程	17.80	17.82	17.91	17.96	18.00	18.00	18.15	18.15	18.25	18.25	18.06	18.28	18.25
最高水位	17.60	17.62	17.64	17.66	17.68	17.70	17.72	17.74	17.76	17.78	17.80	17.81	17.82
日常水位	16.00	16.02	16.04	16.06	16.08	16.10	16.30 16.32	16.34	16.36	16.38	16.40	16.41	16.42
沟底高程	14.50	14.52	14.54	14.56	14.58	14.60	14.80 14.82	14.84	14.86	14.88	14.90	14.91	14.92
挖方深度	3.30	3.30	3.37	3.40	3.42	3.40	3.20 3.33	3.31	3.39	3.37	3.16	3.37	3.43
沟底比降	$\frac{1}{10000}$												

图 11-23 排水沟纵断面图（单位：m）

排水沟纵断面的桩号通常从排涝设计出口处算起，且一般将水位线和沟底线由右向左

倾斜，以与灌溉渠道的纵断面相区别。

第六节　排水口位置选择与容泄区整治

排水系统的容泄区是指位于排水区域以外，承纳排水系统排出水量的河流、湖泊或海洋等。容泄区一般应满足下列要求：①在排水地区排除日常流量时，容泄区的水位应不使排水系统产生壅水，保证正常排渍；②在汛期，容泄区应具有足够的输水能力或容蓄能力，能及时排泄或容纳由排水区排出的全部水量；③具有稳定的河槽和安全的堤防。

容泄区的规划一般涉及排水系统排水口位置的选择和容泄区的整治。

一、排水口位置的选择

排水口的位置主要根据排水区内部地形和容泄区水文条件决定，即排水口应选在排水区的最低处或其附近，以便涝水集中；同时还要使排水口靠近容泄区水位低的位置，争取自排。由于平时和汛期排水区的内、外水位差呈现出各种情况，所以排水口的位置可以选择多处，排水口也可以有多个，应进行综合分析，择优选定。另外，在确定排水口的位置时，还应考虑排水口是否会发生泥沙淤积，阻碍排水；排水口基础是否适于筑闸建站；抽排时排水口附近能否设置调蓄池等。

由于容泄区水位和排水区之间往往存在矛盾，一般可采取以下措施处理：

（1）当外河洪水历时较短或排涝设计流量与洪水并不相遇时，可在出口建闸、防止洪水侵入排水区，洪水过后再开闸排水。

（2）洪水顶托时间较长，影响的排水面积较大时，除在出口建闸控制洪水倒灌外，还须建泵站排水，待洪水过后再开闸排水。

（3）当洪水顶托、干沟回水影响不远，可在出口修建回水堤，使上游大部分排水区仍可自流排水，沟口附近低地则建站抽排。

（4）如地形条件许可，将干沟排水口沿容泄区下游移动，争取自排。

当采取上述措施仍不能满足排水区排水要求或者虽然能满足排水要求但在经济上不合理时，就需要对容泄区进行整治。

二、容泄区整治

整治容泄区的主要目的是降低容泄区的水位，改善排水区的排水条件。主要措施一般有以下几点：

（1）疏浚河道。通过疏浚可以扩大泄洪断面，降低水位。但疏浚时，必须在河道内保留一定宽度的滩地，以保护河堤的安全。

（2）退堤拓宽。其目的是扩大河道过水断面。退建堤段应尽量减少挖压农田和拆迁房屋，退堤一般以一侧退建为宜，另一侧利用旧堤，以节省工程量。

（3）裁弯取直、整治河道。以河道为容泄区时，进行裁弯取直，可提高河道泄水能力。降低水位。对于不稳定河段，应进行各种河道整治工程，保证排水系统有稳定的容泄区。

(4) 治理湖泊、改善蓄泄条件。如调蓄能力不足的湖泊洼地，除可用河道整治措施，提高湖泊洼地出流和河道泄水能力外，还可以消除河道障碍，去除阻碍水流的障碍物，如临时拦河坝、捕鱼栅、孔径过小的桥涵等，往往造成壅水，应予清除或加以扩建，以满足排水要求。

(5) 修建减流、分流河道。减流是在作为容泄区的河段上游，开挖一条新河，将上游来水直接分泄到江、湖和海洋中，以降低用作排水容泄区的河段水位。分流也是用来降低作为容泄区的河段水位的。这一措施，一般也在河段的上游，新开一条新河渠，分泄上游一部分来水，但分泄的来水，绕过作为容泄区的河段后仍汇入原河。有些地区，为了提高容泄区排涝能力，还采取另辟泄洪河道，使洪涝分排。

以上容泄区的整治措施都有其适用条件，必须上下游统一规划治理，不能只顾局部，造成其他河段的不良水文状况，同时应进行多方案比较，综合论证，择优选用。

习　题

一、选择题

1. 农田对排水的要求有（　　）。

A. 防涝要求　B. 防渍要求　C. 防止盐碱化要求　D. 改良盐碱土

2. 形成渍灾的原因是（　　）。

A. 地下水位过高　B. 土壤含水量过大　C. 降雨量过大　D. 土壤黏重

3. 影响地下水临界深度的因素有（　　）。

A. 土壤质地　B. 气象条件　C. 灌排技术　D. 土壤入渗特性

E. 地下水矿化度

4. 大田蓄水能力计算与（　　）有关。

A. 降雨前地下水埋深　B. 土壤最大持水率

C. 降雨前土壤平均持水率　D. 气象条件

5. 除涝防渍田间排水沟间距与（　　）有关。

A. 作物允许淹水历时　B. 土壤入渗特性

C. 气象条件　D. 排水沟排水历时

E. 土壤质地

6. 控制地下水位田间排水沟间距与（　　）有关。

A. 排水沟深　B. 地下水埋深　C. 土壤质地　D. 地下水补给

E. 排水沟排水历时

7. 田间排水系统的三种不同方式是（　　）。

A. 田间明沟排水系统　B. 水平排水系统

C. 田间暗管排水系统　D. 竖井排水系统

8. 田间暗管排水系统由（　　）组成。

A. 吸水管　B. 集水管　C. 检查井　D. 田间排水沟

9. 可用于地下排水管道管材的有（　　）。

A. 瓦管　B. 混凝土管　C. 塑料管　D. 钢管

E. 水泥土管

10. 地下排水管道常用的外包滤料是（ ）。

A. 稻草 B. 粗砂 C. 小砾石 D. 玻璃纤维

E. 聚丙烯纤维

11. 竖井排水能起到（ ）的作用。

A. 降低地下水位，防止土壤返盐 B. 腾空地下库容用以除涝防渍

C. 促进土壤脱盐和地下水淡化 D. 除涝作用

12. 骨干排水系统的规划布置原则有（ ）。

A. 低处布置 B. 高处布置 C. 经济合理 D. 高低分排

E. 统筹规划

13. 影响排涝模数的因素是（ ）。

A. 日降雨量 B. 排涝面积 C. 排涝设计标准 D. 允许拦蓄水量

二、计算题

某排水区面积为 $10km^2$，其中旱地占 80%，水稻占 20%，采用日降雨量 150mm 三天排出的排涝设计标准，旱地径流系数 0.56，稻田日耗水量为 5mm，田间允许拦蓄利用雨量 40mm，求该排水渠的设计排涝模数和设计排涝流量。

各 章 答 案

第 一 章 答 案

一、填空题

1. 疏松多孔结构表层
2. 物质和有机质（固相）、水分（液相）、空气（气相）
3. 砂土、壤土、黏土
4. 吸湿系数
5. 凋萎系数
6. 最大分子持水率
7. 悬着毛管水、上升毛管水
8. 土壤水分体积占土壤体积的百分数
9. 干旱

二、选择题

1. ABCD
2. ABCD
3. ABD
4. D
5. ABC
6. BCD
7. D
8. B
9. AC

三、计算题

1. 14%；0.16kg
2. $59.83m^3$

第 二 章 答 案

一、填空题

1. 有利用价值、栽培
2. 植株蒸腾、棵间蒸发、深层渗漏
3. 小、增多、减少
4. 灌水次数、每次的灌水时间、灌水定额、灌溉定额
5. 总结群众丰产灌水经验、根据灌溉试验资料制定、按水量平衡原理分析制定

6. $W_t - W_0 = W_T + P_0 + K + M - ET$

7. $h_1 + P + m - E - c = h_2$

8. 水源

9. 净灌溉用水流量

10. 渠首

二、选择题

1. ABC
2. ABD
3. AB
4. ABCD
5. BC
6. ABC
7. AB
8. ABC
9. C

三、简答题

1. 答：土壤计划湿润层深度，适宜含水率及允许的最大、最小含水率，有效降雨量，地下水补给量，由于计划湿润层增加而增加的水量等数据。

2. 答：一是可以提前或推后灌水时间，提前或推后灌水日期不得超过 3d，若同一种作物连续两次灌水均需变动灌水日期，不应一次提前、一次推后；二是延长或缩短灌水时间，延长或缩短灌水时间与原定时间相差不应超过 20%；三是改变灌水定额，灌水定额的调整值不应超过原定额的 10%，同一种作物不应连续两次减小灌水定额。

第三章答案

一、填空题

1. 浅层地下水
2. 地面径流
3. 成分、数量
4. 水源类型、水位、水质
5. 拦河坝（闸）、进水闸、冲沙闸
6. 典型年或设计年
7. 多年
8. 连续干旱

二、选择题

1. ABCDE
2. ABCD
3. BCD
4. ABCD

5. BCD

6. BC

7. AC

三、简答题

1. 答：选择灌溉用水设计年有两种方法：一是按年雨量选择。把灌区多年降雨量资料组成系列，进行频率计算，选择降雨频率与灌溉设计保证率相同或相近的年份，作为灌溉用水设计典型年。二是按干旱年份的雨型分配选择。研究历史上曾经出现的旱情较严重的一些年份的降雨量年内分配情况，首先选择对作物生长最不利的雨量分配作为设计雨型；然后按第一种方法确定设计年的降雨量；最后把设计年雨量按设计雨型进行分配，以此作为设计年的降雨过程。

2. 答：①应满足灌溉引水对水源水位的要求；②在满足灌溉引水的前提下，使筑坝后上游淹没损失尽可能小；③适当考虑发电、航运、过鱼等综合利用的要求。

第四章答案

一、选择题

1. ACD

2. ABC

3. ABEF

4. BCDE

5. ACDE

6. BF

7. BCDEGH

8. ABCEF

二、计算题

$F=10\text{hm}^2$；$D=338.5\text{m}$

第五章答案

一、填空题

1. 灌溉渠道、退（泄）水渠道

2. 上游

3. 流量、水位

4. 跌水、陡坡

5. 末级固定渠道、固定沟道

6. 纵向布置、横向布置

7. 局部、全面

8. 因地制宜、因害设防

9. 渠道设计流量、最小流量、加大流量

10. 毛流量、净流量

11. 净流量、毛流量
12. 末级固定渠道
13. 渠首

二、选择题

1. ABCD
2. ABD
3. ABC
4. ABCDE
5. BCDE
6. ABCD
7. ACD
8. ABC
9. AB
10. ABC

三、简答题

1. 答：①要与土地开发整理统一起来；②既要有长远目标，又要立足当前；③平整后的地面坡度应满足灌水要求；④平整土方量最小，应使同一平整田块内的平均土方量运距最小。

2. 答：①自上而下分配末级续灌渠道的田间净流量；②自下而上推算各级渠道的设计流量。

3. 答：①选择比例尺，建立坐标系；②绘制地面高程线；③绘制渠道设计水位线；④绘制渠底高程线、最小水位线和堤顶高程线；⑤标出建筑物位置和形式；⑥标注桩号和高程；⑦标注挖深和填高；⑧标注渠道比降。

第六章答案

一、填空题

1. 渗漏
2. 土、水泥
3. 预制、现浇
4. 土工膜
5. 沥青
6. 非冻胀性
7. 形式、尺寸

二、选择题

1. ABCDEF
2. ABC
3. AC
4. ABCDEF

5. ABCDEF
6. ABCD
7. BCD
8. ABCDE

三、简答题

1. 答：①提高了灌溉渠系水的利用系数，节约了用水，可扩大灌溉面积和增加灌溉亩次；②充分发挥了现有工程设施的供水能力，节约了新建水源工程的资金；③可减小渠道糙率，加大流速，从而减小了渠道断面及渠系建筑物工程量；④减少了渠道占地面积；⑤防止渠道冲刷坍塌，减少了渠道淤积及清淤工作量；⑥渠水流速加快，缩短了灌溉输水时间，使灌溉更能适应农时的要求；⑦防渗后避免了渠道杂草丛生，减少了维护管理费用；⑧防止了渠道两侧农田盐渍化，防止地下水污染。

2. 答：防渗效果较好；抗冲流速大，耐磨能力强；抗冻防冻害能力强；施工技术简单易行，能因地制宜，就地取材；具有较强的固渠、护面作用。

3. 答：优点：防渗效果好；经久耐用；糙率小，流量大；强度高，渠床稳定；适应范围广泛；管理养护方便。缺点：适应变形能力差，在缺乏砂、石料和交通不便地区造价较高。

4. 答：①在寒冷和严寒地区，可优先采用聚乙烯膜；在芦苇等穿透性植物丛生地区，可优先采用聚氯乙烯膜。②中型、小型渠道宜用厚度为 0.18～0.22mm 的深色塑膜，或用厚度为 0.60～0.65mm 的无碱或中碱玻璃纤维布机制的油毡。大型渠道宜用厚度为 0.3～0.6mm 的深色塑膜。③特种土基，应结构基土处理情况采用厚度为 0.2～0.6mm 的深色塑膜。④有特殊要求的渠基，宜采用复合土工膜。

第七章答案

一、填空题

1. 全面灌溉、局部灌溉
2. 地面灌溉、喷灌
3. 长、短
4. 低、高
5. 0.005～0.02
6. 顺坡沟、横坡沟
7. 长畦改短畦、宽畦改窄畦、大畦改小畦
8. 垄植沟灌、沟植沟灌、混植沟灌
9. 循环、间断
10. 水源、管道、多向阀或自动间歇阀、控制器

二、选择题

1. ABC
2. ABD
3. ACD

4. A
5. B
6. BCD
7. C
8. CD
9. BC
10. ABCD

第八章答案

一、填空题

1. 管道
2. 水源与取水工程、输水配水管网系统、田间灌水系统、管件及附属设施
3. 固定式、移动式、半固定式
4. 塑料管、金属管、水泥类管
5. 塑料软管、涂塑软管
6. 小、大
7. 启闭、流量
8. ≥75%
9. 60%～90%
10. 较远、较高

二、选择题

1. AB
2. A
3. B
4. A
5. B
6. C
7. C
8. CD
9. BD
10. D

第九章答案

一、填空题

1. 农田土壤、作物表面
2. 管道式喷灌系统、机组式喷灌系统
3. 水源工程、水泵及动力设备、管道系统、喷头
4. 定喷式、行喷式

5. 水量
6. 几何参数、工作参数
7. 水滴打击强度
8. 涂塑软管、薄壁铝合金管
9. 正方形、矩形、三角形
10. $a=K_aR$、$b=K_bR$

二、选择题

1. BCD
2. D
3. ABC
4. ACD
5. B
6. AB
7. BCD
8. BD
9. AC
10. C

第十章答案

一、填空题

1. 细小
2. 水源工程、首部枢纽、管道系统、灌水器
3. 配水、滴水
4. 设计保证率
5. 微灌面积、需要供水的流量
6. 双向
7. 湿润土体
8. 20%
9. 85%
10. 干

二、选择题

1. ABCDE
2. ABD
3. ABCD
4. ABCD
5. ABCD
6. ABCDEF
7. BCD

8．ABC

9．BC

10．BCD

三、计算题

答：单井控制面积1267亩，大于滴灌系统面积（1200亩），机井出水量满足设计要求。

第十一章答案

一、选择题

1．ABC

2．ABD

3．ABDE

4．ABC

5．AD

6．ABCD

7．ACD

8．ABCD

9．ABCE

10．ABCDE

11．ABC

12．ACDE

13．ABCD

二、计算题

答：$q=0.0034\text{m}^3/(\text{s}\cdot\text{km}^2)$；$Q=0.034\text{m}^3/\text{s}$。

参考文献

[1] 中华人民共和国水利部．GB 50288—99 灌溉与排水工程设计规范［S］．北京：中国计划出版社，1999.

[2] 中华人民共和国建设部．GB/T 50363—2006 节水灌溉工程技术规范［S］．北京：中国计划出版社，2006.

[3] 中华人民共和国水利部．SL 18—2004 渠道防渗工程技术规范［S］．北京：中国水利水电出版社，2004.

[4] 中华人民共和国建设部，中华人民共和国国家质量监督检验检疫总局．GB/T 50085—2007 喷灌工程技术规范［S］．北京：中国水利水电出版社，2007.

[5] 中华人民共和国住房和城乡建设部，中华人民共和国国家质量监督检验检疫总局．GB/T 50485—2009 微灌工程技术规范［S］．北京：中国计划出版社，2009.

[6] 中华人民共和国国家质量监督检验检疫总局，中国国家标准化管理委员会．GB/T 20203—2006 农田低压管道输水灌溉工程技术规范［S］．北京：中国标准出版社，2006.

[7] 中华人民共和国住房和城乡建设部，中华人民共和国国家质量监督检验检疫总局．GB/T 50625—2010 机井技术规范［S］．北京：中国计划出版社，2011.

[8] 中华人民共和国国家质量监督检验检疫总局，中国国家标准化管理委员会．GB/T 24672—2009 喷灌用金属薄壁管及管件［S］．北京：中国标准出版社，2010.

[9] 中华人民共和国国家质量监督检验检疫总局，中国国家标准化管理委员会．GB/T 23241—2009 灌溉用塑料管材和管件基本参数及技术条件［S］．北京：中国标准出版社，2009.

[10] 樊惠芳．灌溉排水工程技术［M］．郑州：黄河水利出版社，2010.

[11] 张建国，金斌斌．土壤与农作［M］．郑州：黄河水利出版社，2010.

[12] 樊惠芳．农田水利学［M］．郑州：黄河水利出版社，2003.

[13] 于纪玉．节水灌溉技术［M］．郑州：黄河水利出版社，2007.

[14] 李宗尧，缴锡云．节水灌溉技术［M］．北京：中国水利水电出版社，2004.

[15] 水利部农水司．节水灌溉工程实用手册［M］．北京：中国水利水电出版社，2005.

[16] 吴普特，牛文全．节水灌溉与自动控制技术［M］．北京：化学工业出版社，2002.

[17] 冯广志．中国灌溉与排水［M］．北京：中国水利水电出版社，2005.

[18] 史海滨，田军仓，刘庆华．灌溉排水工程学［M］．北京：中国水利水电出版社，2006.

[19] 朱党生，王超，程晓冰．水资源保护规划理论及技术［M］．北京：中国水利水电出版社，2001.

[20] 匡尚富，高占义，许迪．农业高效用水灌排技术应用研究［M］．北京：中国农业出版社，2001.

[21] 冯尚友．水资源持续利用与管理导论［M］．北京：科学出版社，2000.

[22] 水利部农村水利司，中国灌溉排水发展中心．节水灌溉工程实用手册［M］．北京：中国水利水电出版社，2005.

[23] 隋家明，李晓，宫永波，等．农业综合节水技术［M］．郑州：黄河水利出版社，2005.

[24] 史海滨，田军仓，刘庆华．节水灌溉技术［M］．北京：中国水利水电出版社，2006.